U0303202

人 类 学
视野译丛

人类学的四大传统

英国、德国、法国和美国的人类学

〔挪威〕弗雷德里克·巴特

〔奥〕安德烈·金格里希

〔英〕罗伯特·帕金　　著

〔美〕西德尔·西尔弗曼

高丙中 王晓燕 欧阳敏 王玉珏　译

宋奕　校

商務印書館
创于1897　The Commercial Press

Fredrik Barth, Andre Gingrich, Robert Parkin and Sydel Silverman

ONE DISCIPLINE, FOUR WAYS

British, German, French, and American Anthropology

根据美国芝加哥大学出版社 2005 年版译出

《人类学视野译丛》工作组名单

主编：

高丙中　周大鸣　赵旭东

支持单位（按音序排列）：

北京大学社会学与人类学研究所

北京师范大学民俗学与社会发展研究所

北京师范大学民俗学与文化人类学研究所

北京师范大学社会学学院人类学与民俗学系

南京大学社会学院社会人类学研究所

内蒙古师范大学民族学与人类学学院

清华大学社会科学学院社会学系人类学专业

上海大学社会学院社会学系人类学专业

武汉大学社会学系人类学专业

西北民族大学民族学与社会学学院

厦门大学社会与人类学院

新疆师范大学社会文化人类学研究所

云南大学民族学与社会学学院

浙江大学非物质文化遗产研究中心

中国农业大学人文与发展学院社会学与人类学系

中国人民大学社会与人口学院人类学所

中山大学社会学与人类学学院

中央民族大学民族学与社会学学院

人类学视野译丛

总　序

　　越来越多地走出国门的中国人需要人类学视野,越来越急迫地关怀世界议题的中国社会科学需要人类学视野。有鉴于此,我们把编译这套丛书既作为一项专业工作,也作为一项社会使命来操持。

　　这套丛书与商务印书馆的"汉译人类学名著丛书"是姊妹关系,都是想做基础性的学术工作。那套书主要翻译人类学大家的原创性代表作,尤其是经典的民族志;这套书定位于介绍社会文化人类学的基本知识,例如人类学的概论、多国的学术发展史、名家生平与学术的评介、人类学的分支学科或交叉学科。我们相信人类学是人文社会科学的一门基础性学科,我们这个译丛要做的是着眼于中国社会科学的发展来介绍人类学的基础性知识。若希望人类学在中国发挥基础性学科的作用,目前中国的人类学同仁还要坚持从基本工作着手。

　　人类学是现代人文社会科学的基础学科。这虽然在学术比较发达的国家是一个常识并已经落实在教育与科研的体制上,但是在发展中国家还是一个需要证明的观念,更不要说相应的制度设计还只是停留在少数学者的呼吁中。指出发达国家的学科设置事实也许是不够的,我们还可能需要很专业的证明。不过,我们在此只能略做申论。

　　因为人类学,人类才在成为一个被思考的整体的同时成为个案调查研究的总体。从来的学术都不乏对天地、天下、普遍人性的思考，但是现代学术在以世界、全人类为论域、为诉求的时候，是以国际社会为调查对象的。现代人文社会科学的世界性是由人类学从经验研究和理论思考的两个面向的世界性所支撑的。通过一百多年的经验研究，人类学把不同种族、不同社会形态、不同文化的人群在认知上联结起来，构成一个具体多样的人文世界。人类学的整体观既指导了社区个案研究，也培育了把各种各样的小社区、大社会作为一个整体来看待的思想方法。人类学曾经借助进化论把社会发展水平差异巨大的人群表述为一个分布在一个时间序列的不同点上的整体，也借助传播论把具有相同文化要素的异地人群联结起来，后来又借助功能论、结构主义支持不同人群的普遍人性——这些特定时代的学术都是在经验上证明并在认知上型塑"人类的一体性"。在经验研究和思想方法上，"世界的世界性""人类的整体性"这些对于我们所处的全球化时代、我们纠结其中的地球村社会至关重要的观念，可以说是人类学的知识生产的主要贡献。正是人类学的观念和方法奠定了现当代主流社会科学的学术基础。

　　人类学是扎进具体的社会人群研究人类议题的学科，或者说，人类学是以具体社会作为调查对象而以抽象的人作为关怀对象的"社会"科学。这样的特点使人类学常常是关于文化的学术，这种学术在不同的情况下被称为"社会人类学"、"文化人类学"或者"社会文化人类学"。在一个社区里，政治、经济、法律、教育等等是总体事实的方方面面，当一般人类学发展到相当水平的时候，它对于专门领域的研究也相应地发达起来，人类学的分支学科如政治人类学、经济人类学、法律人类学、教育人类学、语言人类学、心理人类学、历史人类学就水到渠成。以此观之，人类学已经是浓缩在具体社区经验观察中的社会科学。相对而言，社会科学诸学科就仿佛是放大了观察范围的人类学。社会科学诸学科与人类学的知识传统相结合，人类学的分支学科又成为与这些学科的交叉学科。

人类学之所以能够作为社会科学的基础性学科，既在于人类学提供了特有的视野（看社会的视角）、胸怀（对人类的关怀）、方法（田野作业与民族志），也在于人类学提供了不同社会、不同文化背景下政治、经济、法律、教育、语言、心理等等如何运作的标本和研究范例。

所以不难理解，一个知识共同体想要有健全的社会科学，就必须要有发达的人类学。一个国家的社会科学的发展水平与它们的人类学的发展水平是密切相关的。中国社会科学的若干严重局限源自人类学的不发达。我们的学术研究往往流于泛泛之论而缺少充分的个案呈现，窒碍于社会问题本身而难以企及一般性的知识兴趣，局限于国内而缺少国际的眼光，如此等等。而人类学学科的擅长恰恰是提供好的个案研究，提供具有多学科介入价值的个案研究，并培育学者具备从个案到一般性议题的转换能力。同样还是人类学，积累了以异域社会为调查对象的知识传统，培育了以经验研究为基础的人类普遍关怀的能力。没有人类学的发展，我们的经验研究扎不进社会生活，我们的理论思考上升不到人类共同体抽象知识的层次，结果是我们的研究在实践上不实用，在学术上缺乏理论深度。

当然，中国社会科学的问题不是人类学的发展就能够解决的，人类学的欠缺更不是通过这个译丛的若干本书的阅读就能够弥补的。但是，我们还是相信，编辑这个译丛对于我们在不久的将来解决这些问题是有助益的。

人类学是学术，也是一个活色生香的知识园地，因为人类学是靠故事说话的。对于公众，人类学著作承载着对异族的兴趣、对异域的好奇心，大家意兴盎然地进入它的世界，结果会开阔视野、扩大眼界,养成与异文化打交道的价值观和能力。因此,在学术目的之外,我们也相信,这个系列的读物对一般读者养成全球化时代的处"世"之道是有用的。

高丙中

2008 年 4 月 9 日

目　　录

前　言

　　组成本书的 20 章源于题为"人类学的四大传统"的一个讲座系列。这些讲座是 2002 年 6 月在德国的哈雷（萨勒河）为庆贺马克斯·普朗克社会人类学所的落成而组织的。我们的研究所在大约三年之前就已经在临时的办公地点开始了自己的工作，在我们搬进现在的永久建筑之前，几乎没有谁想到要举办什么仪式。通过把落成典礼与马克斯·普朗克学会的年度大会相结合，我们确保我们的研究同事中相当多的人有机会与那些在本研究所的创立中发挥了作用的部长们、校长们以及其他显赫人物见面。不过我们也有意把人类学的维度纳入我们集体的成年仪式，于是就有了举办这样的系列讲座的想法。

　　我们当前的研究项目中的压倒性多数都是关于当代社会转型并以田野作业方法为基础的，但是在我们看来，一个新的、带有明显的国际情怀的大型研究中心的创立，似乎是对人类学的历史进行新的考察的绝好机会。因为这简直就是一种仪式的排练，所以我们能够自在地进行实验，甚至玩角色反串。于是，我们邀请了亚当·库珀（Adam Kuper）这位最著名的人类学历史学家在盛大的开幕仪式上就一个很当代的话题发表演讲。（他选择了谈论关于原著民的土地权主张的争议，题目是"土著的回乡"，其刊出的版本可以参见《当代人类学》的 2003 年 6 月号。）为了安排落成典礼之前的讲座系列，我们决定找这样四个杰出的人类学家，他们尽管算得上对人类学史的著述有所贡献,但是主要并不是这个领域的专家。我们鼓励每个演讲人采用一种基本上是依据时序走进人类学的一个传统的方式,但是在其他的方面则完全让他们自由发挥。太棒了,一切都按计划进行,因此在十天的期间里,一个由众多外国客人壮大声势的听众队伍在这个项目中获得了极好的享受。

每次讲演都像是一场鸡尾酒会,都奠定在专精的学术性之上,并以多姿多彩的方式激起耐人寻味的个人记忆、逗乐的离题插曲,以及十分严肃的科学的、道德的和政治的批评。为了本书的出版,我们决定把每个人(作者)的讲演放在同一编里,尽管它们当初在哈雷发表的时候是分散进行的。随每个人的演讲之后,是简短的问答时间。每一轮四场演讲之后,是一场扩大的讨论会。我们从头至尾以这种方式凸显了人类学的四种传统之间的多层面联系,我们也由此使自己意识到,我们只选择这四种显然是不全面的,带有很强烈的"西方"成见。现在每个洲都存在充满活力的人类学学派。就以我自己把欧亚大陆作为一个整体看待的观点来说,特别遗憾的是,我们的框架使我们没有余地把俄罗斯丰富的人类学传统纳入考虑之中,或者把中国和印度的新近发展纳入考虑之中。也许最重要的是,我们不断地质疑以这种方式呈现学科历史的这个想法本身。空间的限制使我们不能把这些生动讨论的记录纳入本书,但是读者有必要意识到它们出现过。四个演讲人在他们的修改本里已经部分地吸纳了其中一些重要的观点。

我认为不可否认的是,人类学发展的多种轨迹确实深深地打上了它们的"民族性"背景的烙印,也就是说,打上了不同的社会和政治的环境和不同的知识语境的烙印(当然,我们在这里把"人类学"作为一个伞状的概念,包含民族学、民族志,也包含民俗学、博物馆学等等的领域)。这在我们的研究所所处的东中欧比在别的什么地方都更明显。德国学者在 18 世纪发展出开拓性的研究议程，创造了众多的关键术语，此后很久一个统一的德国国家才形成。在这里，就像在欧洲的其他地方一样，人类学的领域一直都被打上了民族主义的鲜明烙印，即使是在其人类学的遗产后来被苏联马克思主义理论的楔入所改变的那些地方，其连续性也仍然是实质性的。这些演讲首要关注的是关于民族学(*Völkerkunde*)而非民俗学(*Volkskunde*，即关于自己的人民的研究)的比较研究事业的四个变体，但是我们必须承认，民族框架几乎从一开始就一直影响着人类学的这两个发展路向。

不过，似乎同样不证自明的是，在最近几十年里，至少在部分方面的差别一直在变得越来越小。马克斯·普朗克社会人类学所(德语是"*Max-Planck-Institu für ethnologische Forschung*"——字面意思是"民族学研究")的建立本身以及我本人从英国转来投入其中作为它的创立所长之一，都是趋同倾向的小小标志。我们研究所尊重学术传统中的差异，就像我们尊重其他领域的差异一样。我们无意去提升盎格鲁-撒克逊的支配性或者那种风格上乏味的一致性。恰恰相反，我们意在鼓励跨越一切民族的和意识形态的边界的良好接触。简而言之，我们想在这个领域培养世界主义——这是迄今为止最缺乏世界性的领域之一。悠悠万事，唯此为大。皮纳-卡布拉尔(João de Pina-Cabral)在参加我们在哈雷举办的活动期间的一个报告(发表在 2002 年 10 月的欧洲社会人类学家协会的《业务通讯》(*Newsletter*)的 33 号上)中高度肯定了与会者的多元化背景，并在结论中乐观地说：

> 讨论的时时刻刻……都显示出，今天的社会-文化人类学确实分享着一堆共同的知识、一套相互认为有效的操作概念

和方法论的规范。这些构成了可以为辩论和知识生长服务的一个共同的、全球的框架——这正是远远超越 20 世纪的帝国边界的人类学家们所需要的。这难道不可以被认为是第五个传统？这个传统虽然出自帝国分割的时代，但是可以在今天提供给我们一个大范围全球化的、超越民族的科学努力的工具。

作为负有责任的组织者和项目协调人，现在该我来感谢四位演讲人。感谢他们尽力适应日程的限制，在整个计划的时间里精诚合作，在我们的全部仪式活动期间令人敬佩地表现自己，准时地为本书提交修改后的文字。总而言之，感谢他们曾经是一个非常棒的工作组。

克利斯·哈恩

马克斯·普朗克社会人类学所

哈雷（萨勒河）

2003 年 3 月

第 一 部

英国和英联邦的人类学

弗雷德里克·巴特

第一章　人类学在英国的
兴起(1830－1898)

英国人类学的研究领域缘起于学术世界的边缘,当时学 术界认为其他主题远比研究人类社会和文化多样性更重要和更有趣。当时它所面临的学术界似乎极不愿意把它作为学术机构内值得探索的一系列专业学科之中的亲密一员来欢迎。在这种情况下,对英国人类学传统的叙述不能仅限于那些关于学者们如何在学术思想、创新和正统观念上相互较劲的内部故事:我们必须还要考虑在学者们所处的较大的社会环境中普遍存在着的那些令他们不得不受其影响的兴趣和偏见,以及他们在学术生活中所能接触到的、帮助他们实现研究目标的具体组织和资源。

当然,英国学术界的许多领域都受制于类似的局限:为数不多的大学迎合上层阶级子弟的需求,在把他们送到现实世界之前,为他们提供几年文化和教育,结果是人文科学中的课程越过了关于英国的话题,把焦点大部分放在希腊-罗马传统上,这也是有意识地要使这种传统成为英国思想和文明基础的努力之一。其他学术专业也只是这些领域中的教师们进行的副项,或是作为具有独立收入的人士们的个人兴趣。

英国在19世纪探险、海外贸易和殖民扩张中的角色不可避免地导致了学术界和公众对更加放眼全球的各种知识与日俱增的兴趣和好奇。地理学、动物学和植物学都顺理成章地发展为博物学家学术领域内影响普遍的学科传统,并产生了包括进化论在内的一系列划时代的学术成就。但类似的发展并没有出现在人文科学中。关于在日益扩张的帝国境内及其疆域之外的民族的社会、语言和文化知识甚少得到研究,并且是以较为局限的东方学的模式,一些出色的研究也没能汇聚成一种能变成人类学的归纳性观点,如 E. W. 莱恩(E. W. Lane)的《现代埃及礼俗记》(1836)以及备受推崇的芒斯图尔特·埃尔芬斯通(Mountstuart Elphinstone)的《考布尔王国纪实》(1839/1972)。尽管严肃的旅行文学拥有很大的公众市场,但旅行作者们通常在扩展其视野的创作尝试中着眼于历史和地理,而"野蛮人"的生活并没有得到太多严肃的关注。

　　相反,日后的人类学领域生发于一批富有同情心的激进主义者所关注的事业,这些人同英国社会的一个独特的圈子联系在一起:非英国国教徒,尤其是辉格党的慈善家。下面对英国人类学的出现所进行的讨论尤其倚重于小乔治·斯托金(George W. Stocking Jr.)关于皇家人类学协会(Royal Anthropological Institute)(1971)起源的一篇详细而富有洞见的论文。对于整个时期丰富和详细的论述详见斯托金 1987 年的著述(Stocking 1987)。

　　非英国国教徒和辉格党激进主义者中的政治人物领导了反对非洲奴隶贸易和英国殖民地奴隶制度合法化的运动。当 1833 年废除奴隶制运动取得成功之后,这一批人又开始关注南非土著居民的状况,他们在建立土著人国会选举委员会中充当先锋,随后又组织了土著人保护协会(Aborigines Protection Society),他们的座右铭是"血脉相连"(ab uno sanguine)。该协会的建立是由于其发起者看到,英国人在祖国和海外的行为之间存在巨大的差异,也就是说,他们在英国致力于全民自由和改进道德与智力,而在殖民地区内则是"引起伤害、施加压迫、施行暴行、助长恶行、造成荒凉和全面毁灭"(Aborigines Protection Society 1837)。

土著人保护协会为相关讨论和出版物提供了首个平台,通过这个平台,关于"未开化部落的性格、习惯和需求的真实信息"(Aborigines Protection Society 1837,4)得到编辑和系统化,由此为人类学发展提供了第一个契机。尽管成员们都共享人文主义情感,但在那些更强烈地认为福音主义是改善土著人状况理所当然的道路的人与那些认为研究土著人群的任务更具优先性的人之间出现了矛盾。这很快就导致了1844年独立的伦敦人种学学会(Ethnological Society of London)的建立。该学会发展了一个成熟的学术项目,即"对居于或曾经居于地球上的不同人类种群相互区别的身体及精神特征进行研究,并确认产生这些特征的原因"。

尽管其成员人数少(到1858年缩减到只有38位缴费会员),该学会内部仍然是纷争不断。它的核心支持者由托马斯·霍奇金(Thomas Hodgkin,1798—1866)和詹姆斯·考尔斯·普里查德(James Cowles Prichard,1786—1848)领导。同为辉格党人,他们都认为所有人类的血统统一是他们道德和哲学立场的前提,并倾向于用环境差异的影响来解释人类多样性。学会内外的其他人更专注于种族群体间解剖学上的差异,并且受当时一些流行的法国和德国思想的影响,他们赞同人类的"多样主义"(diversitarian),即多元发生论特征,认为种族差异是人类文化和精神多样性的原因。

这种多样主义的观点也受到詹姆斯·亨特(James Hunt,1833—1869)的青睐,他是一位雄辩机智的语言障碍治疗专家,1860年成为该学会的秘书。亨特极力推崇饱含仇视情结的种族主义观点,并于1863年与其派系从该学会中分裂出来,建立了独立的伦敦人类学学会(Anthropological Society of London)。这些人类学家在达尔文的《物种起源》问世之前就清晰表明了其多样主义的观点,他们很快就发现自己既同人道主义者的人种学家也同新近的达尔文主义者相对立,后两种人认为人类物种拥有单一的起源。在两年之内,亨特为他的新人类学学会争取到了超过 500 位成员,并开始了一项继续其辩论术的事业;他还培养出了像里查德·伯顿(Richard Burton)爵士这样华丽而又臭名昭著的公众人物,后者是研究非洲和阿拉伯传说的学者兼探险家,以及东方情色文学的翻译家;伯顿还以"食人者俱乐部"为名,同其追随者们组建了一个聚餐联谊会。亨特的这些古怪的活动,倒使人道主义人种学者和达尔文主义者之间建立起了一种看似不可能的联盟,但亨特与这一联盟之间保持着一种势均力敌的状态。直到 1871 年,在托马斯·赫胥黎(Thomas Huxley)的领导下联盟终于取得胜利——那时仅仅因为赫胥黎随机应变,采用人类学这一术语,并将其组合进一个统一的组织的名称中,即现在的皇家人类学协会。

　　这一段曲折而细枝末节的历史往事的重要意义不应被低估。通过它,反对奴隶制运动和土著人保护学会的发起者的人道主义意识形态以及人类同一性的前提为人类学学科出现提供了基础;对文化差异的种族主义解释被削弱了。尽管不足以引发对种族主义思想彻底和决然的摒弃,但詹姆斯·亨特的过分行为仍然在皇家人类学协会中久久让人们耿耿于怀。

　　这一代早期人种学家的学术成就不很明显,但他们的意识形态和观点通过爱德华·伯内特·泰勒(Edward Burnett Tylor,1832—1917)的表达为英国人类学提供了一个持久的平台。泰勒是一位辉格党商人的儿子,同伦敦人种学学会的发起者们属于同一阶级和意识形态。因为在年轻时就患有肺病,他的家庭为他准备了足够的终生养老金,因此他可以自由地旅行和学习并加入到其他思想开明的业余和专业人士行列中。为增强健康,他一度在墨西哥广为游历。在那儿,他被当地文明的丰富文化所打动。在返回英国的路上,他博览群书,吸收了当时在英国思想界中流传的许多新锐思想,并出版了一部墨西哥行记。1862年,他开始参加人种学学会的会议,参会的既有考古学家也有民族志者。由于发现"野蛮人"的工具与欧洲出土的石器时代的手工遗存存在着惊人的相似,并且受到先于达尔文的社会进化思想氛围的影响,学会的成员们猜测在当代的"野蛮人"与业已消失的原始人类种族之间有着相似性。由此出发产生了一种观点,即对"野蛮人"进行系统的学术研究具有潜在的和全球性的重要性,这为早期人类学的学科形成提供了界定性的主题。

同一小群具有相同想法的学者一起,泰勒继续为此新学科设计出问题和概念,并在其具有影响力的《原始文化》(1871)中为其提供了一个连贯的表述。他明确提出的理论前提——"人类心智同一性"极为重要:这一理念巧妙地运用其多义性将人种学者的废奴主义和人道主义信念转变为对全人类平等和其精神价值的承认。这为人类学引入了一种相对主义,以调和维多利亚时代的民族中心主义。

在泰勒的手中,"心智同一性"的前提是重构各种反思(reflection)的关键,这些反思可能曾经引领原始人类和当代的"野蛮人"发展出他们所拥有的信仰和洞察。根据泰勒的后辈与助手安德鲁·朗(Andrew Lang)的表述,异民族的习俗,同我们的一样,都可以被看作是理性的产物,而在其中起作用的知识并没有被充分地认识到,而来自各种需求的压力也还有待于学者去发现。泰勒把这种泛人类的理性能力看作一台发动机,它可以产生泰勒所观察到的人类历史中的渐进变化和全面进步。最后,"心智同一性"的前提可能在人类学思想中确立了一种预期,即在人类学学者和"野蛮人"之间存在着心智上的交流和共鸣,这后来在参与式田野作业的实践中得以实现。

在这种哲学基础上,泰勒继续详细说明了人类学家的研究客体:文化。"文化,或者说文明,在其广义的民族志意义上说,是包括知识、信仰、艺术、道德、法律、风俗以及其他由人类作为社会成员所获得的任何能力和习惯的一个复杂整体。"(Tylor 1871,2:1)这一定义为英国第一代人类学家的工作提供了基础。

泰勒试图展开一系列明确的方法论问题。他写到,研究文明的第一步要求我们把文化分成片段,具体到细节,并把片段按照合适的组别进行分类;这是比较工作中的一种分析程序。但学者应该将客体分成哪些因素呢? 泰勒所设想的"合适的组别"与用途及隐含的功能相关。他这明显是一种循环操作的方法论,即先将文化定义为一种集各种制度和习俗的综合体,而后又将其解体为组成其定义的诸元素。

泰勒认为,只有通过建立这些组别,学者才能在同类中进行比较,因此识别出在文化形式中的变体。要使这种主张具有意义,无疑我们还要引入一个还未阐明的前提:在每个具体情境中,被分析的文化都是某一地所展现出来的特殊情况;它代表了人类作为一个地方社会中的一员所习得的东西。泰勒定义中各处出现的文化和社会的单数形式与他对人类历史合成性和进化的观点相辅相成,但这也多少把泰勒的人种学雄心神秘化了,他的雄心以特定地方文化中的"粘附物"(adhesions)和"遗留物"(survivals)为中心。因此泰勒的下一步是邀请分析家在适当分类的物质中寻找粘附物——这是一个在明晰的文化特征之间寻找经验联系的发现程序,这些文化特征在不同的民族、不同的地方以相似的征貌出现,被人们放在一起比对。但是泰勒的文化概念对不同的文化元素间可能发生联系和整合的特性缺少清晰的说明,而对于文化或社会实体和界限问题也是如此。由于缺少这些视角,泰勒和他的同辈者们不受任何结构思想的束缚,在比较文化特征或特质时也不会参考其情境。

发现粘着物和联系是分析的一个步骤,泰勒为此使用了全球 8 数据,最著名的是在一系列比较列表中展示了 350 个不同民族中各种制度和风俗的存在与缺失。泰勒把经验联系看作一种证据,它或证实了人类理性和联想的一般规律,或证实了特殊的历史关联。这两种替代性解释框架一直掩藏在"独立发明"和"传播"的名义下,在文化人类学者的传播研究中持续了将近一百年。

最后,泰勒试图通过他的"遗留物"概念为文化分析建立秩序。遗留物指那些曾经有用并且合理,后来在其失去了时代意义后由于人类的习惯或惰性仍然得以留存下来的文化特征。因此欧洲农民的许多习俗和迷信可以被理解为过去文化的证据,就如同现存的被认为较不发达的种族群体的文化能够为原始人类的史前文化提供证据一样——从这些证据中,我们可以发现文化进化的不同阶段。

泰勒的主要实质兴趣是宗教信仰的起源和演化。在已经失去了对辉格党的忠诚之后,他希望证明,宗教信仰不是出自于神圣的启示,而是人类自己努力理解和解释世界的结果。为了这个目的,文化进化早期阶段的比较材料尤其具有价值。正如泰勒一次曾用较随便的口吻写道:"神学者们都意在揭示——这是原始人的任务。"他发展了泛灵论(animism)的概念,描述最早和最基本的宗教形式,解释说它是源起于"粗鄙但合理的"原始想法,即认为其他生物体都由一个类似于它们自己的生命形式所激发,这还延伸到更低级的动物、树甚至是物质物体上。原始人的另两个反思源泉是梦以及死亡时生命的突然离去,它们孕育出了鬼魂或灵魂的思想。大量不同的民族志报道都通过这些术语得到了解释,一种使初期万物有灵论的模糊概念充分发展为一神论宗教的逻辑顺序由此得以建构。

其他学者运用相似的猜测方法朝着不同的方向前进。约翰·F. 麦克伦南(John F. Mclennan,1827—1881)是一名苏格兰律师,他主要关注婚姻的演化,并发展了一种关于仪式如何从遗留物中演化出来的理论。例如,将抢新娘作为结婚仪式的一部分——正如在世界各地均有发现的那样——反映了在原始条件下人们实际上通过抢夺来获取新娘的做法。他的《原始婚姻》(1865)一书展示了人类婚姻从原始乱交,经过群婚和一夫多妻或一妻多夫制,到一夫一妻制的发展过程,他还试图通过逻辑和功能推理,对这一发展建构一种合理的阶梯式渐进过程。其他人也以类似的方法和目的投入了对民俗和神话的解释工作中,其中就包括了靠为知识大众写文章来维持生计的正统派学者安德鲁·朗(1844—1912)。这些人中最著名的无疑要数詹姆斯·乔治·弗雷泽爵士(James George frazer,1854—1941)。作为一位正统派学者,弗雷泽在三一学院和剑桥拥有教职,终其一生都在编纂和精简他那部研究巫术和宗教的 13 卷本《金枝》。

这一时期的英国人类学作品有许多共同的特征。它们全部都是以现成的文字材料而非直接的田野观察为基础,遵照研究经典和历史的学者所设定下的模式。所有的问题都被认为是关于起源和渐进发展的问题,试图在没有文献材料的情况下或在相关文献证据出现之前即对人类历史进行拟构。它们的解释缺乏高度,因为很少能用关于过去的事实数据证伪或证实,因此只能依赖于其内生的论辩力来寻求支持。即使是对这些解释所展示的遥远过去和遥远的异域瞥上几眼也一定能对许多人产生巨大的诱惑力。确实,接下来几代人类学泰斗,例如布罗尼斯拉夫·马林诺夫斯基(Bronislaw Malinowski)和克劳德·列维-斯特劳斯(Claude Levi-Strauss),已经证明了当他们作为学生首次阅读《金枝》时,这部可能算得上是同类中最空洞的但同时又经常被认为是优雅写作的典范作品是如何成为他们的一个主要启发的。

泰勒那一代人类学家的贡献无疑对人类学作为一门学科的发展具有重要意义。首先,这些学者首次开始记录生活在 19 世纪的各人类群体所展示的在习俗和制度方面惊人的多样性——这是一整套拥有巨大的潜力的、具有哲学和道德涵义的事实。不可思议的是,在我看来,这些涵义仍然没有得到真正的了解或者没有被充分开发。其次,他们开始为这种多样性中的一部分发展出一套描述性术语,例如泛灵论、族外婚、母系继嗣、图腾制度和禁忌等技术术语。这些术语代表了一套人类学家们从那时卅始就一直在使用并且也不断地在批判和扩展的观念。

进化论的英国人类学家阅读广泛,并且与源流相近的德国、美国和法国学者交流思想。他们的讨论和意见分歧非常尖锐——或许确切地说是因为他们的解释性观点太过软弱无力,以致经常导致他们得出完全不同的说法。泰勒在他们当中的领导地位虽部分得自他在学术上的深刻洞见,但在相当的程度上也是因为他超乎一般的通情达理和礼貌谦逊的气质。虽然如此,他的《原始文化》被认为质量极高,使他被选为皇家学会的成员,并且在 1896 年得到了牛津的教授之职,之后更在 1912 年获封骑士称号。不幸的是,在那之前的很长一段时间里,过早的衰老似乎减弱了他的生命

10

力和影响力。尽管他享有很高的声誉，但从未与学生或年轻同事们建立重要的关系。在整个这段时期内，人类学在体制上整体都是相当分裂和无组织的，皇家人类学协会的会议和杂志是人类学作为一门学科在建制方面唯一的重要论坛。

泰勒和他同代人拥有共同的概念、方法论关注重点和逻辑标准，尽管他们在其学术模式上具有批判性和探索性，但他们似乎对所依赖的民族志数据的第二手性质只有非常隐约的不安，他们对这一问题所采取的唯一补救措施是由皇家人类学协会出版了《人类学笔记和问询——为未开化土地上的旅行者和居住者们》(*Notes and Queries on Anthropology, for the Use of Travellers and Residents in Uncivilized Lands*)，其第一版于 1874 年出版。泰勒是该书编委会中具有影响力的一员，编委会希望将这样一份出版物提供给有兴趣的探险者、传教者和帝国的管理者，从而提高他们所做的实地报告的科学质量。自从第一版发行以来，《人类学笔记和问询》不断被修订和再版，它也适时地成为学习实践中的人类学学者们在田野作业时的指导。但泰勒那一代的人类学家仍然完全属于被后来的英国人类学家们轻蔑地称为摇椅人类学家的那一类。

16

第二章　从托雷斯海峡到
航海者（1898—1922）

毫不令人吃惊，第一个大规模提升人类学数据质量的尝试
是由一个动物学家发起的。艾尔弗雷德·科特·哈登
（Alfred Cort Haddon，1855—1940）与此前论及的大多
数学者具有类似的社会和宗教背景，尽管他是一名浸信会教友而
非辉格党人。由于对商业没有什么兴趣，家人允许他进入剑桥。
在剑桥他攻读 1970 年代新创的自然科学荣誉学士学位并专修无
脊椎动物。达尔文以及他的小圈子的影响使他失去了对宗教的忠
诚，但让他在都柏林得到了一份动物学的职位。教过几年书之后，
他获得了探险资助以研究珊瑚礁的形成。于是他在 1888 年选择
了新几内亚和澳大利亚之间的托雷斯海峡展开其探险之旅。他在
那里除了成功地完成动物学研究工作，还同当地人相处得非常好；
他收集民族志物品以帮助支付探险花费；他还试着像人类学家那
样研究不同岛屿部落的传说、信仰和家庭习俗。（他还随身带去了
《人类学笔记和问询》！）尽管一回到都柏林就出版了其动物学研究
成果，他同时也写出了一些关于人类学的论文，并继续发展他的人
类学兴趣。通过极为细心地维护同剑桥的关系并扩展人际网络，
他最终能够落实一个项目，把一群受过训练的学者带到托雷斯海
峡的田野中，通过实地的细致调查研究"野蛮"民族的人类学、心理
学和社会学。

这个小组的成员有的经过精心挑选,有的却属机缘巧合。哈登首先锁定了悉尼·雷(Sidney Ray)的参与,后者是伦敦一位有语言学才华的中学教师,10 年前曾协助他做过这些岛屿的研究。而在心理学家方面,他主动接触刚刚获得生理和实验心理学讲师一职的医学博士里弗斯(W. H. R. Rivers)。在里弗斯犹豫不决的时候,他的两个学生,查尔斯·塞缪尔·迈尔斯(Charles Samuel Myers)和威廉·麦克杜格尔(William McDougall)同意加入。这时,里弗斯也改变主意加入了进来。安东尼·威尔金(Anthony Wilkin)是作为人类学实习生加入的。最后,年轻的医学病理学家查尔斯·塞利格曼(Charles Seligman)经过恳求也成功地被接受,尽管对他是否合适以及他的健康状况其他人还存在疑虑。

探险队于 1898 年抵达托雷斯海峡。值得称道的是,许多当地人还高兴地记得哈登前一次的造访,他们之间的关系以及探险活动对于双方来说似乎都令人相当满意。小组从一个小岛跑到另一个小岛,他们在这些岛上和巴布亚岛的南海岸进行了四到六个月的集体或独立考察,并在沙捞越完成了一些附带的研究。然而在每一地都保证了一定时间对相关主题展开集中研究,既有共同工作也有单独行动,因为探险队成员有时独自旅行,或者被留下待在当地,过段时间再被探险船只接走。或是因为巧合,或是出于个人兴趣,几个岛屿确实得到了详细的考察。

最终六卷本报告在随后 10 年及以后陆续出版,但坦率说,并没有很大的影响(Haddon 1901—1935)。无论如何,托雷斯海峡探险在英国人类学学统中仍然被公正地看作一个转折点。现在看来,这一次探险确实就像为随后 25 年中所发生的一系列转变所播下了种子。我列出这一变化中的四个主要方面如下。

首先,学术的模式得到了转变。在此之前,人类学的发展都依赖于学者们从图书馆的书本和累积的档案中抽取他们可能感兴趣的、关于世界各地习俗或其他事物的相似性数据。他们完全按照自己的学术主张来操控这一切：人类学家决定他们所选数据的类别以及摘录片断的关联性。这就是弗雷泽赖以傲视人类学界所采用的学术模式——如其他许多人类学者一样，他一直到死都坚持了这一模式。而与此不同的是，在托雷斯岛屿探险过程中，学者们自己直接从当地信息人那里收集有关当地习俗及信仰等方面的信息，这些数据甚至还由人类学家自己对社区的地点、物体和事件的直观印象来补充。由中介者、错误解释和无知所带来的巨大的错误信息屏障被大大减少了。无可否认，托雷斯海峡的民族志学者们除了零星的洋泾浜英语外没有一个人学会了当地的语言，他们也没有清晰地认识到参与当地人生活对于获取人类学数据的价值。然而这些方法论上的进步很快就会必然随之发生。不过已经 13 得到改变的事实是人类学家已经被重新定位，因此与当地人的生活发生了直接的接触。他们现在置身于这些人群之中，这些人群某种程度上自行其是，在学者面前进行他们自己本土世界的生活，而且对于学者正在寻找的事实拥有裁决的权威。

第二，这些事实得以汇聚和关联的方式不再受学者们的控制。数据依据其地区相关性彼此相互联系，也与其他地方"类似"——即由研究者的分类和文献所定义的类似——的事实相区别。奔波于岛屿间的人类学家因此充分利用在岛上的几个星期，无论多么危险，也要尽可能多地在某个具体的社区和地点收集资料。人类学研究的目的不再是一般的文化，而是具体的地方文化。

第三，方法论的一些新特征也出现了——出自对全面、详细和透彻报道的渴望——尤其是像里弗斯的"系谱法"（genealogical method）这样几乎被神化的工作方法。这些研究者发现，通过耐心地画出初级亲属关系,如母亲、父亲及出身的关系图,一个完整的社区的情况就可以被了解,并以图示表达进而相互联系;还有许多方面的信息,最突出的是亲属称谓的意义、社会分组的方式,以及在世系、图腾认同、礼拜集会等等方面的区分都能找到。

托雷斯海峡探险队的最后一个成果是下一代英国人类学者中的两个核心人物都在这一次探险中得到了训练和启发:里弗斯(1864—1922)和塞利格曼(1873—1940)后来都进入了人数不多但日益发展的人类学者的骨干阵营。

令人吃惊的是,在所有人当中,哈登本人并没有意识到发生了什么。在他1910年的《人类学史》中,他仍然坚持这次探险所引入的创新是"把受过训练的科学家带到实地亲自观察"。但是里弗斯和塞利格曼以及哈登本人都不是受过人类学训练的科学家,并不具有这一学科中识别现象形式和积累系统观察的专家技能。相反,作为人类学的业余爱好者,他们受过的是其他学科中的科学训练。所发生的事情是托雷斯海峡的小岛社区带给了他们根据区域位置组织原始数据的新形式,以及对于每一种地方生活形式的复杂性和内部关联性的认识。里弗斯和塞利格曼在这些方面都获取了集中的训练经验,由此也成为新型的民族志学者。

类似的偶然发展也发生在几个其他地区:博厄斯正与一个爱斯基摩社区作密切的民族志接触,这一研究程序后来在夸扣特尔人(Kwakiutl)那里被更深入地得到运用。此外还有俄国激进分子V. G. 博古拉兹(V. G. Bogoraz)、L. J. 斯滕伯格(L. J. Sternberg)和W. 卓科尔森(W. Jochelsen),由于被流放到西伯利亚,他们拥有大量的时间在当地土著人中间开展自己的研究。洛里默·法伊森(Lorimer Fison)和艾尔弗雷德·W. 豪威特(Alfred W. Howitt)在澳大利亚进行的长时间的土著人研究与英国的学统联系更紧，他们同爱德华·泰勒以及刘易斯·摩根（Lewis Morgan）都保持着书信往来。他们的作品于 1880 年代出版，随后是 1890 年代威廉·鲍德温·斯宾塞（William Baldwin Spencer）和弗兰克·J. 吉伦（Frank J. Gillen）的作品出版；所有这些作品都包含着相似的、由丰富而长期的接触所取得的成果和资料。但这些作者并不是学术精英。英国的学术知识太过于关注内部，也被剑桥和牛津的学术霸权所催眠，以至于尽管这些澳大利亚田野研究提供了民族志资料，也启发了英国学者的思维，但并没能为英国学者们的实践设定标准或成为其典范。确实，埃德蒙·利奇（Edmund Leach）在一篇讥讽性的批判文章（1984）里称，这种势力一直到 1945 年都持续阻碍着英国人类学的发展，这并非夸张。

里弗斯和塞利格曼在托雷斯海峡待了几个月后，很明显已被民族志发现活动所带来的兴奋及其多产的潜能所折服。里弗斯很快就参与到更多的田野作业中。他在 1901 年来到南印度并在托达人（Todas）中待了五个月，展开了对这个最迷人、最复杂的、近乎童话般社区的研究。来自旅行者和探险者的报告已经积累了许多零散的关于托达人奇风异俗的民族志描述，但在里弗斯的手里，托达人变成了一个复杂社区里的成员，拥有独特的生活方式，因此《托达人》（1906）长期以来都被认为是以新的、集中式田野研究方法论完成的人类学专著的典范。

塞利格曼成功地从一位富裕的美国资助人那里得到资助并于 1903 年再赴新几内亚，在那里对较大范围的地理区域进行了调查。他的工作为《英属新几内亚的美拉尼西亚人》（Seligman 1910）一书提供了大量的文献。1907 至 1908 年间，他和同为人类学家的妻子布伦达·塞利格曼（Brenda Seligman）去了锡兰，对维达人（Veddas）展开研究。这是一个居住分散的狩猎人群，生活在锡兰丛林的部分地区(Seligman & Seligman 1911)。在政府的资助下,塞利格曼夫妇又继续开辟新的研究领域:他们在苏丹进行了

15　三次漫长的探险,对苏丹中部和南部广袤的区域里的阿拉伯人、努巴人(Nuba)和尼罗河流域部落的高度多样化的文化进行了记述(Seligman & Seligman 1932)。

　　同时,里弗斯分别在 1908 年和 1914 年重返美拉尼西亚,两次都由杰拉尔德·惠勒(Gerald C. Wheeler)和阿瑟·豪嘉特(Arther M. Hocart)陪伴。他在那里更多地实践了他的"集中式"民族志工作,他和豪嘉特在位于所罗门群岛西部的艾迪斯通(Eddystone)岛上待了几个月,但他的大多数数据都是在几个较短的停留期间采集的。尽管美拉尼西亚地区多样性十分突出,但在当时已经有许多关于该地的研究,甚至也留下了很多的民族志记录。在那之前的权威性民族志记述都是由著名的牧师和传教士科德林顿(R. H. Codrington)所写,他长时间生活在这一区域,为美拉尼西亚传教团工作。里弗斯顺着科德林顿的框架(Rivers 1914),乘着教会船"南方十字"旅行,经过了许多地方,其中一些只是简单地把某个当地人带到甲板上,在离航前让他做几个小时的资讯人。然而,即使是这种做法也确实得到了对整个地区的更深刻的知识,超过任何摇椅人类学家所能达到的程度。

　　以这种方式,里弗斯和塞利格曼在他们的实践工作中逐渐偏离了严肃的集中式的地方研究,而更侧重于地区范围上的扩展。但还有其他更年轻的人类学新人继续着集中研究这一新传统。里弗斯的年轻同伴豪嘉特在斐济岛待了四年,担任校长以维持生计;维勒则在布干维尔岛(Bougainville)待了 10 个月。拉德克利夫-布朗(A. R. Radcliffe-Brown)已经在 1906—1908 年期间在安达曼岛(Andaman)开始了研究事业,然后于 1910—1912 年与澳大利

亚西北部的卡里拉人(Kariera)生活在一起。戴蒙德·杰尼斯(Diamond Jenness)于1910年在古德纳夫岛(Goodenough)工作了相当长的时间,后来又在北极做了大量工作。约翰·莱亚德(John Layard)于1914—1916年在今天瓦努阿图(Vanuatu)的马乐库拉(Malekula)海岸附近的"小岛屿"上生活和工作了两年。这些岛屿几乎跟两个沙洲一般大,但居住其上的部落有着严密的亲族系统和分级的秘密社群。流传的故事说,拉雅德经常加入到土著人中,在他们的舞蹈和仪式中只穿着一个那巴(namba)阴部遮羞物。

冈纳·兰特曼(Gunnar Landtman)是爱德华·韦斯特马克(Edward Westermarck)在伦敦经济学院的一名芬兰学生。在哈登的指导下,他于1910年到巴布亚岛对吉瓦伊人(Kiwai)进行了两年的研究。阿姆斯特朗(W. Armstrong)于1919年到罗索尔岛(这是塞利格曼的一个选择,而马林诺夫斯基没有选中这里),他在那里对当地的贝壳钱整理出一套最精细的体系。这样,在人类学家中的集中式田野作业活动越来越多。田野作业明星当然是马林诺夫斯基,他在1914年到巴布亚港湾的麦卢(Mailu)待了六个月,后来又在1915—1918年间到特罗布里恩德(Trobriands)待了两年。

但首先,我们需要对里弗斯所扮演的众多角色给予更多的关注。也许他对英国人类学学统最持久的影响来自他在社会组织方面所进行的艰辛的概念性工作。为了描述他在美拉尼西亚的发现,他开发出一套在亲属制度研究和社会群体描述中所必要的、极为有序且精确的术语体系,展示了不同亲属称谓的系统性特征、血统观念、婚姻形式和群体之间的交换婚姻,等等。他对其所谓的社会结构进行的这一分析工作为英国人类学随后几代学者的工作打下了基础。在 1912 年版的《人类学笔记和问询》中,他进一步为"集中式"和"具体的"田野方法论扩展了方法论指导原则;他的"系谱法"为我们今天对田野数据的要求设定了精确和详细的标准。里弗斯还保持着同心理学的密切联系,并在剑桥的相关领域担任教职,为治疗"一战"中出现的炮弹休克症发展出治疗方法。在心理学和人类学的边界区域探索理论问题的时候,他保持着开放和创新的心态。

但遗憾的是,里弗斯被英国人类学中后来只成为一个简短和毫无结果的转移所引导,误入歧途:"传播论",或者说这样一种观点,即认为民族志的核心问题体现在对人类迁移和文化借用的全球文化史进行重构这一任务当中。在他活跃于田野作业的大部分年头中,里弗斯一直都运用泰勒的进化论人类学思想方式,但这一框架并没有让他的实际的工作和思考深度结合;他真正的兴趣更多集中在对与社会组织和文化相关的实质材料进行描述时所必要的精确性和关注态度。

几个因素可能是导致这一转变的原因。对于里弗斯当时在美拉尼西亚所累积的分布资料以及整个区域中无数差异点和相似点所拼凑而成的结果而言,泰勒的广泛共享的渐变进化观几乎没什么用处。这些资料似乎需要某种能够帮助人类学家理解地方动态的文化史的东西,正是这种动态的历史造成了里弗斯在美拉尼西亚地区所描画出的具体地方分布情况。大约这个时候,里弗斯对 17 弗里茨·格雷布纳(Fritz Graebner)的作品以及德国传播论流派其他学者的作品熟悉起来,此外还有他们关于分布数据的理论模型。最后,作为格拉夫顿·埃利奥特·史密斯(Grafton Elliot Smith)的朋友和同事,里弗斯又对大洋洲和古埃及的某些文化特质中的相似点进行比较性臆测产生了兴趣——其中最突出的是,里弗斯发现了一些托雷斯海峡岛民制作木乃伊的事实。结果是里弗斯终于在1911年变成了一个传播论者。

在英国得以流传的传播论观点与相信古埃及是所有人类文明之发源地的主张相联系。这一观点由格拉夫顿·埃利奥特·史密斯(1871—1937)和威廉·詹姆斯·佩里(William James Perry, 1889—1949)在他们宏大的"太阳崇拜巨石"论文中所阐述。这些并不是新观点,但在英国学术界的某些圈子里得到了一股强烈和浪漫化的复兴。确实,塞利格曼与这一假说的另一分支纠缠在一起,并努力说明文明动力源自埃及,后来扩散到撒哈拉以南的非洲,这与后来为人所知的含米特假说一致。

技术、宗教思想和其他文化观念在历史进程中在民族中传递和传播,或者移民在进入或流动于人口稀少区域时所形成的大规模人口迁移过程中携带这些东西一起流动,这种想法似乎并没有内在的不合理性。有一种教条式的进化观认为,同样的创新和制度不时地在不同地点被独立地重新发明,因为人类精神上是统一的,这种观点看起来可信性更低。但传播论者的热情有两个巨人的劣势。一方面,它在所有具体问题上都招来对其不能证实的臆测的愤怒,它任何具体的主张都缺乏可能被证实或证伪的证据。历史上实际的文化接触与推动的情境很可能在没有确切证据的情况下发生,而另一方面,远方的陌生人来访留下了物证,也不能证明它们对那些曾经经历过这种接触的人口中会产生的持久文化后果。由传播理论所提供的解释只是简单地将全球民族志记录中存在于各不同项目之间外显的相似性进行重组,而这些记录也成了声称它们具有关联性的证据。由拉德克利夫-布朗领导的下一代的人类学家非常明智地把传播论者的思想当作对历史的拟构而将其抛弃,而不是就他们主张中的具体问题进行严肃的讨论——因此,也从讨论中抹去了所有进化论推测。

另一方面,也许对其更不利的是,文化推动力和迁移的历史溯源观点极易同种族主义者的主张相纠缠,认为特定民族的天才和其他民族的落后都是其生物能力的一种功能体现。幸运的是,由民族志早期创立者阐明并通过泰勒的"心智同一性"构想所吸收进英国人类学中的人道价值观占了上风——这既要归因于它们具有更大的人性吸引力,也要归因于传播论断言中太多的明显谬论。

在这场理论和方法论发展的混乱中,马林诺夫斯基在特罗布里恩德对里弗斯所支持的新的田野作业的完善成为随后几代人类学家共享的奠基式原则。他的方法中几个组成部分已经由我上面所评论的一群同事们在不同的时间里尝试过,但是马林诺夫斯基创造性地将他们的这些实践进行了综合,这在很大程度上依赖于他的个人才能。马林诺夫斯基成为这种新的民族志资料收集方式的设计者、代表者和宣传者。马氏《西太平洋上的航海者》(Malinowski 1922)一书的第一章用 25 页的篇幅介绍了他的这些观点,而接下来的文本则是这些方法为实践工作所带来的裨益的最好证明。它整合了托雷斯海峡探险中的教训:地方情境的首要地位和记录的完整性,即应该对地方生活的所有方面都进行描述记录。始于暗示社会关系数据特征的系谱法实践,马林诺夫斯基也将同一种细节秩序扩展为一种对"具体证据的统计文献"的普遍需求,包括家庭和村庄组成、土地权、交换和分配以及仪式、技术和经济活动的相互吻合等等。

这些材料收集程序除了可以提供关键性的基础资料,还带来了一个难以估量的好处,即个人同社区里的人群增进了彼此的熟悉,而且这种熟悉是不断自我强化的。正是在这里我们发现了马林诺夫斯基田野作业的精华,它一般被模糊地称为"参与"。马林诺夫斯基描述了这种知识在他身上和他自己的态度中引起的转变。生活在村子里,他发现自己开始期待重大事件或节庆的来临,并且对村子里的闲话和新闻产生了个人兴趣,等等。在这种意义上的参与较少是指与当地人跳舞,而更多是指对"通常是琐碎的、有时戏剧性的,但总是意义重大的事件"产生个人和真正的兴趣(Malinowski 1922,7)。

当然,对于这种参与来说,熟练使用当地语言尤其重要。也许幸运的是,这些初次的、因此也是不那么系统的努力是发生在说美拉尼西亚语这门较容易学习的语言的人群中。但毋庸置疑,马林诺夫斯基也有突出的语言能力。奥德丽·里查兹(Audrey Richards)讲了一件马林诺斯基在本巴人(Bemba)田野中拜访她的时候发生的轶事。见面第一天的下午,他们在乡村小路上散步。在遇到一群人之后,里查兹用一个短语同他们打招呼,而他们用了一个相当长的短语回答。过了一会儿,他们遇见一对年轻夫妇。夫妇用先前里查兹用过的短语同他们打招呼,马林诺夫斯基便立即模仿刚才本巴人用过的短语进行问答——这时,年轻的本巴夫妇看起来相当伤心,很快便离开了。马林诺夫斯基转向里查兹问道:"出了什么问题吗? 难道是我的发音不对吗?"而里查兹所能告诉他的是:"不是,你的话很好理解,因为你说的是'我们正要去埋葬我们祖母。'"

对于马林诺夫斯基来说,也许是巨大的空虚和他常常有些张显的个性促发了他制定参与式观察要求的意愿,但促成他此举更多的是他对田野活动性质的反思性意识和他探索研究中的批判性激情。例如,我们也许注意到,他选择把"无知和失败的忏悔"一文作为《珊瑚园》(*Coral Gardens*,1935)的附录发表。类似地,无疑受到了里弗斯对在托达人中进行田野作业的条件和程序的创造性

19

表述启发，马林诺夫斯基经常对他在关于特罗布里恩德的文本中自己的在场和活动给予明确和反思性的记述。他还对"变幅"表现出敏感性（Malinowski 1929,237），这一变幅反映了存在于人类个体性和文化对表现的限制之间的张力。

马林诺夫斯基去世后出版的田野日记（《一部严格意义上的日记》，1967/1989）被一些同行作为一部令人震惊的、具有负面性和破坏性的揭露性文本来阅读，认为该书暗示了马林诺夫斯基田野作业的实践与理想之间不协调的沟壑。在日记中有一份详细的清单，记录了他每天的活动：每段时间都做了什么，但时间也经常被浪费掉了；日记还记录了他经常对糟糕的田野工作进展感到绝望；记录了他的自我怜悯、忧郁症式的抱怨以及兴高采烈和沮丧消沉，并不时伴有对特罗布里恩德人的粗暴和失态的感情爆发，既有针对其全体的也有针对个别情况的。

我相信这些阅读都曲解了日记的内容和价值。马林诺夫斯基对精神分析及自我有着相当的洞见，他显然是在用他私密的日记来调节自己的状况，也是为被压抑的情绪和忧伤提供宣泄。任何一位曾经严肃地试图做这种集中式的田野作业的人类学家一定对
20 马林诺夫斯基文本中所传达的压力和情绪以及对它们进行外化和控制的主观需求再熟悉不过了。实际上，我认为该日记并没有贬损他田野作业方法论的性质和质量，而是展现了他探索目标的严肃性，以及这种田野作业所需付出的个人成本。但这里也可以有不同的观点。对于任何感兴趣的人，我强烈推荐雷蒙德·弗思（Raymond Firth）在再版的1989年版马林诺夫斯基日记中所写的"第二次序言"中所阐明的敏锐而颇具见识的反思（Malinowski 1967/1989）。

马林诺夫斯基1922年对特罗布里恩德海外探险的记录永远

改变了英国,无疑还有其他地区的人类学学统,但这一变化并不是立即发生的(Malinowski 1922)。一些人类学家立即转变了;而另一些则不为所动。很长一段时间内,英国人类学中的一些从业者还是继续做着托雷斯海峡探险之前的摇椅型研究,其他人继续到田野中旅行,但与当地人保持距离,大体上靠所谓的"从部落首领那里听取报告"的方式收集材料。这并不是可以靠挥一挥魔术棒就能轻易实现的转变。即使在今天的英国,也有一些受人尊重的人类学家试图进行更充分和丰富的田野参与,但并没有特别成功,因此主要通过其他技术来收集数据。马林诺夫斯基的田野作业风格同时需要如此多的才能,结果即使有也没有几个人类学家能够充分效仿,当然也没有其他人的实践能像他那样稳扎稳打并取得如此大的成功:我们当中的一些人害羞;一些太过谦虚;一些则在语言学习方面差强人意,进步很慢;因此极少有人能赶上他的才气、敏捷和直觉能力。所以参与式观察只能意味着具体学者以其能力所能达到的方式进行参与。

马林诺夫斯基的例子在整个学科中所产生的变化对我们所有人都产生了压力,这种压力使我们把工作从提供关于制度的、外部人的记述转移开,也从对民族志细节的更贫乏和肤浅的记录转移开,而将其努力渗透到这些细节所展现的心理态度中——用马林诺夫斯基的话说,就是要努力"抓住当地人的观点、他们与生活的关系,理解他们对其世界的看法"(Malinowski 1922,25)。

在纵贯本章所总结的 24 年学科创新和实践的过程中,人类学学科的制度框架几乎保持不变——换句话说,这样的框架依然存在。詹姆斯·弗雷泽爵士在 1907－1908 年到利物浦,担任为期一年的访问学者,从而过早地提出了日后成为英国流派名号的"社会人类学"名称,但却没有培养后继者。泰勒在牛津过着安静的生活，他很少将其职位优势用于学术研究，也从没有将其用于教学指导。历史上对哈登在剑桥的角色有着一些非常矛盾的描述，但根据所有的证据判断，我认同利奇的评价（Leach 1984），即哈登在那里或其他地方很少产生过学术影响，更没有在学科建制上发挥威力，他在改变学科的制度状况方面所作的努力也没有成功。

只有在伦敦经济学院一个小的立脚点建立了起来，这反映了当时正在悄然发生的学术和学科变化。芬兰学者爱德华·韦斯特马克（1862－1939）自1904年在学院中担任社会学教职。1907年转而建系之时，他将教学研究安排成三个部分：复活节学期在伦敦做社会学家；接下来的学期在赫尔辛基老家当道德哲学教授；冬天则在摩洛哥收集关于婚礼的人类学材料，尽管主要是在进化论者/历史理论的框架内。1910年，塞利格曼加入了他的工作并同样花了相当长的时间从事田野研究。他两人都没有理论创新，只有马林诺夫斯基代表了新的人类学。虽然如此，伦敦经济学院的该系还是为人类学中几个新人提供了培训和暂时的立足之处，包括初到英国的马林诺夫斯基。现在看来，当时的英国人类学似乎正待发端。

第三章 马林诺夫斯基和
拉德克利夫-布朗(1920—1945)

英国传统中理论范式所发生的重大转变出现在 1922 年。[22] 就在这一年,马林诺夫斯基的《西太平洋上的航海者》(Malinowski 1922)和拉德克利夫-布朗的《安达曼岛民》(*The Andaman Islanders*,1922/1948)同时出版。这两部作品和它们的作者塑造了整整一代学生,为英国社会人类学的发展提出了影响深远的前提基础。它们以共同的立场主张使得用历史解释来探寻起源的研究方式被抛弃,并代之以新的要求,即对民族志资料的分析可以通过沉浸到当地人行为在当代时刻所展现的细节中来取得;也就是说,需要人类学家在研究的客体内部寻找理解和解释。因此新的方向是要同爱德华·伯内特·泰勒所创立的英国学统进行决裂。

马林诺夫斯基(1884—1942)通过一种构思宽泛的"功能主义"来发展他的分析:他认为一个地方文化的所有部分在所有其他部分的运行中都起到作用,并且还认为每一个地方文化都构成一个完整的、复杂的机制,其中"人"作为一个机体藉此适应其外部的物理和集体环境。从那时起,这些理论前提对于任何一个做集中式田野作业的人来说都是耳熟能详,而且在某种意义上是不可避免的理论;它们代表了这一发现,即所有那些开始看似任意且毫无意义的文化细节实际上都有意义,不论是存在于当地人群的其他行为中还是作为他们在地方环境中生存的一种方式来看，都是如此。

　　马林诺夫斯基的特罗布里恩德资料的丰富性使得通过单独一部巨著来记录这些东西成为一项不可能的任务。因此马林诺夫斯基代之以通过在接下来的 13 年里的一系列生动的专著对其进行
23　描述。他为每一部专著都选取了一个具体的主要制度作为中心，对其进行描述并且也描述了特罗布里恩德文化的其他部分对它的影响。这一工程从来没有完成过，实际上也不可能完成；许多非常重要的制度从来没有成为关注的焦点，这对许多条理严谨的学生来说是一种挫折。

　　拉德克利夫-布朗(1881－1955)同样在功能概念中找到了方法，把人类学分析的关注范围从起源和历史问题转移到结构和相互联系问题上。但他的系统观同他的社会概念相联，他的兴趣和智力风格就要把分析推上一个比马林诺夫斯基更高的抽象水平。拉德克利夫-布朗朝向其目标所走的理论之路要比马林诺夫斯基的更长——或许从某种意义上说只是比马氏的理论得到了更多的记述以及显然更多的重新编辑修订。

　　拉德克利夫-布朗于 1906－1908 年在安达曼岛屿上的田野作业比马林诺夫斯基在特罗布里恩德的要早 10 年——然而他对此次田野作业的记述直到划时代的 1922 年才出版。他是基于进化论的标准选择安达曼作为田野地点，因为人们想象安达曼人代表了人类生命的最原始和最基础水平，也因为他们人口的矮小身材：这种"矮小黑人"被认为属于人类最古老的一级。岛民们从事的经济活动是在茂密的热带树林里狩猎和采集，以小群体的形式居住在一起，因此他们的文化创造与特罗布里恩德人相比要逊色得多，没有那么绚烂迷人。

　　大安达曼岛上早在 1789 年就建立了一个小型的英属印度殖

民地,但很快被就放弃了,后来在 1858 年该殖民地又被作为犯人流放地重新建立起来。尽管安达曼部落一直很固执地对外充满敌意——确实,小部落似乎现在还是这样——那些最靠近殖民地的人慢慢受到诱惑,与外界开始接触。拉德克利夫-布朗来到该地的时候,当地人的生活和传统已然遭到了很大程度的损耗。换句话说,他们代表了与仍然处于原生态的、充满自信的特罗布里恩德人完全不同的案例。拉德克利夫-布朗在安达曼的田野作业中一个重要部分似乎是在犯人流放地周边的那些靠依附流放地生存的当地人中间做的。尽管他也曾描述过自己如何不懈地努力,但事实上他从来没有提高自己使用安达曼语言的能力,大多数材料的收集工作都是通过一位说北印度语的翻译来进行的。他的田野工作技术大部分得自托雷斯海峡探险,然而令他自己和里弗斯都感失望的是,他对系谱法的实践从来没有完全成功。他与当地人在一起的时间加起来大约有十个月,无论如何,他基于自己收集的资料所写的第一篇论文为他在 1908 年赢得了三一学院的奖学金。

　　因此,马林诺夫斯基的丰富血生动的特岁布里恩德材料所展 24
现的优势,拉德克利夫-布朗一样也没有。但 1910 年通过在剑桥和其他地方所开的一系列讲座课程,他有机会以社会学的术语重新思考他到那时还属进化论的人类学观点——很大程度上是受到了涂尔干关于劳动分工的论述和社会学方法的准则所启发——也按照越来越多的关于澳大利亚的社会组织、图腾制度和外婚制的作品来反思他在安达曼岛上获得的材料。这为他下一次田野实践,即 1911—1912 年在澳大利亚西北部展开的研究作了完美的准备。虽然这次工作被队员们的内部争议所困扰,纯民族志成果也似乎略显稀少,但是澳大利亚之行所取得的材料同他理论思想的核心形成了完美的组合。他的论文"澳大利亚西部的三个部落"于

1913 年出版,为他后来所做的澳大利亚社会组织的工作提供了关键材料,这一工作在他的杰作"澳大利亚部落的社会组织"(1930－1931)中达到顶峰。在这里,他得以实现其承诺:对诸社会的类型学种类进行清晰和系统的比较分析。

《安达曼岛民》尽管是在拉德克利夫-布朗对澳大利亚社会组织进行突破性的分析后将近十年才出版,但它明显包含了他在获得这些见识之前就已经概念化和写作的材料。但除了与社会和结构问题没有多大关联的许多详细民族志记录之外,它还确实在其第五章和第六章中包含了对一些一旦采取社会学的观点就会出现的新问题——个体的情感和集体的社会行动之间关系的性质——的解决办法。拉德克利夫-布朗在几处启发性章节中引入了他的概念框架,以告诉我们如何理解"为何安达曼人以某些方式思维和行动。对每一个单独习俗的解释都是通过展示它与安达曼人的其他习俗和整个思想和情感体系的联系获得的"(1922/1948,230)。

在这些章节中,拉德克利夫-布朗概述了人类学家的研究程序,他们力图通过这一程序识别出习俗的意义、仪式在建立情感和在代际间传递时的角色,因此还有当地制度在整体社会再生中所具有的功能。之后,通过接下来 30 年所发表的、最终收集在其著名论文集《原始社会里的结构和功能》(1952)里的另一些引人注目的论文,拉德克利夫-布朗发展并传播了他的立场,并由此为下一代英国社会人类学家的工作建立了理论基础。

25　　马林诺夫斯基的功能概念更直接地同人类需求的概念相关联。这种联系束缚了马林诺夫斯基一生的理论研究,但也使他在应对感受和价值观等问题的时候能够采取不像拉德克利夫-布朗那般抽象的方式,因此也使他能够针对 1920 年代和 1930 年代欧洲知识分子圈中最受关注的主题抒发己见,尤其是针对弗洛伊德的作品。马林诺夫斯基的书被广泛阅读,这一状况也是他毫不羞涩地采用像《原始社会的性与压抑》(1927)和《美拉尼西亚西北部野蛮人的性生活》(1929)这样的标题所促成的,这对英国读者所提供的东西毫无疑问远比在我们今天这个宽容的时代更具刺激性。他的观点是,对亲属制度研究的有效方法需要观察家庭成员间在情感上和经济上的基本关系。他认为,更广的亲属称谓来自儿童所接触的核心亲属称谓的扩展,以及在这些关系中体验到的质量。另一方面,他并不关心被其称之为"亲属代数"的概念,这一称呼无疑是对拉德克利夫-布朗的研究方法的一种轻视。

马林诺夫斯基于1920年代和1930年代在伦敦经济学院的教学产生了深刻和普遍的学术影响。他著名的研讨课吸引了来自各地的参与者,为人类学家加入这一论坛提供了第一个历史性的机会,使他们可以在这个论坛中开展探索性和想象性的工作,以塑造一种新的人类学。然而专业人类学家的人数仍然很少,建制资源也少得可怜,因此这股活力能够维持下来也真是个奇迹。马林诺大斯基在伦敦经济学院的教职始于1924年,当时与功能主义毫不相干的韦斯特马克和塞利格曼也在这里。但是别的英国学术机构对严肃的人类学仍然大门紧闭,而其他地方少得可怜的几个人类学职位则由一些不为新思想所动的同行占据着。

占据伦敦大学学院人类学教职的是格拉夫顿·埃利奥特·史密斯和佩里。参加1925—1926年马林诺夫斯基研讨课程时还是一个年轻学生的美国人类学家霍滕丝·鲍德梅克(Hortense Powdermaker)曾经讲述过她受邀到史密斯和佩里在大学学院的办公室与他们见面时所发生的紧张的一幕。他们起先问她的论文题目是什么,当她回答说与原始社会中领导力的性质相关时,史密斯立即问"领导力的来源是什么?"而当她明白表示她对此既不知

26　道也不关心时,两位教授便激烈地与她对峙,于是她匆忙逃回了伦敦经济学院,并在那里汇报了她的敌区之行(Powdermaker 1966,37)。这似乎就是两个院系之间接触的特点。

在牛津,泰勒只有一个有名无实的教授之职,当马雷特(C. C. Marett)于 1908 年被任命为他的继任者时,他只被列为"社会人类学高级讲师"(Stocking 1996a,172)。马雷特在牛津的主要职位和影响依赖于他在埃克塞特学院的职位以及后来的院长一职。埃克塞特学院似乎给有人类学兴趣的学生提供了一个还算可以的避难所,但也许这些活动之所以被容忍,只是因为在牛津体制下达成的一种认识,即人类学的发展不能侵入一些重要的研究领域,如对古典语言文学的研究等,而应严格限制在对过去和现在的野蛮人的研究范围之内。因此马雷特在牛津人类学专业发展中的地位似乎只不过是进行一个漫长的,并且在学术思想上也很被动的支持工作。少数几个有抱负的学生因此被迫转投伦敦经济学院以寻求启发。

剑桥的人类学专业发展只能被描述为一个灾难。里弗斯于 1922 年逝世,少数一些较执著的剑桥人类学学生转投伦敦经济学院,而艾尔弗雷德·科特·哈登继续对剑桥的人类学专业发展施加着既不称职也不合宜的影响。哈登于 1926 年退休,他的继任者是曾在印度任文职的 T. C. 霍德森(T. C. Hodson)。据推测,选他是因为人类学的主要任务曾是为殖民军官学校的学生提供补充性教学。当霍德森于 1936 年退休时,许多人都来应聘这一当时已经成为教授的职位空缺,这其中有出色的人类学家格雷戈里·贝特森(Gregory Bateson)、约翰·德赖伯格(John Driberg)、雷蒙德·弗思、达里尔·福德(Daryll Forde)、里奥·福琼(Reo Fortune)、阿瑟·豪嘉特和奥德丽·里查兹。哈登让这一职位最终落到胡顿(J. H. Hutton)手里,后者曾在印度任公务员和民族志学者,是印度人口大普查的组织者。正如埃德蒙·利奇力图证明的,我们似乎不可避免地得出这样的结论,即人类学并是被不简单地忽视了,而是被敌视的剑桥和牛津体系进行了积极的压制。

当马林诺夫斯基在伦敦找到其立足点的时候,情况使得拉德克利夫-布朗完全处于下风,并使他像一个被放逐者一样踏上了漫长的海外冒险旅行,并在开普敦(1920—1925)、悉尼(1925—1931)和芝加哥(1931—1937)担任教职,最后于1937年回到英国并重返牛津。在漂流海外的年月里,拉德克利夫-布朗的学术言论成为一个孤独但强大的声音,通过出版物和偶尔参加皇家人类学协会的会议和其他国际会议对人类学英国学统的学术发展起到了重要的 27 作用。几乎具有同样重要性的是,他教授社会人类学并培养了一些学生,他们后来都在英国人类学的发展中发挥了显著作用。在南非,他教过艾萨克·沙泼拉(Isaac Schapera),之后将其送往伦敦经济学院,他还曾与在剑桥就认识他并受其影响的维尼弗雷德·塔克·霍恩雷(Winifred Tucker Hoernlé)一起工作,后者更将其薪火带到威特沃特斯兰德,而非开普敦,并在其离开南非后继续为其骨干团队招募新人。在悉尼,他从事教学工作并为配合美拉尼西亚和澳大利亚的人类学田野作业提供了一个中心,促进了一些年轻同行的工作,如格雷戈里·贝特森、玛格丽特·米德(Margaret Mead)、里奥·福琼、W.劳埃德·沃纳(W. Lloyd Warner)以及他自己的学生伊恩·霍格宾(Ian Hogbin)、埃尔金(A. P. Elkin)和皮丁顿(R. Piddington);他还在弗思首次访问提科皮亚(Tikopia)后让他担任一年的讲师。

拉德克利夫-布朗还在更广的政治领域中发挥了显著的作用。他在大学时代就因为对克鲁泡特金的热情被人们称为"无政府主义的布朗",他的激进和反殖民主义观点迫使他离开了南非,并引发了他同澳大利亚当局的冲突，这也使他于 1931 年转赴芝加哥。他在那里对一群美国人类学同行和学生产生了强烈影响，这其中包括像弗雷德·埃根（Fred Eggan）、罗伯特·雷德菲尔德（Robert Redfield）、洛伊德·瓦纳和索尔·塔克斯（Sol Tax）这样的领军人物。芝加哥人类学家中还流传着这样一个故事：每个星期塔克斯都会把拉德克利夫-布朗讲座的笔记拿到田野博物馆的拉尔夫·林顿那里，后者富有影响力的作品《对人的研究》（1936）则清楚反映了拉德克利夫-布朗的思想。拉德克利夫-布朗关于《社会的自然科学》（之后于 1956 年才出版；1956/1964）的讲座是对他那时在社会结构上所持的观点的一种雄心勃勃和持续不变的表述，标明了他越来越远离马林诺夫斯基那种更具文化和心理学导向的功能主义。拉德克利夫-布朗离开芝加哥之后，他强烈的在场效应还持续保留在当地的研讨课和学生讨论中。

　　但英国学统在 1920 年代和 1930 年代早期的真正动力很自然地来自伦敦经济学院，这既是因为马林诺夫斯基所提供的启发，也因为这里是自称新的和复活的英国人类学的唯一避难所。在这里，新一代聚集在马林诺夫斯基独裁但富有成果的统治下，从这些理论根基中产生了下一代具有创新性的专论：如奥德丽·里查兹的《一个原始部落内的饥饿和工作》（1932）；福图恩的"马努斯宗教"（1935）；弗思的《我们，提科皮亚人》（1936）；贝特森的《纳文》
28　（1936）；莫妮卡·亨特（Monica Hunter）的《对占领的反抗》（1936）；爱德华·埃文思-普里查德（Edward Evans-Prichard）的《阿赞德人的巫术、预言和魔术》（1937）。这些研究所实质关注的范围包括劳动和经济、宗教、亲属制度和家庭、仪式、文化接触和变化、信仰和宇宙观。这些也预示着功能主义研究从美拉尼西亚转到更多的非洲民族志材料。他们的共同力量是一个坚固的基础，即拥有丰富的经验数据以及一个富有探究性和创造性的理论欲望:马林诺夫斯基因为在他的研讨课中对"*problemstellung*"(提问题)的要求而出名——他认为这个概念不能翻译成英文,因为它既包括所问的问题,还有形成问题的方式。在英国地位显赫的大学的敌视目光中,这种功能主义人类学的茁壮成长非常实际的必需品是从洛克菲勒基金会获得的大量田野作业研究资助,这些资助同时帮助了马林诺夫斯基那一派的非洲研究学者和拉德克利夫-布朗门下研究大洋洲的学生。

功能主义人类学采取了一种共时性和社会学的导向,从而同这一学科的传统学术基础形成了几乎彻底的决裂。一些旧的民族志仍然可以读起来很有趣,或至少在其资料方面有助于学到知识,许多关于亲属制度、社会组织、异域信仰的描述性概念仍然有用,或者通过修正能够保持这样的地位,但是泰勒和进化论者的理论框架已经不再,更不用提传播论了,因此英国学统的历史就有必要用新的思想根基来改造和重写。非常明显,直接的和公认的源泉是埃米尔·涂尔干(Émile Durkheim,1858－1917),但人们也找到了来自英国的思想先祖,其中最重要的一位就是亨利·萨姆纳·梅因(Henry Sumner Maine,1822－1888)。梅因关于契约、权利尤其是群体的概念及其相关的状态的作品同拉德克利夫-布朗的思想相当合拍,并被写进了新出现的结构功能理论的核心里。

当拉德克利夫-布朗最后于1937年回到英国,并在牛津担任人类学的教职时,马林诺夫斯基于1938年离开伦敦到美国在耶鲁休假,好像整个图景发生了转换。旧的反抗堡垒倒塌了,在英国知识界的声望中心,拉德克利夫-布朗能够在自己周围聚集一小群有希望的年轻人类学家。第二次世界大战打断了马林诺夫斯基的计划,他选择待在美国等它结束,1942年他在那里逝世。随着马林诺夫斯基魔力的突然消失,一个让人既觉熟悉但又是全新的、鼓舞人心的教师和学术领袖在牛津登上了学术建设的顶峰。

29　　　这两个人物之间的差异深刻而又广泛,从个性到基本的学术风格再到他们的功能概念的具体细节及其所支撑的人类学理论。拉德克利夫-布朗的工作范围相对狭窄而具系统性,并由此建立了一门拥有连贯的概念、方法、数据和理论的学科,而马林诺夫斯基则保持着不断变化的、跨学科的冲动,在与其学生的不断对话过程中对世界问题和全球的学术生活作出反应。

弗思也许比任何其他同事都更熟悉马林诺夫斯基,他在马氏逝世后曾写过一篇评价文章,其中引用了他自己在1942年为马林诺夫斯基所写的一段颂词:

　　　　对于他的学生来说,来自马林诺夫斯基的激励是许多特质的综合:他体察入微的分析能力、他面对问题时的坦诚、他的现实感、他对文献的掌握和运用、他把细节整合成普遍概念的能力,以及他在处理讨论时的才气和智慧。但这一激励最终来自他对教师角色的开放性理解……他和学生并不总是看法一致。但人们感觉他有大量的明智建议,并能以独特的明智方式加以表达。无论他是冷静还是轻率地发表意见,人们都知道他是富有同情心的,并设身处地地理解别人的困境。如果出现危机——因为人们有时可以同他激烈争辩——他有一个最能缓和局面的方式,即马上把所有的情绪放到一边,而就事论事地将整件事放到桌面上,分析他自己以及他人的动机。正是这种超越了老师与学生关系的友谊和同情力增强了他的魅力(1957,9)。

换句话说,马林诺夫斯基的贡献具有多重意义及深刻的启发性,但从理论上说是即兴式的。

我们把这个评价与迈耶·福蒂斯(Meyer Fortes)对拉德克利夫-布朗所作的相应颂词进行比较,后者出现在福蒂斯1949年为一部献给希朗的研究集所写的前言里,这时他的领导地位正处于巅峰:"当今学者中没有人像拉德克利夫-布朗那样对社会人类学的发展具有如此决定性的影响。作为一名教师,他是无可比拟的;他的作品被列于人类学的经典之中。他的影响力不仅仅是因为他作为一个教师和田野调查者所积累的广博的阅历,而且还因为他拥有天才,能够将新发现所带来的激动传达给学生,并让他们渴望加入到进一步的研究中。"(Fortes 1949)这里我们无疑回到了这样的一个体系之中,即优点在于其系统性,而进步则是直线性和累积性的。

拉德克利夫-布朗没有浪费任何时间就取得了英国学统的指 30 挥者的角色。他即刻的任务就是在主要概念中引发一种从文化到社会结构的转变。在其1940年所作的皇家人类学协会主席讲演中,他对马林诺夫斯基的一个建议作出了回应,后者曾建议把南非当作两个或更多的文化互动的舞台来研究:

> 我们不是观察"文化",因为这个词不表示一个具体现实的意义,而是一个抽象物,它也一般被当作抽象的词来使用……南非所发生的不是英国文化、南非文化、霍屯督文化、各种班图文化以及印度文化间的互动,而是一个确立的社会结构内部的个体和群体间的互动,这一结构本身就是一个变化的过程。例如,一个特兰斯凯部落中所发生的一切只能通过把该部落融入一个广义的政治和社会结构体系中来描述(Radcliffe-Brown 1952)。

今天我们可以意识到,这一声明包括许多挑战和障碍,英国人类学界慢慢才意识到这一点,而且相当程度上无法找到合适的解决办法——并且拉德克利夫-布朗的概念方案也不能避免对它自己的具体化。而且,他也许过于关注对抗马林诺夫斯基的争论而失去自制力,结果发现自己提了一大堆反对观点,但他自己都没有答案。然而他所设想的方案明显是激进和创新的,确认了从谈论文化到把社会结构推到前台的转变。

拉德克利夫-布朗的计划是要把社会人类学重新塑造成一个系统性的比较社会学,而完成该计划的生动而富有影响力的一步实现于《非洲政治体系》一书(Fortes & Evans-Pritchard 1940)。这是拉德克利夫-布朗提出的新学科(在这一术语的两种意义上)的一些典范成果。马林诺夫斯基显然没能够对特罗布里恩德的政治体系进行记述,也从没有在真正意义上进行过比较。《非洲政治体系》是一篇关于政治的比较论述,梳理了许多民族志形式的结构,并建立了两种基本类型,即中央集权的国家结构和无国家的政治结构。尽管在无国家类型中确认了小规模的群居模式,就像在丛林族群中所发现的那样,但是关注的兴趣仍然集中在把部分的谱系制度作为无国家政体的原型——因为这里依靠一种无国家形式组织起了人数相当大的一个人群,更重要的是,这是埃文思-普里查德和福蒂斯自己曾研究和描述的政体类型,并同涂尔干和拉德克利夫-布朗所持有的概念架构吻合得相当好。更令人兴奋的是,这些政治形式和由其组织的社会的其他主要方面之间的联系以高度精确的语言展现出来。很显然,他们已经取得了较大的实质性的和理论的进步,而且即将在之后的几十年里塑造英国人类学的许多思想。

战争时期必然是一个过渡期,其间极少开展新的人类学研究。

因此在牛津的头几年,关于拉德克利夫-布朗倡导的这些事并没有很多人知道,当然在学术圈也并没有得到应有的认可和接受。只有在战后漫长的黄金岁月里,这些理论成就的潜力才得到了充分展示,那时人类学才在英国的学术界取得了更显著的地位。

第四章　黄金时代(1945—1970)

32　随着雷蒙德·弗思接任伦敦经济学院的教职(1944);爱德华·埃文·埃文思-普里查德接替牛津的教职(1946);马克斯·格卢克曼(Max Gluckman)进入曼彻斯特创立的新系(1949);以及迈耶·福蒂斯接任剑桥的教职(1950),很快又有埃德蒙·利奇加入,都是1900年后出生的新一代学者用他们的新人类学肩负起了英国的主要学术中心的领导任务。每个人都曾被马林诺夫斯基和拉德克利夫-布朗所塑造——其中几位还在不同时期与二人都保持了密切的师生关系——每个人都为他的职位带来了独特的学术风格和民族志知识。但许多评论者也注意到,他们及其同辈的学者在英国的学术和政治机构中很长时间都还是边缘人物,就同他们的前辈一样。

这里简要地介绍一下:雷蒙德·弗思(1901—2002)是新西兰人,受过经济学的训练,从波利尼西亚人的小型露宿族群提科皮亚人中收集了极其丰富的民族志材料,正如他在其经典作品《我们,提科皮亚人》中所报道的那样(1936)。他在伦敦经济学院的任期于1933年开始,后来艾萨克·沙泼拉(南非)和纳达尔(S. F. Nadel)(奥地利)也加入了其队伍。爱德华·埃文·埃文思-普里查德(1902—1973)是英国人,在牛津读历史学,在苏丹南部做了一系列田野研究。在其被任命的时候,他已经写了极有影响力的《阿赞德人的巫术、神谕和魔法》(1937)和《努尔人》(1940)。

迈耶・福蒂斯(1906－1974)是南非人,受过心理学的训练,出版了典范性的专论《塔伦斯人的氏族制度的动态力量》(1945)和《塔伦斯人的亲属网络》(1949b)。马克斯・格卢克曼(1911－1974)同样也是南非人,在南非和中非都做过田野作业。他在1941－1947年任罗德斯-利文斯顿学院院长,很快就从那个学院带了一批年轻学者到他在曼彻斯特的新系里。

以当时学术机构的结构来说,这些主要院系里的教职拥有极大的权力,能够控制着他们年轻的同事和学生,他们也通过殖民社会科学研究委员会(Colonial Social Science Research Council)来行使影响力,这一委员会最后又开始为田野研究提供来自英国的充足的资助。英国人类学的主流还保留着他们的印记。

埃文思-普里查德的《努尔人:尼罗河人的生计模式和政治制度的描述》(1940)一书的出版已经为英国人类学研究设定了方向——确实,这也许是人类学领域内出版的最有影响力的专论。对于新一代人类学家,尤其是受牛津影响的那些人来说,该书成为了所有民族志研究的典范和原型。其言简意赅的描述和高度的抽象备受人们的推崇和仿效,甚至还被埃文思-普里查德的追随者们加以夸大。尽管《努尔人》详细讨论了谱系组织,但对其进行更近距离地检视显示,它也为其他主题提供了大量的空间。其中之一便是它的分标题中的词组"生计模式的描述"所暗示的环境因素,及其对"社会生态学"这一术语的明确提出。

尼罗河的季节性涨落,引起居住地的聚集和分散之间形成一种律动,埃文思-普里查德发现这反映在政治制度的分割结构中。但因为埃文思-普里查德显然不熟悉什么生态理论,他没有办法为研究环境因素和政治之间的联系概括出一种分析方法,因此他满足于展示形式上的吻合,他和其追随者们忽略了那可能促发他们研究同社会相关的人类生态学的东西。同样,如果努尔人自己对待这些环境限制的观念被注意到了,作者本可以对其加以研究并同马林诺夫斯基对文化的关注相关联,但文本中研究当地文化概念的这一机会却被分析者自己的"社会生态时间"和"结构时间"等抽象观念所打断。

因此埃文思-普里查德向其读者和学生突出展示了地位和共同群体的强有力结构抽象形式,把社会结构的形式从令人混淆的复杂地方生活中解脱出来,正是这一操作使那时的年轻一代人类学家叹服,也引发了潮水般的"谱系社会"研究。这些概念操作在福蒂斯的杰作"单线世袭群体的结构"一文(1953)里得到进一步的清晰说明。在这里,人类学那包罗广泛而又模糊的"亲属制度"观念作为一种组织类别,被清晰地分成政治-法律领域和家族-家庭两个领域。清除掉下面的枝节,使得一个全新的、条理分明的"结构-功能主义"分析成为可能,即分析什么可以在概念上分离和抽象为独特的政治-法律领域。

埃文思-普里查德的跟随者在巫术这主题上进行了一项类似外科手术但富有成果的研究工作。埃文思-普里查德对阿赞德巫术的经典分析中有一部分——即关注巫术指控的社会分布的部分——是从对巫术思想的哲学探索这一更广的领域中抽取出来,并被用来识别出各种地方社会结构中的紧张关系(Evans-Prit-chard 1937;Nadel 1952)。也许这些分析模式的魅力,尤其是对于那些首次详细描写田野材料的年轻人类学家来说,在于那些庞杂的田野材料可以以这样的方式被削减成合适的大小,并且通过这样高度集中式的操作制定整齐的分析框架。这些抽象概念所产生的结果对于一无所知的人来说既清晰,也显然富于洞见,并且总是令人惊讶。于是在人类学家中建立起了这样一种看法,即我们的学科正在进步,并把有力的分析工具放到了我们手上。但同时,马林诺夫斯基全面而详细的田野作业方法的延续对存在于民族志者的所有田野见闻和用一种严格的结构功能论者的分析网所能获得的相对有限和平常的结论之间的差距保持了一种创造性的不满态度或紧张关系。

因此,1940到1970年之间英国学统中的主要潮流可以被看作一种规范化的、通常也很成功的尝试,试图将拉德克利夫-布朗的抽象概念付诸应用并将其用途扩展至不断更新和发展的经验领域中。为继续展开这一观点,我将指出几个这样的应用扩展案例以及一些引发了其他问题的、在民族志方面产生的不足。

第一个归纳概括的尝试是拉德克利夫-布朗自己在比较性研究《非洲亲属和婚姻制度》(Radcliffe-Brown & Forde 1950)里所进行的田野和编辑工作中。该研究采用了一套系统性的程序,用新的、以群体为中心的观点代替旧的、以自我为中心的亲属制度——也就是说,要分析不同的世系形式,同时要将重点放在它们所产生的群体结构上,而不是通过亲属制度的确认来组织构建的人际关系网上。这一工作在其自己的术语框架内给出了非常令人满意的结果,但在一段时间内也限制了主要的英国人类学家在社会如何构成问题上的理论想象力。玛丽莲·斯特拉森(Marilyn Strathern,1992)简述了一个臭名昭著的案例:彼得·劳伦斯(Peter Lawrence)在1950年从新几内亚返回,带回了以双边亲属关系和其他元素为基础的对当地组织的描述,这似乎与结构功能论者所建立的所有概括归纳相左。福蒂斯草率地否定了存在任何这种社会系统的可能性,而劳伦斯的数据材料直到很多年后才被人们所接受。有关所谓非单边亲属关系的材料和分析只是慢慢地才得以积累,继而确立了双边亲属关系的群体特征,最终达到了修正正统思想的程度。

福蒂斯后来建议通过为非继嗣亲子关系引入"补充性子嗣关系"概念,把所有亲属关系的基本双边性质纳入到世系框架和血统理论中,例如就像母系关系在由父系血统所定义的系统中的地位一样(Fortes 1959)。另一方面,利奇在他对克钦(Kachin)社会的民族志的分析中,已经发展了一种结构上更激进的观点,在这一理论中,他把血统和姻亲关系对立起来。因此他能够对婚姻在某种血统系统中的政治地位作出以群体为中心的分析。这一分析首先出现在早期一篇精彩的论文中(1951),并在一部广受赞誉的专论(1954)中形成经验核心,这一专论在许多方面都超出了我们目前所讨论的范式。但在写作关于单线继嗣制度(1953)的文章的时候,福蒂斯却忽视了对所谓联盟制度的这一洞见;这也许是这两个剑桥同事之间决裂的原因之一,并导致了该系的持久分裂。(导致这一决裂的还有其他一些原因,始于当利奇于 1950 年代离开伦敦经济学院的高级讲师职位而加入剑桥的系所时,福蒂斯没能在剑桥发挥必要的影响力帮他获得一个高于讲师的职位。)

人们对被统称为世系理论的东西出现了一种不安,这是在逻辑和抽象意义上呈现的结构与现实状况之间经常出现的差异所导致的结果。埃文思-普里查德自己记录了努尔人中存在于他所描述的想象中的共同世系群体(1951)与实际存在的居民社区之间的不一致。在每一个村庄和领地内,相当多的村民原来都不是根据"主导"氏族的祖先来追溯血统的;这些村民也许是母系亲属、姻亲或只是依附者。为了解答这一问题,埃文思-普里查德声称,对于努尔人来说,分支的系谱提供了地域分支的概念模型,因此出现的差异其实是无关紧要的。格卢克曼延续了埃文思-普里查德的观点,但加进了功能主义的主张,即拥有不同血统的个人出现在社区里具有促进和平的功能,尤其当他们是世仇中对立群体的血统中一员的时候,阻止冲突是他们的利益所在,因此他们将积极地通过协商得到解决办法。由此也许可以得出关于交叉忠诚感的团结功能的普遍命题,但根据埃文思-普里查德的描述,那时组成努尔社会的核心结构的这些世袭分支的目的论性质又是什么?

对于那些想要理解当地事实的人来说,许多问题还悬而未决;人们究竟为什么会在其世系领地之外安家? 在集体政治行动中,控制世系或社区中的融合或分裂的价值观都包括什么? 在这个由不同联盟的人们组成的无序之地,又是哪些多样而对立的政治过程在起作用呢? 简而言之,情境融合和分裂的模式所描述的是什么? 它代表的是分类的逻辑作用呢,还是混合型地方群体中的效忠意识呢,抑或族仇中男性战士群体之间的实际联盟和对抗呢? 世系理论者使用得越来越多的一个术语取自埃文思-普里查德自己的文本:继嗣一词为表达分支关系提供了"习惯用语"(1940,212),这到底是什么意思还相当含糊:由一群群集体行动的真实人们组成的分支群体到底是不是由人们的男性继嗣观念产生的呢? 如果不是,群体效忠意识的来源又是什么呢? 对于一些人来说,这种不安仍然存在,然而许多从田野回来的新人却迫不及待地采用了这一世系模式。

埃文思-普里查德也将其努尔人世系模式以基本上不变的形式运用于对昔兰尼加(Cyrenaica)的贝都因(Bedouin)部落社会结构的描述(Evans-Pritchard 1949)。然而这些人群自己一定是用和努尔人不同的方式来理解和运用继嗣这一概念的。例如,他们没有异族通婚;没有尼罗河水的季节性变化,他们当然也有着不同的生计模式;同时他们也使用一套不同的形象来代表各世系分支:用父与子(或共妻)而不是努尔人中所用的炉膛和屋门。

埃文思-普里查德的学生埃姆里斯·彼得斯(Emrys Peters)自己在昔勒尼的贝都因人中进行了田野作业,并在一系列文风严谨且隽永的文章中探讨了一些得自贝都因的经验事实,相关问题包括:母系纽带在政治上的运用、世仇,以及各分支在某些而非另一些谱系水平上的增殖趋势(Peters 1960,1967)。尽管其挑战性减弱,彼得斯仍然受到驱动而引入了一种更具活力的分析方法,从而在叙述昔兰尼加的贝都因民族志时超越了世系理论。

在我自己对斯瓦特(Swat)的阿富汗人所做的研究中(Barth 1959),我发现该族群用男性继嗣体系定义领土单位,但各世系分支从未融合成政治上的共同群体,因为其受到战术性政治联盟的阻碍——这一情境似乎需要用马克斯·韦伯的而非埃米尔·涂尔干、亨利·萨姆纳·梅因等人的理论及世系理论进行说明。世系理论从复杂的社会生活中抽取客体以及对各群体概括出一套可推而广之的特征的能力似乎越来越受到质疑了。

埃文思-普里查德自己的理论此时已经又有所发展了。1950年在马雷特作的一个讲座中,他宣称历史的视角是社会人类学家们唯一能靠得住的立场(Evans-Pritchard 1962)。或许是与他走得最近的同事戈弗雷·林哈特(Godfrey Lienhardt)暗示说,这也许是埃文思-普里查德试图要适应牛津高层学术人士观点的大气候(Lienhardt 1974,301)。有鉴于他早先同马林诺夫斯基决裂,而现在又想同拉德克利夫-布朗分手的这一事实,其他人则将其归因于他的个性和他极端化的学术风格(Firth 1975,8)。在其去世后出版的手稿片断总集《人类学思想史》(Evans-Pritchard 1981)的确在一个简短的篇幅里透露了他对马林诺夫斯基和拉德克利夫-布朗两人所作的异乎寻常苛刻和胸襟狭窄的评价。尽管对历史的包容可能有助于一些年轻的同行们重新定位自己的工作,但这一立场却对埃文思-普里查德自己的经验工作极少产生影响。在英国人类学主流中,对结构功能论的盲目崇拜仍然维持了相当长的一段时间。

同作为主流的结构功能论正统中的动态分析进行斗争的一次尝试从福蒂斯的一篇启发性论文中获取了基本框架(1949a)。福蒂斯在该文中分析了阿散蒂人(Ashanti)家庭单位的组成是互不兼容的参数选择的结果,其相对力量倾向于通过男女的生命历程发生系统性的变化。正如我在谈及对埃文思-普里查德的巫术研究的仿效时已经指出的,对福蒂斯关于阿散蒂人的研究的追随也只是运用了其原初分析中的一个部分:其成员的不断成熟对家庭单位的影响。他的研究因而导致了用以描述这些群体的"发展周期"模式的创立(Goody 1958)。但这一发展周期的概念只是为一些思考过程和形式的新途径开辟了有限的空间。

但是,对个体和集体行为或者选择和规范问题的关注,在英国学派的其他分支中要强得多,尤其是在伦敦经济学院的弗思和他的学生们当中。这里的气氛同马林诺夫斯基早期的工作保持着不间断的连续性,经济问题以及关于人类的个体选择问题一直被放在桌面上讨论。弗思还有意识地在系里努力保持马林诺夫斯基那具有高度启发性、开放性和创造性的研讨课传统,并且对人类学舞台上出现的各种潮流和正统思想始终保持着实事求是的立场。在1950年代,他通过把社会结构和社会组织相对立来吸收当时主要的观点,前者指的是刻画社会形式特征的主要原则,后者则是个体在生命历程中和进行社会选择时所用以产生模式的多种方式。这一框架为价值观的性质问题提供了空间,允许人类学家探索在抽象原则与现场的事实、规范与目的、集体表征和个体行动之间的悖论;它也为针对结构功能的正统思想所提出的许多异议和疑虑提供了学术环境,尽管它自身并没有给出在力度上能与正统思想相抗衡的答案。

曼彻斯特的人类学系有它自己独特的关注核心:通常是功能主义和冲突研究相矛盾之处。曼彻斯特学派的几个成员也在网状结构的概念化和分析中做了重要的和富有创造性的工作,从而纠正了由于对共同群体的有限关注而必然产生的不平衡。

曼彻斯特研讨课还有其独特的特征:格卢克曼有着非同一般的能力,直接同他人论文中展现的民族志材料进行较量,并且在研讨课的讨论中以极高超的技能运用这种能力。被称作"扩展案例法"的教学研究方法就是这些技能的综合成果。对于来访者来说,在曼彻斯特提交一份论文总是一个富有刺激性的挑战;而对于常规人员来说,在这些研讨课上作演示介绍有时简直具有血腥运动的意味,"你总可以看见他筋疲力尽的一刻",这是我听说过的一节研讨课的胜利报告!

曼彻斯特整个群体这几年都是由"马克斯"个人的巨大活力以及他与这个群体所有成员思想以及生活的交融所驱动。他们甚至通过在周末支持曼彻斯特联合体育队来将他们的集体认同仪式化。曼彻斯特的专业力量还在于他们很早就对扩展实践田野范围给予了认真的关注,这些田野通常包括非洲的城市地区,还有印度农村(Frederick Bailey)、挪威(John Barnes),以及英国本国(Ronald Frankenberg)。

随着新几内亚高地的发现及其向人类学研究敞开大门,一段人类学的传奇故事悄然发生了。在这里,民族志研究突然间接触到了大量的、多样的、质朴的而又壮观的本地人群。受过英国传统训练的年轻人类学家首先以悉尼,然后是堪培拉的澳大利亚国立大学为基地,抓住了这一新的机会。最初的兴趣自然是集中在社会结构上，这一点最初是以世系模式为基础来进行分析的。随着一流的丰富民族志的积累，世系理论的假定与民族志材料之间的隔阂扩大了，那时已经在堪培拉任系主任的巴纳斯提出了非洲世系模式在新几内亚高地适用性的问题（Barnes 1962）。这一点被证明对新几内亚的田野作业人员具有解放性作用，但他们并没有抓住这一机遇，即通过坦诚地重新思考在原先的非洲材料中所使用的世系模式的适用性来扩展这些理论问题。

在分析社会结构中所达到的清晰性和精确性及时地为仪式和象征分析中各种新的尝试提供了空间。那时在牛津的 N. M. 斯利尼瓦斯（N. M. Srinivas）在这上面迈出了广受赞誉的一步：他证明可以在库格（Corrg）婚礼仪式的习惯用语中找到对家庭和婚姻中结构关系的直接表述（1952）。那时在曼彻斯特的维克托·特纳（Victor Turner）对恩丹人（Ndembu）的颜色符号系统所做的工作也是从相同的立场出发，同样引起了极大的关注。但特纳很快意识到斯利尼瓦斯的方法仅仅只是极肤浅与直接地将符号、意义和人类学家的结构模式一一对应。于是，人们的注意力转移到了这些分析的更宽广的背景上，并越来越依赖于沟通理论和转型思维，例如克劳德·列维-斯特劳斯的作品中已经出现的那样——尽管列维-斯特劳斯的影响只是慢慢地渗入到英国传统中。

在英国人类学家中出现了一种持久的不安，即人类学理论不能处理社会变化的问题。在马林诺夫斯基的文化范式里，这个问题被认为是文化接触的事情：大体上，思想的影响以及文化整体的解体被当作外部力量侵入的后果。在拉德克利夫-布朗的结构范式里，对社会变化的描述本身就招致了困难的出现，因为社会结构是那么清晰地指向一种持久的东西，其定义也是如此，具有一种内部功能上的相互关联性。人类学分析因此总似乎表现得胆小和保 40

守,青睐现存的结构——尽管大多数人类学家个人在政治上抱持相对的激进主义。共时性关注视角的运用以及人类学写作中民族志现在时写作手法的使用都使得时间和社会再生等问题趋于模糊。即使是曼彻斯特的人类学者们试图要发现的张力通常也是看起来在没有经过变化分析的情况下而自行解决的。

人们有时辩称,结构功能的模型都是平衡模型,而且必须通过一系列化约性的假定得以实现,这些假定是描述任何与运行中的社会一样复杂的事物所必需的。要使这个令人失望的药片变得甜一点,人们作出了这样的宣称,即这些模型都是"动态平衡"模型。但人类学家所做的社会模型很少能显示社会形式如何真是任何动态物的产物;相反,他们以循环的形式求助于种种制度规则和具有文化价值的理想,以揭示一个以其自身的形象来展示自己的、已预先存在的结构。

在弗思的范式里,变化问题多少更易于驾驭,因为它总是承认个体选择及其累积性的后果。然而当他努力要用他同行们和该学科的学术语言范畴来表达的时候,他就发现这些问题很难在理论水平上得到解决,于是他继续认为这是一种神秘的机制,即个体自由的行使应该导致社会行为的模式,这一模式体现了可以被描述为结构的稳定程度。

埃德蒙·利奇(1910—1989)在剑桥是最富创造性地同这些问题进行较量的资深人类学家。他也是为我们至此所述这一历史时期的社会结构主义过渡到随后 1970 年代以后时期的结构主义框架搭建桥梁的人。在这一讲中,我只是论述他关于真实社会群体的构成的思想,以及在人们中间所展示的社会活动模式的决定因素。

在几年时间里,利奇提出了两种立场,一个是在 1954 年,一个是在 1961 年。(一次在一个研讨会中,当有人指责他改变自己的立场时,他便一条腿站起来,并宣称说他发现很难很长时间保持一个姿势!)他的第一个立场是在其著名的专著《缅甸高地的政治制度:对克钦社会结构的研究》(1954)中所发展的。他描述了由缅甸东北部人数较多的克钦山地部落组成的社会群体,其理论动力主要立足于这一解释,即克钦人认同一套思想,这些思想各自之间又互不兼容,即在遵循这些思想的同时就会破坏它们所建立的所有明显的社会结构的前提条件。一方面,克钦人拥护在小型的相邻父系团体间的政治平等观念;另一方面,他们也拥护会导向等级制度的婚姻和姻亲关系的观念。通过对婚姻严格地集体管理,相互通婚的世系构成的本地世系圈能够暂时保持平等,克钦人把这种结构叫做"贡老"(gumlao)。但对个人野心的追求又不时地威胁这种状态,很容易将其变成一种在当地被称作"贡萨"(gumsa)的等级结构。但是,成功地创造等级制度又会激起反抗,从而导致重新建立平等机制。如果等级制度得以成功地维持,该群体将最终在人种上被重新分类为掸人(Shan),就像居于其周围的掸邦居民一样。

　　换句话说,即任何具体的地方安排都倾向于不稳定,社会结构在整个区域导致了普遍性的波动和变化。该分析成功地描述了产生这些波动和社会形式变化的动态机制。尽管批评家们反对说这只是一个非常独特的民族志案例,人们还是会看到,其实每一个详细的民族志分析所描述的都只是一个特殊的案例。针对另一种反对论调,即在更广的民族志领域中这种动态机制所产生的只是在两种外部形式之间的摇摆,那么答案将是:并非全然如此,而且这也无关紧要。没人能够否认这是对动态和变化进行的一个成功分析,在这里,具体的群居社区以一种能够被描述和分析的形式经历着转变。

　　这部关于克钦社会的专著在其他内容方面也是非常丰富，以至于广受赞誉，但同时它也常被人们误解，而且从没有被效仿。简直就像要进一步让其读者产生困惑一样，利奇接下来又对现属斯里兰卡的一个小村庄过去 70 年中的社会组织进行了一项极尽详细的分析（1961）。在这项研究中他声称，无论这个村庄展示了什么样的稳定性，也无论其社会形式由何决定，这都不是其村民的双边亲属观念或他们的婚姻行为的结果，而是村庄的水槽、灌溉渠和田地这些持续存在的物理布局的结果。他就此对构成结构功能主义的整个概念体系提出了质疑。

　　利奇在论及传统观点时引用了福蒂斯的话："平衡趋势在塔勒（Tale）社会的每一部分及其整体中都很显著；很明显这是社会结构中主导的世系原则的结果……几乎完全没有经济区分……这意42 味着经济利益并没有在社会结构中发挥动态因素的作用"（Fortes 1945，x，引文见 Leach 1961，8）。利奇认为，这样的观点反映了世系理论家们的一种先验性选择，他们将亲属关系孤立于其他限制社会形式的因素并将其置于首要地位。但他认为，在他分析的案例中，社会群体和个体行为都更多地受物理环境的约束，而且如果分析者们能够扩展视角的话，或许其他案例中的情况也会被证明如此。我们最终绕了个圈子又回到了原点，即为结构功能分析以及世系理论所设定的基础假定被否决了。

　　批评也提出了一个更深的概念性问题，这一问题初现于一些美国人类学者的思想中，其中包括戴维·施奈德（David Schneider）：当亲属之间所交换的表面上是劳动、消费、土地和政治等物时，如何才能识别出构成亲属制度内容的内生和本质性的东西呢？但利奇的论证既是非常详细而微妙的也是很对话式的，以至于其总体的重要性并没有得到广泛认可。确实,人们会认为,它还为在四分之一个世纪里繁荣发展起来的马克思主义理论雄心提供了一个被忽视的教训,继而还证明了对一个社会的物质基础的经验研究是如何有必要通过动态的人类学分析来进行的。

利奇的这两部作品产生于结构功能主义话语中所提到的主题,但每一个都以其自己的方式导向了一个构成非常不同的理论角度。另一方面,他的其余作品的确超越了结构功能主义并建立了全新的开端;这将在下一节中同维克多·特纳的作品一同讨论。

英联邦的社会人类学家协会(the Association of Social Anthropologists of the Commonwealth)于 1946 年建立并首次为英国学统创造了专业框架。该协会成为针对各种主题发表论述的重要论坛,这些主题对社会人类学家的学术工作至关重要,同时协会也成为推动其成员学术生活的一股主要力量。然而有一种近乎于相互蔑视的隔阂,将这一时期在英国人类学界执牛耳的主要学者和教授们分隔开。尽管如此,还是有一些友谊和相互尊重的情况超越了这种隔阂:我知道至少很长时间内,埃文思-普里查德和福蒂斯以及格卢克曼之间有着亲密的关系和尊重;利奇和弗思以及利奇和沙泼拉之间也保持着亲密的关系,此外利奇和埃文思-普里查德之间在一段时间内也有着某种程度的相互尊重。

尽管这伟大一代的大多数成员间缺乏友爱,但也只有特立独行的埃德蒙·利奇让他与其同行们间的分歧达到了公开的程度。杰克·古迪(Jack Goody)最近也揭露了更多这类分歧和琐碎争端 43 (1995)。在公开场合,这些资深学者们倾向于掩饰彼此之间的分歧:他们在发表不同见解的时候很注意分寸,在其学生和晚辈面前也显得彼此卫护。因此一种外表上的学术和谐气氛尤为浓厚,即使后辈学者们轻微的一点出轨也会被强烈制止。

　　英国学统在 1945 到 1970 年间的高度统一因此是通过软硬两手来共同保持的：其所提供的理论思想是令人振奋，内部的批评也被抑制了。但这一状况对于英国传统的繁荣是最优的吗？我相信这一情境既有优势也有劣势：它将人类学话语集中起来，从而提升了所有组成部分的绩效，正如马戏团的队伍一样；它创造了一种共享的话语领域以及一些共享的理论成就；但也耽误了批判工作并减少了个体的创造性；审视这一代奠基学者们在其初期所整理出版的集子会发现一个有趣现象，那是他们 1949 年为向拉德克利夫-布朗致敬所编著的合集《社会结构》（也许是 1940 年代早期所作，因为其目的是为了迎接他在 1946 年的退休；Fortes 1949）。即使撇开非英国的作者的论文不谈，这本合集里的论文也显示了丰富的多样性、创新性和发展潜力。（我对格雷戈里·贝特森关于分裂演化的论文尤其偏爱，还有弗思关于提科皮亚人中的权威和弱势群体的武器的文章，以及上文提到的福蒂斯关于阿散蒂人的居住决定分析中的统计、过程和形式的文章。）然而这种丰富的现象很快就消失了；通过比较，后来所出版的各种论文集更中规中矩、缺乏新意、千篇一律，尽管在某些方面更有用，但显然较少创新性。或许，英国学统的黄金岁月的取得也付出了代价。

第五章　英国学统的持久遗产
（1970－2000）

让我先从我的一个个人困惑谈起吧。以前从没有写过也没有教过人类学史的我此刻遇到了一个从没有想过的问题。在这一系列讲座中的所有人都选择了历时的框架，我们从遥远的过去向越来越熟悉也为人所知的事件与人物走近，我们越来越觉得可以理解他们的世界，因为它正一步步越来越变成我们自己的，尽管我们仍然在观察它的时候加上了后见之明。但此时故事已经赶上了我自己个人的轨迹并且达到了这样的程度，即我的任务现在是要讲述一些我本人有所参与的观点和情境，讲述那些构成了我的今天的方方面面，以及讲述那个我本人无法回避地经历过的时代。

　　然而我的许多读者都比我年轻，不会与我分享这一视角上的变化：对他们来说，我仍然在谈论一个不属于他们直接经验的过去。甚至更让人困惑的是，一些这样较年轻的人现在他们自己也会闯入我的论述中；这些人虽然是我们所共享的学科中的参与者，但他们中的一些人与属于我的这个持续的现在没有关系。我不知道这对讲述历史会产生什么样的影响。为避免一些立场上的混乱情况，我已经选择把我自己的部分工作撇开不谈，不然的话它们原本可能会出现在关于英国学统的叙述中，例如我关于贸易主义的研究。在接下来的部分中，我还要避免太过细致地关注那些比我年轻的人的工作境遇,因此我对 1970－2000 年这个阶段的处理将会比先前的几个阶段多少更显粗略。

　　首先,我需要指出一个改变了英国人类学实践背景的外部事件:1968 年的学生运动粉碎了制度限制,改变了权力关系因此还有学术界内部的权威基础。人类学家自身并没有处于引起这些事件的中心地位,但他们的世界却被此永久地改变了。我已经指出,1940 年代和 1950 年代英国的资深人类学家对他们的年轻同事有很大的随意处置权,例如他们可以专制地控制研究经费和任命;我已经指出,他们用这些权力支持自己的学术权威。他们的年轻同事明白这些任命是如何作出的,还有院系是如何建构的,他们一般也接受这些领导者的指示。牛津的爱德华·埃文思-普里查德对这种学术和行政权威组合的使用似乎最为明确。在其任期内他不遗余力地这样做,例如在一次职位奇缺的情况下,他把一个关键位置给了早在其完成本科学业和作任何研究之前就被他选定了的戈弗雷·林哈特(Goody 1995,81－82)。1968 年之后,这种独裁性的权力被消灭并被委员会程序所替代,学生和年轻的学者也都知道了,因此他们不再能像以前那样被有效地管制了。

　　先前对异见的压制的结果可以在埃姆里斯·彼得斯去世后面世的论文集里看出,该书由杰克·古迪和伊曼纽尔·马克思(Emanuel Marx)编辑出版(Peters 1990)。在 1960 年代,彼得斯以昔勒尼的贝都因人的民族志资料为基础,发表了几篇启发性的论文,对当时的世系理论进行了一种适度的内部批评和修正。但在其身后出版的论文集中还收录了四篇先前未发表过的、或许出自于同一时期的论文,这些文章在批判性和修正方面则走得相当远。这本书的开篇就是对埃文思-普里查德关于萨努斯(Sanusi)的专著的一个颠覆性的评价,该评价认为普里查德的假定是静态的,其表述也有可被论证的深刻缺陷。因为这一研究已经被埃文思-普里查德自己宣布为能够替代人类学中结构功能主义的一种历史分析的典范案例，所以这种批评所产生的重要影响实在有限。在论文集的第六章，彼得斯进一步对昔勒尼的贝都因人的政治、领导力和群体形成中的动态过程提供了一份极有说服力的分析，由此也对其世系体系运作的社会和政治模式提供了一种分析。这一分析在其主旨和理论假定上都具创新性，也为正统的世系范式中持续存在的一些局限提供了一个解决办法。

　　我自己的判断是，如果这些分析论文能够更早一些发表，本该能为推进我们对部落政治的理解作出巨大贡献，因为它们对填补规范的分支世系结构和形成于实地的贝都因人政治群体及网络之间的鸿沟大有裨益。作者的胆怯或其上级的严密控制使这些论文 46 没能在写就后立即出版，因此也没能及时解决困扰着许多人类学者思想的重要问题，对此我们只能解释为这反映了英国人类学内部的权力关系。就这样，一个及时扩大和转变已有的"英国学派"的理论构建的机会就被葬送了。

　　另一个建基于共同的英国学统但超越了它并打开了新天地的人类学家就是维克多·特纳（1920—1983）。掌握着在中非的恩丹布人群中获得的异常丰富和详细的民族志资料，并加上一些来自精神分析的驱动力，特纳发展出了一种符号分析，其基础在拉德克利夫-布朗对安达曼岛民的情感分析中即有所预示（1922/1948）。特纳并没有遵循英国传统在过去 30 年的原则而避开情绪和情感，而是试图理解不同恩丹布仪式中种类繁多的符号的庄严效应及其意义，并将它们与其社会背景联系起来，寻找它们所引发的意义和主观性。在 1960 年代，他写了一系列出色的作品，研究恩丹布人中接纳与折磨新成员的仪式，并把恩丹布的萨满教活动当作一个本土的知识体系来描述（Turner 1965，1967，1968）。这些研究所传授的是关于符号的独特性质的有关知识：它们的多义性、模糊性以及威力。特纳接下来又利用阿诺尔德·范热内普（Arnold van Gennep）（1909/1960）的早期作品卓有成效地发展和概括出了阈限（liminality）概念（Turner 1969）。但他于 1970 年代搬到美国后，他对较年轻的英国同行们的直接影响就减弱了。

　　1960 年代末的英国理论氛围的主要转变是由埃德蒙·利奇的作品引起的。自从他发表了最初几篇关于亲属结构的论文，利奇就尝试了另一种结构主义，这是以对高度抽象的类似物的探索及模型操作为基础的，例如反映了其工程和数学思维模式的倒置模型。他在 1960 年代通过在思维和沟通的结构中使用高度抽象的理论方法逐渐实现了从社会结构研究到意义研究的转向。克劳德·列维-斯特劳斯在许多方面都对他形成了一种刺激，正如结构语言学家罗曼·雅各布森（Roman Jakobson）一样，他同后者在 1960－1961 年有过私人接触，那时他正供职于加利福尼亚帕罗阿尔托高级研究学院。

47　　大约同一时间，列维-斯特劳斯在英国人类学的一些圈子里也受到了其他一些人带有矛盾情绪的关注，首当其冲的是牛津的罗德尼·尼达姆（Rodney Needham），在这里，法国结构主义的领地是由埃文思-普里查德关于社会结构的理想主义倾向、弗朗兹·斯坦纳（Franz Steiner）的教学和路易·迪蒙（Louis Dumont）定期的访问所打下的。1963 年，社会人类学家协会决定把一些这样的观点集合起来并进行评价，并准备召开一场会议，专门介绍关于列维-斯特劳斯研究的论文。利奇较晚才作为会议的召集人被邀请参与进来。最后于 1967 年出版的论文集内容相当丰富而有趣，但其中也有一些论文与列维-斯特劳斯的研究毫无关系。利奇的介绍反映了很多东西,他写道:"如果这本书提供了启发,那将是因为它反映了某些英国社会人类学家所持的各种假设和立场,而不是因为它提供了对欧洲大陆这位最杰出且在世的人类学家的研究工作所作的任何具有一致性的分析。"(Leach 1967,vii)这次会议产生的一些幕后的挫折和困惑在斯坦利·坦比亚(Stanley Tambiah)为利奇所写的传记里有所论及(2002,234－258)。但是无论如何,它整体取得的成果将适时地、有力地把现代的抽象结构主义提到英国人类学思维的日程上。

利奇自己对结构主义的研究具有广泛的探索性和热情,且在某些方面非常有力。他把它广泛地应用到社会结构、艺术、建筑、非语言沟通、辱骂用语、仪式、神话和其他领域。他的分析使用了少许源自通信工程的逻辑操作,主要涉及了二元对立、倒置和其他变型、对变体和对立的重复的研究以及介于中间地位之物的作用,后者即具有二分法所蕴涵的"被驱除的中间地位"的反常的两可状态的事物(根据利奇的二分法公式,"p 即为非 p 所不是的东西")。在对神话的分析中,利奇进一步接受了列维-斯特劳斯的自由观点——这在功能主义的观点看来有点令人吃惊——把选自不同地方的神话看作一个整体。他在研究处理圣经集锦时进一步延伸了这种自由度,把其看作是一个单一文本而不管历史时期上的全然不同。从他手里出来的大量大大小小的论文大多数都是以探讨难题的形式成文,并提出激进的解决办法,自始至终都在挑战、启发并且实际上也困扰着年轻一代的人类学家。

在读利奇的文本时的一个普遍存在的困难是分清什么时候他要呈现的观点是一套新的和一致的理论前提的一部分,而什么时候他是在开玩笑、即兴发挥和改变他的立场。来自当时的英国学统所处的那样一个相当具有哲学一致性和正统性的时代,人们该 48

如何识别出利奇所拥护的目的论立场？有人会问：他的结构主义中的准数学抽象概念是要作为一套灵活的工具以供客观的分析者实际地探索变量之间的逻辑联系吗？或者如列维-斯特劳斯所称，是要帮我们努力揭示所有人类思维总是以何种方式工作的？或者实际上还有第三种选择，如坦比亚（2002,348－355）所述，是要给这些文化形式一种独特的目的论？

我发现，在利奇的通论《社会人类学》（1982,见第122页及以后）里关于一种第三选择提出了一些极有趣的暗示。他在这里似乎给予了个体一种具有个性和理性的私人领域，这种理性是自我构建并带有目的的——但同时还有一种由想当然存在的结构所构成的领域，这些结构都是我们每个人自愿地体现并扮演着的。他让我们对自己的生活进行反省并指出我们行为中有多少事物仅仅是想当然的：如我们的房子和住宅的实际布置、准备食物的方式和一餐的构成、我们对在亲属和邻居以及权威人物面前合适举止的感觉、不同场合下合适的服装和语言风格，以及这些场合自身又是如何构成和分类的，等等。但"我们自己生活方式中的这些独特特征并不是我们自己制造出来的……我们的公共行为很少是内生的；我们大多数人只有有限的独创能力。我们之所以这样处事，是因为我们通过各种途径从他人那里获知，我们就应该以这种方式行事"（Leach 1982,128）。

到目前为止答案还令人满意。但接下来我想知道，这些习俗的最初是怎么被构造出来的？其形式是从哪里产生以及如何产生的？也许并不像列维-斯特劳斯想让我们认为的那样，是来自个体的人类思维的统一结构，而是产生于人际间或沟通领域的种种限制，通过这些限制，一整套独特的、累积性程序造就了利奇的结构分析所揭示的那些值得注意的行为规律？如果是这样，我相信我们需要识别和研究这些过程,而不仅仅是继续对于它们在结构对立和变形的本质形式中所产生的模式结果提供更多的例子。但也许在进一步批判的过程中,我轻视了利奇所给予的主要和基本的分析步骤。或许我正在迫不及待地要求更多:一个能提供所有答案的完整和令人满意的理论。

可能的确如此,利奇和列维-斯特劳斯关于结构主义的写作当然在许多年轻的英国人类学家的研究工作中留下了明显的印记,从努·亚尔曼(Nur Yalman)优雅的《菩提树下》(1967)开始,到克里斯汀·休-琼斯(Christine Hugh-Jones)(1979)和斯蒂芬·休-琼斯(Stephen Hugh-Jones)(1979)以及许多其他人的作品。 49

更深远的是,结构主义给英国人类学带来了巨大变化,对于某些人来说,是带来了力量。它使得玛丽·道格拉斯(Mary Douglas)(1921—)进行田野作业,发现莱勒人(Lele)分类模糊的穿山甲,并发展成她对《利未记》里的动物分类进行的精湛分析,也永久地形成了我们对"所谓肮脏是由于东西放错了位置"这一观念的理解。更广泛地说,它为许多年轻人类学家对义化数据进行多样的探索提供了一个框架和词汇表。但在整体专业上来说,它也带来了一股相当缺乏约束的"结构主义光芒"的潮流:在一些涉及二分法表述的无意义的练习中,把其应用到一些相当肤浅的资料中,而后就万事大吉了。问题是,似乎在当代的英国人类学界,对于这些分析应该包含什么以及说明什么没有一致意见。

要评价英国社会人类学在 1970 年左右所发生的事情,马克思主义的各种影响以及女权主义的成长都要考虑进来。受欧洲大陆和美国的思潮启发,女权主义也许是那时英国人类学所觉察到的最有成果和最持久的观念性变化。尽管长久以来个别的女性学者在英国人类学家中有不俗的表现,但很明显,还有许多同妇女生活和性别关系相关的问题在人类学思考中并没有得到足够的实践和理论关注。然而一些新的民族志由大多为女性的新一代人类学家写出,弥补了这方面的相对不足。同时,承认民族志和理论中的空白也让人们意识到我们需要行动和变化,同人类学这门学科中存在于我们自己身上的歧视与偏见作斗争。英国人类学的这一变化过程涉及对性别理论重要性及对实际改革需求的支持和反对意见以及质疑。如果没有一些对此关心的女性改革家的力量,单纯靠学术好奇也许永远也不能为女权主义研究和理论提供足够的动力。但其产生的结果毋庸置疑,而其对英国人类学的益处也是巨大和持久的。

与人们有时抱有的简单化想法相反,卡尔·马克思的作品作为社会科学思想的一个源泉,在几代英国人类学家的作品中都被50 给予了相当多的关注,尤其是在 1950 年代和 1960 年代曼彻斯特小组与伦敦学者的讨论中得到了表述。但随着其他社会科学学科和许多法国人类学同行以及 1968 事件后那段激情岁月里在学生中较为普遍的对马克思主义越来越多的关注,新马克思主义(neo-Marxism)一时间大受欢迎,就好像它能为人类学提供一个完整和替代性的范式一样。作为一个理论角度,它还同学生力量以及1968 学运精神混合在一起。它在这一情境下所起的作用是打破人类学教师和学生之间较微妙的传授和批判的辩证关系。对立的学生们推广在思维上趋于简单的观点,他们对其自身的政治事业的进步性质以及同辈的支持充满信心。这导致了传授和知识质量的降低以及批判思维的力度的部分丧失。尽管引发出了强烈的兴趣,新马克思主义对英国社会人类学的持久影响相当微弱。

充斥这一时代的对立氛围也激发了对英国人类学内部的政治

批判,最强烈的声讨出现在塔拉尔·阿萨德(Talal Asad)编纂的《人类学与殖民遭遇》(1973)中。同美国学界对于一些人类学家在越战中充当同谋所产生的不安相对应,该书提出了尤其是在20世纪30－60年代中,英国人类学如何与其帝国环境相适应并受其影响甚至可能充当了其帮凶的问题。这并不是一个新问题,但到当时为止还没有引起足够的批判性反思,部分是因为指责和影射会触怒一些人,因此阻碍了人们对此进行严肃的讨论。阿萨德的介绍指出了探讨这些问题的几个可能的层面:首先,人类学家对殖民官员的服务达到了一个什么样的程度,以至于加强了后者的权力并使得人类学家成为殖民压迫中积极的同谋? 第二,一方面是作为欧洲人的人类学家,一方面是殖民地的大众,这其中无处不在的权力关系是否扭曲了人类学家的田野作业实践,并且因此通过人类学的视角扭曲了人们的观点? 最后,人类学是否至少处于一种结构性的同谋地位,因为它"根植于西方社会和第三世界之间一种权力不对等的遭遇中……为西方社会提供了其所逐渐控制的社会的文化和历史信息,因此不仅造成了某种　般性的认识,而且还加强了欧洲和非欧洲世界在能力上的不平等"(Asad 1973,16)?

彼得·鲁伊扎(Peter Loizus)在伦敦经济学院召集了一场研讨会,邀请了几位著名的英国资深人类学家对阿萨德的书进行回应[这些论文详情见《人类学论坛》专刊(Brendt 1997);另请见坦比亚对这次研讨会的讨论文章(Tambiah 2002,407－414)]。我不确定这次会议在英国的人类学者中取得了多少意见交汇和学科共识,不论是当时还是对以后,但我可以提供几个我自己的反思。阿萨德的最后一个观点在我看来最能站得住脚,因为其观点的正确性毋庸置疑:西方知识的建构方式是将全球权力的形式掌握在西方国家系统的手中。但在我看来,同一扩张力量恰是由西方传统中的所有思想和知识活动所产生的：它所创造的表达形式和洞察实际上是全球范围内的自我强化和权力赋予。因此由这一事实所引发的问题不能通过简单地责难人类学家的过失来解决，而是需要被置于一个更广阔、洞察更深刻的层面上来解决。这一重要问题不应仅作为对一小撮人类学家进行的政治批判而被忽视，而是需要将其重新定义为社会分析中的一个主要议题。

阿萨德提出的其他问题触及了马林诺夫斯基研究工程中的核心本质。马林诺夫斯基希望抓住他者的"观点，他与生活的关系，以理解他的世界观"。按照我的理解，这一希望要求人类学者在田野作业的情境中自愿地放弃自己的权力（Malinowski 1922, 25）。它使田野人类学家必须不断地努力，尽量不去动用他在所研究群体之外的交流和社会资本，而是在当地社会内部他所能建构的基础上逐渐树立起他的公共社会身份——这些是能为马林诺夫斯基式的"参与"提供基础的唯一社会资源。因此努力纠正人类学视角引起的曲解一直是英国经验主义人类学的目的和田野作业的持久任务。作为朝着这一目标所迈进的一步，据说马林诺夫斯基在1930年代总是建议他的学生，以当时的习惯说法，要尽可能少与其他的白人接触，并且避免改变或改善当地生活的想法。因此我认为阿萨德提出的问题是：这一严格要求确实被帝国背景下的人类学家们所实践了吗——并且这真是可能实现的吗？诚然，这对于一个在殖民环境下的人来说是一个非常艰巨的任务，它不仅仅是要求同殖民主义在当地造成的等级制度保持距离：它还必然要求所有的田野作业者施展各种能力。并且，在非殖民的条件下完成这一任务并不一定就容易些。

52　　　我自己曾作为一个小而无权的国家的一个公民，生活在一些独立国家的边缘群体中进行田野作业。然而那里的人会倾向于把外部力量归于我身上:白人、受过教育、男性、富有以及随时可以退出。但同时以当地标准来说我又是一个无知和无能的人,在一种紧迫的学习情境下,要放弃这些资源的社会用途从来都不是件容易的事情,也从来不可能完全成功。然而努力是富有教育意义的:某种程度上的成功是可能的,而且我发现大多数普通人都出奇地大方和慈悲,即使他们是贫穷的下层阶级。

然而,殖民时期的英国人类学家在田野作业中是否真的在很大程度上利用了殖民机构,甚至公开地成为殖民当局的中介者?具有讽刺意味的事,认为波兰自由思想家马林诺夫斯基和他那群激进的、大部分没有机构附属,甚至是国外的门徒是服务于帝国并同其结盟,这应该是被误会了。因为如果他们这样做的话,将同其田野作业的努力相抵触,因此认为这会是他们所作所为的观点很难令人信服。对于那些抱着真诚的态度努力实践过马林诺夫斯基的这些在体力和脑力上都要求极其严格的田野研究方法的人来说,任何这样的暗讽无疑都会激怒他们。而且参与式田野作业带来的困境对双方来说都产生了影响:一个人类学家在田野中的行为在当权的白人殖民者看来是如此的怪异以至于被认为是极具破坏性的。当时的实践者们也对他们与殖民管理者之间的不和谐引发的种种遭遇有所叙述(Goody 1995,详见其关于迈耶·福蒂斯的章节“作为一个犹太人和共产主义者进入田野”;Kuper 1999,第四章中的讨论)。

大多数马林诺夫斯基式的英国人类学家也许都不认为他们是激进批判主义的合理靶子,而是一种新的理想主义以及与弱势人群建立团结的实践者——也许就如同今天工作在文化遗留物领域中的学生所感受的一样。对于现代人类学来说,更为普遍的问题是如何培养继续从事这一集中式和参与式田野作业的理想、重要性和急迫性,因为挑战仍然伴随着我们:我们今天的世界中盛行的生活方式强调个人的舒适和安全,工具性效能是价值和知识有效性的最高衡量标准——以及所有会对田野人类学家在不熟悉的情境中从事卑微事业的意愿和能力产生限制的态度。今天许多人类学家对这种"过时的"田野作业的实用性和必要性提出了质疑。然而人类学家对人类的认识仍然需要建立在经过不断重复的体验而获得的洞见基础之上,这种体验即他们自己必须以其他民族方式参与到他们的生活中。此外还存在着另一种危险,即当代结构主义者解决疑难问题的方式也许不能使坚持这种对个人努力要求很高的广泛实践在新入行的人类学者中显得足够必要。比对"殖民者的"人类学家的批评更重要的当然是一种反思式的自我批判,一种对我们今天自己的职业道德和实践中缠绕的种种妥协进行批评——这是一个很容易被阿萨德的介入大棒转移视线的主题。

英国社会人类学的保守派们一般对该学科在合法的、非学术的应用保持冷漠的态度。雷蒙德·弗思和埃德蒙·利奇似乎都把应用人类学大体上看作是把常识应用到当地的实际事务中;其他人则似乎对实际应用这一想法心存鄙视。障碍还深深地根植于这一学科的理论状态上。存在于功能主义者对田野作业的理想、静态的理论模型以及单位社会的虚构之间的张力都使得任何对英国人类学在战后世界中的实用目的的希望显得多少有点不切实际,此外马克思主义和抽象的结构主义几乎也于事无补。研究社会变化的雄心同某种类似于异文化历史写作的东西连在一起,却与被人们鄙视地理解成为"社会工程"的应用人类学毫无干系。目前这一代似乎更愿意尝试,但在发展此项事业的基础理论框架方面也没做什么学术工作,而且所发现的各种努力都依赖于实践者与主题相关的工作上,而不是建立在对社会人类学在现代社会中的作用的一种整体看法之上。

　　人类学黄金时代的领导人物从他们的位子上退休——弗思、埃文思-普里查德、福蒂斯和马克斯·格卢克曼——合上了英国社会人类学历史中的一章。他们的继任者不论如何天资聪颖和富有创造力,再也不能重造曾经盛行一时的权威状态和学术领导力,但在随后的几年里,有些地方的人类学系就比其他的发展得要好一些。

　　在剑桥,福蒂斯的职位由他的学生和同事杰克·古迪(1919—)所接任,此前已经长期在系里地位显要的古迪拥有从西非获得的丰富民族志资料,对亲属制度、继承和财产关系等主题作出了重要贡献。他接替这个位子产生的影响就是缓和了先前学科中充斥着的限制,为其学生以及自己更多方面的关注主题打开了一条出路。古迪通过使用大规模的欧亚诸社会的历史数据,扩展了比较 54 工作的范围,回答了一些关于文明的历史生成的问题,尤其是在他关于文字对思维和社会的影响的相关分析中。

　　在1984年,古迪由欧内斯特·盖尔纳(Ernest Gellner,1925—1995)所接替,后者同样关注那些在前辈的工作中从没有处于过中心地位的实质性问题:如苏联和东欧的政治与人类学以及穆斯林世界中的思维和社会,此外还有最具广泛影响性的民族主义的性质及其在欧洲的历史发展。盖尔纳出生在布拉格,在牛津接受的哲学训练,后被授予伦敦经济学院的一个哲学教职。他是对英国哲学的语言学转向进行批判的一个突出人物,著有广受赞誉的《词与物》(1959)。那时他正在伦敦经济学院的同事们的指导下在南非进行人类学田野作业,并选择把自己的职业身份转为社会人类学家。伦敦经济学院也适时地为他设立了一个"社会学专业方向的哲学"教职。在剑桥,他延续了古迪对主题和领域多样化的鼓励政策,并对横扫英国人类学的许多思潮进行严苛的批评。作为一个实证主义学派的成员,他反对马克思主义和后现代主义潮流,在其众多的作品中,他较偏爱逻辑模型、社会事实的实质性关联和解释以及历史和变迁的合成叙述等主题。

玛丽莲·斯特拉森(1941—)1993 年从曼彻斯特来到剑桥接替盖尔纳。她曾就读于剑桥,并先后在新几内亚和英国积累了大量的田野资料。她对交换、亲属制度以及广泛的女权主义主题感兴趣,并一直是一个高产和备受尊敬的学者。在她的领导下,剑桥的人类学系继续在英国人类学界中发挥至关重要的作用。

尽管牛津保持着机构上的优越地位,并吸引了高质量的学生和年轻学者,但在保持有影响力的教授更替方面并没有那么成功。埃文思-普里查德在 1970 年退休,随后由莫里斯·弗里德曼(Maurice Freedman)接任,后者关于中国的世系系统的研究得到了一些认可并从伦敦经济学院来到牛津,但他在登上牛津的位子后不久就去世了,对学院没有产生持久的影响。随后是罗德尼·尼达姆(1923—),任职于 1976—1990 年。尼达姆在婆罗洲(Borneo)的狩猎者和采集者中进行了一些早期田野作业,后来又在印尼的松巴岛(Sumba)进行过研究,但他的主要兴趣很显然在理论工作方面。他在早期受到过列维-斯特劳斯的影响,他的整本《结构和情感》(Needham 1962)都是在一场关于分析母系交叉姑表婚姻的正确框架的争论中对列维-斯特劳斯的立场进行连篇累牍的维护,这一争论牵涉了当时世界范围内的一大批学者。他的教学在一段时间内也启发了牛津的年轻学生,但因为当地的小团体和党派分裂,他上任后不久就选择退居万灵学院。他在那里继续写作,但与当地的同行不再保持任何主动联系。因此至少在外人的眼中,牛津的学术环境看起来是越来越分裂和孤立了。

伦敦经济学院的人类学系在 1968 年弗思退休的时候,还有几个活跃于同时期的教授拥有教职,该系仍是英国社会人类学的一个非常重要的中心。在那里的人类学家中,莫里斯·布洛克(Maurice Bloch,1939—)也许是最多产和最具影响力的一位。他曾在马达加斯加进行了广泛的田野作业,并活跃于马克思主义和结构主义理论发展的几个阶段。他最近的研究焦点是探索人们在本社会中的理解和模仿的认知基础。在伦敦还有其他重要的研究和教学中心:如东方和非洲研究学院、大学学院、戈德史密斯学院和布鲁奈尔大学。

在曼彻斯特,格卢克曼由前面提到过的埃姆里斯·彼得斯接任教职。玛丽莲·斯特拉森在 1985—1993 年领导过该系,直到她转赴剑桥。曼彻斯特的教职然后又传到了蒂姆·英戈尔德(Tim Ingold,1948—)手里,他的研究兴趣非常恰当地说明了当代英国人类学家已经把学科的传统边界扩展到了什么程度:他主要的田野作业不是在非洲或大洋洲,而是在芬兰北部的萨米人(Saami)中展开的,其主要关注点为生态学、进化和人与动物的关系。

更小和更新的院系也出现了,并发挥着有影响力的作用。这其中较突出的是贝尔法斯特的皇后大学。在曾赴苏丹做田野研究的拉迪斯拉夫·霍利(Ladislav Holy,1933—1997)的领导下,贝尔法斯特在 1970 年代成为重新思考关于行动、规范和表征的核心理论问题的中心,催生了社会组织经验研究中更具动态的方法。

因此,看起来似乎英国人类学的社会组织在几十年中经历了彻头彻尾的改变。英国的大学现在至少有二十多个有名望的人类学系。人类学也不再是牛津-剑桥-伦敦-曼彻斯特小圈子中一小 56 撮专业同行的内部对话了。当代英国人类学家的工作在其主题和理论上都呈现出多样性的特点,包括在政策使用上、支持和应用工作中都具有更大的多样性。具有很高的质量的人类学电影制作项目在英国进一步催生了对其所拍摄主题的,同时也是对这门学科本身的更广泛的公共意识。而且田野作业也在前大英帝国之外的许多新领域中被积极地实践着,例如在地中海、南美、中亚和东欧等地区。我们应该认识到,这些成就的取得是在英国大学整体出现明显颓势的时代,这种颓势既是紧张的经济状况也是令人窒息的官僚管理与失察所致。在这样的条件下,英国社会人类学的表现可以说是一种力量的展示。

但是无可否认,英国社会人类学家的工作不再能够像从 1922 年出版《西太平洋上的航海者》到 1960 年代那个时期里一样得到国际同行们的关注了。造成这一状况的主要原因会是什么呢?

不可避免的是,多样性的获得必然导致独特性的丧失。英国学派在旺盛时期的霸权地位也许并不是依赖于其实践者之间令人讶异的看法一致,但确实依赖于其成员对一个共享话语的趋同:那是一部逐渐铺陈的历史:包含了争论、观点立场的澄清,以及在一系列理论问题上的短兵相接。而今天在这一领域中情况已经显然不是这样了。随着这样一种共同关注的消失,同时失去的还有自信与自足。新的想法较少从内部得到创造和维持:大批的思想观点从美国同行那里传来,而相反方向的交流却很少,同时传来的还有来自法国作者们的持续影响——如皮埃尔・布尔迪厄(Pierre Bourdieu)、米歇尔・福柯(Michel Foucault)和其他人——但他们似乎并没有对英国人类学家的作品给予同等的关注。在英国内部学科之间的关系中也能看到一个类似的趋势:年轻的人类学家更多地是从社会学家安东尼・吉登斯(Anthony Giddens)而不是他们当代的人类学教授那里寻求理论发展。当然,尽管英国学统一直都对许多来自外部的刺激持开放的态度,但它过去展现的是内化这些刺激的更大的力量,这一力量将这些刺激重塑,并根据英国的兴趣和关注对其进行利用,这一过程的结果将反过来对提供这些源泉的那些人的思想产生影响。

在外来的思想观点不断涌入的时候,人员却不断地流失出去。三十多年中,英国有许多人才流失到了美国。这与以前的趋势刚好相反,最显著是在 1950 年代,当时许多重要的北美学者——伊丽莎白·科尔森(Elizabeth Colson)、汤姆·法勒斯(Tom Fallers)、保罗·博安南(Paul Bohannan)、劳拉·博安南(Laura Bohannan)等人——选择在英国工作了很长时间。从那以后,大规模的反方向人才流动不可避免地削弱了英国各人类学院系的活力和权威。

尽管并非毫无根据,但也许这种原因分析是基于某种错误的解释。在哈勒的会议中,正当人们提出对人类学这些主要国家的学统反思的时候,有个问题被提了出来,即我们现在是不是并没有朝着一个单一和共享的人类学世界学统发展。也许我们目前还没有,但我所总结的许多标示表明,至少英国和北美传统现在在融合,有证据表明,大批当代北美人类学研究的思想观点正在流向英国,但同时也有许多重要的、累积性的英国人类学成果见诸北美人类学家的研究工作之中。当今操英语地区的人类学,如果可以这样说的话,是一门比任何时候的英国社会人类学更具多样性和包容性的学科;而且考虑到在美国和英国之间人类学从业人数和经济基础的差距,那么英国学统尽管拥有很强的历史基础但似乎还是被同化和吸收了的这一事实也并不令人吃惊。但在英国各人类学系目前遵循这一共同学统的同时,对重要主题和关注点的选择仍然反映了对过去的某种继承,而且确实为这一新兴的操英语地区学统的一些分支在国际上声名鹊起提供了基础。

第 二 部

德语国家的人类学

断裂、学派和非传统：
重新评估德国社会文化人类学的历史

安德烈·金格里希

第一章　前奏和序幕：从早期的旅行见闻到德国的启蒙运动

我很荣幸有这样一个机会来讨论 1780 年代到 1980 年代
之间德语国家就人类学的学统问题所形成的种种洞察
和视角。这段知识的、学术的和制度的历史既以其戏剧
化的断裂和转型为特色，同时也打上了思想的连续性和学派传承
的烙印。有时这些学派的霸主地位达到了这样的程度，即别的学
派被置于边缘地位，没有任何机会发展自己的学术传承。回顾过
去，许多这些先前的学派更多的是代表了最好避免什么的警告，而
不是能为未来建设打下基础的宝贵传统。因此，我在两种意义上
使用"非传统"(*nontradition*) 词 一种是指流散的、隐藏的和
多半被遗忘的、几乎没什么连续性的财富；另一种是指某些具有一
定的连续性，但在今天并不代表任何确定传统的学派。

　　我将从如何对德语国家的人类学进行历史评估之类较宽泛的
方法论问题开始。我将沿用乔治·斯托金(George Stocking)所
谓的人类学历史研究的现时主义(presentist)方法，它与偏重历史
编纂学的(historiographic)方法形成了一种对照。历史编纂法总
是对历史情境以及情境中的历史行动者的意向给予尽可能多的优
先权。而现时主义方法的目的多少有些不同，它更清晰地植根于
人类学时下的讨论和未来的任务，因此它对过去的检验更具选择
性。这一探求将这种对现实主义的强调与一种对过去重新评价的

"批判性关注"结合在一起。人类学中现时的讨论和未来的任务要求我们不能对先前已有的洞察和观点进行简单的总结,而是要对62那些在今天看来有些片面的固有观点提出质疑。说它们"片面",是从现时主义的、批判的和国际的视角来观察得出的结论,而这些视角正是我们现在需要加强和提倡的。

现在,这种现时主义观点的基本含义是什么呢,并且这种批判兴趣与我们的目的之间又有什么因果联系呢?让我来列出这种现时主义方法的三个含义和这一研究中的"批判性关注"所产生的三个结果。

第一个含义是,我会重点关注那些在当前与国际意义上被认为对社会文化人类学产生过影响的历史传统。因此,我的重点将包括对民俗研究(*Volkskunde*)的关注,在今天这也是除了德语地区和中欧一些地区外其他各地社会文化人类学的一部分。但是与此同时,我对哲学人类学、体质人类学等学科的关注将非常有限。

第二个现时主义的含义根植于当今人类学话语和争论中国际的、跨国的和全球维度之上。因此,与今天国际人类学的优势及缺陷相关的内容将会被给予特别的强调,这包括了对某些被不当地忽视了的珍贵地方传统的挽救。相形之下,我会用较少的笔墨去细述那些在区域内也许极受重视但对当今的国际人类学没什么意义的作品。

最后一层现时主义含义与德国人类学历史记录研究过程中所选择的语言以及时间范围的划分有关。时间方面,讨论将持续到1989 年和柏林墙的倒塌。至于空间方面,我将把自己的研究限于那些曾用德语为包括今天德国、瑞士和奥地利的历史疆域内的机构和读者写作的作者。除此之外,那些最初在德语的文化、语言和学术环境中成长起来,后来以移民和难民的身份在客乡扬名的人类学家们也早该得到认真的认可了。我不会关注那些在德语作为国际性通用学术语言时期所完成的更广范围的人类学研究作品。例如，我将排除在沙皇统治时代所写的，以及历史上由荷兰和斯堪的纳维亚学者为俄国、荷兰和斯堪的纳维亚的精英读者所写的人类学作品。

　　我的方法中批判性关注的第一个批判结果同旗帜鲜明地接受我们今天所共享的广泛的价值系统相关，特别是世俗民主和人文主义。当要涉及一种与泛德意志精神、殖民军事吞并、传教与民族 63 主义意识形态以及极端种族主义恶行有着密切联系的学统的时候，准确的意识形态批判意识和细心的、远距离的评估就成为必然。

　　第二个批判性结果是一种重新评估：即使不是绝大多数也还是有许多过去曾占主导地位的学术传统，在这一地区留下了良好的档案记录。尽管它们在世界范围内相对来说影响不大，但在区域内却仍然受到推崇。与此相对，一些外围或次要的学术传统从未在该区域内得到认可，更重要的是，它们也从未以获得帝国、教会或者纳粹政权的认可为目标。然而从国际的视角来看，这些次要作品和学术传统中的一些在今天看来比同时代在当地广受推崇的那些学术传统更值得人们关注，这包括一些从未在学术机构中获得任何显著地位的次级传统。当然不是当时忽略的任何东西在今天都是引人关注的，也不是当时得到认可的所有东西现在都需要完全被抛弃掉。但是此时，我们需要沿此方向实行一项彻底的重新评估，而不是一味地延续盛行已久的、由前人流传下来的学统膜拜，而事实上这种情况一直到最近才有所改观。

　　最后一个批判性结果是对德语国家学术机构中极端的等级性质进行全新的考量。这一方面暗示着比其他人类学传统更强烈地将学术知识发展融入外部政治环境的情况:这些等级式学术地位比其他任何地方的学术地位都更清晰地同更广泛的政治利益相对应;另一方面,德语国家学术圈中这种明显的等级传统也当然并不仅止于人类学领域,这种传统造就了一种强调思想流派和学术系谱的内部偏重。

当然,在德国人类学学统研究中这种现时主义方法和批判性关注总是需要历史学的和历史编纂方面的补充工作,但这并不是我要在这里做的。身处于如今这个跨国化与全球化的时代,我所掌握的相关的学术以及传记编年方面的背景知识更多地受到某些具体的西欧和美国传统而不是地方性德语环境的影响。我的现时主义和批判方法具有明确的立场并具有选择性,也仅仅只是提供了几种可能中的一种。同时,我将这种方法郑重地提出,期望能够在两种特殊读者群中激发进一步的讨论、反思和研究:他们首先包括了德语国家中未来一代年轻的社会文化人类学者;第二个人群是国际人类学领域中那些会与现在的我一样,相信在当今全球化的世界中,人类学注定要成为多元族群的和多元文化型的跨国学术活动的人们。

德国启蒙运动

在这讲中,我认为存在一个与其名字相称的德国启蒙运动。这不是一个无关轻重的事情,也不是毫无争议的。许多人类学史研究者倾向于沿用诺贝特·埃利亚斯(Norbert Elias)的方法,沿着一种完全不同的路线描述欧洲大陆的学术史(1969)。在埃利亚斯看来,法国不仅是欧洲大陆启蒙运动的主要中心(我也赞成这一立场),而且它同苏格兰一起几乎是这一运动唯一的发生地。这种

"唯法独尊"的观点认为,启蒙运动的社会历史维度是同文明的概念连在一起的,这同德语国家中几乎唯一的浪漫主义传统截然对立。

我对这个问题的看法是这一立场太过简单化。将一个理性主义、普遍主义和启蒙的法国式的文明(civilization)概念,与一个浪漫主义的、十分相对主义和具有与生俱来的民族主义的德国式的文化(Kultur)概念两相对立存在许多非常严重的缺点。其中一个较为严重的误解,即认为西欧对于中东欧具有学术优越性。甚至更重要的是,这种简单化的对立暗示着对另一个观点的完全否定:即致力于"文明"意味着要将殖民任务置于非常优先的地位。实际上,法国"文明"在世界范围内的任务恰恰就是殖民统治。因此,埃利亚斯提出的简单对立观对法国"文明"的传统太缺乏批判,而对德国"文化"传统又太持批判态度了。

因此,与更近期的关于18世纪的思想研究,如约翰·扎米托的研究(John Zammito,2002)相一致,我在这里提出一种非"唯法独尊"和非简单化的观点。在德国有一种未完成但独特的学术启蒙运动,使其曾经成为国际人类学形成和崛起的重要学术实验室之一。但是,在德语区域内部,这些伟大的开端只在人类学中产生了非常少的地方性跟随效应。之所以如此,是因为在德语区域,启蒙运动还没有取得政治成效就结束了:贵族的分治得以持续,直到1871年才有了统一的德国。但是从国际的观点来看,德国在18世纪和19世纪初期的这些历史性开创一直是当代人类学形成初期的学术指示物。不把德国18世纪和19世纪初期思想当作一个主要源泉的话,就不可能反思今天全球人类学的早期形成。

因而,与"唯法独尊"的观点不同,我建议采用一种更体察入微的方法,首先指出在法国革命之前和之后,德语国家存在一种很强

的学术启蒙趋势。然而由于政治及学术方面的原因,这一启蒙学
统随后变得局限于狭窄的范围。

66   这种体察入微的一般方法让我们聚焦于康德(Immanuel
Kant)和约翰·戈特利布·赫德(Johann Gottlieb Herder)在学术
上充满张力的区域,将其当作前学术的、现代的人类学形成过程中
的一个非常初期的试验领域。有人会把赫德看作康德的对手,或
者是用他自己对人类学的看法,把赫德的作品看作是互补性地实
现了康德所未触及的思想。无论如何,正是他们作品间的紧张区
域而不是他们中任何一人的某个单独想法,促成了现代人类学思
想的萌发。

对这一问题的不同研究方法会支持不同的观点。例如,对康
德和赫德更极端的解释宣称可以在普遍主义和相对主义之间认定
一种绝对的二分法,这类似于有些人给法国和德国的学术交互作
用强加的片面的二分法。以这种观点看,康德就是普遍主义而赫
德就是相对主义。与此相对,我的理解是这两个人的作品中既有对
立和冲突,也有交叉和互补。康德对人类抽象一致性的强调被赫德
进一步证实,后者辅之以关于人类文化变异形式的观念。某种程度
上,赫德强调观察、经验和地方实验,给康德的方法中的抽象和演绎
理论化注入了一种有益的平衡(Zammito 2002,309—347)。

这样,人类一致性及其文化变异成为激发和构成启蒙时期重
要经验项目的中枢思想,两种研究类型堪称这些重要项目的范例:
初期的旅游报告以及早期的哲学研究。

启蒙运动探索者

福斯特父子,即父亲约翰·莱因霍尔德·福斯特(Johann Reinhold Forster)和儿子乔治・福斯特(Georg Forster),所做的工作通常被认为是在旅游报告方面德语区域为启蒙人类学作出的最突出的实践贡献。福斯特父子对詹姆斯・库克(James Cook)第二次探险的积极参与,以及乔治对法国革命和美因兹叛乱的同情更是突出了这一贡献(Heintze 1990)。从库克探险队回来后,他们父子俩在德语国家中居于不同的学术职位。乔治与那时的学术中心格丁根保持密切的联系,这要部分归因于其统治者同英属汉诺威的关系。尽管在他的作品中追求人类多元起源说的假设,乔治赞成一种同时认可地方差异性的普遍主义。吸收了康德和赫德的著作思想后,他由此支持一种经验和描述方法,这种方法对关于人类共性与差异的评价持开放的心态。乔治坚持人类社会中不存在优先的等级,他批评了格丁根学者克里斯托夫・梅纳斯(Christoph Meiners),后者认为欧洲处于全球等级体制的顶端(Heintze 1990)。乔治于 1793 年早逝,那是他正准备去印度的第二次旅行时,他的父亲于四年后去世。

福斯特父子的旅行报告清晰而丰富,绝少偏见,先后以英语(《环球航行》,1777)和德语出版,在欧洲的学术圈受到了广泛的欢迎,接下来又影响了几代旅游传记作者。并且,福斯特父子收集的民族志物品为欧洲大陆后来几个人类学博物馆打下了初期基础,包括格丁根、维也纳以及佛罗伦萨等地。最终,一座独立的民族志物品收藏馆于 1806 年在维也纳成立,成为帝国自然物产陈列馆的一部分。因此对于现代人类学在早期的形成时期来说,福斯特父子的重要性不容低估(Enzensberger 1970;Steiner 1977)。

纵然福斯特父子的影响突出,若要忽视他们同时代的重要人 67 物或是他们以之为基础的先驱传统就有片面之嫌。尽管我通常不同意尤斯廷・斯塔格尔(Justin Stagl)的观点和判断,但他在对启蒙时期以前积累的众多德国旅游见闻传统所进行的整理和分析工作中功不可没（Harbsmeier 1995；Stagl 1995）。这一套作品包括了自 16 世纪中期的晚期人文主义时代开始的、欧洲及北非和西亚各地的旅游报告，还包括了关于如何完成这种旅行以及如何进行正确观察和旅行经历描述的指导书。另外还有来自亚洲以及之后来自美洲的几部用德语写作的传教士报告、出版的日记以及旅行记录，如天主教耶稣会传教士对巴拉圭当地生活的描述，都成为启蒙传统的神学对应物。此外，这一套作品还包括"摇椅学者"们所作的多少还称得上精确的总结报告和归纳，如奥尔费特·达珀（Olfert Dapper）那著名的 17 世纪世界地图。所以福斯特父子的工作不仅仅深植于当时的时代精神中，还深植于发源于 16 世纪和 17 世纪的人文主义和科学革命的坚实传统中。

另外，福斯特父子的工作在当时也并非绝无仅有。更晚一点的先驱人物要算彼得·科尔布（Peter Kolb 1719），他对南非尤其是科伊科伊（Khoikhoi）的描述成为那个地区民族志的里程碑式的素材（Raum 2001）。出生于波希米亚的塔德乌斯·亨克（Thaddäus Haenke）（出生于 1761 年）在几十年的旅行过程中写出了非常出色的描述美洲土著生活的作品（Montoya 1992）。卡斯腾·尼布尔（Carsten Niebuhr）是效忠于丹麦皇室的北德人。他虽然较不为人所知，却是另一个用德语写作的启蒙时期探险作家中的优秀典范。他于 18 世纪末在中东和南亚度过的几年的科学旅行生活中留下的对当地情况体察入微及富于同情的描述（1969）一直到今天都还是一个丰富而且宝贵的人类学素材。几年之后，艾达·法伊弗（Ida Pfeiffer）的海外旅行报告成了首部由女性完成的此类作品，属于启蒙运动晚期（Habinger 2003）。最后但并不是最不重要的，在随后的年代中，曾与乔治一同游历莱茵河流域的亚历山大·冯·洪堡(Alexander von Humboldt)的作品也属于同一种启蒙时期风格。其中包括了他那部不朽的 30 卷本南美和中美五年旅行报告(1799—1804),还有他在俄国和西伯利亚较不为人知的旅行见闻。洪堡还先后同多位浪漫主义德国旅行家和探险者来往,如乔治·阿道夫·埃尔曼(Gerog Adolf Erman)及作家阿达尔伯特·冯·查米索(Adalbert von Chamisso)。他们在西伯利亚旅行写作中继承沿用了这种德国旅行报告的传统(Schweitzer 2001,84—102)。

汉克、尼布尔及洪堡等人的作品在其作者诉诸任何抽象的理论总结之前,主要还是经验性的、描述性的和纪实性的。(福斯特父子的作品在这方面是个例外。)一般说来,在这些作品中还盛行着描述性和非种族主义的方法,这同一个世纪之后的情形截然相反。此外,尽管经济利益在他们的探险中起到了重要的作用,但这些作者的报告极少服务于即时的、短期的殖民目的。由于在 18 世纪晚期到 19 世纪早期的这一段历史时期内统一的德国还并不存在,因此这些作者并不主要服务于任何殖民地扩张的野心,这一事实使得经验性启蒙精神在这些作品中大放异彩。

回顾过去,这种经验性和非殖民主义的启蒙记录理应得到明确的强调。我们已经习惯于自动将人类学的崛起同欧洲殖民主义的崛起相连,以至于经常忘了这一另外的维度。但是现在我们看到,一些用德语写成的早期人类学佳作同欧洲的殖民主义几乎没什么关系。为了给历史正名,我选择一种更平衡的解释,将现代人类学的早期崛起置于欧洲重商主义、早期传教与殖民野心,以及学术启蒙兴趣之间竞争的、充满张力的历史环境之中。

语言研究和最初的概念

在德国启蒙运动中具有强烈人类学相关性的第二阵营里也盛行着非殖民主义和经验性兴趣：对非欧洲语言的语言学研究的兴起。固然，德语的语言学研究代表了一种单独的、更强烈的自成一体的传统。研究在 17 世纪扩展开来，形成了语言研究社团的广泛分布（Fricke 1993），它们将内部平等主义的结构同德语语言纯化论——实际上还有"语言学爱国主义"——的意识形态结合起来（Garber 1996，30）。正是在这种早期的情境中，数学家兼哲学家戈特弗里德·莱布尼茨（Gottfried Leibnitz）在 17 世纪就提出语言的结构和说这种语言的人的智力成就间存在相关性的论断。

然而，在启蒙运动的后期，赫德的著作在某种程度上也激发了对非欧洲语言的语言学研究。赫德的老师和早年的朋友之一，约翰·乔治·哈曼（Johann Georg Hamann，1730－1788）就具有语言学背景。在他 1772 年那篇获奖的论文"关于语言的起源"中，赫德作出这样的论断，即一种文化的精神是嵌于它的语言之中的（1772/1966）。但是，他将这种语言多样性的观点同他对人类同一性的基本强调结合起来。哈曼于是就同赫德分道扬镳了，因为他认为赫德的思想同启蒙运动的推理仍然太过接近（Baudler 1970）。

同样受惠于重要的先驱们所做的基础工作，启蒙语言学代表了在编纂、系统化、分析和翻译主要的非德语、非欧洲语言和著作中的首个高潮，包括汉语、梵语、北印度语和波斯语、土耳其语、阿拉伯语。在启蒙运动后期中的伟大语言学工程中，梵语的重新发现很快获得了优先地位（Gardt 1999，270）。弗里德里希·施莱格尔（Friedrich Schlegel）在 1808 年写的《关于印度人的语言和智慧:论古代文化研究的创建》中提出,梵语比希腊语、拉丁语、德语和波斯语代表了更早的时代,他把后面的这些语言都看作是梵语年轻的衍生物(Windisch 1992,见第57页及以后)。与此相对,施莱格尔和其他人宣称,汉语的单音节模式可能阻碍了进一步的文化和智力发展(Schlegel 1808,157)。由此创立出一种在印度日耳曼语系和其他语言之间关于发展潜能方面的等级论。

人们认为在所谓的原始无文字的、东方有文字的,以及现代欧洲的文化和语言之间存在多多少少清晰的区分,这种区分影响了上述伟大的语言学和文本研究工程。这种区分从更老的传统中继承下来并得到了再次确认,但现在变得只限于这种程度,即"东方"语言被记录、分类和情境化,并且总是置于优于"原始"语言的地位。在其《历史哲学》(1882-1824/1990)中,黑格尔将这种三重视野演化成一种模型。但与19世纪晚期的德语区人类学家相反,启蒙语言学家放松了赫德在"自然民族"和"文化民族"之间确立的决定性区分,因为他们明确识别出汉语和阿拉伯语的文本和作者代表了文化。

约翰·克里斯托夫·阿德龙(Johann Christoph Adelung,1732-1806)详细阐述了文化和文化史的概念。赫德通常使用文化的单数形式,因此暗示了人性的一般能力,而阿德龙开始更系统地采用其复数形式,以示强调差异。几十年来作为语言学以及"标准德语"和"纯德语"的权威人物,阿德龙为一种独特的比较语言学打下了基础。

纵然有种种局限,大多数这样的语言学家的作品证明了对亚洲和北非文化的深刻尊重和赞美。芭芭拉·弗里希姆斯(Barbara Frischmuth)曾在作品中提到了这些领域中最伟大的人物之一——弗里德里希·吕克特(Friedrich Rückert),她写道,一个人必须"verrückt wie Ruckert"，也就是说，要像吕克特一样疯狂地奉献，将自己的一生全部投入亚洲语言和文学的研究中。

弗里德里希·吕克特(1788—1866)最初在维也纳的奥地利科学院第一届主席约瑟夫·冯·哈默-普格斯塔尔(Joseph von Hammer-Purgstall)的指导下学习波斯语和阿拉伯语，后来成为德国伟大的翻译家和模拟诗人(Windisch 1992,89)。他工作的语言有梵语、南印度语、马来语、汉语和许多其他语言，但他最突出的贡献是波斯语翻译，尤其是对13世纪神奇的加拉尔·阿尔-丁·鲁米(Jalal al-Din Rumi)的翻译，以及阿拉伯语翻译，如对前伊斯兰时期伊姆鲁·埃-凯斯(Imru I-Qais)的翻译。现今的专家还一直称赞吕克特在这些领域的独特贡献(Schimmel 1987)。

在我看来，德国启蒙时期的这些创新性语言学成果以及早期浪漫主义人类学通过对民族志与文化变异方面翔实的经验描述以及对外语的精通，产生了持续的影响，为后来的国际人类学设定了标准。尽管在后来的发展过程中经历了断裂与曲折，但它们至今仍然不失为德语人类学的一股独特力量。作为片断记录的一部分，这些传统有可能以新的方式被放进目前跨国人类学研究的框架中，并且由此迸发灵感。而在目前情境下，扎实的经验描述和对当地语言的深入似乎已常被忽略。

如果上述这些是核心的创新性经验成果，那么德国启蒙时期的理论和概念性记录相形之下就矛盾多了，但其重要性丝毫不逊。

首先也是最重要的，近年来的许多作者，从哈恩·韦尔默朗(Han Vermeulen 1995)到古德伦·布赫(Gudrun Bucher 2000)，再到彼得·施威泽(Peter Schweizer 2001)，都表明，在这一时期，民族志(*ethnography*)这一术语得到了首次详细阐述，这一术语同1770年代的格丁根和历史学家奥古斯特·路德维希·冯·施洛泽(August Ludwig von Schlözer,1735—1809)存在着关联。在成为格丁根的一名教授之前,施洛泽曾在圣彼得堡任格哈德·弗里德里希·穆勒(Gerhard Friedrich Müller)的助手,后者是为沙皇统治者服务的一名学者,后来成为西伯利亚历史和民族志研究的伟大奠基人之一。施洛泽十分熟悉穆勒对西伯利亚所作的描述性和综合性报告,这对他自己后来在格丁根的理论性概念的形成起到了决定性的作用。在这种情境下,民族志这一术语最初被描 71 述成地理学的类似物,以及德语中以下二者的对应物,即"Völkerkunde"* 和"Erdkunde"。启蒙的概念仍把民族志(ethnography)和民族学(Völkerkunde)看成是同义词,都是以实证为基础,关于世界文化、语言和民族的学术科学。

因此,只是经过后来 19 世纪的发展,民族志的意义才浓缩成只含有描述的含义,同时民族志领域也成为民族学理论领域的对立物。作为后来 19 世纪的相关发展,"Völkerkunde"的意义也变了,成为包含"ethnography"(民族志)和"ethnology"(民族学)的综合概念。对"ethnology"的这种新的"后启蒙"理解已经在约翰·塞韦林·法特(Johann Severin Vater)那里得到了强调,他在阿德龙逝世后编辑和扩展了后者的一部主要作品,并且追随了早期的语言学"等级相对主义",这也是阿德龙和施莱格尔作品中的一部分(Gardt 1999,186—193)。法特和尤斯廷·伯图

---

　　* 德语中的"Völkerkunde"和"Ethnologie"在英文中都被译为"ethnology",通常国内人类学界也把它们译为"民族学",大致对应于美国的"文化人类学"、英国的"社会人类学"以及国际上使用日渐普遍的"社会文化人类学"。"Völkerkunde"在学科发展早期用得较多,而现今德语学术界基本上用"Ethnologie"作学科名,这也折射了该学科发展的动态,对此本篇作者也在文中有详细说明。作者也用"社会文化人类学"(Sociocultural anthropology)来对译德文的"Völkerkunde",以反映德语学界与国际上尤其是英美人类学界的对话与合流。在本文的翻译中,根据上下文将"Völkerkunde"译为"民族学"或"社会文化人类学"或简称"人类学"。——译者

赫(Justin Bertuch)在 1808 年先后成为这些领域中首份专业学术期刊《民族学和语言学综合档案》(*Allegmeines Archiv Für Ethn-ologie und Linguistik*)的合作编辑。

　　尽管这些理论和建制尝试在德语国家几乎没有引起什么地方上的后续研究,但无论如何预示着那个时代极具创新和批判性的早期试验气氛,在其他地方也产生了重要的影响作用。其地方性成果之一便是这些概念的形成在亚历山大·冯·洪堡的兄弟身上产生了间接作用:威廉·冯·洪堡创立的学术传统一直被称为德国的整体观和跨学科的学术生活的根基。他最初对学术研究的制度化的阐述,首次将哲学人类学看作是所有人文学科的基础领域之一。正如路易·迪蒙(Louis Dumont)所示,对人文学科的首次构想是由对文化、民族志和语言学的多样性的某种觉醒所激发出来的,尽管它还是优先为精英和国家服务的。虽然这一概念获得了普鲁士皇家的首肯,对人类学和民族志如此有限的强调后来也还是因为对其他如历史和哲学等学科的优先考虑而被抛弃了(Dumont 1994,82—144;Berg 1990)。

　　同时,威廉·冯·洪堡(1767—1835)进一步阐述了阿德龙和施莱格尔对语言学相对主义的推理,最有名的是在他三卷本论文中关于爪哇的卡维语(Kawi)的论述(Windisch 1992,82—85 引用)。通过确定人类的思维,威廉·冯·洪堡认为任何具体的语言都构成了一个特殊的"宇宙观"。因此在他看来,在不同语言中假定存在一种普遍的认知潜能等级秩序就是不可避免的了(例如,在"曲折"、"粘着"和"孤立"语之间)。

　　威廉·冯·洪堡的等级语言相对主义肯定对博厄斯(Franz Boas)以及博厄斯的弟子们的作品产生了某种影响。这一思想在萨丕尔(Edward Sapir)的作品中也出现过,但其更明确的且经过修饰的再次出现是在本杰明・李・沃夫（Benjamin Lee Whorf）的《语言、思维和现实》中（1956）。

在 1830 年代之前，随着威廉・冯・洪堡的工作，赫德的传统得到了细化，但也被歪曲，朝着逐渐清晰的相对主义方向具体化，并带有对心智和灵魂的日渐增强的偏重。对赫德来说，普遍主义和相对主义相互间仍保有某种混乱和矛盾的平衡。但对威廉・冯・洪堡来说，普遍主义的腔调就局限和低调得多了，现在洪堡的相对主义强调了一种内部需要、一种心理性的关注以及在语言和文化中明确的等级制。

有限的成果

这就把我们带到了对德国启蒙人类学有限成果的理解之上。人类学中学术和实证启蒙工作失败的一个核心原因可以在政治环境和条件中找到。它们阻止了沿袭法国模式的任何资产阶级革命，却反而稳定和重新确定了贵族的统治和政治割据。在思想方面，这些因素对明确的世俗化发展施加了严格的限制，反而在北方加强了新教虔诚主义，而在南方使得天主教势力得以恢复。在拿破仑战争之后，当梅特涅（Metternich）年代所谓的神圣联盟粉碎了所有寻求政治解放的地方企图后，保守势力得到了进一步的加强。综合起来，这些原因以及其他的因素将德国启蒙人类学的退位扭曲成了一种意识形态的改变，这一变化是朝着一种我所谓的 19 世纪前半期的双重内省的方向：首先是对德国主题，而不是非德国主题的内省式优先地位，其次是精神和灵魂，而不是实践和事实的内省式优先地位，二者日渐结合。

在这个朝着双重内省的转变中，赫德的工作日渐成为激发浪

漫主义思考和德国早期民族主义的源泉,然而我们需要谨慎而不
73　要太急于对赫德作结论。没错,他的工作后来成为所有德国民族
主义合法化的素材。这包括了在接下来的几十年里,德国从19世
纪初期的政治左派及右派的浪漫主义民族主义者到20世纪上半
期最残忍的右派民族主义者。但是,赫德的工作并不需要直接为
所有以其名义犯下的罪行负责,实际上,赫德的工作只有在启蒙晚
期和浪漫主义时代的初期之间那种矛盾的转型情境下才能被最好
地理解。

　　可以确定,赫德的工作在区域内和国际上都给人类学留下了
颇具争议的遗产。他认为人性是通过多样性以团结的形式存在的
"*in Einheit durch Vielfalt*"(通过多样性而统一)的观点具有一种
普遍主义的维度,这同康德的关系比坚定的相对主义者和民族主
义者们更近。从一开始赫德对文化的概念就是根植于这种"通过
多样性而统一"的观点之中,以一种特殊论的方式强调语言、习俗
和心智,但并不包括对种族或其他所谓永恒不灭的特质的考虑。
此外,赫德关于文化的概念强调观察和经验。所有这些研究重点
都有助于后来民俗研究(*Volkskunde*)的产生以及一些19世纪的
早期德国人类学家,如西奥多·韦茨(Theodo Waitz)和后来年轻
的博厄斯的出现。

　　另外,赫德对民族的灵魂的强调源于他的虔诚派家庭背景,这
强烈地激发了双重内省以及他在德国和其附近的欧洲"文化民族"
(*Kulturvolker*)和其他大多数"自然民族"(*Naturvolker*)间所作
的带有民族中心主义的区分。后来的思想家和人类学者从他的作
品中抽选和发展了这些方面,把德国人放在了一个为数很少的文
化民族的等级体系的顶端,而所有所谓的自然民族都居于其下。
但是,如果在它所处的那个时代评估赫德的作品,尤其是同曾与他

在柯尼斯堡学习的康德联系起来,那么他的作品不仅包括与康德的对立和矛盾,至少还包含了许多体现康德思想的元素,并补充甚或超越之。正如扎米托所示(2002,347－352),赫德在他第六本《关于人类历史的哲学理念》(1784－1791)中明确试图要将早期对人类历史的进化观同从文化本身来评估的相对主义做法结合起来(Berg 1990,65－66)。这一点非同寻常——不是因为赫德的早期进化论(蔑视一些"原始"文化,而崇尚另一些"高尚"文化,这在当时很普遍),而是因为赫德的普遍主义进化论在他的相对主义上施加了限制。因为是基于普遍主义原则,赫德的相对主义无法达到绝对或强烈的程度。 74

但是从定义上看,不论是哪个版本,它都是一种强烈的相对主义,这是民族主义天生的特质。因此,显然没有的目的论的必要性,要把赫德直接引向后来民族主义的思想家。似乎是由别人营造了这个基础,经常是片面地参照赫德——他因此被利用,成为其他目的合法化的力量。

赫德的作品及其反抗性影响代表了　个极富挑战性的谜,因此当然其本身就很值得研究,将来的研究仍有可能作出这样的总结,赫德的作品有一种微弱的或者说温和的相对主义,而不是后来民族主义者所鼓吹的强烈意识形态的版本。如果是那样的话,对这一微弱的以实证为基础的文化相对主义观点会累积成德国启蒙人类学后期那些更持久的成就:即与伟大的探险者旅行见闻相伴而生的对亚洲语言深入的研究以及对民族志最初概念的阐述。

无论如何,在接下来的几十年中对德国人类学更具毁灭性的影响并不直接源自赫德的思想,而在我看来,是源自他的一些同时代学者——一些比赫德更明确地反对康德的人士。例如,哲学家克里斯托夫·梅纳斯(Christoph Meiners)于 1785 年起草的《人类史概论》(*Grundriss der Geschichte der Menschheit*)就把人类的体征的多样性直接与其社会特征联系起来。而且,他还是另一理论的早期拥护者,即认为不同种族的成员通婚会导致退化。梅纳斯关于地理位置决定文化圈的构想方式后来激发了弗里德里希·拉策尔(Friedrich Ratzel)和弗里茨·格雷布纳(Fritz Graebner),这两位都是传播论和文化圈理论的奠基人。福斯特已经批驳了梅纳斯的反普遍主义的立场,这一立场认为德国人最优秀,其次是其他的欧洲人。在梅纳斯看来,这是与他们独特的种族起源相关的(Lowie 1937,10—11)。另一方面,与梅纳斯同时代的格丁根人 J. J. 布鲁门巴赫(J. J. Blumenbach)是一名早期的体质人类学家,他开始测量人体并寻求典型的种族范例。考虑到这一实证性的努力,他的工作可以看作是 19 世纪晚期德国在鲁道夫·威超(Rudolf Virchow)领导下体质人类学更自由时期的先驱。但从理论上说,布鲁门巴赫强调人种的多个起源和等级制语言学相对主义。

75　　　随着 19 世纪上半叶的临近,已然元气大伤的启蒙运动已经被边缘化。在政治和宗教重建的影响下,哲学失去了在学术中的领导地位,在人文学科中它让位于历史学,而在自然科学中让位于生物学。德语国家人类学中微弱而又分散的启蒙遗迹只是苟延残喘:在一些博物馆的收藏中,在对外语进行细致研究的强调中,在一些成为经典的启蒙著作中。双重内省最终取得了卓越地位,在德语国家中促发了带有民族主义倾向的历史学民俗研究,而在对非德语民族方面则鼓励了一种认为它们在历史或生物学上低劣一等的假定。

　　在德语国家中,启蒙人类学由此成为一种成果极其有限的非传统。但无论如何,成果有限毕竟不同于毫无结果。

第二章 从民族主义民俗学的诞生到学术性传播论的建立：从国际主潮中分流

这一讲大略覆盖从 1840 年代到 20 世纪初大约六十年的时间。我将分别论述三个不同但相互关联的主题：首先是学术圈内外分散而广泛建立的民俗研究，与其并行的是学术人类学专业先驱的出现；其次是马克思和恩格斯在德国的社会主义理论的崛起及其对人类学主题进行的明确思考；第三，在这种背景下，人类学正式的学术建设的头两个时期以这样或那样的方式同阿道夫·巴斯蒂安这个名字的关联。

民俗研究及人类学学术先驱的出现

1848 年失败的"大的"泛德意志革命到 1871 年"小的"由普鲁士完成的德国统一之间的政治期是民俗研究（*Volkskunde*；folklore studies）独立出现的大环境——也就是说，与后来民族学（*Völkerkunde*；Ethnology/Ethnogrphy）分离。在某种意义上，这是对先前转向"双重内省"趋势的逻辑继承。这一内省在 1830 年代从哲学和艺术浪漫主义以及政治民族主义那里获得了新的能量。在 1848 年革命失败之前以及之后的一段时间，浪漫主义和民族主义双重浪潮都是影响广泛和异质的运动，包含了差不多一样多的知识分子、工人和商人;这两个运动既有左翼也有右翼。民族主义和浪漫主义都倾向于把新的重心放在本国农村地区。浪漫主义崇尚拥抱乡间生活,因为它在寻求田园诗般和谐的审美境界,这些美学价值观后来对民族主义新政治运动产生了标准化影响。正如汉娜·阿伦特(Hannah Arendt)指出的,在德语国家以及大多数中北欧地区中,民族主义对理想生活的浪漫主义想象被看作是一种向国家所宣称的农村根基的回归(Arendt 1958)。

这些条件导致在学术界和业余者中间对民俗研究的广泛流行。1848 年革命失败之后,这种对民俗的兴趣变得更普遍,成为一种看似与政治无涉的事业。格林兄弟所完成的伟大的童话收集和编纂工作就是一个适切的案例,此外还有许多相关的谚语、笑话、谜语、传说及其他民俗的收集整理工作。特别重要的早期素材有雅各布·格林(Jakob Grimm)对语言和本国方言的研究,这引发了对口述故事的历史研究,后者已成为在民俗研究形成过程中的一个组成部分。另外的组成部分还包括了统计学以及威廉·海因里希·里尔(Wilhelm Heinrich Rielh)的纪录法(Köstlin 2002,393、387)。

一个相关的发展是,收集陈列被认为属于传统物质文化的民俗博物馆首次得以建立,发起者既有地方上的业余知识分子也有贵族统治者,如在斯泰利亚(Stylia)哈布斯堡(Habsburg)的约翰大公(Johann)。教师、牧师和作曲者们开始收集和编纂民间歌曲,这很快也成为音乐学学术建设的当务之急。同样,对民俗的口头陈述的研究成为德语文学研究以及在某种程度上历史学学术建设的一部分,后者在德语人文学科中逐渐取得显著地位。尤其当利奥波德·冯·朗克(Leopold von Ranke)建立了文字历史中的编史和历史主义学派之后,这一领域超过哲学成为 19 世纪及以后人文学科中的主导力量(Zimmermann 2001,38—61)。

　　在大革命失败后,弗里德里希·威廉四世成为普鲁士国王,弗朗西斯·约瑟夫成为奥地利的国王,民俗研究就成为德国历史相对论不可分割的一部分——这时它还不是一个单独的领域,而是分散于历史相对论霸权下的各门学科中。一直到现在,民俗研究(或者说欧洲民族学,这是这一学院学科最近给自己重新命的名)都保持着同历史方法和历史的学术领域的紧密联系。如果我们将来要慎重考虑把先前的民俗研究(*Volkskunde*)和先前的民族学 78 (*Völkerkunde*)整合进一个综合的领域,也就是国际社会文化人类学的德语分支,那么它将继续作为一股确定的力量,也是一个强大的阻碍。

　　从现在的角度来看,在德语中心地带由浪漫主义以及内隐和外显的民族主义所激发的历史相对论形成时期的民俗研究相对那些在德语区的南部和东南部的边缘地区(也就是说瑞士和哈布斯堡帝国)所进行的民俗研究相对来说显得没有那么引人注目。与后来成为德国的区域相对而言,这两个政治实体在语言、宗教和文化上都非常不同。在 1871 年统一前后的德语中心地带,民族主义逐渐被利用并成为服务于占统治地位的普鲁士利益的力量。与此相对,1848 年前后瑞士和哈布斯堡帝国的民俗研究都把文化多样性看作是确定的。在瑞士和哈布斯堡的德语区域,无论哪种民族主义一般都被认为具有颠覆性和脱离论的危险。这就在德语区的南部和东南部的民间和学术领域催生了一种带有更少民族主义色彩而更具跨文化传统的民俗研究。在某种程度上,它们代表了那个时代在民俗研究中最具人类学意味的传统(Köstlin 2002,379、384)。

　　许多其他领域影响深远的作品也出现在德语国家中历史相对

论在学术中占支配地位的这一初期阶段,包括宗教和法律领域的历史学家以及历史哲学家的作品。这些学者中没有人遵循主流的民族主义方向。他们一方面怀着历史学家的兴趣,转向了更广范围的、比较性的主题。这一兴趣反映着人文发展阶段的一些启蒙兴趣的痕迹。与此同时,他们也已吸取了对世界文化多样性的越来越多的洞察。这已经在许多方面预示着进化论在世界范围内的兴起。

三个摇椅学者,约翰·雅各布·巴霍芬(Johann Jakob Bachofen)、古斯塔夫·科勒姆(Gustav Klemm)和西奥多·魏茨(Theodor Waitz),代表了这一时期学术人类学在德语区内以及世界范围的先驱。

由瑞士法律及古代史学家巴霍芬所撰的《母权论》(1861)当然是这三个作者中最广为人知的作品。他在书中试图证明人类文明已经走过了"女权政治"的早期阶段,为此他运用了大量前希腊时代和其他的素材。按他的解释,这些素材是同男性当权的理论相冲突的。在其研究的问题和方法的引领下,他在人类发展中辨别出一个乱婚的"地狱般的早期时代",之后是"月运母性"和母系亲属制度时期,之后才是最近的父权制阶段。

巴霍芬是一位有着虔诚宗教信仰的浪漫主义进化论者,他的论文受到古代史学者的大力批判,而其他一些对人类学感兴趣的人则充满尊敬地讨论他的一些思想:路易·亨利·摩尔根(Lewis Henry Morgan)同巴霍芬保持很长时期的通信往来,并在《古代社会》中引用其观点以支持自己的观点。因此,后来弗里德里希·恩格斯(Friedrich Engels)和海因里希·库诺(Heinrich Cunow)在因其工作推进了德国唯物主义进化论发展而表达他们对摩尔根的赞赏时也提到了巴霍芬。而他们后来的反对者,如文化圈理论家施密特(P. W. Schmidt)也讨论了巴霍芬的作品。更晚一些,早期的女权主义人类学也还继续提到他的工作。尽管曾经流行一时的关于早期母权制阶段的论题早已过时,但巴霍芬仍可被看作是宏大的进化论争论的创始灵魂人物之一,这些争论将人文历史的研究与性别关系的研究本质性地联系在了一起(Schroter 2001, 8 — 10; Heinrichs 1975)。

作为一名曾攻读历史和哲学专业的图书馆馆员,古斯塔夫·科勒姆是一位杰出的民族志物品收集者。在他《人类文化通史》(*Allgemeine Kultur-Geschichte der Menschheit*)的第一卷中(10卷,1843—1852),他首次为民族志物品的系统收集以及博物馆展示展开构想设计。这一领域很快就在德国取得了独特的重要性;实际上,科勒姆自己的收藏也成为位于莱比锡的德国第二大民族志博物馆的基础。他在物质物品方面的兴趣也是他在构思文化历史时强调经济和物质因素的一部分。他认为文化历史作为统一的过程经历了原始、驯化和自由三个阶段。通过借鉴伏尔泰、康德和赫德的作品,以及对梅纳斯的批判,科勒姆将非欧洲文化系统地融入他的文化历史。对同时代的德国主流历史学家来说,这就使科勒姆更成为一个局外人了,因为他们并不认为没有读写能力的民族是历史的一部分。但是,科勒姆作品中大量的民族志信息被英国的爱德华·伯内特·泰勒(Edward Burnett Taylor)使用及引述,并被其誉为"无价的事实收藏"(Tylor 1865),后者是世界上首位坐上人类学学术交椅的学者。此外,科勒姆对文化的整体观对泰勒1871年关于这一术语的经典定义产生了直接的影响,马克思也采用了科勒姆对物质条件的强调,并把它看作是确认他自己的观点的参照物(Rodiger 2001, 188—192)。

在《民族学理论的历史》(1937)中,罗伯特·罗维(Robert Low- [80]

101

ie)把科勒姆和魏茨描绘成为那个时代的学术化、国际化人类学发展铺平了道路的三位重要开拓者中的两位。他把科勒姆的作品看作是泰勒和摩尔根的进化论的先驱,同时他还对魏茨的作品进行了一些辩护,把他看作是博厄斯及他自己的人文主义相对论的先行者。(罗维选梅纳斯为第三位人类学先驱者,这只能通过传播论和种族主义在 1930 年代德国和奥地利的霸权地位得到解释。)

种族差别和种族起源问题是科勒姆和魏茨之间的一个重要区分。魏茨批判了同时代在法国的阿蒂尔·德·戈比诺(Arthur de Gobineau,20 世纪种族主义的奠基人)的种族主义和我族至上主义的世界观,也否定了科勒姆对系统发生起源理论的好奇而无害的阐释。魏茨因此成为在德国人类学界中建立各种族统一血统的人类同源理论的作者,这也是鲁道夫·威超、巴斯蒂安(Bastian)和博厄斯后来所能接受并发展的立场。另外,魏茨极具说服力地论证了人类的外表和体格差异能够随着众多的因素改变,如气候、食物、血统或婚姻。因此,文化不能按照种族来构思,而应从历史的角度来观察。在他的《自然民族的人类学》(*Anthropologie der Naturvolker*,6 卷本,1859—1872,其中部分是在他去世后由杰朗德公司出版)中,魏茨把这文化看作是文明的过程,他从早期旅游者报告中抽选了大量记录详细的案例来证明这一观点,同时对殖民主义和奴隶制进行批判,认为其非人性,并对文明的过程具有毁灭性影响。因为他除了是一位哲学家以外还是一位专业教师,因此他并不像科勒姆那样强调物质条件,而是将文明的历史过程看作是心智多样性和发展的过程就显得合乎逻辑了。

在魏茨的晚年时期,他的著作集第一卷被伦敦人类学会选为来自欧洲大陆的一部杰出作品,并在英国被翻译成《人类学导论》(Waitz 1863)——及时地进一步说服泰勒,种族差异并不是社会文化变化的决定性因素。其他的进化论者对魏茨的作品并不那么欣赏,但在博厄斯那一派中,魏茨的第一卷被看作是"博厄斯的《原始人的心理》的极具价值的先行作品,并同其论据紧密关联"(Lowie 1937,17),在之后的几代博厄斯学派学者中,如露丝·本尼迪克特(Ruth Benedict),它仍然被视作人类学领域的首部巨作(Streck 2001a,503—508)。

因此应该指出,后启蒙时期从哲学到历史学范式这一深刻的 81 转变,也就是说从黑格尔到朗克的转变,有一种创新性的副效应。除了对德语学术中心地带的内省性民俗的主要影响,它还与学术外围的早期进化思想相结合,对人类学思想产生一切其他的更具创新性的含义。这一领域的核心专家汉斯·于尔根·希尔德布兰特(Hans Jürgen Hildebrandt)表示,在与德国人类学相关的学术领域,早期的进化思想主要涉及家庭、法律和神化,它同时也朝着人类学延伸。但是,希尔德布兰特认为这一思想仍然太微弱,因此还无法形成早期学术人类学(Hildebrandt 1983)。

马克思和恩格斯作品中的人类学维度

我们很难在 19 世纪后半期的德语区人类学学术书籍中找到任何对马克思和恩格斯的提及,然而不论人们今天认为马克思和恩格斯的作品如何具批判性,对德语区人类学的现时主义研究方法都不能否认他们的作品在其完成后的几十年中对我们这个领域的深刻的,同时也是矛盾深厚的影响。从他们较为抽象宽泛的社会理论到其对人类学核心主题的较具体的关注,他们的影响涵盖甚广。他们的作品的效应后来更发展到从对用新的方式寻求批判性研究问题的鼓励,到恰与其对立的 20 世纪独裁国家恐怖活动的合法化。

从国际人类学的现时主义观点看,也许更详细地讨论德语区中社会理论和社会学的其他伟大创立者会更有用和更合理——如费迪南德·滕尼斯(Ferdinand Tönnies)、马克斯·韦伯(Max Weber)、乔治·齐美尔(Georg Simmel)、西格蒙德·弗洛伊德(Sigmund Freud),以及后来的西奥多·阿多诺(Theodor Adorno)、马克斯·霍克海默(Max Horkheimer)和沃尔特·本杰明(Walter Benjamin)。然而此时,历史准确性超过了现时主义兴趣而成为在方法论方面最优先的问题:德语社会学的古典作者直到很晚才开始在德语区的人类学家中取得了影响。除了纳粹时期一些德国功能主义者例外,德语区人类学家直到1968年以后才开始与社会学交流。在那之前,德语区的主流人类学家几乎没有引用过当时任何主要社会学家的作品。

与滕尼斯、韦伯、齐美尔、阿多诺和本杰明比起来,马克思的工作在很早以前就对德语区人类学产生了一些影响。一方面,这一影响对主流人类学家的作用是直接的,这些人类学家有时为了政治原因同马克思的思想进行辩论,通过与其对立而捍卫自己的观点。另一方面,1945年之后,马克思主义的一些方面在实行共产主义的东德被编纂,塑造了这个国家的人类学。这就是我在这篇文章中要跳过社会理论和社会学的其他创立者而优先讨论马克思的主要原因。

现在大家的共识是:1848年革命的失败和混乱的国家及社会政治议程,加上后启蒙时期黑格尔主义已经无法在思想上应对当时的这一发展,导致马克思和恩格斯寻找一条全新的替代出路,一条走出贵族统治和资产阶级民族主义之间的僵局的出路。把自己看作是对德语区启蒙运动优秀遗产的更新者,并受法国社会理论和英国政治经济的激发,他们开始发展出他们自己所谓的历史和辩证唯物主义。尽管德语启蒙运动属于前国家时期,因此也非跨国,但其蕴涵了更广泛的地区影响。与此相对,马克思和恩格斯所带来的 1848 年以后的反国家主义转型是德语知识界发展中真正的跨国时刻。自马克思移民到英格兰,尤其当他接触到出版的达尔文的作品后,马克思和恩格斯的历史唯物主义逐渐变得更具进化论取向。因此他们抛弃了早期从黑格尔思想与语言学继承而来的历史三分法,即原始、东方和现代,而坚定地开始接受他们那个时代的最先进的学术知识。

对于我们目前的目的而言,指出马克思和恩格斯对社会文化人类学中核心主题的较窄的关注就足够了,这些关注在他们工作中自始至终都展示了惊人的连续性。最初他们支持黑格尔关于非欧洲文化的许多看法,充满了关于早期阶段如何停滞与落后的观念。这一情况在马克思关于英国在印度的殖民统治的论文系列中得到了相当程度的改观。他在论文中将印度的史实以及替代性发展的创造潜能同南亚次大陆的殖民隶属这一具毁坏性的事实相比较。在此基础之上,《资本论》之前的许多研究以及《资本论》三(或四)大卷中的一些参考内容表明了马克思所关注的主题。他主要的关注点是资本主义和殖民主义,但也对亚洲某些前殖民主义时期的农业帝国内在的逻辑关系很感兴趣,这些国家同地中海古国有相当差异。因此马克思努力要达成一种结合,即将基本上属于普遍主义的社会理论同历史上具体的不同社会类型的分类结合起来。在他的晚年时期,马克思再次转向了人类学主题上,那时是通过阅读摩尔根的《古代社会》以及在对许多其他作品,如马克西姆·克瓦卢斯基(Maxim Kowalewski)作品的阐释过程中,受到达尔文进化论的激发(Harstick 1977)。

83

在劳伦斯·克拉德（Lawrence Krader）出版的马克思的日记中有两点比较突出：首先，马克思逝世后，恩格斯在他《家庭、私有制和国家的起源》（1891/1972）中使用马克思的笔记时忽视了他的一些重要的洞见；第二，马克思的日记显示，他当时对自己早期将普遍历史同多样的具体社会形式的轨迹相结合的理论工作抱有了一种纯粹的和阐述更为详细的兴趣，他将所有这些都用当时新的进化论话语进行了更明确的阐释（Krader 1976）。在我看来，我们应该因为马克思没有作出结论而褒奖他和他的这种开放心态与求知欲，而不是对其进行攻击。在其理论工作的这一最终表现形式中，文化被看作是一套习俗和观念；它展示了在一个普遍主义框架中具体发展的进化方向具有多个轨迹而不是仅仅一个；它还包含了对家庭和亲属关系形式变化的一些认识，当然还有对资产阶级殖民主义作为一股全球力量的系统认识。

如与其同时代的人物如巴斯蒂安（德国首都柏林的正式学术人类学奠基人）那既不系统也不明晰的研究工作比起来，我们对这个被流放的犹太革命者的这一成就绝不能小觑。马克思作品的对德语区人类学在这方面的影响在 20 世纪开始变得相当多样，并达到了不可思议的程度，首先是通过恩格斯的《家庭、私有制和国家的起源》传达出来的。恩格斯的这部作品是针对德国的工人和政党官员这一大众读者，因此他不得不将其简化。然而整个作品不过是摩尔根作品的大众化版本，加上一些马克思日记的节选，再加上恩格斯自己对于将来的家庭解体的一些看法，他的看法后来对女权主义和女权主义人类学产生了重要的影响。

尽管首先是在德语国家，然后是在国际上组织起来的社会党党员中产生了巨大的影响，但恩格斯的《家庭、私有制和国家的起源》也出现了许多严重的错误。恩格斯在里边提出了比摩尔根的

理论以及马克思的阐释更具单线性的进化观。他故而把欧洲资本
主义看成是等级制进化中的高潮,因为他认为那是社会主义的必 84
要前奏(Gingrich 1999,245－246;Godelier 1977)。除了比摩尔根
和马克思的理论具有更强烈的民族中心偏见外,恩格斯还在此书
中表达了对通过亲属制度和家庭进化而进行自然选择(优选)的概
念的一些同情。考虑到这些平民论倾向和简化形式,我认为这部
作品对学术界和德语区人类学的整体影响大部分是负面的。另一
方面,一些记录马克思后期人类学洞见的作品,即从《政治经济学
批判大纲》(1953)开始到他的民族学笔记结束,从 1930 年代末才
开始慢慢出现在更广泛的公共学术领域里,有些则常常是被隐匿
于斯大林档案中长达数十年之后才重见天日。因此,马克思和恩
格斯早期得以出版的有限作品的实际学术影响同马克思整个人类
学笔记和思考中的批判潜能无法等量齐观。

学术人类学的开端

　　在正式和建制的层次上,民族学(*Völkerkunde*)的学术建设是
和德意志帝国的形成同步的。帝国建立是在对外战争取得胜利,
即 1866 年普鲁士对奥匈帝国以及 1871 年对法国之战,并在胜利
的基础上实现内部团结的过程。在同时期,民族学的建制也正式
走出了重要的一步。1867 年,柏林人类学、民族学和前史学协会
成立,同时还创办了自己的刊物《民族学学刊》(*Zeitschrift fur
Ethnologie*),该刊物直到今天还是德国这一领域的主要期刊之
一。之后于 1873 年在柏林成立了皇家民族学博物馆。博物馆的
第一任馆长是巴斯蒂安,他是一名医师,当过很多年的随船医生,
也是第一个于 1869 年通过民族学从业资格的德国人。那么很清

楚,身为欧洲资本主义竞争和殖民统治较量中晚到的参与者,德意志帝国试图在学术专家的支持下尽快在中央和地方的层次上建立能为自己服务的人类学(Penny 2002,17—49、163—214;Zimmermann 2001,201—216)。

最初,这一新的帝国在海外并没有殖民地。但是1884年柏林会议之后,它对殖民地的这种雄心很快就在非洲实现了。它还在美拉尼西亚和一些中国城市中获得了殖民地(Zitelmann 1999)。同时,哈布斯堡帝国经济委靡,在欧洲内部领土相连,不允许它在海外再拥有任何殖民地。1870—1871年在维也纳成立了一个人类学会。此外不光是在维也纳、布拉格、布达佩斯,还有在卢布尔雅那、的里亚斯特、克拉科夫和布拉迪斯拉发也都出现了人类学研究和民俗博物馆的其他前期性机构。但是,致力于研究遥远文化的独立的学术民族学还没有在哈布斯堡帝国建立起来。相反,具有文化多元性的民俗研究持续着其统治地位。这种研究在哈布斯堡帝国的德语区存在着少量的民族主义倾向,而该倾向在帝国的其他地区则更为明确(Kostlin 2002)。

在德国的殖民扩张之前和过程之中,一种大型异域风物展或民族展览(Völkerschauen,字面意思是"各民族的展示或展览")十分流行。亚洲人、非洲人以及美洲土著人经常被放置在壮观的场景中,公开展示给德国和奥地利的观众看。这些民族展览具有世界性及开放的意义,因为它们激发并利用了大众对非欧洲文化的好奇心,有时还能营造一种"感受外面的世界"的氛围。然而同时,这些展览也具有一种更重要的潜在可能,以激发对日耳曼民族优越论和种族主义的支持,并且动员对帝国主义和殖民野心的支持。柏林博物馆建起之后,德国的人类学家积极地同这些民族展览合作,最突出的是巴斯蒂安亲密的博物馆合作者、来自奥地利南部的费利克斯·冯·卢珊(Felix von Luschan)(Penny 2002;Zimmermann 2001)。

　　在学术和知识界,德国学术界内的三个相互关联的发展过程进一步促进了社会文化民族学(sociocultural *Völkerkunde*)的正式建制:日益丰富的博物馆藏品、新书出版的成功以及新的旅游报告。首先,皇家贵族和私人收藏的民族志物品数量上升如此显著,以至于德语区中许多城市的商人和官员都感到,亟需对它们进行系统性的重新组织和管理,并将其公之于众。这一过程也是受到了科勒姆关注物质条件等新观念的激发。瑞士的商业和工业中心巴塞尔已经在 1849 年首先建立了德语区的第一个人类学博物馆,这座博物馆直到今天还仍位居最佳之列。之后,具有决定性的私人和公共力量终于在其他各地发起建设了更多的民族志博物馆,这些地方包括:慕尼黑(1868)、莱比锡(1869)、柏林(1873)、维也纳(1876,作为自然历史博物馆的一个部门)和汉堡(1878;Penny 2002,163—214)。在这些城市中,在德国新首都柏林建成的博物馆的绝对领先地位很快就不止限于德语区内了:直到 1930 年代,它都被认为是世界上最大的民族志博物馆。

　　第二,一些非人类学摇椅学者出版的作品,如巴霍芬、科勒姆和魏茨,得到了一定的关注和认可,同时这些极具概括性的理论也激发了对更具体证据的新兴趣。这也就强化了人们的一种观念,即对人类多样性的系统研究应该由那些成为专家的专职人员来接手。

　　第三,与科勒姆和魏茨的摇椅作品立足于早期的旅游报告有所不同,新一代的创新型德语学术领域的田野研究专家已经开始了他们的工作:海因里希·巴特(Heinrich Barth)是汉堡的语言学者和地理学者,他在英国的支持下在北非和西非待了五年多时间。

他的五卷本报告于 1857－1858 年出版,成为至今仍为人们所珍视的记述详尽的民族志资源。巴特的作品是基于对认真描述和掌握当地语言这一启蒙时期传统的精彩发挥之上:他说阿拉伯语、柏柏尔语(Tuareg)、豪撒语(Haussa)以及其他几种语言。另外,他的报告和素描集中在人们的日常事务上,并以近距离的观察和尽可能仔细的对话为基础(Forsterz 2001)。巴特因此成为德语区非洲研究领域广受尊重的奠基人物,这一领域在 20 世纪继续吸引着关注不同学术方向的德语区人类学家。也许更重要的是,因为他的实验方法和写作,巴特可以被看作是德国民族志田野工作严格意义上的首位先驱(Forster 2001)。

另一方面,古斯塔夫·纳赫提贾(Gustav Nachtigal)是一名医学博士,他关于北非和西非的三卷本旅行报告(1879－1889)包含的民族志材料较少。他同普鲁士政权的亲密关系以及对普鲁士在非洲殖民事务(虽然基于他的人道主义动机)的支持导致他成为与普鲁士帝国主义野心存在干系的更大学术阵营内的一个非常有影响力但不怎么引人注目的学术人物(Braukämper 2001)。

德语的学术人类学发展第一阶段中的两个中心人物是民族学方面的巴斯蒂安和体质人类学家威超。他们两人都是政治自由主义者,且都最先接受了医学和自然科学的学术训练,也都遵照自然科学的模式而坚信一种非进化的经验主义实证论。"民族学"(Völkerkunde)的含义当时包括了一种理论性的"民族学"(ethnology),即对通过严格描述获得的民族志结果进行分类和概括(Buchheit and Kopping 2001,19－25)。与国家和王室联系如此紧密,德语区人类学反进化论取向的原因似乎分别来自三个方面:新教的虔诚主义倾向于拒绝关于物种和人类起源的反创世说的理论;普鲁士的民族主义对来自对手英国的新理论表现出很深的怀疑;帝国的霸权挑起了对这一理论很深的不信任,因为这一理论在很大程度上启发了马克思和恩格斯这两位德国工人运动的主导思想家,并使其很快成为世界上规模最大和组织最好的工人运动。

巴斯蒂安和威超领导下的人类学因此是反达尔文主义的,但它以一种大百科全书和经验论的方式对人类的一致性作出假定。另外,博物馆的建立把德语区人类学中一直存在的深刻分裂这一特色推向了极致:历史相对主义的民俗研究检验的是研究者自己的文化,也就是说是德语区的地方文化,而民族学研究的是其他文化。在新的殖民主义背景下,民族学的自然科学模式带来了赫德的自然民族概念的延续性复活。实际上,大多数青睐历史的三步论的作者,已经对其维持提供了帮助:对于反进化论者巴斯蒂安来说,异国的民族几乎没有或者根本没有文化,也没有历史,因此能够反映人类的真实本性。

在这一框架下,威超所代表的人类学指的是体质人类学。尽管他自己显然不是一位立场鲜明的种族主义者,但他却组织了第一次方法论意义上的大争论,不无同情地重新评价了一些早期先驱者,如布鲁门巴赫;更糟糕的是,还包括了梅纳斯。此外,他还领导了德意志帝国种族研究中第一批大型的研究项目。这些项目中最重要的包括头骨学测量争论,以及对全国千百万在校学生进行的系统性的测量,即 1870 年代的学校统计(*Schulstatistik*),结果建构出一种意识形态上的认同,即区分识别了一种代表所谓的纯种德国人种的北德金发长头型德国人,和另一种南德棕发短头型德国人。到 1876 年,威超总结出,根据相关的、独立收集的数据,德国犹太人代表了与真正日耳曼人鲜明的对比(Zimmermann 2001,135—146)。

政治上,威超从未认为种族差异意味着行为差异,也从未支持过种族歧视行径。当然,这又提出了解释的问题,对德国体质人类学史抱有一种目的论,或者说强烈的相对主义观点的支持者也许不禁想说,从布鲁门巴赫到威超,德语区知识分子已经想方设法为大屠杀作准备了。但是,如果这一观点的前提受到质疑,那么就需要将威超视为一个矛盾的人物而不是把他当作其所属文化的一个工具来进行评价。根据后面一种视角,当威超从其学校统计中挑选出犹太人的数据以及当他任凭别人打着他的名号进行这方面的辩论和研究的时候,他显然已经屈服于在德国崛起的反犹太主义和种族主义情绪了。从长期情况来看,这些争论和研究计划帮助种族主义在德国取得了全新的学术合法性。它们确立了一种既成的认可,正是在此基础之上,20世纪上半叶的德国种族主义才能够带着越来越残忍的野心构建起自己的种种阴谋计划。

但从非目的论的角度看,威超并非有意成为德国后来种族主义罪犯们的先锋人物。他只不过是一个政治机会主义者,把所有他认为能服务于他的领域并提升他在其中地位的东西都吸收过来。在这一有限的意义上,威超和巴斯蒂安都属于将自由民主的理想同自己对事业和地位的取向相结合的那一代。"绝大多数德语民族学家和人类学家都是帝国时期的文化多元论的自由拥护者"(Penny and Bunzl 2003,2)。

直到迫近十九、二十世纪之交的时候,体质人类学的状况才有了重大转机。在乔治·斯托金(George Stocking)关于人类学历史的重要文集的一篇文章中,贝努瓦·马辛(Benoit Massin 1996,80)提供了丰富的证据,说明"种族人类学的教育开始于19世纪后半叶,种族卫生学(一门独特的学科)在20世纪第一个10年中开始被教授。在响应'外部'政治日程的过程中,德国[体质]人类学的自由-人文传统在世纪之交出现了断裂,并且……影响了学科的

'内部'发展。"这一观点有两个优点,首先,它让我们能对后来几代
德国体质人类学家中核心的种族主义者——如奥伊根·菲舍尔
(Eugen Fischer)、埃贡·冯·埃克史泰德(Egen von Eickstedt)和
奥托·黑希(Otto Reche)——进行更合适的学术环境定位。他们
跟威超的联系较少,而更多地是受到危机后厄恩斯特·黑克尔
(Ernst Haeckel)的达尔文主义、孟德尔遗传学说和寿命测定学说
的影响(Massin 1996,122－124)。其次,对威超这一具有争论性
的角色的这种平衡性的评价,对理解由博厄斯带去美国的德国体
质人类学所产生的影响也是有所帮助的。毕竟,后者将德国体质
人类学带到美国也是为了非种族主义和反种族主义的目标:在移
民美国之前,博厄斯曾在柏林博物馆同威超和巴斯蒂安工作过一
段时间。

　　威超的亲密同事巴斯蒂安从一开始就和学术民族学建立了相
当密切的联系,以对威超的德国体质人类学进行学术阐释。威超
和巴斯蒂安都赞成由魏茨引入的倡导人类同一性的一元起源论。
在这个基础上,巴斯蒂安主要遵循他自己对于严格意义上的民族
学所设定的研究日程。克劳斯·彼得·科平(Klaus Peter
Köpping)是概括出巴斯蒂安广泛兴趣中的一人,后者的兴趣包括
从详细的个案研究到广泛的比较,从敏锐的观察到表面化的猜想
(Kopping 1995,75－91)。所有这些都被深埋在了巴斯蒂安臭名
昭著的缺乏系统性和连贯性的写作风格中,尤其是在他后期的作
品中。而他较早期的民族志作品,按照罗维(1937,34)的评述,则
更清晰。巴斯蒂安对描述、地方术语以及某种程度上的比拟的强
调,要首先归功于亚历山大·威廉·冯·洪堡和奥古斯特·孔德
(Auguste Comte),但这同时也反映了他对哲学传统的尊重。启
蒙后期的这一实证主义的传统在博厄斯和比巴斯蒂安年轻一辈的

那群德国同行(我把他们称为温和的实证主义者)那里得到了维护和强调(Bunzl 1996,17—78)。

巴斯蒂安从未清楚地阐释过他自己的理论概念,这就限制了它们的潜力。然而掩埋在他的书籍和论文中的是被他称之为基础思想的核心概念,一个与人类同一性的理性洞见深深相连的概念。他认为人们的集体思维只是普遍的基础思维的次级衍生物,或者是外显的结构(Kopping 1995,75—91)。"他的观点是,所有的文化都有共同的起源,并由此分出不同的方向……他对文化间的历史联系极其敏感"(Eriksen and Nielsen 2001,21—22),这是他作品中的一个附带观点,但在他学生中的传播论者那里成为主要的关注点。某种程度上,巴斯蒂安作品中的这些观点及相关的概念都是受他几十年来在各大陆上的旅行经历所启发,还有来自他对莱比锡心理学家威廉·冯特(Wilhelm Wundt)思想的学习。首先,这显示了在早期德国人类学中存在的一种初期的、微弱的社会科学的元素,而它在几十年后将会重新涉足这个领域。另外,巴斯蒂安同冯特重要的学术交流意义尤其重大,因为冯特也对曾在莱比锡拜访过他的涂尔干产生过影响。此外,他还曾影响过赴英国之前在其处听过讲座的马林诺夫斯基。但是,冯特对人类学的影响在他的有生之年还是有限的(Streck 2001b,524—531)。

因此我对巴斯蒂安的评价不是负面的,且比近来大多数对他的论述都要更有区别性(例如,Zimmermann 2001,55—57、207—213)。他的概念工作的确有一些创造性的学术潜能,而他对经验和描述的强调也鼓励着他的高徒们,从卡尔·冯·史泰南(Karl von den Steinen)到博厄斯,努力实践着田野作业并将其推向深入。在学术思想方面,我认为大体上巴斯蒂安的优势在于大百科全书式的民族志以及对他自己概念的阐释。在这方面,他可以被看作是两种国际性学统学者的决定性先驱。其中一个学统与涂尔干有关，也同巴斯蒂安的基础思维理论概念有关，他认为这种基础思维是"所有人类共享"的。在德国、奥地利以及中东欧的许多地方，这一概念完全输给了弗里德里希·拉策尔的起源论，后者认为影响是从"几个天才的中心"发散开来的。同巴斯蒂安的基础思维论相对，拉策尔的关键概念是人类的"*Ideenarmut*"，即"有限创造力"，或者说"智力匮乏"。不过，巴斯蒂安的一些想法后来在法国人类学学统中重又浮出水面。尽管基础思维的概念在德国败给了"文化圈"概念，但在法国却借由涂尔干——大概通过冯特的影响——得以东山再起（Chevron 2003，44—81、300—390）。

在我看来，巴斯蒂安的作品中具有创新的潜力，特别是在他对田野作业的强调以及他的一些概念性思考中。但在某种程度上，他的这一概念创新和田野作业的潜力最后还是遭到了失败。其原因来自他自身的缺点——也就是说，他那令人难以理解的写作风格，以及他对收藏的独裁式的、过分的关注，以及随之而来的对系统化和理论化的忽视。在巴斯蒂安生命的最后 20 年，这导致了在他年轻一代的同事和学生中越来越大的分裂。

众所周知，出生和成长于威斯特伐利亚的博厄斯，原来学习的是物理学专业。早期对地理的兴趣促使他在巴芬岛（Baffin Island）上进行了为期一年的田野作业（1883—1884）。他在土著人群中的研究使他否定了地理决定论，其中也包括了"人类-地理学家"拉策尔的观点。当博厄斯从巴芬岛上返回德国的时候，他成为巴斯蒂安在柏林博物馆的一名助手，他也在这里受到了威超的影响。1885 年，博厄斯的工作是整理博物馆里从北太平洋和北美的西北海岸收集来的雅各布森收藏品。一年之后，他在柏林的一次民族展示中首次遇到了贝拉考拉（Bella Coolla）土著。在德国的

91

这两个经验都决定性地塑造了后来他在美国事业之初的方向(D. Cole 1999,83－86),这也将成为巴斯蒂安的工作与教学在国际上产生的第二大重要影响。

博厄斯于 1886 年在柏林巴斯蒂安那里取得了从业资格后设法赴美国定居。他带来了巴斯蒂安的反进化论取向和对经验的强调,并带有某种对历史的以及温和的传播论的重视。博厄斯从德国带来的"知识行李"中还有对地方语言、体质人类学和民俗研究的兴趣,以及某种程度上温和形式的民族主义。在俾斯麦统治下的德国中所崛起的反自由主义和反犹太主义也是博厄斯更广泛的移民动机中的部分政治因素。但作为军刀决斗学生社团的成员,博厄斯移民前对民族主义并不陌生(D. Cole 1999,38－62;Girtler 2001,572)。

临近世纪之交,在柏林博物馆和德国的其他地方,巴斯蒂安的其他年轻同事和以前的学生逐渐分化成不同的群体。处于整个群体之外的一位年龄较大的人物是巴斯蒂安和拉策尔的同代人,海因里希·舒尔茨(Heinrich Schurtz)。舒尔茨是布莱梅的一名博物馆人类学家,他具有很强的概念能力,并且对社会经济事务感兴趣。他写于 1903 年最著名的作品《年龄阶层与男子社团》(*Alter-sklassen und Mannerbunde*),尽管是从普鲁士男性协会成员的赞美角度写的,但直到今天也仍值得一读。

巴斯蒂安的一些学生追随着他们的老师,而其他人则转向了拉策尔的理念,舒尔茨也同后者有着些许的联系。谈及他们理论的重点,我且把这两个学术方向称作温和的实证主义和历史传播论。温和的实证主义派学者并没有很出名,但回顾一下,我却认为他们是一群更值得关注的学者。然而在他们那个年代,随着历史传播论在德语区的人类学中取得新的霸权地位,他们被越来越边缘化了。

这些温和的实证主义者比历史传播论者更忠实于 1905 年逝世的巴斯蒂安的学统。他们中大多数人都有扎实而广泛的田野作业经验。在一些更具体的兴趣领域中,他们将巴斯蒂安仅仅触及的主题和思想领域进行了系统化。在从 19 世纪迈向 20 世纪之际,他们开始展示一种对国际学术主流的亲和关系。但在国内,他 92 们受到的关注没有历史传播论者的多,后者的领头人建立了新的范式。

历史学家弗里茨·格雷布纳是柏林博物馆负责波利尼西亚部分的馆长,他与负责非洲部分的馆长伯恩哈德·安科曼(Bernhard Ankermann)在 1904 年 11 月举办了两场著名的演讲。在演讲中他们呼吁同巴斯蒂安的思想流派进行彻底的决裂(Hahn 2001,137－142)。他们还转而建议把文化圈论作为新的理论重点,并且倡议研究以这些文化圈为中心的文化传播史。他们的文化圈概念一方面是受到了年轻的自学成才的学者——莱奥·弗罗贝纽斯(Leo Frobenius)的思想所激发,不过这位日后的探险者后来自己也摒弃了这个观点。他俩的文化圈概念另一方面还受到了莱比锡的地理学家和社会达尔文论者拉策尔的影响。直到 1904 年去世时,拉策尔都仍在强调传播论的迁移学说是穿越"时空"的主要动力。同博厄斯后来在美国研究传播的方法不同,拉策尔几乎完全不顾传播过程的探究需要依靠实践经验这一要求。对拉策尔、格雷布纳和安科曼来说,德国的传播论因此就成了以天才为中心的文化传播的冥想史。

1911 年,格雷布纳在他的《民族学研究方法》(*Methode der Ethnologie*)中出版了关于这一新理论的详细而系统的版本(Striedter 2001,142－147),德国人类学开始了一个新的阶段。

领头的学派力求同社会文化人类学领域中的国际主流发展明确分离，而同国际主流较近的那一群学者则在该区域内被逐渐边缘化。温和的实证论者仍然是系统的田野作业者和博物馆记录者。而历史传播论者阐述了新的学派，教授各种版本的"天才激发起源论"。他们对人性的观点至少将间接地产生更广泛的影响，并为欧洲最黑暗的时代，即 1934 到 1945 年漫长的岁月准备下意识形态的基础。

　　如果我们回顾第一次世界大战前德语区中的人类学状态，我们所看到的情况既不值得称赞，也不值得庆祝，但却值得我们好好地进行批判性的审视。古典的进化论很大程度上已在学术圈中被边缘化了，而同时历史传播论和社会达尔文主义一起在学术圈内开始崛起。当对优越的德国自身所作的历史相对论研究同赫德所谓的"自然民族"研究相分离的时候，民俗研究也就日渐确立了。德语区人类学家的研究还是深深地根植于这个野心勃勃的新殖民帝国中具有异国风情的博物馆里对那些异域文化物化了的聚积与展示。总而言之，德语区的人类学同国际主流的分离达到了这样的程度，以至于在接下来的 40 年中，要说存在一种独特的德语区人类学似乎很合适。它通过将那些勉强延续下来的次级趋势（subaltern tendencies）边缘化而使其自身变得越来越"德国化"或"泛德国化"。

第三章 从帝国时代晚期到魏玛共和国过渡时期的结束:有创造力的小趋势,大大小小的人类学学派

第一次世界大战之前和之后,新的人类学学派开始了自身建设。在法兰克福和维也纳发展起来的两个较大学派的影响力与日俱增,但它们也某种程度上受到一个较小学派和许多次级趋势的力量抗衡。

巴斯蒂安 1905 年去世后,弗里茨·格雷布纳(早逝)和伯恩哈德·安科曼(追随拉策尔)以及莱奥·弗罗贝纽斯建立和扩展了他们的新霸权,后者很快与前两人的方法产生了分歧。维也纳野心勃勃的帕特·威廉·施密特(Pater Wilhelm Schmidt)和他的弟子们很快又追随而来,并超过了他们。这些主要的传播论群体和学派在德语区的统治地位持续的时间很长,甚至延伸到了 1950 年代至 1970 年代这个时期,以至于他们都能够编写甚至重写它们自己的历史了。

例如 1970 年,我在维也纳听过的第一堂关于人类学历史的大学讲座就是由施密特学派的最后代表人物之一作的,那时我还是一个 18 岁的学生。该讲座以格雷布纳和安科曼臭名昭著的 1904 柏林演讲作为开场和结束,在那位讲师看来,柏林演讲简直是世界人类学历史中具有深远意义的辉煌时刻。当我在那位讲师的考试中大胆提出我当时心目中的英雄罗莎·卢森堡

(Rosa Luxemburg)的看法与他毕生的英雄格雷布纳有所不同的时候,这位前天主教牧师就在考试中对我咆哮了起来,下面我引用他当时所说的话:"如果你再引用那个波兰——犹太——共产党——女人话,你就只有踏过我的尸体才能成为专业人类学家!"从某种意义上讲,他的话后来的确应验了:由于没能够得到终身教职,他选择了提前退休,没过几年就去世了。在此期间我完成了学业。随着沃尔特·多斯特尔(Walter Dostal)成为该学院的全职教授,我也在那里得到了一份工作。

95 　　这个轶事更严肃的含义是,进入20世纪下半叶,德语区许多主流人类学家已经建立起来的话语认为1904年之后真正要紧和起作用的只有那些大的学派,除了它们在纳粹时期被迫害的时候。除此以外20世纪德语区人类学历史中的所有其他的事情都被压抑、忘却和扭曲了。

　　事实上,从1904年(柏林博物馆演讲的那年)到1940年代初期(纳粹开始在德国掌权)之间的三十年呈现出了一幅更具异质性和更值得关注的图景。在一定程度上,这种异质性是同建制发展相关联的。尤其是,德语区的许多教职和大多数大学的人类学系都是在第一次世界大战后才建立起来的。在这场建制发展过程中,德语区人类学变得更加多样化,而辩论的中心也逐渐从博物馆转移到了大学。

　　这种新的异质性显现于至少三个相互交叉的主要专业活动领域:殖民参与;民族志和经济人类学、马克思主义人类学及"妇女人类学"中的创新元素;以及各大小学派的发展。

　　在较不为人知的、温和实证论者那群巴斯蒂安的追随者中,有一群多少直接参与了带有殖民性质的实用人类学。这些研究者服务于德国和奥匈帝国摇摇欲坠的王权,加入了传播论一边的活动中,例如 1918 年弗罗贝纽斯以及圣言会传教士的活动。这一群温和实证论者或许比他们在英国、法国、荷兰和美国的同伴们多少要强大些,但在德语国家内部,他们只是业界内的少数群体。

在那些卷入较少或根本就不从事这种应用殖民事业的温和派实证主义者的工作中,我们可以发现其对人类学作出的三种重要及宝贵的贡献。第一,许多人类学家为田野作业和经济人类学作出了贡献,包括马克斯·施密特(Max Schmidt)、西奥多·科赫-格伦伯格(Theodor Koch-Grünberg)、卡尔·冯·史泰南、厄恩斯特·格罗斯(Ernst Grosse)、爱德华·哈恩(Eduard Hahn)、阿洛伊斯·穆斯(Alois Musil)和朱利叶斯·利普斯(Julius Lips)。其次,第二代和第三代受马克思启发的作者同人类学的互动,也以各种方式对这一领域产生吸引力和影响力,这其中包括罗莎·卢森堡和卡尔·考斯基(Karl Kautsky)作品中的人类学部分、海因里希·库诺的努力,以及保罗·科希霍夫(Paul Kirchhoff)和卡尔·奥古斯特·维特弗格尔(Karl August Wittfogel)学术成长阶段在德国所做的工作。第三,在德语中发展出了一种早期的"妇女人类学"的传统,以希尔德·图恩瓦尔德(Hilde Thurnwald)和伊娃·利普斯(Eva Lips)的作品为例。从某种程度上说,上述这些贡献仍是有价值和有用的元素,它们被来自德国内部以及流放国外的非霸权、非殖民、前纳粹或非纳粹人类学的学者所阐释。将来的研究也许会显示这些有价值的元素是更广泛的。

讨论德语区人类学中的大小学派要求对理查德·图恩瓦尔德(Richard Thurnwald)极具争议的历史和作品进行彻底评价,这一评价必须要认识到他旨在面向社会学和英国社会人类学开放民族学所做的努力、他的准功能主义分析以及他对在更大区域内进行互动交流的强调。同样地,还必须考虑他对经济人类学和法律人

96

类学的重要贡献。但是,图恩瓦尔德自己的社会达尔文主义、其明显的个人地位的考虑及其同大学派对手间的斗争都说服或诱使他成为纳粹政府可靠的合谋者,也使其人类学理想被用来服务于纳粹政府的罪恶目的。

在 1938 年之前的维也纳,威廉·施密特的天主教传教士研究小组遵循拉策尔和格雷布纳的路线。在运用普遍主义寻找一神论起源的时候,他们实行了这样一条教条主义规则,即任何替代性或矛盾的证据都被压制。与此同时,其他格雷布纳思想的非神学追随者们在德国人类学博物馆和学院中延续了类似的文化圈论取向。在某种程度上,这些文化圈的非神学变体在初期与博厄斯人类学中所提出的"文化区域"十分相似。例如克拉克·威斯勒(Clark Wissler)所做的研究工作(1917)。

在法兰克福,弗罗贝纽斯的《文化形态学》介绍了一种对文化的神秘主义观点,即把文化看作是循环的有机整体,其最核心的灵魂叫"*Paideuma*"(译者注:希腊语,另译作原始事实和人以及世界的确定者或文化哲学)。这一观点代表了已经历过浪漫主义和埃德蒙·胡塞尔(Edmund Husserl)强势现象学过滤的德语区人类学中对赫德作品的片面解释的复苏。这在某种程度上是德语中的神秘主义,同美国本尼迪克特的研究中尼采式的文化模式中多少更理性的"核心价值观"相对应。毕竟,法兰克福的文化形态学和博厄斯强烈的文化主义版本共享某些共同的根基。

殖民主义、早期学派和温和实证主义者

直到第一次世界大战结束,一小撮温和实证主义者同德国殖民主义密切合作,或者为德国的殖民利益进行着应用研究。在这

方面,他们效仿了来自较大学派中大多数同行的做法。

　　尽管有其他同时代的作者的作品,如丹麦的麦克·哈布斯迈耶的作品(Michael Harbsmeier 1992,422－442)和来自前共产主义东德的英格堡·温克尔曼(Ingeburg Winkelmann)1966年的论文,但托马斯·塞特曼(Thomas Zitelmann)仍然功不可没地详细记录并分析了德国殖民主义同德语区人类学的特定派别之间的内在联系,尤其是在东非、西非、西南非以及美拉尼西亚等地(1999)。

　　很快将成为法兰克福和维也纳学派的两大人类学阵营的领导人同晚期的殖民主义有着相当密切的联系。这在1902年德意志帝国第一次殖民大会上已经很明显了。这次大会召集了社会各界的不同团体,以协调和集中德国的殖民力量。社会文化人类学方面的参加者包括理查德·图恩瓦尔德、威廉·施密特和汉堡博物馆的主管乔治·提利纽斯(Georg Thilenius)以及其他几位人类学家。在第一次世界大战之前和之中,此类活动有所增加(Gothsch 1983,208－209)。莱奥·弗罗贝纽斯于1920年首先在慕尼黑成立了其文化形态学学院,并在第一次世界大战结束时为德国军队在东非执行了一项军事任务。他还在其事业生涯中,因为力图复兴德国殖民兴趣而引来一些关注(Ehl 1995;Zitelmann 1999)。另一方面,威廉·施密特是维也纳一个天主教传教协会——圣言会(Societas Verbi Divini,SVD)的领导人物。这个协会的信徒们都是接受过施密特的文化圈变体论训练的人类学家,同时也是牧师和受过训练的传教士。在某种程度上,他们的人类学活动依赖于他们的传教网络及其固有的同殖民主义的关系,尽管对于后者,他们有时还存在一些矛盾心态。虽然施密特那一派的代表们参与了德国第一次殖民大会,并且后来在伦敦的国际非洲学院中担任高职,他们对实际的殖民活动的参与仍然很有限。

在此期间,独立于大学派的这些早期阶段活动的德语区体质人类学家们也发展出了他们自己的殖民主义兴趣。其中最突出也是臭名昭著的要数奥伊根·菲舍尔,他 1913 年出版的关于"半勒赫伯特(*Rehobot*)血统人"的作品是基于他在德国殖民地西南非(今天的纳米比亚)所作的研究。这本《勒赫伯特混血儿以及人类的混血问题》重拾了梅纳斯的旧论题,即种族通婚导致"退化"。他还通过纳米比亚的田野案例,支持以蒙代尔的遗传定律为基础的政策。这显然已与威超的思想相去甚远了(Mischek 2000)。在这种早期的殖民参与的基础上,菲舍尔后来成为纽伦堡种族法和人类学参与纳粹罪行的主要倡导者。作为汉堡博物馆 1908－1910 年南太平洋探险的首席体质人类学家(Fischer 1981),奥托·黑希同样也是在德国殖民主义的背景下,完成了他的首次重要的实践"测量"和"种族评估"。作为维也纳大学(1924－1927)和莱比锡大学(1927－1945)的教授,黑希后来成为把社会文化人类学和种族主义体质人类学相结合并将其用于纳粹军营的另一个重要倡导者(Geisenhainer 2002)。

但在社会文化人类学家中,不仅两个新兴的大的传播论学派的代表人物为殖民利益而活跃,或者从中牟利,几个来自温和实证主义阵营的松散群体的学者也努力为德国殖民主义提供帮助或者从其获得好处,其中莫利兹·默克(Moritz Merker)是一个较为人所知的例子。他是一名具有犹太背景的德国步兵军官,曾为帝国的殖民军队服务并写了一部关于马赛人的相当翔实的民族志(1904),该民族志成为了英国和其他专家的标准素材。对于中东,来自奥匈帝国的阿洛伊斯·穆斯是一个例子,文章的后面会讨论到他。对于美拉尼西亚,由汉斯·菲舍尔(Hans Fischer)进行研究分析的汉堡南太平洋探险(1981),以及安德鲁·齐默曼(Andrew Zimmermann)对德国海军在美拉尼西亚的探险进行的研究(2001,217—238)都是合适的例子。巴斯蒂安的学生和德语区其他地方中的温和实证派的一部分所从事的是应用型殖民主义社会文化人类学,这些活动在早期还有柏林博物馆负责美拉尼西亚部分的馆长、维也纳人理查德·图恩瓦尔德加入。

另外,马克斯·施密特至少也应该同威廉·施密特一样值得被大家记住,但切勿将二人混淆,后者是文化圈理论维也纳学派的头儿。马克斯·施密特早先学的是法律,后来成为巴拉圭和巴西本土文化的民族志专家,并在这两个地区取得丰富的田野经验。1918 年他成为柏林的一名教授,直到 1929 年因为职业同时似乎还有政治原因而从这个位子上提前退休。之后他移民到了南美,于 1950 年逝世。施密特的经济理论化观点确实包含着对殖民兴趣的诉求,但这一点在很大程度上没有引起足够的注意。无论如何,他的《人类学经济学概论》(*Grundriss der ethnologischen Volkswirtschaftslehre*,1920—1921)本身是一部值得关注的杰作。

如此说来,直到 1918 年以前,一部分实证论者和实际上所有 99 霸权学派的成员都曾效力于德国殖民兴趣并从中获益,其行为比他们在法国和英国的同行们要更明确和直接。然而,除了像奥伊根·菲舍尔这样极个别的例外,总体来说这些德国和奥地利人类学家的殖民贡献在实质上仍然非常有限,其目的和方向相对来说也是异质性的(Penny and Bunzl 2003,23—27)。另外,德语区的应用人类学在第一次世界大战中得到了进一步的推进,德国和奥匈帝国的几个代表人物在战犯中开展了语言学、体质人类学和民族志方面的记录研究(Muhlfried 2000)。一直有人主张说,"一战"中对这些战犯的研究构成了最具决定性的领域之一,它使得语言学和民族志研究与种族研究结合得比以往更加紧密(Evans

2003）。几个人类学机构在 1918 年后——尽管绝对不是全部——也因此加强了种族研究（为体质人类学的一个分支）和社会文化人类学间的合作。考虑到几个人类学家在殖民主义晚期和“一战”中的卷入，温和实证论者们可以进一步分为对服务于殖民主义和帝国军队有兴趣和没兴趣的两批人。

在温和实证论者这派中有少部分人类学家因为所研究地域的原因或者出于罪恶感，同殖民主义甚少有关联甚至持反对态度。“德国人类学家……更可能将其兴趣扩展到德意志帝国的殖民地范围之外。德国人在各个大陆上工作，因此在 19 世纪和 20 世纪初期写出了大量关于巴西和其他南美国家的土著人的民族志”（Penny and Bunzl 2003,14）。

最受尊重的温和实证主义者是巴斯蒂安最亲密的学生——冯·史泰南。在 1929 年逝世前，他曾在柏林和马尔堡教学，也曾在巴西和马克萨斯群岛上完成田野调查并将成果出版（Harms 2001,446－449）。科赫-格伦伯格也许是他那一代中学识最丰富的南美专家，这里也要提到他（Stagl 1999,208）。身为柏林的一名教授和博物馆馆长，康拉德·西奥多·普罗伊斯（Konrad Theodor Preuss）同这个群体保持了很长时间的联系，最终他选择了美国式的功能派，而不是沿袭格雷布纳和安科曼的保守传播论的革命。在中美洲北部和哥伦比亚进行了好几年扎实的田野作业，他同早先的博物馆同事博厄斯就共同感兴趣的美洲问题保持密切的学术来往，很多还未出版（Riese 2001,366－371）。

除了冯·史泰南、科赫-格伦伯格和较年轻一些的普罗伊斯，这一时期还有许多其他德语区人类学家也值得我们关注：厄恩斯特·格罗斯（Freiburg 1927）、马克斯·施密特，某种程度上还有爱德华·哈恩。他们在国际的意义上可以被看作是经济人类学的奠基者,来自不同的理论背景但都强调实证主义的经验传统。值得一提的是,曾在美国念书的德国学者贾斯伯 • 科克(Jasper Köcke)是首位提出上述观点(1979)的学者。通过阐述一些早期先驱的理论推理,哈恩于十九、二十世纪之交首次清晰地阐明,畜牧系统很难在非农业的条件下发展出来,他还对锄文化和犁文化作出区分,这一区分在非洲研究和性别角色分析中很重要。

早期德国经济人类学的其他代表人物还有朱利叶斯・利普斯和他夫人伊娃・利普斯,朱利叶斯・利普斯后来在"收获社会"的理论概念下总结了他的一些关于奥吉布瓦人(Ojibwa)的研究(1953)。这一准进化论概念设想在游牧寻食社会和稳定的农业社会之间可能存在一个转型期。1945 年后,经济学家埃斯特・博斯鲁普(Esther Boserup)合成了一系列这样的经济人类学研究,尤其是关于非洲的研究,他的研究方式惠泽杰克・古迪等学者(Boserup 1970)。巴斯蒂安温和实证论的后继者们中的这些德语区核心代表人物都是虔诚的田野作业者、研究档案的学者以及博物馆馆长。对于他们的传播论对手来说非常普遍的理论推测倾向在他们身上却鲜有表现。他们根植于经验工作且对进化论持怀疑的态度,但能接受通过比较研究形成概念的方式。总而言之,他们是当时的国际人类学所展现的最好的德语区地方性分支。

布丽吉塔・豪泽-肖布林(Brigitta Hauser-Schäublin)曾指出(1991),第一批女人类学家同上述群体有着密切的联系——其中包括希尔德・图恩瓦尔德和伊娃・利普斯。尽管她们主要师从其夫君,但很快就凭借自己的力量成为独立思考的作者。图恩瓦尔德和利普斯还是在更传统的性别角色的框架下工作,她们的一些基础研究取向并没有同她们的男性同伴分离太远,而且,这两个较为出名的学者都在她们的丈夫去世后整理其作品。尽管如此,她

101 们还是发展了许多自己的原创性观点,著名的有图恩瓦尔德关于心理人类学的观点。她们尤其对土著社会中女性的地位予以关注。因此德语区对那个时代的国际人类学的贡献除了经济人类学之外还有第二个重要领域。这就是人们今天所称的性别研究的第一个阶段,尽管当时还处于妇女人类学更保守的范式下。

因此在温和实证论者中可以识别出两个相对来说更富创新性的群体,即经济人类学家和妇女研究的早期学者。最重要的是,这些群体的代表人物在德语区人类学中引入了系统的田野作业。有一个例子应该足以强调关于温和实证论派中注重田野作业的这一代学者的该特点。因为该例子同维也纳和中东有关,所以我尤其熟悉。

当威廉·施密特开始将他关于文化圈的摇椅猜想同关于一神论的普遍性这一更具臆测性的假定相结合的时候,维也纳另一位天主教传教士正做着正好相反的事情。当施密特教条式地到处寻找一神论起源的时候,阿洛伊斯·穆斯则是十分合理地将中东作为寻找这一起源的地方。欧内斯特·盖尔纳在他最后的几篇文章之一中把穆斯称作"摩拉维亚的劳伦斯"。的确,出生于摩拉维亚的穆斯就是哈布斯堡皇室中收集研究中东土耳其情况的观察家。尽管同帝国的利益存在这种联系,同时也是由于这个原因,他成了一位优秀的田野工作者,而他实际上也是第一位对阿拉伯半岛北部地区进行严肃研究的民族志者。实际上,穆斯遵循的也是同样的经验主义精神,维也纳的恩斯特·马赫(Ernst Mach)的认识发生论的圈子是这一经验主义的中心之一。这一传统也影响了早年曾在克拉科夫和莱比锡求学的马林诺夫斯基。看看穆斯在田野研究中所取得的出色成就,我们就能理解盖尔纳(1995)为什么会把民族志田野作业的学术根源之一定位在上个世纪之交的中欧了。

1918 年以前,穆斯担任着宫廷里一个重要的角色——哈布斯堡家族的私人忏悔神父。这一职位要比对他心怀妒忌的威廉·施密特后来宣称他自己在宫廷的职位要重要得多:施密特宣称他曾是哈布斯堡末代皇帝的忏悔神父,但实际上他只不过是为他念了几段弥撒而已。维也纳宫廷的这场明争暗斗非常惹人注目,一方是领导圣言会的教会的、来自威斯特伐利亚的德国神父施密特,另一方是捷克出生、直到 1918 年都以德语为学术工作语言的穆斯。穆斯是小说家罗伯特·穆斯(Robert Musil)的堂兄弟,罗伯特后来成为著名的深刻批判奥地利机会主义的文学作品《没有品质的 102 人》(*The Man Without Qualities*)一书的作者。此外,阿洛伊斯·穆斯在教会中的导师是一位有影响力的犹太皈依者——自由主义大主教科恩(Cohen)。因此施密特和穆斯之间的冲突有几个方面:例如,他们在是通过传播论、普遍主义的猜想还是通过关注特定地区的田野作业以及历史来研究上帝上存在分歧。第二个方面的分歧在于是要支持泛德意志论还是支持在德语区、捷克和犹太社区之间建立良好的跨文化联系。第三个方面的分歧在于是要支持亲法西斯主义的独裁统治还是支持改良君主制下的政治自由主义(Gingrich and Haas 1999)。

不出人们所料,施密特赢了而穆斯输了。1918 年以奥匈帝国的失败和垮台而结束的第一次世界大战以后,施密特成功地把在那里担任大学系主任的穆斯赶出了维也纳,令他不得不回到现在成为新建立的捷克斯洛伐克共和国的地区。正是这关键一着为施密特随后上升到德语国家人类学中里程碑式的学术影响地位铺平了道路。自那以后,施密特成功地在天主教教会和德语学术圈中建立了他的教条式文化圈理论学派。施密特几乎从未欣赏过别人关于宗教的德语论述,因此,与宗教人类学紧密相关的同时代洞察,例如来自马克斯·韦伯和鲁道夫·奥托(Rudolf Otto 1917)的意见在很大程度上被德语区的社会文化人类学家们所忽视了。在他崛起的过程中,施密特还毫不犹豫地阻止弗洛伊德在维也纳大学取得教职,并在他一些流传更广的著作中抨击精神分析和马克思主义。(当然,弗洛伊德相当早就对国际人类学产生了影响,但1968 年前,他对德语区人类学的影响太少,所以我们在这一概述中没有涉及他的研究工作。)

施密特在后 1918 时代的维也纳逐渐得势,而穆斯则最终引退到一家捷克修道院里。好几年,他都用捷克语写儿童读物,同时编辑和阐述他在阿拉伯半岛的田野笔记。然而这些笔记既没有用他的母语捷克语出版,也没有用他的学术工作语言德语出版。对国际人类学界来说幸运的是,一位美国赞助人找人将穆斯的德语手稿(小部分是捷克语)翻译成英语并出版,成为这些手稿唯一的出版版本。该书至今仍然是以大量田野作业为基础的民族志专论中的杰作(Bauer 1989)。

103　　如果我要从那个时期德语国家出版的专著中推荐一个好的人类学读书目录的话,它也许会包括舒尔茨 1903 年的作品和科赫-格伦伯格的一些作品。但是我所开列的目录里也会指出穆斯1928 年在纽约出版的《卢那贝都因斯的礼貌和习俗》(*The Manners and Customs of the Rwala Bedouins*)一书的持久影响。

由于在德语区内屡受打压,出色的人类学研究就此逐渐移出了这个区域。在穆斯被赶出他曾度过了大部分学术生涯的维也纳的同年,罗莎·卢森堡也在柏林被杀害。建立在 1918 年以前的田野研究之上的穆斯的民族志直到 1930 年代和 1940 年代才被研究中东的人类学家所知悉,而罗莎自 1910—1916 年开始进行的人类学推论直到 1920 年代中期才开始对少许德语区人类学家产生影响,然后又销声匿迹了。因此这也是德语区出色的人类学的非传统:被遗忘、被压制,经历漫长的时间后才被注意。

人类学中重现的马克思主义兴趣

马克思主义同德语区人类学相遇构成了那个时期另一个外围传统。在 1914 年"一战"爆发时基本上让位于民族主义的社会民主主流,生产了两部与人类学有关的值得注意的作品。首先是卡尔·考茨基的《农业问题》(Kautsky 1899)。这是恩格斯的这位年轻合作者的一部经典之作,他后来成为德国和说德语的奥地利社会民主运动中的中间派领导人。考茨基的《农业问题》最初对人类学根本没有影响,当然对他那个时代的民俗研究也没有,尽管这两个领域都同欧洲的农民和农场主有关。然而到了 1920 年代,某种程度上通过俄国查亚诺夫(Chayanov)在俄国的研究工作,这部作品所发散出的思想光芒逐渐进入了人类学学术领域。1945 年之后,全世界和欧洲研究农民问题的整整一代人类学家,包括西奥多·沙宁(Theodore Shanin)到埃里克·沃尔夫(Eric Wolf)再到詹姆斯·斯科特(James Scott),都以直接或间接的方式受其启发。

重要性稍次于考茨基的是另一位社会党知识分子,海因里希·库诺——那个时代的马克思主义人类学中唯一一个在学术圈中真正取得相当成就的人。作为柏林博物馆 1919 到 1928 年间的民族学馆长,这位相对来说不那么具有鼓舞力的摇椅学者合成了那个时代一些出色的德语经济人类学作品。他同时也是第二次世界大战和纳粹时期之前德语学术圈中极少见的人类学进化论者之一。这些特点都在他的《经济总史》(*Allgemeine Wirtschaftsge-* 104 schichte)中得以体现(Ulrich 1987)。

至少在欧洲众所周知,罗莎·卢森堡领导了德国劳工运动中的反民族主义一翼。这一翼革命人士首先成立了斯巴达克同盟并在卢森堡去世后将其发展成为共产党。因为她同列宁存在很多分歧,她的作品出版得非常晚。而且在斯大林的影响下,这些作品没有在德国的共产主义人士间广泛流传。据我所知,她的与人类学最相关的作品是《国民经济学导论》(*Einführung in die Nationalükonomie*)(1925/1975)。该书在她逝世后于 20 年代中期首次出版,之后于 1974 年在当时的共产主义东德再版。

卢森堡对她那个时代的重要人类学作品的研究范围相当广泛,比马克思那个时代所能找到的人类学和社会学作品要广泛得多。当然,卢森堡的阅读范围包括了路易·亨利·摩尔根、马克西姆·克瓦卢斯基、亨利·萨姆纳·梅因、库诺和 A. W. 豪威特(A. W. Howitt),还有爱德华·韦斯特马克、格罗斯、史泰南、拉策尔和韦伯等等。由于对现代资本主义发展的方向的兴趣,卢森堡还研究了资本主义在全球扩张的道路上会破坏何种社会并使其屈服。她对市场扩张和商品流通的问题也特别有兴趣。正统的共产主义者对卢森堡持批评态度,因为他们宣称她忽视生产而过分关注流通。但是有鉴于时下对全球化和跨国流动的争论,对流通的关注似乎在今天看来是她的作品中的独特力量。

她在《国民经济学导论》中的仔细阐释使她成为一位严格遵循马克思对前资产阶级形成和殖民扩张的描绘和论述的作者,尽管卢森堡那时对其了解得也很不全面。她对市场扩张影响下的农业社会的解体的观察尤其值得赞赏。在对马克思的人类学成就创造性的延续中,再加上借鉴了那个时代一些最好的德语和国际人类学作品,她的作品成为在人类学领域中提出跨国主义和全球化争论的真正先驱——在她逝世八十多年后,她的作品仍然可以与这些争论对话。

斯巴达克同盟中的那些自 1918 年起便武装起来的德国革命者在此时通过各种方式在个人和学术上对朱利安·斯图尔德(Julian Steward)和他的"后 1945"同行们产生影响,这些人都是新进化论者和偏左的人类学家,包括从西敏司(Sidney Mintz)、鲍勃·麦克亚当(Bob McAdams)到埃里克·沃尔夫和马歇尔·萨林斯(Marshall Sahlins)。在当时的背景下有两个前斯巴达克主义者尤为重要,其中之一是保罗·科希霍夫。他于 1930 年代离开德国,那时他对人类学的兴趣还处于形成时期(请参见科希霍夫 1931 年发表的其早期用德语写作的人类学论文之一),然而他对马克思主义的批判是他在德国的斯巴达克同盟时期形成的。这有助于他后来作为人类学家对等级式集群作出独创性的概念阐释,例如他现在很有名的"圆锥形氏族"的概念(Sahlins,1968)。

另一个在这一背景下重要的斯巴达克主义者是卡尔·奥古斯特·维特弗格尔。同科希霍夫相反,他是在已经出版了 些跟人类学核心主题相关的重要作品后才离开德国的。这些领域包括中国和亚洲的生产模式,或者后来他所称的"水力社会",以及澳大利亚的传统土著社会(1931,1970)。因为这些学术导向,维特弗格尔在 1920 年代中期以前就开始批判斯大林政党的政治对马克思主义遗产的毁坏性利用。他为此将马克思的"亚细亚生产模式"和"东方专制"的概念当作批判斯大林的工具,而他所捍卫的是那些当时仍能为独创性的唯物主义思考提供一些多样性的东西。这些冲突在很大程度上促使他决定离开共产党并移民到美国。他和他的夫人——人类学家艾丝特·戈德弗兰克(Esther Goldfrank)对美国学术界的探讨产生了显著的影响,同时他们还参与了参议员约瑟夫·麦卡锡的反左翼学者运动。不管人们如何评价他同麦卡锡主义在 1950 年代的关系,我认为他在 1920 年代和 1930 年代为捍卫学术的多元主义而同斯大林主义进行的对抗都是一个勇敢而值得敬佩的举动。

学术流派

受俄国布尔什维克主义革命激发的德国斯巴达克同盟运动被常规及准军事力量所摧毁。这些右翼和民族主义准军事力量中的一部分很快成为 1920 年代新建立的纳粹政党早期招募的阵地。1918 年后同这些右翼军事集团的短暂而积极的联系并没有对图恩瓦尔德的学术生涯产生致命的打击,相反,这些联系却对他独特且极富争议的一生有所帮助。

理查德·图恩瓦尔德成为一些小学派的领导人物。到 1930 年代早期,他不仅是国际学术圈中最受人尊敬的德国人类学家,而且他还发展出温和的民主政治倾向。如果他在 1930 年代离开纳粹德国——他曾试图这样做,但最后还是放弃了——或者像施密特那样,至少早些退休以同纳粹脱离关系,德语区人类学可能会多少朝不同的方向发展,而且在 1945 年之后,也会为日后发展提供一个更好的、更"西化的"学统基础。但图恩瓦尔德留了下来,像往常一样地忙碌着:尽管他同纳粹保持了一点学术距离,但无论如何,他仍然通过发表支持获取新的殖民领地的论文来证明他对他们的有用性。另外,他还积极地教导他的学生威廉·埃米尔·米尔曼(Wilhelm Emil Mühlmann),后者将成为德语民族学界中最危险的纳粹思想家。而且,图恩瓦尔德极大地促进了一些人在学术上的晋升,如英格堡·赛多(Ingeborg Sydow)和伊娃·尤斯廷,

106

这些人积极地帮助——正如在后者的论文中反映的——将集中营里的罗马人、辛迪人和犹太人推向死亡。

　　然而,图恩瓦尔德成为德语国家所有人类学家中最著名的一位并不是偶然。有鉴于他那极具争议的一生所固有的象征意义,他的这种特殊地位仍然还要维持一段时间也许倒是个好事。当时这一领域中的两大名人,艾尔弗雷德·克罗伯(Alfred Kroeber)和罗伯特·罗维曾为图恩瓦尔德的夫人 1950 年为庆祝其夫君 80 岁生日所编纂的纪念集投稿。即便像雷蒙德·弗思爵士这样的权威在其后期的一次大型采访中也给予了图恩瓦尔德非常高的评价。就在几年前,他还说图恩瓦尔德是他所能想到的、其成就理应获得更多赞誉的一位伟大的人类学家。

　　那么弗思如此谦恭地提到的成就是什么呢? 首先,与德国内的温和实证论者们相比,图恩瓦尔德更加明确地将田野作业和理论分析有力地结合起来,在这一点上,他更紧密地追随着英国和北美的人类学。无论如何,他同温和的实证论者有一些方法论上的密切关系,然而却同占霸权地位的德国历史传播论者们强烈对立,后者更成为他一生的对手。第二,在将田野作业同理论分析结合的时候,图恩瓦尔德强调地方系统的作用,其方式类似于英国的社会人类学家。在太平洋的案例中,图恩瓦尔德阐述了互惠和再分配的概念。该概念后来经过马塞尔·莫斯(Marcel Mauss)和卡尔·波拉尼(Karl Polanyi)的发展,成为我们学科的一个基本概念。对于好几代的欧洲学生来说,他的名字几乎是经济人类学的代名词。同时,他强调地方系统之间的局部相互依赖,其研究方式超越了如在美国人类学中所进行的地区与文化区域研究。最后,图恩瓦尔德把这种局部相互依赖和互动看作围绕着"筛选"[107](Siebung)或竞争性选择这一机制的摆动作用。这是图恩瓦尔德思想中的核心术语,它包含了社会文化的因素,当然还有一些达尔文主义的逻辑在里面(MelkKoch 2001)。如果没有这点社会达尔文主义特性(也许如果限制在地区经济和政治斗争的有效边界内)图恩瓦尔德的概念化研究也许会成为在"二战"前后对国际人类学更有影响力的贡献。

　　图恩瓦尔德在 1920 年代和 1930 年代待在英国和美国人类学系期间很受欢迎,但是他却抛弃了这一学术发展的潜在优势,为的是在纳粹德国享受一些其实靠不住的特殊待遇以获得更高的威望。有人会说这是一个悲剧,但却是他自己一手造成的。图恩瓦尔德本来的确具有所有的潜质,可以把那时已在全球学术领域内日渐边缘化德语区人类学中的精华重新带回到人类学的主流中。

　　图恩瓦尔德曾在维也纳家乡的哈布斯堡皇室任法律专家,也曾在波斯尼亚做财政长官。在这两处的经历令他在来柏林的时候,带来了奥匈帝国民俗研究中丰富的、非民族主义的极具历史观的传统。他在柏林完成了人类学学习之后,做博物馆馆长工作,其经历同那些温和实证主义派学者的相类似。然而,当后者选择默默沿袭巴斯蒂安学统的时候,图恩瓦尔德却选择了用新的、带有部分原创性的观念旗帜鲜明地与臆测性的传播论者作斗争,他采用的观念与当时的英国学术推理论证具有很强的关联。随着纳粹1933 年在德国上台,并于 1938 年在奥地利掌权,臆测性传播论者的一些霸权被动摇了。这些传播论者们通常也是右翼种族主义者,但对纳粹来说其种族主义还显不够。图恩瓦尔德的终生对手的相对式微以及他自己的社会达尔文主义和有机论倾向诱使他开始追逐权力和荣誉。于是他在第三帝国内寻找机会,成为 1933 到1945 年间纳粹德国首都柏林突出的人类学家。这个小小的功能学派就这样在纳粹时期面临地位的提升,但其代价就是它自身深刻的堕落。

　　在 1920 年代中,新出现的文化形态学和历史传播论的大学派所进行的臆测性理论化影响很大,以至于许多并不全心全意支持这些取向的人们提出了严肃的专业疑虑。例如,汉堡人类学家提利纽斯曾在一封给博厄斯的推荐自己学生冈特·瓦格纳(Günter Wagner)——作为替代者——在其指导下进行田野研究训练的信中就曾抱怨过这种"太过理论化的氛围"(Mischek 2002,29)。

　　从魏玛共和国和奥地利第一共和国产生的这些大的学派中,法兰克福学派多少要比维也纳学派更值得关注一些。正如我们所见,莱奥·弗罗贝纽斯激发了 1904 年柏林博物馆的反革命运动,但很快就放弃了文化圈概念。某种程度上受胡塞尔版的德国哲学现象学以及前法西斯历史学家奥斯瓦尔德·施彭格勒(Oswald Spengler)的影响,也受他的老师拉策尔和海因里希·舒尔茨的一些影响所驱动,弗罗贝纽斯阐述了他所谓的文化形态学:集成了内省论、本能论和传播论。弗罗贝纽斯的文化形态学不仅在非洲"黑人文化认同"思想家们身上留下了印痕,包括利奥波德·桑戈尔(Leopold Senghor),还影响了他自己在德国的一些门徒们。在这种浪漫主义后期臆测性的、然而以田野作业为取向的观点中(而且在我看来,这是一种多少带些神秘主义的观点,而并非一种扎实可靠的研究工具),各种文化都被看作是一个个有机的整体,具有贯穿其周期性阶段的灵魂。

　　这种嵌于时间和空间的灵魂(*Paideuma*)被看作是把文化从其"灵感"(*Ergriffenheit*)和"表达"(*Ausdruck*)这一较年轻阶段,推向"应用与实现"(*Anwendung*)这一成熟阶段,直到到达最后的"用坏与退化"(*Abnutzung*)阶段的东西。这一学派对非理性和审美的公然偏好受到了相当公正的批评,因为它同早先法西斯主义中的一种不透明的神秘主义精神相对应。另外,法兰克福学派的灵魂概念还包括了德语区的特殊主义和传播论的文化观所拥有的任何可能特质:曾经是现在也还是以天才为导向,很大程度上依赖于外部刺激,对从赫德和浪漫主义那里寻求灵感的非启蒙的文化主义传统具有内省性(Straube 1990,151—170;Ehl 1995)。

弗罗贝纽斯于1938年逝世。对他在德国所代表的这一学统还需要进行比我在这里所能论证的更深刻的评价。但是,我们将看到,弗罗贝纽斯在法兰克福的助手和继任者阿道夫·詹森(Adolf E. Jensen)成为纳粹时期可以接受"内部移民"(译者注:即不合作)这一字眼的少数人类学家之一。

对于所谓的维也纳学派,我的判定很明确:非人类学家韦伯和鲁道夫·奥托用德语写作的关于社会和宗教的论述与人类学仍然具有相当大的关联。然而威廉·施密特关于这一主题的写作却没有经得起时间的考验。威廉·施密特的一生和作品受到了爱德华·孔德(Edouard Conte 1987)和苏珊娜·马钱德(Suzanne Marchand)更为批判性的评价。与此相对,欧内斯特·布兰迪威(Ernest Brandewie)的评价(1990)则有些过于友好了。我们已经看到,施密特在维也纳打败穆斯而掌握权力,然后又把1912年的民族志专业变成了我现在工作的学院(1929);这一学院后来又对他"人类学反改革运动"产生了至关重要的作用(Marchand 2003,293)。

施密特在政治上是一个具有佛朗哥和墨索里尼倾向的天主教法西斯主义者,这同1938年纳粹侵入前的奥地利政治领导力量相一致。尽管他是一个公开的反犹太牧师,并且相信更为广义的日耳曼民族优越论,然而他却反对把他所研究的民族学的神学变体同种族研究融合在一起,这也是他坚持两者必须在建制上独立的原因。这导致他后来对纳粹的生物学和世俗偏向进行了重新思考。他 1937 年的《文化历史民族学的研究方法手册》(*Handbuch der Methode der kulturhistorischen Ethnologie*)以格雷布纳 1911 年《民族学研究方法》(*Methode der Ethnologie*)为基础,并编纂了他针对新旧文化圈所进行的普遍主义和传播论式的调查。这一摇椅人类学家以惊人的谨慎与严格态度对丰富的民族志知识作了总结,并试图将其融入他的理论框架之中,这在他的 12 卷本《上帝观的起源》(*Der Ursprung der Gottesidee*)(1912—1955)尤为突出。

施密特和与他关系密切但却更温和的同事威廉·柯珀斯(Wilhelm Koppers)在他们那个时代被一些学者所看重,如苏联的 S. A. 托卡勒夫(S. A. Tokarev)以及美国的克鲁伯和罗维。当然更不用提克莱德·克拉克洪(Clyde Kluckhohn)了,他同他们在维也纳作了一年的研究,并写出了关于文化圈理论和精神分析"两个维也纳学派"的论文。施密特在他的学术教员队伍和圣言会传教机构中主要雇佣德国出生的牧师,这些机构分布在圣加百利(维也纳附近)、圣奥古斯丁(波恩附近)和弗里堡(瑞士),横跨整个德语区。值得注意的是,1938 年以前,施密特的学派还依赖于具有相似目的的专业支持者这一强大的网络,这些人不仅分布在国内相关的领域中,如考古学的奥斯瓦尔德·蒙辛(Oswald Menghin)(Kohl and Gollan 2002),还有国际上,来自葡萄牙、西班牙、南美、意大利、匈牙利和日本的同行。在施密特强有力的掌控之下,这一学派保持着一种自成一体、百毒不侵的教条式影响。施密特打压批评意见,在学术关系圈内外都成为一位有影响力的公共演说家和作家,同时也成为了一位恶毒的战略家。

施密特最优秀的同事们大部分都在边远及掠食社会(foraging society)中进行田野作业,以支持他的理论,即那些处于最原始社会中的人也是最接近创造的人。按照这一理论,出于这个原

因，对"最原始"的偏好必须显示一些一神论的形式。由马丁·古
辛德（Martin Gusinde）、保罗·西柏斯特（Paul Schebesta）、约瑟
110 夫·海宁格（Joseph Henninger）和柯珀斯等人收集的田野证据和
材料的确具有一些价值——并不是因为它们支持了施密特的观
点，而是因为它们显然无法完全证实他的意识形态。民族志和意
识形态之间的这种冲突经常受到压制，以至于当施密特的一些同
事开始重新思考他们曾写过的所有东西时，都已经是在很后期，那
时施密特逝世已经很长时间了。施密特的前秘书约瑟夫·海宁格
就是其中一例，他去世前几个月还是我的从业资格审查委员会的
成员。

　　施密特意识形态上的顽固和其在组织中采取的恐怖政策在他
自己的追随者中制造了绝望情绪，同时也使他的学术对手们莫名
恼怒。第三帝国占领奥地利和纳粹在1938年接管了其在维也纳
的机构之后，他们便轻而易举地把施密特、柯珀斯和圣言会门徒们
从他们人类学教职上赶了出去，并把自己树立为当地人类学的解
放者。

第四章 纳粹时期的德语人类学：
合谋、迫害和竞争构成的复杂情节

从现时主义的角度来看，德国社会文化人类学家中的大多 ¹¹¹数都多多少少是纳粹集团的支持者。正如在大多数其他学术和政府工作领域中的情况一样，纳粹对这一学术群体的接管没有遇到多少反抗，反而得到了广泛的接受、合作和支持。国际人类学圈中的人也许对这种基本的现时主义的看法并不十分吃惊，但对于德国和奥地利本地的人类学家来说，1945 年之后在学术上承认和在实证上证明这一点则足足花了两代人（如果不是三代的话）的时间。用德语记录和分析人类学家在第三帝国中的作用的关键论文和主要教科书还很少，出现得也相当晚。

纳粹时期德语区人类学被卷入到合谋、迫害和竞争复杂的情节当中(Dostal 1994)。对第三帝国人类学家的做法和话语的评估反映出这个领域同那个时期其他学术领域间存在深刻的相似性，尽管它的情况还是带有一些限制和不同。同由国家资助的其他学术领域的相似性在大多数情况下表现在建制、学术和个体连续性以及整合和支持等方面；在少数情况下也表现为迫害或移民的情况。而与其他领域情况有所不同的是，对于统治集团的目的来说，社会文化人类学不如一些学术领域重要，但却比另外一些要重要。另外，纳粹主义认为德语区人类学中的一些大学派对其目的而言并不特别有用，这就诱使许多有才华的人类学家为了得到纳粹集团的青睐而相互竞争,竭力更好地证明他们的工作对纳粹主义是如何有用。

以这些前提为基础,我在这讲中要论五个主题。在第一部分中,我将概括一下人类学被整合入第三帝国体系中的关键步骤。第二部分中,我将简要地概述一下今天我们所知道的关于那些被迫害的人类学家的故事,包括那些被其他人类学家迫害的人。第三部分中,我将接着描绘一下德国人类学到 1945 年之前的主要方向。第四部分将通过一些具体的例子,提出"帮凶的责任"这一复杂的问题。在第五部分中,我将继续指出那个时期对 1945 年之后的主要影响。

从上层与从下层:人类学被整合入第三帝国

使阿道夫·希特勒受到启发的理论包括了拉策尔的关键概念——人类"精神贫困"和"生活空间"理论。在他 1920 年代初期被关押阶段,还经常用到体质人类学家奥伊根·菲舍尔参与编著的关于种族的标准教科书,即所谓的"鲍尔/菲舍尔/伦兹"(Bauer/Fischer/Lenz)。精神贫困、种族和生活空间这些核心的人类学概念后来出现在《我的奋斗》一书中。希特勒在 1920 年代的这本书里公开宣称他要通过独裁专政、战争以及对犹太人和其他少数民族进行迫害来实现其"民族复兴"工程。希特勒的计划和工程在他还没有上台以前好几年就广为人知了(Braun 1995, 21; Byer 1999, 282)。

跟许多其他人文领域的情况一样,学术人类学被整合入第三帝国是一个相对顺利的过程。纳粹政党在国家公务员和学术专业人士中的积极分子比在社会其他领域中要多。尽管这部分党员在各自的领域内仍属少数派，但是这种逐渐增强的纳粹政党影响以及精英们的国家忠诚传统的确成为希特勒在 1933 年选举中的成功以及他后来在德国建立的独裁统治被广泛接受（即便不是支持）的主要原因。

自 20 世纪头一二十年开始，德国人类学中的领军人物已经宣布并出版了明确的种族主义和殖民主义观点，作为其政治观点或学术信仰的一部分。最终一些人成了纳粹党员，还有更多人没有这样做。但是在如奥伊根·菲舍尔、威廉·施密特和奥托·黑希这样的人类学家的作品中，明确的种族主义和反犹主义当然对种族主义意识形态的崛起作出了学术上的贡献，因为这不仅使得这些意识形态看起来更高尚而且还为种族主义提供了一种专业可信度的光环。这就封住了那些保持非种族主义或者不持明确的种族主义观点的人类学家的嘴，至少有一段时间——直到他们中的一些人也加入了这场大合唱中。

在纳粹统治的战前时期（1933－1939），人类学完成了与第三帝国的整合。这既受到来自上层的鼓动驱使，也得到了来自卜层的支持和合作。这种顺利的制度整合也持续地得到了来自冒险主义和窥视癖般的异域兴趣仍然盛行的大众领域。这种异域兴趣在更广泛的意义上包括强烈的我族至上主义因素，明确的纳粹意识形态的因素只不过构成了其中的一小部分。

纳粹战前时期这一广角度的异域兴趣流行文化在引人入胜的民族展示、舞台表演、博物馆展览、电影和音乐，以及图书市场等元素中展现出来。两部成功的人类学著作，至少通过其标题，同这种窥视癖般的异域兴趣竞相呼应：即由马林诺夫斯基自己翻译的《美拉尼西亚西北部野蛮人的性生活》（*The Sexual Life of Savages in North-West Melanesia*）1929 年以德语出版（也就是在第一届纳粹政府之前)以及 1939 年克里斯托夫・福赫・海门朵夫(Christo-ph Fürer-Haimendorf)在英国和德国同时出版的其个人首部成功作品《赤裸的那加人》(*Die nackten Nagas*)。这本书关于战争的部分《白种猎头蛮人》(*Der weisse Kopfjäger*)于 1944 年在战时出版了德语版,那时作者正同英国人在印度(Schaffler 2001)。广受欢迎的人类学书籍因此成了大众领域的一部分,这为一些学术领域如人类学逐渐整合入第三帝国起到了作用。

　　在这一领域内部,一些地位显赫的学者很快就把握了时势的脉搏。希特勒上台后不久,一群主要德语区人类学家在 1933 年 10 月给时任帝国总理的希特勒发了一封官方信函,赞美希特勒的思想,并且强调了德语区人类学帮助实现这些思想的能力与意愿。信中写道,通过将种族研究与文化研究相结合,人类学是巩固希特勒的"民族"和"优等人种"思想不可或缺的学术武器。该信的联合签名者包括了文化人类学家如民族学学会(今天的国家专业协会德国民族学学会(DGV)的前身)主席弗里茨・克劳斯(Fritz Krause)、1904 年文化圈理论的创立者之一伯恩哈德・安科曼,以及体质人类学家如莱比锡的奥托・黑希和柏林的奥伊根・菲舍尔。(菲舍尔自 1927 年开始担任威廉皇帝学会——今天马克斯・普朗克学会(Max Planck Society)的前身——人类学、遗传研究及优生学学院的主任。)

　　德国该学术领域高层领导人物的这种主动的效忠宣誓明显证明了这些领军人物急于要同纳粹政府合作的愿望。但在这样做的时候他们心里也可能还带着些惴惴不安,怕他们所做的那些非洲和美拉尼西亚的文化研究对这个种族主义的德国纳粹政府根本没有什么吸引力。也许这就是为什么他们特别安排由文化人类学家和体质人类学家共同签名的原因。尽管在纳粹上台前,这两个领域在大多数德语区在建制上都达到了相当程度的分离状态,但在纳粹统治时期,体质人类学和文化人类学在专业和学术上建立了密不可分的关系。这也是 1933 年那封信所要有意传达出的第二个重要信息。对于信仰种族主义意识形态,如纳粹主义的人来说,他们所青睐的体质人类学一定要成为具有核心重要性的学科。民族学领域很快就领会了这一点。

在接下来的几年中,纳粹加紧了他们对学术圈的普遍影响,对人类学也是如此。1934 年的一部法令在高级讲师和教授等职位的学术升迁标准中加入了纳粹政治标准。1935 年,柏林人类学、民族志和前史学学会的入会章程中加入了只接受印欧语系新会员的条款,那些年德国的大多数其他人类学和学术协会也是这样。1938 年,上述学会把所有现有的犹太会员都排除了出去,这其中就有在美国的博厄斯。到这一年,实际上所有具有犹太背景的人类学家如果没有被迫移民的话,也在德国失去了专业工作(Braun 1995、23、27－29、36)。

这种立法和政治上的镇压与迫害巩固了政权集团一方对学术界的控制与利用,而那些人类学家则加紧与其合作并互相竞争以确保和提升自己的地位。正如多丽丝·拜耶(Doris Byer)所指出的(1999),从某种程度上说,在这些在纳粹时期正发生着转移变化的合作、联盟、谴责及个人事业前途等利益交织的网络中,对于学术理论取向的关注变得出人意料得少了。这也是我在引论中阐述的主旨,即大多数德国人类学家都多少算是纳粹集团的积极支持者。例如,在体质人类学家中存在着这样的争论,即德国人种的起源是在北部呢(一些纳粹党的领导人喜欢这种"北部论")还是东部(一些像威廉·柯珀斯的非纳粹则倾向这种"东部论"),但像这样的争论从政治的角度上看是无关紧要的:尽管奥伊根·菲舍尔、奥 115

托·黑希、埃贡·冯·埃克史泰德和布鲁诺·贝格(Bruno Beger)
都在这场争论中各执一词,但他们都从纳粹的国家和政党机构的
各个常常相互竞争的小集团那里获得强大的建制与经济支持。

同样,除了几个例外,社会人类学的各个理论方向的支持者们
都急于获得统治集团的支持并且证明他们的有用性,而他们多少
都得到了他们所想要的。只要是极受欢迎的莱奥·弗罗贝纽斯仍
然做着法兰克福的教授,作为几个大学派之一的文化形态学的情
况就也是这样:尽管他的研究探险历程对纳粹的意识形态并不是
特别有用,但这位富于魅力且在国际上知名的学者不断以专家的
身份捧场,不论是在德国的大众领域还是国际上都为纳粹统治集
团在战前时期的形象大大加分。

另一方面,德国社会文化人类学中的功能主义在纳粹时期经
历了一段显著的提升和更新。功能主义阵营内有一些在国际享有
盛誉的学者,最重要的是理查德·图恩瓦尔德,当然还有康拉德·
西奥多·普罗伊斯。另外,社会人类学家中一些最积极的纳粹党
员也是功能主义者,其中最出名的有威廉·埃米尔·米尔曼、冈
特·瓦格纳和马丁·海德里希(Martin Heydrich)。在维也纳,人
类学系教职员(自 1934 年开始)克里斯托夫·福赫·海门朵夫在
战争爆发时迁到英国,在这之前也因为他的功能主义取向和秘密
的纳粹党员身份(自 1933 年开始)同这个群体保持联系,他在战后
成为东方和非洲研究的伦敦学派的领导人之一(Linimayr 1994,
64-67)。除了普鲁斯,其他一些先前的温和实证论者们现在则是
更明确地延续德国功能主义。

但是和其他战时的大学派一样,文化圈理论也在努力适应于
当下的大环境。在奥地利,天主教法西斯集团延续着墨索里尼和
佛朗哥的方向,一直持续到 1938 年被希特勒领导的德国占领,而

威廉·施密特学派则继续探索"原初的一神论"。一直到 1938 年以前,这一维也纳学派越来越被视为纳粹思想家们的绊脚石和小对手,后者追求的是泛德意志精神——反对任何独立的奥地利实体和生物种族主义——与施密特的神创造说相对。在奥地利 1938 年被占领后,这些施密特的领导下的维也纳学派代表人物失去了在维也纳的学术地位,移民去了瑞士。同时,在纳粹德国内部,文化圈理论的其他代表人物进一步地阐述了这种传播论取向,但是以弗里茨·格雷布纳独创的世俗变体的形式,而没有维也纳学派的神学前提。柏林的沃尔特·克里克伯格(Walter Krickeberg)和赫曼·鲍曼(Hermann Baumann)以及格丁根的汉斯·普里什克(Hans Plischke)都是第三帝国中传播论文化史的世俗变体中最著名的代表人物。

　　从建制方面来看,这些历史传播论者的情况要比功能主义者们好一些,并且也拥有更多的全职教授。此外,在奥地利 1938 年被德国吞并之后,传播论者鲍曼接任柯珀斯成为维也纳的一名全职教授,同一年,莱奥·弗罗贝纽斯去世,阿道夫·詹森作为他的前任助理,接替了他在法兰克福文化形态学学派中的地位。詹森不是纳粹集团的支持者,并且尽管他的婚姻并不顺利,他还是拒绝同他的犹太妻子离婚,因为那样的话她会不可避免地死在集中营里。因为上述原因,詹森被停职,但他仍在幕后继续指导着这个人员不足的学院的运作(Byer 1999,417),一直到他和其他职员都被抽去服兵役。

　　在战争开始时,作为"从上层以及从下层整合"的结果,德国社会文化人类学中出现了一种重组,两个先前的大学派不是历经挫折,不再像以前那么重要,就是成员被流放了。法兰克福的文化形态学在规模和专业活动上都有所减少,文化圈理论的神学版本被驱逐,而其世俗的历史传播论版本得到了提升。最后,功能主义的重要性得到了空前的显示,并且努力要压倒那些来自大学派的对手。

迫害和移民

因此在纳粹统治下,主流社会文化人类学很大程度上融入了德国的学术圈,而它的理论方向则经历了一种认可与影响力上的重组。在少数的几个同情马克思主义或唯物主义的职业人类学家中,包括保罗·克里克霍夫、卡尔·维特弗格尔、朱利叶斯·利普斯和伊娃·利普斯在内的多数都在战争开始前被迫移民或设法逃难。除了这些例外,主流人类学大部分都整合进了纳粹系统中(Streck 2000,9),尽管文化形态学被放到了边缘(图 1)。

117　　如果我们接受这种看法,那么对任何中间地带的评估都要谨慎。一边是同谋者,一边是被迫害或反抗者,在相互对抗的两个网络中间,没有留下多少空间了,詹森当然是这些小块中间阵营的代表。在我看来,对来自维也纳学派的柯珀斯和保罗·西柏斯特的角色的评估也可以用这个方式,与他们的领导人施密特形成对照,后者最好被看作是败给纳粹的对手(Conte 1987)。

普鲁斯是博厄斯在北美研究中的老同事,他代表了一种多少更矛盾的案例。他被纳粹所逼提前退休,很明显他不同意他们的观点。但在他的晚年,他同意接手原来由列恩哈德·亚当(Leonhard Adam)任编辑的人类学教科书《民族学教程》(*Lehrbuch der Völkerkunde*),后者因为犹太背景被免职。《教程》于 1937 年以普鲁斯的名义发行,成为纳粹德国人类学的标准参考书。普鲁斯于 1938 年的逝世,至少可以部分地归咎于这本书的发行所带来的压

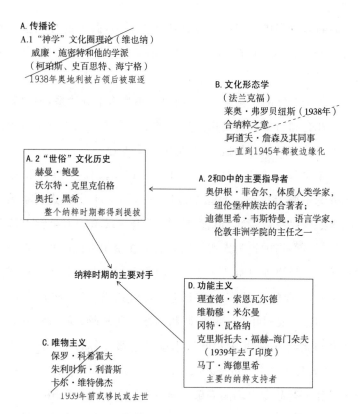

A. 传播论
A.1 "神学" 文化圈理论（维也纳）
　威廉·施密特和他的学派
　（柯珀斯、史百思特、海宁格）
　1938年奥地利被占领后被驱逐

B. 文化形态学
　（法兰克福）
　莱奥·弗罗贝纽斯（1938年）
　合纳粹之意
　阿道夫·詹森及其同事
　一直到1945年都被边缘化

A.2 "世俗" 文化历史
赫曼·鲍曼
沃尔特·克里克伯格
奥托·黑希
　整个纳粹时期都得到提拔

A.2和D中的主要指导者
奥伊根·菲舍尔，体质人类学家，
　纽伦堡种族法的合著者；
迪德里希·韦斯特曼，语言学家，
伦敦非洲学院的主任之一

纳粹时期的主要对手

D. 功能主义
理查德·索恩瓦尔德
维勒穆·米尔曼
冈特·瓦格纳
克里斯托夫·福赫-海门朵夫
（1939年去了印度）
马丁·海德里希
　主要的纳粹支持者

C. 唯物主义
保罗·科希霍夫
朱利叶斯·利普斯
卡尔·维特佛杰
　1939年前或移民或去世

图 1. 德语区人类学中的理论取向以及主要代表人物(1933—1945)，斜线中实线代表希特勒统治下受到迫害和移民的例子，虚线代表在希特勒统治下逐渐被边缘化的例子。

力和尖锐评论（这些评论后来就成为所谓的"克里克伯格争论"；Byer 1999,394）。福赫·海门朵夫在同他的英国妻子决定继续待在印度之前，不断在德国和英国功能主义之间徘徊，他可能是一个被评定为中间地带的最好例子(Gingrich 2005)。

普鲁斯的例子说明了在这些小块的中间阵营中，极少能有人像詹森那样保持相当干净的记录，其他人都像普鲁斯一样，在受到压迫的同时也变成了帮凶。在这些同谋者中，偶尔也有人会受到大大小小的迫害；而在那些被迫害的人中，也偶尔会有合作的例子。

在每个个体的案例中，分界线也许不那么十分清楚，但迫害作为一个社会和历史事实是再清楚不过了。人类学家为迫害行为作出了关键性的贡献，同时也成为迫害的受害者。

贝霍尔德·里斯（Berthold Riese 1995，210－220）和托马斯·豪希尔德（Thomas Hauschild 1995，13－61）首次进行了关于这些被迫移民或被羞辱、迫害、监禁、折磨或谋杀的人类学家的调查工作。他们当中较为人所知的有后来在墨尔本得以开始新事业的法律人类学家列恩哈德·亚当以及离开奥地利前往美洲并成为著名南美学者的杰拉多·雷赫尔-朵玛托夫（Gerardo Reichel-Dolmatoff）。朱利叶斯·利普斯和伊娃·利普斯夫妇从科隆背井离乡来到北美，在那儿朱利叶斯出版了他那著名的反殖民主义著作《原始人反击了》（*The Savage Hits Back*，1937）。维也纳的非洲艺术和工艺品专家玛丽安娜·施密特（Marianne Schmidl）并没能够移民：因为她是犹太人，她被迫将研究日志交给她的导师奥托·黑希后死在了集中营里（Byer 1999，291；Geisenhainer 2002，201－220）。东南亚学者罗伯特·海因-杰尔登（Robert Heine-Geldern）和民族音乐学家卡尔·萨克斯（Carl Sachs）逃到了纽约，萨克斯的同事埃里克·霍恩波斯特尔（Erich Hornbostel）则逃到了英国。还有几个案例未被公开，因为他们有可能牵连到刚去世不久的人。积极反抗的那一小群人类学家包括年迈的海因里希·库诺和罗伯特·布莱希史泰纳（Robert Bleichsteiner）。前者是柏林博物馆的前任馆长（1919－1928），他最后被遗弃在他自己的柏林公寓中，无助地死去；后者是维也纳博物馆的中东部馆长，他一直到 1945 年都同有组织的反抗群体合作,并且生还下来(Muhl-fried 2000)。

纳粹德国人类学的主要方向

　　随着是由普鲁斯取代亚当编辑的教科书的出版,社会文化人类学家内部权力和影响力的关系转变在所谓的"克里克伯格争论"中清晰地显现出来。沃尔特·克里克伯格是格雷布纳的传播论的追随者,他在普鲁斯被迫提前退休后(似乎克里克伯格在其中起了作用),接替其成为柏林博物馆的北美部馆长。当普鲁斯的教科书出来后,恼怒的克里克伯格发表了一篇评论,他在评论中问道,为什么书中内容的大部分都是功能主义者所写的。他宣称,这一学派的成员同伦敦反德意志功能主义者马林诺夫斯基关系密切,并且到处都有其犹太同情者,包括了教科书的前任编辑并有文章收录其中的亚当。因此克里克伯格宣称,这本书过多地表现了反德意志和亲犹太的研究取向,而没有如实地表现历史传播论的优秀德国传统。

　　汉斯·普里什克是格丁根人类学教授和博物馆主任,他作为柏林政府部门的评论员,强烈支持克里克伯格的立场(Braun 1995,54—55;Kulick-Aldag 2000,111—112)。理查德·图恩瓦尔德和威廉·米尔曼迅速发表了反驳。穆尔曼认为德国功能主义比英国功能主义的历史要长,并且结合了生物学和历史学的推理。图恩瓦尔德则是接着采用了一个较为简单却聪明的论据,他说像亚当这样的犹太人与历史传播论者们一起发表的文章其实要比同功能主义者一起发表的多得多,并举出亚当与克里克伯格的同事赫曼·鲍曼先前曾一同发表过文章的事例。(鲍曼很快便回应说

120

他为曾与一个犹太人一起发表文章而道歉，并且宣称他当时并不知道亚当是犹太人。)图恩瓦尔德接着又补充到，历史传播论者们都是维也纳的天主教神父威廉·施密特的同盟者，而后者并不是纳粹德国的朋友。(鲍曼紧张地回应说他同施密特并不很熟。)因此争论集中在究竟是功能主义还是历史传播论更加反犹太和亲德国；它是以历史传播论者对功能主义者的教科书的阴险批评开始，而以功能主义者毫不留情的反击为结束。

就这样，功能主义步步前进，以求在德国取代历史传播论。功能主义中基础的有机体范式同社会达尔文主义和学术种族主义的生物要求更兼容。此外，功能主义者倾向于对当前状况的实用性分析，与对过去的臆测性理论化相对，这使它对殖民主义利益更有用。但历史传播论的非神学变体开始努力要应对这一挑战，其代表人物继续控制着大部分学术和博物馆机构。在纳粹时期，这两个相互竞争的德国社会文化人类学方向都通过与体质人类学的有效合作以及进行殖民研究来急切地证明其研究工作的成功以及对公众的有用性。

在体质人类学家方面，一些最著名的代表人物在其事业生涯中始终都在探索与社会文化人类学或民族学广泛交叉的主题和兴趣点。例如，奥托·黑希就是那些既在民族学也在体质人类学中担任教授职位的学者之一（1924－1927年在维也纳，1927－1945年在莱比锡），并且也在两个领域中教学、发表文章和进行培训工作。纳粹时期体质人类学和社会文化人类学更强的合并趋势，给那些具有这种学术背景并且追求两个领域的整合同时还是纳粹成员的人提供了独一无二的机会（Geisenhainer 2000,83－100）。在纳粹时期，黑希把他莱比锡的学院变成了种族和种族主义人类学的理论化和经验研究的中心，并且从事各类种族"评估"（Geisen-

hainer 2002,196—366)。同样,奥伊根·菲舍尔早年曾接受民族
志专业训练并在德国的西南非殖民地从事过田野研究。在纳粹时
期,他通过监督并指导民族学的代表人物如多米尼克·韦尔费尔　121
(Dominik Wölfel)(他对"白非洲人"和"黑非洲人"作了阐述;Lini-
mayr 1994,243)和赫曼·鲍曼(Losch 1997)继续并加强了同社会
文化人类学有关的整合与合并活动。这些合作关系表明了历史传
播论作为纳粹时期之前就存在的较老和更强大的学派,已经同长
期存在的体质人类学建立了关系。

正是因为这个原因,当功能主义者在纳粹时期努力要逐渐取
代他们的对手历史传播论时,也要更集中地在同体质人类学的关
系中获得领先地位。因此功能主义者在同纳粹德国的核心学术领
域体质人类学的整合工作中多少更具野心、更明确,以及更有效。
在这方面,穆尔曼堪称将种族主义生物学同社会达尔文式功能主
义整合工作中最具智慧的人(Michel 1995)。

与此相对,冈特·瓦格纳的研究兴趣更多地关注实用的政治
方面,即把这些功能主义的观点应用到非洲。在 1940 年代早期,
他负责参与的殖民计划和出版活动为纳粹德国重建德国在东非殖
民地的计划和野心作出了贡献,其早期的田野研究地肯尼亚已经
被包括在这块殖民地的北部。在他那些年的写作中,瓦格纳——
就像其他为德国人活跃在这一领域中的每个人一样——对欧洲人
和非洲人之间的差异作出了更明确的区分,以支持有别于英国的
殖民政策(Mischek 2002,100、175)。

与更具野心的年轻一代功能主义者穆尔曼和瓦格纳相比,年
迈的图恩瓦尔德已经在学术上饱和得多了。他在纳粹时期关于整
合体质人类学和社会文化人类学的写作与其说是实质性的努力,
倒不如说是一种修饰性的工作。但图恩瓦尔德并没有停止接受和

提拔符合纳粹要求并在第三帝国内沿着合并社会和体质人类学的路线从事研究的博士候选人,伊娃·尤斯廷便是一个合适的人选。

尤斯廷受过护士的训练,是罗伯特·里特(Robert Ritt)多年最亲密的合作伙伴。里特自 1936 年是第三帝国的种族卫生学院的主任。在这一位置上,他 1938 年关于"吉卜赛人"是"异民族",并应该绝育或灭绝的分析为海因里希·希姆莱(Heinrich Himmler)的 12938 号通告"同吉卜赛威胁作战"提供了基础。后来希姆莱又在 1942 年和 1943 年下达命令,把"吉卜赛人"和他们的子孙送进奥斯威辛集中营。一直到 1944 年,实行这些命令的程序都是基于里特、他的助手尤斯廷和他们的团队制定的标准和作出的评估。因此,里特和尤斯廷是纳粹大规模迫害罗马人和辛迪人的行动中需要负责的学术参与者。此外组织放逐罗马人和辛迪人的时候,他们也在场并且还参观了集中营。

1943 年在柏林大学,伊娃·尤斯廷提交了她的博士论文《未以合乎其种族特性的方式进行教养的吉卜赛儿童及其后代的生活际遇》(*Lebensschicksale artfremd erzogener Zigeunerkinder und ihrer Nchkommen*),认为"吉卜赛人"中的种族因素非常重要,并不能被社会或环境影响所抵消。她写道,"吉卜赛人"属于"异民族",可以与原始的掠食部落相比。她的论文是基于同儿童和年轻人的谈话以及对他们的观察,这些人已经被选出准备送往集中营,当时还没被送到奥斯威辛是因为要先供尤斯廷的研究所用。就像她到达博士之位的事业历程一样,她的论文所作的研究也是纳粹对罗马人和辛迪人犯下罪行的一部分。

奥伊根·菲舍尔也许是第三帝国最著名的体质人类学家和种族评论者,他指导了尤斯廷的整个论文评审过程以及她最后的学位考试。他和里特为她的第一个主题——体质人类学写了学术评语,图恩瓦尔德则负责她第二个主题——社会人类学。并没有任何规则要求图恩瓦尔德这么做。为了最后的答辩考试,尤斯廷不得不准备回答图恩瓦尔德提出的关于她论文中贯穿的掠食民族的问题。在他的书面学术评语中,图恩瓦尔德承认了尤斯廷的经验研究工作是"人类学的田野作业",他一定也十分清楚这一研究工作可怕的背景和环境。尽管他批评尤斯廷的论文把其结果仅限于经验证据中,这并没有妨碍他给了她最高分——"非常优秀"。尤斯廷通过博士考试后,她所研究的孩子们于 1944 年 5 月 6 日被送进了奥斯威辛集中营,当她的论文在 1944 年秋发表的时候,这些孩子们都死了。

　　战后里特和尤斯廷均面临被起诉。尤斯廷在一个案子中被宣判无罪,其他的指控最终也没有闹上法庭,而里特于 1951 年去世。在 1945 年后的西德,尤斯廷首先成为法兰克福警察局研究青少年罪犯的心理学家,基于此,她后来甚至成为处理纳粹生还者的赔偿要求的法庭顾问(Gilsenbach 1988a, b; Hohmann 1996a, b; Reemtsma 1996a, b)。因此在纳粹时期,功能主义者试图要与体质人类学结合的努力包括从穆尔曼的理论合成到尤斯廷的"应用"论文。

　　功能主义者还活跃在殖民研究中,图恩瓦尔德在这一点上最明显,因为他早期在奥地利殖民地波斯尼亚和德国殖民地美拉尼西亚的逗留使他拥有同殖民主题相关的第一手经验。穆尔曼为纳粹在东欧的利益贡献了自己的观点,瓦格纳和海德里希在非洲为纳粹的野心工作。然而从大体上看来,历史传播论者们在殖民研究中似乎也是一样活跃(Mosen 1991)。著名的语言学家迪德里希·韦斯特曼(Diedrich Westermann)支持来自两个方向的学者的殖民研究,而鲍曼则是这方面传播论的领头人物。

直到 1940 年代早期,纳粹德国领导人的扩张性政治和军事计划都明确包含一系列设想,要使德国再次在欧洲以外成为殖民强国。这些野心中最明显的包括重新获得帝国主义德国在 1918 年以前拥有的殖民领地。但在德国军队打败法国后,这些设想还包括在一项新的非洲殖民联盟,即希特勒德国和它的臣属国亨利·贝当的法国之间的联盟。这些设想和计划是纳粹德国煞有介事地为殖民研究调集了大量物质支持背后的根本原因。充实的研究预算设立起来并开始提供资助,新的职位予以设立,一些相关领域的研究者也得以免服兵役,不仅包括种族和生物研究,而且还有殖民研究。在两个领域中,像大学、博物馆和威廉皇帝学会这样的传统学术机构卷入的程度,同纳粹德国新建立的专门机构同样多。这些机构包括从西姆勒的祖先遗产基金会(Ahnenerbe)到纳粹国家和党内各种殖民职位和办公室(Mosen 1991;Byer 1999)。

从 1934 年开始,纳粹德国的社会文化人类学经历了一场顺利的整合和逐渐的转型,这一过程最终包括无情的肃清和迫害,同样还有内部权力的重新分配以及研究优先顺序的变换。在这些优先的项目中,同体质人类学增强合并以及实质性地朝着殖民研究努力都列在清单的前面。当这一过程在 1940 年代达到高峰时,社会文化人类学的逐渐转型达到了相当高的程度——不管是从个人的角度(通过迫害或提拔)、建制的角度(通过新的基金或资助)还是从内容的角度(通过功能主义在殖民研究中的新角色和新的优先内容,以及同种族研究的兴趣相融合)。其他的学术领域的转型当然要强烈得多了,但是认为社会文化人类学被纳粹所遗漏或遗忘的断言完全没有得到证据的支持。

为欧洲以外的殖民事业作准备虽然够重大也具有实质性,但我们也不应高估它们。同与体质人类学和种族研究的合并相比,以及与这些领域对纳粹德国在欧洲内的殖民和屠杀项目的实际参与相比，那么对非洲和亚洲的殖民设想在政治上就无足轻重了。毕竟，这些设想在实践中从来没有完全被实现。这对那些曾被纳粹德国列为殖民对象的非洲和亚洲地区的居民来说当然是好事。从现在角度回想，这些计划最终未能实现对于那些曾为其热心工作的德国人类学家来说也算是好运了。

在纳粹当道的年月中，像鲍曼这样的历史传播论者野心勃勃地投入到欧洲之外的非洲和其他地区的殖民研究中。德国的非洲研究至少从 20 世纪早期开始就在国际上享有广泛的声誉了。所有的人类学学派和研究取向都对此作出了贡献：包括弗罗贝纽斯和詹森的文化形态学以及瓦格纳和海德里希的功能主义，西柏斯特和沃夫尔的维也纳学派以及安科曼和鲍曼更世俗的历史传播论。德国的非洲研究的名声得到了如此高的尊重，以至于像杰出的德国语言学家迪德里希·威斯特曼从纳粹时代的早期到二次大战爆发时都一直担任国际非洲学院的两位主任之一，并且还是其在伦敦的刊物的合作编辑。在战前，非洲学院的活动并不是由英国的殖民兴趣独家垄断，尽管亨利卡·库克里克（Henrika Kuklick）并不这么认为（1991，194）。在乌多·米史克（Udo Mischek）最近的重要分析（2002，45—61）中，他证明了法国和德国的利益在学院运行的各个层次上的卷入都达到了怎样的程度。在战争之前，在众多的德国人类学家中，施密特和西柏斯特也都参与了其主管团体和执行委员会。

一个相关的例子是，冈特·瓦格纳在博厄斯指导下完成了其在北美的研究后回到德国，在汉堡通过了博士考试后，成为伦敦国际非洲学院的一名研究者，他在那里从 1933 年一直工作到 1939 年。在这一时期，他在肯尼亚西部进行了田野作业，由马林诺夫斯基指导,其研究成果最后成书于战后,用英文出版(Wagner 1949 -1956,1954,1970)。此外,瓦格纳成为与爱德华·埃文思-普里查德和迈耶·福特斯关系较为亲近的同事,其交情之深以至于他们后来坚持要把他的文章收入他们稍后出版即成名的《非洲政治体系》(1940)一书,尽管那时候瓦格纳已返回德国而且大战都已经开始了(Mischek 2002,46-79、233)。因此瓦格纳也许是德国 20 世纪上半叶得到了最好的训练的社会人类学家,而且在纳粹德国内,他是功能主义社会人类学家这一强大阵营中英国化最强的一个。

　　当赫曼·鲍曼 1939 年接手维也纳的教职时,他面临着对历史传播论的严肃挑战,但同时他也明白在他面前的机遇。他可以以其在安哥拉所做的还算不错的田野调查(1930-1931)以及由此发表的文章来建立他的声誉,在这些作品中,有广受称赞的对非洲神话的分析(Baumann 1936)。年轻时代在弗赖堡就是菲舍尔的门徒,到了柏林博物馆又在韦斯特曼的门下,鲍曼得到了纳粹德国这些领域中最有权力和影响力的学者的提拔。也许这一背景也造就了他那时臭名昭著的脾性,即合谋对付专业对手并对他们指指点点。自 1932 年就是纳粹党成员(Braun 1995,41)的鲍曼在他那篇 1934 年出现在伦敦学院的期刊《非洲》上并广被引用的文章中,批评了弗罗贝纽斯的文化形态学,说弗罗贝纽斯以一种让人无法接受的方式把文化从种族中分离出去(Baumann 1934,133-134)。在克里克伯格争论中,他对普鲁斯因压力太大在柏林逝世也有部分责任(Byer 1999,394)。

　　在维也纳,鲍曼上课时会注意自己的穿着打扮并佩戴纳粹党徒的徽章(与 Anna Hohenwart-Gerlachstein 的个人交流)。他那时还参与了另一个针对他同事的阴谋。这个同事就是被他视为对手的雨果·奥古斯都·贝纳齐克（Hugo August Bernatzik），一名专业摄影师和受过训练的自由人类学家。到1920年代和1930年代，贝纳齐克已经发表了很多广获成功的、带有前所未有的高质量照片记录探险报告。其摄影工作使得贝纳齐克成为视觉人类学仍具争议的早期先驱，因为他在纳粹德国的公共大众领域中找到并建立了他的主要观众。贝纳齐克作为自由职业者工作非常努力，筹措殖民研究的资金以资助他自己在非洲和其他地方开展研究工作。无疑贝纳齐克就像他的妻子和合作者艾米（Emmy）一样，是一个出色的作家和演讲者。他在各种非公共的场合中使用明确的种族主义纳粹术语拉赞助，尤其是在向国家和党政机关游说的时 126 候。而在针对大众写作时，他则较少使用这些言辞。对于人类学在欧洲之外的殖民事业的参与，他当然在相当长的一段时期内起了决定性的作用（Mosen 1991）。然而，把贝纳齐克看作是最著名的纳粹人类学家或所起作用最大的殖民人类学家虽然在1945年后的人类学圈中很普遍（后来的历史编纂中也出现过一些附和），但这无疑是出于战后无知或为寻找可用于认错的替罪羊而产生的深刻误解。

在为殖民研究进行动员各方支持方面，鲍曼要比贝纳齐克成功得多。他们在暗地里的竞争使得鲍曼积极支持一项反对贝纳齐克的运动——贝纳齐克关于东南亚的一些作品被谴责是伪造的。直到战后很多年，对贝纳齐克的这些指控才大部分被澄清；他的一些相关民族志在战后由HRAF出版社以英语出版（1970）。

鲍曼在纳粹时期对自己想要的东西不遗余力也不惜成本，但目前为止并没有证据表明他曾以与图恩瓦尔德类似的方式对尤斯廷的论文作出实质性的支持。法国战败并在那儿建立贝当傀儡政权后，鲍曼和贝纳齐克开始争夺在巴黎的殖民记录中的法国民族志资源,并且为各自项目获得法国的非洲学者和人类学家的合作而进行竞争。在这两个相互竞争的项目中,参与合作的著名法国专家包括:项目初期的米歇尔·莱利斯(Michel Leiris)和马塞尔·格里奥勒(Marcel Griaule),更长期的有让-保罗·勒比夫(Jean-Paul Lebeuf)、亨利·劳勃莱特(Henry Laubouret)和乔治-亨利·里维埃(George-Henri Rivière),意大利人维吉尼·L. 戈洛塔尼利(Vigini L. Grotanelli)也参与了合作(Braun 1995,73—74;Byer 1999,318—320)。

为了澄清事实,我要强调这些人没有在儿童们被送到死亡集中营之前对其进行过研究。据我所知,他们也没有直接或亲自参与任何类似的其他活动。然而鲍曼和贝纳齐克的两个互相竞争的研究项目却是纳粹德国对付盟军的殖民战争努力的重要部分,其目的是赢得非洲的领土和资源。

纳粹在法国的军事占领,使鲍曼获得了法国殖民记录并建立了合作,加强了他自己作为学者的权威和声望。贝纳齐克于战后用德语发表了他最初的计划,多少进行了改编以适应战后殖民时期(1947),其中包括两篇瓦格纳关于肯尼亚和乌干达的文章。与此相对,鲍曼在战争后期放弃了一项集体编辑出版的计划。相反,他集中精力出版了他的德语巨著的法语版,这对于重新建立他在后纳粹时代的国际学术声誉来说是一个成功之举,他的《非洲人及其文明》(*Les peuples et les civilisations d'Afrique*)因此成为一种经典。

这部作品和鲍曼的其他作品决不是没有种族主义倾向的。最重要的是,它们延续的是主流的含米特假说范式,根据这一假说,来自非洲北部和东北部的高大、皮肤白皙的好战族群(如传播论者鲍曼宣称,灵感来自美索不达米亚)成为非洲历史上的驱动力量,他们不断向南推进,并确立了自己的精英地位。这一观点认为,低级的、讲班图语的人屈服于或是侵蚀着这些上层的精英。针对这后一过程,鲍曼的维也纳博物馆助手沃尔特·赫什伯格(Walter Hirschberg)发明了一个术语"黑人化"(negroization)来表现所谓的来自下层的种族文化污损的特点(Byer 1999,112)。我们仍然要承认,到1950年代中期,欧美的大多数非洲人类学家都共享这种含米特假说范式;因此它不代表鲍曼研究或纳粹统治下人类学的特殊之处。鲍曼1948年出版的书使用了生态、语言学、历史、经济和社会文化的标准,大致描述了非洲的9个文化地区和27个"民族志"或"文化省份"(Baumann 1948)。许多专家认为,从这个方面说,鲍曼的作品代表了那个时代人类学所能提供的综合性概览中最好的。一些认为文化区域和地带概念仍然有用的专家甚至指出,鲍曼对非洲不同文化的分类在其宽泛的轮廓下甚至可以经得起时间的考验。对这一观点的争论最好留给非洲专家和非洲内的专家来进行。

因此在与纳粹集团进行合谋的实际来往中,人类学家有时是纳粹杀人机器的一部分,有时又不是。进一步说,在一些案例中(如鲍曼),同纳粹政治机器之间相对大规模的实际勾结并不是十分清晰地表现在这些作者的核心学术写作中,而在另外一些案例中(如穆尔曼),这一勾结又在阐述充分的学术性纳粹宣传中得以展现。这就导致了在确定罪责问题上的困难。

罪责的问题

我既不是律师,也不是道德哲学家或历史学家,但我相信对人类学历史的评价需要两类专家的共同努力,他们是"作为外行历史 [128]

学家的专业人类学家"和"作为外行人类学家的专业历史学家",而这两者都应该既有地方背景也有国际背景。

出于这些考虑,对历史责任的评估可以建立在对纳粹历史的其他领域研究获得的一些重要洞见之上。这些历史学家、政治学家和法律专家的作品所遵循的理论和方法论优先次序各不相同,因此有必要进行选择。

对于纳粹时期的德国人类学,我至此已经在共谋者网络、中间地带的小区域以及被迫害者和极少数反抗的零星群体之间作出了区分,我也指出,受迫害的例子也可以出现在共谋者的群体中,而合作的例子也可能出现在反抗或被迫害的那些人中(布莱希史泰纳显然就在某种程度上进行了合作)。在这个基础上,并基于上一部分的最后两点,我为现阶段讨论共谋的历史责任划分出了三类责任:首先,一些人类学家或通过诋毁,或通过建议让其失去工作等手段成功地参与了摧毁他人专业工作或彻底清除这些人的活动;其次,一些人类学家为了纳粹目的而进行应用研究——说到责任问题,这些研究会直接从纳粹杀人机器中获益或对其作出贡献;第三,一些人类学家公然为纳粹集团进行政治宣传,并使用和滥用其学术和专业权威来阐述其意识形态。

1937年发生的一幕足以显示德国人类学家中的领导人物从一开始就在纳粹主义的中期活动中陷入得有多深。

1937年8月初,德国派到在哥本哈根举行的人类学和民族科学国际联盟和平大会的代表团中不乏当时的领军人物。德国代表团的官方领队人是奥伊根·菲舍尔,由其爱徒奥瑟马·冯·魏舒尔(Othmar von Verschuer)陪同。菲舍尔自柏林威廉皇帝学院1927年成立之始就担任其体质人类学主任,他还是对纽伦堡种族法进行纳粹阐述背后的核心灵魂人物。直到他1942年退休,菲舍尔和他学院的人员在纳粹时期进行了无数的"种族评估"和评价，这对致使许多人在集中营和其他地方死去具有决定性的作用。菲舍尔和他的学院为德国纳粹党卫队医生开设了速成课程，服务于他们在集中营中的选择活动。菲舍尔为了他的研究从监狱、医院 129 和集中营中获取那些病患的身体器官。魏舒尔在 1942 年接替菲舍尔在柏林学院的位置。战后，菲舍尔成为德国人类学会的荣誉会员，这个组织是为西德的体质人类学家而设，他于 1967 年逝世。

德国哥本哈根人类学代表团的另一个成员是那时还不是很出名，但其后不久就成为恶名昭著之徒的魏舒尔的学生兼助手——约瑟夫·门格勒（Joseph Mengele）。大战期间，他成为奥斯威辛集中营负责的医生，经常站在臭名昭著的奥斯威辛斜坡上，为他的实验亲自挑选无数刚被送进来就要在毒气室中立即死去的囚犯。战后，门格勒设法逃到南美，而没有被审判。

哥本哈根代表团因此向外界也向德国的学术圈证明了，体质人类学获得了对于以史前史（考古学）和民族学为代表的其他学术领域的官方的霸权地位。德国社会文化人类学这次在哥本哈根的代表是其国际上最受尊敬的人物，理查德·图恩瓦尔德，他的声望享誉整个国际学术领域。意味深长的是，鲍曼属于代表团负责任的内部圈子，但这或许更多是出于内部政治凝聚的关系（Braun 1995，53）。

奥伊根·菲舍尔是一位应用研究者，在 1937 年就已经通过自己的理论研究工作协同作恶了；约瑟夫·门格勒则是在不久之后成为一名大屠杀刽子手；赫曼·鲍曼是一名历史传播论者和菲舍尔的门徒；最后要说的，但并非最不重要的，是风光无限的功能主义者理查德·图恩瓦尔德，他是德国人类学家在哥本哈根的官方代表团中的核心成员（Linimayr 1994，67f.；Braun 1995，53）。这表明了即使不是学术或法律上，社会文化人类学家也是在建制上和象征意义上同大屠杀和战争犯罪中的几个核心学术罪经常保持何等的密切关系。这里应该补充一点：尽管社会文化人类学家同这些主要的罪犯走得很近，但他们同后者还是不一样的。但他们中的许多人认识并支持了后者。

在哥本哈根出场的这群人物同我先前提出的三种责任分类对应得相当好：门格勒和菲舍尔都个人参与了迫害他人；菲舍尔、魏舒尔和门格勒都进行了应用研究，要么从纳粹杀人机器中获益，要么对其作出了贡献，如同图恩瓦尔德在较轻的程度上指导尤斯廷一样；而菲舍尔则为纳粹军团提供了明确的政治宣传。除了这些，有人会认为在哥本哈根大会的时候，社会文化人类学还没有找到其为纳粹进行宣传的激进派领军人物。然而我们将看到，这个问题很快就有了答案。

德国人类学家的其他行为也符合这一责任分类模式。首先，许多"种族评估"导致了个人促成对他人的迫害。体质人类学家是这方面最应该负责任的。但是在这些体质人类学家中有些人促进了这一领域同社会文化人类学关注方向的合并（菲舍尔、黑希），甚至一些体质"专家"主要是社会文化人类学家（海德里希）。

一些人类学家如尤斯廷积极地参与到对罗马人和辛迪人的迫害中，而其他人则在针对犹太人的大屠杀中出了力。在东中欧，两个小有名气的、受过训练的社会文化人类学家试图通过协助纳粹德国在这些区域通过残忍的方式建立"新秩序"以提升他们自己的事业：他们就是安东·阿道夫·普鲁杰尔（Anton Adolf Plügel）和英格堡·赛多，前者 1929 年加入纳粹党，是弗里茨·洛克（Fritz Röck）在维也纳的门徒；后者先是柯珀斯和弗罗贝纽斯的学生，后来追随图恩瓦尔德。自 1941 年起，这两人都在位于克拉科夫的

"德国东部事务研究所"的民族学部门工作。他们为纳粹占领者在那儿寻求的"新欧洲秩序"进行理论与实践研究。这些研究用普鲁杰尔的话说，包括为"建立犹太人居住区"提出建议，"这是最终解决犹太问题的首要基础。"普鲁杰尔于 1942 年被征召入伍，赛多1943 年离开了学院（Michel 2000,160、162）。

有人会进一步把这些"应用学术"活动同社会文化人类学家出于维护纳粹当局安全所下的工夫区分开来，后者不可避免地对他人造成了伤害。一个相关的例子是历史传播论者沃尔特·克里克伯格。我前面已经提到过这位身为康拉德·西奥多·普罗伊斯接任者的柏林博物馆美洲部馆长、"克里克伯格争论"的始作俑者。我们有足够的证据证明，在纳粹时期，克里克伯格向当局检举了五位同事（Byer 1999,394）。1945 年后，他甚至被进一步提拔为柏林博物馆的新馆长。另一个适用的例子是功能主义者、非洲专家冈特·瓦格纳。在战争开始时，他从英国返回德国，并在纳粹党的殖民政治办公室以及约瑟夫·戈贝尔（Joseph Goebbels）的宣传部任职。战争期间，他的　项任务是负责审查社会人类学家，并为他们提供出版许可（Mischek 2002,84－113；Byer 1999,303、388）。经确认，瓦格纳直接参与了 1939－1940 年由宣传部发起的"反犹运动"，但其细节还未能记录。这一行动是纳粹早期把大批犹太人赶到马达加斯加岛的计划的一部分（Mischek 2002,85－87）。

第二，他们中的一些人在几个核心领域中为纳粹集团进行了应用研究，其中一项是种族评估。除了菲舍尔和他柏林学院的职员之外，奥托·黑希和他在莱比锡的助手们也做了大量的此类工作（Byer 1999；Geisenhainer 2002,236－306）。也许这里也要提到非洲社会文化人类学家马丁·海德里希：他 1940 年从德累斯顿升迁至科隆，成为那里的博物馆和学院的主任。他曾几次为种族

131

政治办公室作专业的种族评估。战后,他成功地保住了在科隆的职位(Putzstuck 1995)。

另一个核心研究领域包括为准备或支持战争而进行的"探险"。一个相关的例子是德国 1935 年的印度探险(Mischek 2000,134)和沃尔特·谢弗(Walter Schäfer)的团队在 1930 年代中期的西藏之旅(Brauen 2000)。由西姆勒的祖先遗产基金会资助,谢弗的团队研究的是西藏是否是一个潜在的战争联盟,它的大麦和小马能否用于欧洲的冬天作战,以及它的高纬度能否允许为空中作战提供更可靠的天气预报。另外,人类学家布鲁诺·贝格测量了西藏人以求为关于德国人的南部和北部起源之争找到可能的答案。伯杰在战争期间从奥斯威辛集中营要来了骨架以同西藏人的数据进行比较(Brauen 2000)。另一个应用研究领域是殖民研究,然而战争进程阻碍了在非洲和亚洲的大部分地区进行实际有效的工作。因此由理查德·图恩瓦尔德、鲍曼、贝纳齐克为纳粹德国所进行的这种殖民研究的成果根本无法同种族评估的成果相提并论。

第三,社会文化人类学家为纳粹集团进行"学术宣传"。直到 1930 年代后期,这些都是以普遍的我族至上主义和种族主义的方式进行,或者是更具体的反犹的方式,或者二者都有。这样的宣传成为了人类学博物馆展览、流行书籍市场上成功的人类学出版物等的一部分。其中有些的确是坚信者的有意而为,有些只是机会主义式地赶赶时髦,还有一些是只不过是尽义务般地矫饰。但更广泛的学术种族主义并没有很快在社会文化人类学家中导致明确的亲纳粹意识形态的出现(尽管克劳斯和其他人尽了最大努力),这在我对 1937 年哥本哈根代表团的研究中可以得到说明。然而到了那个时候,已经有人要奋力尽快弥补这一落差了,这个人就是威廉·埃米尔·穆尔曼(1904－1988)。我认为他是社会文化人类学学界中最有影响和最有才智的纳粹思想家(Streck 2000,9;Michel 1991)。

132

穆尔曼最先在弗赖堡和柏林跟着菲舍尔学习体质人类学,后在柏林师从图恩瓦尔德完成了社会人类学的博士研究。作为图恩瓦尔德年轻的学生,他分享了老师的功能主义范式,但同时他倾向于一种宽广的跨学科取向,这超过了图恩瓦尔德对民族志田野作业的强调。就像他的老师和其他德国功能主义者一样,穆尔曼把社会人类学看作是同社会学有基础性的联系,这反映了要建立与英国模式对应的德国模式的目标。但是,穆尔曼超越了这一功能主义范式,在两个方向上追求一种更综合的跨学科取向。在更抽象和理论的层次上,他试图把社会学-社会人类学的轴心与哲学,尤其是德国现象学结合起来。而在更经验和存在主义的层次上,他试图使体质人类学和种族人类学成为整个跨学科研究的深层基础。

因此从早些时候开始,穆尔曼就属于努力要把他们的领域与体质人类学合并和整合的那些德国社会文化人类学家。其他人类学家在早期1933年那封致希特勒的信中所勾画的前景由穆尔曼实现了。他对种族的定义包括社会文化因素并接受了种族同化的一些方面。穆尔曼初期的主要作品中有一部《民族学研究方法》(*Methodik der Völkerkunde*)(1938)被概念化为德国功能主义者对施密特在维也纳写出的类似题目的竞争书目(《民族学研究方法手册》)的替代者。从纳粹的观点看,后者的时代结束了。这两本书都意欲取代格雷布纳在1911年所写的已经过时的《民族学研究方法》,都要成为德语区中这一领域新的方法论标准书籍。穆尔曼的《民族学研究方法》和普鲁斯编订的教科书因此是功能主义对社会人类学逐渐转型和融入第三帝国的核心的路标和指示物。

用纳粹的标准来看,穆尔曼 1938 年的作品几乎未留什么遗憾。该书的题词对奥地利的被占表示庆祝。作为书中的中心议题,《民族学研究方法》尖锐地反对英国"旧"的人性统一观,反过来支持对种族差异的研究。而且,穆尔曼详细指出,这是带来人文科学和社会科学"深刻的生物学渗透"之必要性的一部分:在穆尔曼看来,这种人类学的"整合"和"跨学科"取向应该给德国在被"外国人包围"的"世界"中带来新的取向。穆尔曼的论证支持纽伦堡的种族法,反对种族通婚,并且呼吁新的殖民任务。

对半个世纪前巴斯蒂安的观点的摒弃并不是无关紧要的,而是其论述的核心。大多数老一代的功能主义者如普鲁斯和图恩瓦尔德都是作为巴斯蒂安的门徒学习成长起来的。与此相对,穆尔曼寻找的是一种全新的范式,通过明确的投靠体质人类学以及基于种族差异的种族主义来激化图恩瓦尔德的"筛选"概念中固有的社会达尔文主义。对于这种范式改变的努力,穆尔曼将需要一系列以"民族"(Volk)为中心的概念(或称"Ethnos",在战争时期,他开始把这个词几乎当作"Volk"的同义词来使用),在这些概念中,种族和社会两个方面需要结合到一起。很难否认,穆尔曼的工作代表了在与源自巴斯蒂安理论或传播论的过去一刀两断上,以及在建立一种与纳粹的计划和意识形态相适应的新合成范式上的努力达到了最高峰。

因为这些以及类似的工作,穆尔曼受到了纳粹当局越来越多的支持。他是希特勒准军事大众组织 SA 的早期成员之一,并于 1935 成为纳粹党员。在其 1939 年的从业资质认定研究中,他就已经论证民族学应该成为一种跨民族的政治社会学,因而包括对大民族的研究。图恩瓦尔德、菲舍尔和韦斯特曼都支持穆尔曼在资质认定中的这一观点，而普鲁斯在他逝世前不久的评论中反对对其进行学术上的承认，因为穆尔曼的研究将会完全改变这一领域的取向，他的评价最后被证实为正确的。在军队中待了一年后，穆尔曼得到了罗森伯格个人的同意得以免服兵役，从而可以继续他的人类学研究，并且可以越来越明确地把研究集中在其目标区域"大民族"，即东欧之上。1942年任"帝国占领的东部领土部长"的罗森伯格组织了一次"德国学者东部会议"，要把关于帝国在东部计划的学术工作集合在一起，穆尔曼也参加了这次会议。在这个时期，穆尔曼人类学兴趣中的地区性方向改变以及新的对东欧的关注使他对世界上这些地区的德国少数民族给予了特别的注意。

正是在这样的背景下，他阐述了他的一些核心概念，如"民族性"（*Volkstum*，一个民族的生存根植于种族和文化之中）、"民族化"（*Umvolkung*，"德国化"，或者更宽泛地说，是一个民族通过种族和文化特质的改变而出现的转型——但这个术语还可以表示为"被其他民族包围"）以及"过度异化"（*Überfremdung*，"外国人泛滥"）等。正如穆尔曼的传记作者乌特·米歇尔（Ute Michel）所明确指出的，在穆尔曼1942—1945年的相关作品中还使用了"*scheinvolker*"（假民族）一词。这个词是从纳粹党卫队消灭与根除专家泰希（G. Teich）那里借用的。泰希创造的这个词是指犹太人，而穆尔曼进一步阐述了这个概念，他用来标定那些"半血统"者、"吉卜赛人"、犹太人、美国黑人以及那些没有明确民族特征的人，他们总是拒绝同化。这个词有意掩饰了民族性，为种族主义歧视和迫害加上了学术可信性（Michel 1995；2000）。

在他的这种东欧取向中，穆尔曼有意要努力使这个地区获得"应用"相关性，在这个时期，第三帝国正准备和实施前所未有的大

134

规模罪行,以实施它的计划,即在新的德国占领霸权下以及东欧旧的德国少数民族中实行人口秩序的完全改变。因此,穆尔曼把他重组的人类学形式和概念整合到纳粹党卫队和他们的灭绝专家的语言和意识形态中。此外,当纳粹在东欧的罪行达到最高潮的时候,他还为了这个新概念库的"应用"而奔波。简而言之,穆尔曼需要被重新评价,他可以被视为人类学中的大屠杀思想家,也可以被视为殖民人类学家,也许他对东欧地区的实际重要性比其他人类学家对于非洲或别的什么地区都要大。1945 年后,穆尔曼仍是西德民族学界中一个具有极强影响力的人物。

变化和延续

人类学家和历史学家近来也对第三帝国时期社会文化人类学的角色进行了一些非常重要的研究,这些研究成果大多数都在1990 年代后以德语发表。在过去鲜有相关研究的情况下,这些研究只不过代表该课题研究领域中的第一代。因此任何总结性的话语都有可能显得不成熟。

基于新的证据以及关于这些证据的一些有争议的解释,第一代扎实的研究结果产生了许多有益的争论。其中一个争论集中在汉斯·菲舍尔 1990 年的论题之上,即民族学对于纳粹集团来说相对不重要,并且几乎未受影响地成功挺过了那段时间。尽管对于菲舍尔主要研究的汉堡案例来说,这一观点在某些方面不错,但我自己的研究在这里使我更接受那些像尤根·布劳恩(Jürgen Braun)(1995)和伯恩哈德·史特莱克(Bernhard Streck)的相反观点。在纳粹时代,民族学当然比如自然科学的等领域的重要性要小,这些学科对于战争产生和大屠杀至关重要。但是通过与体质人类学的合并,它开始比许多其他学术学科要重要,这些包括哲学研究和其他几个历史研究领域。从建制、经费和人员的标准来看,民族学整体上在纳粹时期并没有经历严重挫折,反而得到了实质性的提升。

第二个争论集中在彼得·利尼玛(Peter Linimayr)的论题上,即在第三帝国时期,民族学处于要从根本上转变为一门"纳粹科学"的位置上(1994)。同样,这种对非延续性的强调在利尼玛所详细研究的维也纳(1938年前后)的例子中可以得到证实,在那里,人员和研究方向都确实发生了重大变化。但其他人如尤特·米歇尔(2000,164)对利尼玛的论据提出了反驳,指出1934年前后德国社会文化人类学中的普遍延续性。这里我发现既有1933—1934年及以后这段时间顺利过渡中所体现的延续性,也有穆尔曼掀起的新的殖民研究和民族研究高潮中所呈现的非延续性。关于延续性和非延续性中到底谁占主导,我要留给专家们进行进一步的讨论。但是在这一点上可以概括出的是,社会文化人类学中的这些变化和延续性的一部分在接近战争末尾也就是纳粹德国被打败的时候变得很明显。

与纳粹集团和其发起的战争所带来的生命和机遇的广泛损失相比,由社会人类学家造成的以及他们所遭受的损失似乎就缓和得多了,如果不是微不足道的话。然而对于一个相对小的学术领域来说,如果我们考虑到被迫害或者被迫移民的那长长的而且还未完的代表人物名单,这一损失就非常重大了。如果西格弗里德·纳德尔、保罗·科希霍夫和埃里克·沃尔夫也被考虑在内的话,那么战前巨大的智囊流失就非常明显了,要想恢复起来注定难上加难。

除了那些在战争中作为平民或者士兵(例如詹森的一个助手)

而移民或死去的人,纳粹主义将有能力的人类学家如图恩瓦尔德和瓦格纳诱入歧途其实也是另外一种损失,即对技术和才智令人扼腕的出卖。

136　　　随着盟军的临近,帝国的前哨被那些为希特勒把守的社会人类学家放弃了。当红军来到的时候,克拉科夫学院被遗弃了,鲍曼也从维也纳逃回德国,一些纳粹支持者(尽管绝不是全部)离开东德到了西德,或者被美国军队抓获,如奥托·黑希。他在 1965 年因为其"学术成就"而获得奥地利颁发的"荣誉奖章"(Geisenhainer 2002,402—406)。纳粹时期民族学及邻近领域的代表人物中的一些也在战争后迅速离开德国:一些战犯如约瑟夫·门格勒逃往南美躲藏起来。其他一些所犯罪行小得多的人有机会在他们觉得有吸引力的学术建制条件下继续从事他们的学术研究——像冈特·瓦格纳在南非,奥斯瓦尔德·孟辛在阿根廷(Kohl and Gollan 2002)。

　　但是,那些较著名的学者中的大多数不仅挺过了这一困境,而且最终得以在德国的学术界中重新树立起自己的地位。极少有人永久失去其学术上的认可,尽管有些人(鲍曼)曾有段时间失去过。

　　在东德的共产主义领导下,民族学开始经历一种相当激进的转变:几个再移居者和党内思想家开始在那儿推行一种教条式的马克思主义民族志。但对于西德和奥地利的民族学来说,纳粹时期之后的过渡几乎就同当年向第三帝国时期过渡一样循序渐进。因为原来的大学派中的一些核心代表人物并没有得到纳粹的垂青,他们中的许多人都在 1945 年后获得了第二次机会。同时,许多德国人类学中更明显的纳粹支持者现在都满足于重要性小一些的学术工作,尽管一些人成功地保有了先前的职位(像海德里希和普利什克),还有几个人甚至得到了提升(像克里克伯格)。某种程度上,总体建制的成果在 1945 年后的几年中就变得明显了。因此,在西德和奥地利的民族学领域中,一个主要的工作轮换发生了:前纳粹支持者多半不得不退居次要位置,而大学派的代表人物则返回到关键岗位上。通过这种工作轮换,许多个人学术以及某些学术领域的传承延续开始兴起,对于社会文化人类学迟来的复兴来说,机会被错过了。

第五章　四个德语国家的人类学：
"二战"后发展到 1989 年的核心因素

1945 年以后，与德语区其他地方缓慢的重新调整相对，躲过了战争破坏的瑞士的人类学机构出现了更为迅速的扩张。对于西德和东德以及奥地利的学术生活重建来说，社会文化人类学并没有成为战后的首选。经济制约以及政治和学术因素致使德语区的这些主要地区的人类学在 1945 年后经历了相当长的时间为自己重新定位。在经济上，起初用于田野作业和机构重开的经费渠道非常稀少。而在学术方面，西部（西德和奥地利）老学派的回归并没有激发任何的创新；只有几位移民出走的学者（如罗伯特·海因-杰尔登）被邀请回到学术岗位上，战前的智囊流失效应开始日渐明显。同时，共产主义德国的建立并没有在那儿引发人们对这一即使在苏联也属边缘领域的多少热情。

德语区的人类学家花了一二十年才完全理解在语言和地位方面 1945 之后的世界发生了多么大的变化。直到 1930 年代后期，德语都被广泛认为是国际性通用学术语言。1945 年后，英语成为西方唯一的学术语言，而某种程度上俄语成了东方的学术语言。德语国家中没有几个人类学家在语言上的训练和准备能够应付这一新的形势，更不用说在学术上了。综合这些原因，德语区的人类学只占领了一个相对只包含自我的世界，当然没有战争时期那么孤立,但与德语区中的如社会学或哲学相比,在更大的程度上仍然同国际主流脱节。整整一代人类学家失去了在 10 年或 20 年前还有的相当高的国际地位和声誉。在 1950 年代和 1960 年代,英国或美国主流人类学出版物的编辑几乎没人会像梅耶斯·福提斯和爱德华·埃文思-普里查德在 1940 的书作中收录冈特·瓦格纳作品一样再去邀请一个德国作者了。那样的日子已然过去,而且需要很长时间才能再返。

　　在某种程度上,这一情况随着 1960 年代后期和 1970 年代初期的社会和学术巨变而有所改观,这也使得该地区的人类学领域经历了更迅猛的发展。我将沿着这一过程追溯至 1980 年代后期。到那个时候,柏林墙的倒塌创造了一种新的政治和学术建制环境,并且加速了正在进行中的代际变更。

旧学派的回归

　　德国和奥地利社会文化人类学者中的去纳粹化还没有被详细地研究过。但是在西部,它似乎可以说是一个更具象征性和更缓慢的过程,而不是实质性的建制和学术过程。在象征性的层面上,因为其先前在纳粹的术语和意识形态中的作为核心词汇使用,民族(*Volk*)一词最终流于失宠,同样,学术中也不再使用"*Rasse*"(种族)一词了。在接下来的几十年中,这一领域中许多地方研究机构改变了其德语名称,使用"*Ethnologie*"(民族学)而不是"*Völkerkunde*"(民族学)。(但博物馆比大学机构在名字中保留"*Völkerkunde*"一词时间更长,也使用得更频繁。在东德,这一领域的新的标签是"*Ethnographie*"(民族志)而不是"*Ethnologie*"。)制度上,这一重新命名是跟随或伴随着一个更深刻的发展:体质和社会文化人类学在德语区的所有地方从实际上分离了。自从1945 年之后的这场分离开始,体质人类学和社会文化人类学在德语国家中无论在学术训练、教学还是研究岗位上都得以严格区分,这同西欧社会文化人类学的普遍情况是一致的。但是对于长期独立存在的民俗研究来说,在 1945 年后的最初一段时间并没有在德语国家中发生任何建制方面的变化。

社会文化人类学 1945 年之后所发生的变化在象征意义以及某种程度的建制意义上,要比其在学术思想或学术人员方面的变化更明显。在这方面,西部总体上呈现出一种延续性,其中也带有一些具体的非延续性。那些曾同纳粹主义保持亲密关系的人中有一些在 1945 年后维持或者改善了他们先前的学术位置(例如,马丁·海德里希和沃尔特·克里克伯格),而其他人在被允许回到他们的职业中来之前,不得不等待一些时日。当然值得注意的是,在西德和奥地利,几乎每一个曾因为先前与纳粹的关系而在 1945 年后遭到停职的社会文化人类学家,在申请要求重新加入这一领域后都先后得到了许可。

德语国家的社会文化人类学在国际上陷入严重的默默无闻的状态,国内的学术也止步不前,这些不能简单归结为国际上“二战”后政治与语言霸权的变化,也不能仅仅被视为地方资金缺乏和其他众多领域优先发展的结果。战前无可置疑的智囊流失情况,加上 1945 年以后在个人与学术思想上的因循延续都是导致这种在国际上失去重要性、在国内出现止步不前的情况的因素。即使1945 之前的那一代学术社会化文化类学家中确实有个别能够严肃地重新思考他们先前的理论立场,而且如果不考虑大多数纳粹时期那一代学者后来的职位重要性都不比先前这一情况的话,他们这一代仍旧还是继续在学术圈以及学生中发挥着影响。

经过了 10 年,大多数曾经更明确地支持纳粹的学者重新回到了次要的岗位,而先前那些大学派的代表人物则回到了中心位置。理查德·图恩瓦尔德(1954)很快退休了;穆尔曼(1988)最终先后成为美因兹和海德堡的全职教授;鲍曼(1970)在成为慕尼黑的全职教授前,在法兰克福和美因兹重新当起了讲师;阿道夫·詹森(1965)在法兰克福的文化形态学领域中重新取得了中心地位;威廉·施密特(1954)和威廉·柯珀斯(1961)返回维也纳并在那里重建了文化圈理论。

同时,在德语区中出现了一种瑞士社会人类学,有段时间人们把它当成法兰克福和维也纳学派的"理论郊区"一样对待(这样来解释欧内斯特·盖尔纳)。例如在弗赖堡,施密特的圣言会(Societas Verbi Divini)的思想体制保持着重要的学术前沿位置(这种情况在 1980 年代才改变)。圣言会领导的期刊《人类学家》(*anthropos*)作为这一领域三到四份主要德语期刊之一而重新出现。在巴塞尔,著名的纺织品研究专家艾尔弗雷德·布勒(Alfred Bühler)和他的团队在文化形态学和文化圈理论中沉迷了好一阵子。

至少一直到 1950 年代后期和 1960 时代初期,以前存在的三大主要方向,文化形态学、历史传播论和功能主义持续主导着西部地区,即西德、奥地利和瑞士说德语的地区(Gingrich and Dostal 1996)。所有这三大传统都支持一种不容置疑的文化(*Kultur*)观念,这一观念经过了几道过滤,又回到了约翰·戈特利布·赫德。 140

有人说过,詹森的文化形态学变体可以被解释为西德堪与美国的露丝·本尼迪克特及博厄斯其他门徒所研究的强烈特殊主义相提并论的创造性理论。某种程度上,詹森的人类学也可以与马塞尔·格里奥勒(1938)的一些概念工作和马塞尔的一些后继学派相抗衡。以他在非洲和摩鹿加群岛上所做的田野作业为基础，詹森延续弗罗贝纽斯的路数，寻找文化在其循环性的阶段中最核心的"灵魂"（*Paideuma*；"*Paideuma*"也是另一份主要德语期刊的名字）。其工作遵循了一种精神第一性或唯心主义的研究步骤，把特殊主义同地方传播主义相结合。詹森 1948 年的著作《一种早期文化的宗教观》（*Das religiöse Weltbild einer frühen Kultur*）以及他 1951 年的《自然民族的神话和祭祀》（*Mythos und Kult bei Naturvölkern*）（连同 1965 年出版的一部简短的《当代人类学》版本）都是相对具有可读性且表达清晰的作品，在詹森的学生中激发了许多大大小小的研究项目。这些作品保持了相当长时间的影响——民族志资料丰富，但其阐释却由于一些非常具体的理论兴趣而受到局限。有人会总结到，詹森在民族志方面产生了有效的影响，但在我看来，其影响仍然局限于神秘主义的和特殊主义的理论方面。

就此问题而言，这种情况并不是西德人类学所独有的特点；同样的情况也出现在法国（格里奥勒）和美国（本尼迪克特）。但是，格里奥勒和本尼迪克特二人都分别只代表了更宽的视角中的一个因素，这些视角还包括其他更加面向未来的趋势。而在西德人类学内部，围绕詹森的"更宽视角"包含的却不是面向未来的趋势，而是过去纳粹时期的代表人物，如克里克伯格、海德里希和穆尔曼。与克里克伯格在柏林以及穆尔曼在美因兹的工作相对，詹森的人类学从地区性视角来看是进步的，而从国际的视角看，它代表了西方人类学中一种相对保守的较宽泛的文化主义趋势。如果我们承认有可与本尼迪克特和格里奥勒相提并论的研究，那么大多数进步的力量都活跃在其他地区。毕竟，这是英国的社会人类学的黄金时期。

与此相对,历史传播论以更异质的形式而历久犹存。鲍曼继续从事其在非洲学和经验传播论方面的研究。就他而言,也许在一定范围内,可以把他和他的工作区分开来。种族主义传播论的元素在他主要的非洲著作中很明显,这些都是在他去世后由其学生重新编辑(Baumann 1975—1979)。尽管这样,一些专家认为,他的经验文化圈论述仍然可以提供有趣的参考。有人也许会认为他们甚至类似于乔治·彼得·默多克(George Peter Murdock)1959 年的《非洲》,但其细节和博学要超越后者。如果确是这样——尽管我不是专家,我也保持怀疑——那么鲍曼的非洲工作以及他学生的工作可以被认为是关于撒哈拉以南非洲的《南美印第安人手册》(Steward 1946—1949)的更简略的一个版本,而后者具有更完整的理论涵义。此外,在他 1955 年的《双性别》(*Das doppelte Geschlecht*)中,鲍曼还探索了一种其一生都当作另一研究兴趣而关注的创新性观点。他的这一研究伴随着该书的最终出版达到了顶点。该书详实地展现了仪式性性别转换的现象以及作者在复杂的社会中观察到的这种现象的原始的情境。这本书似乎一直都是对该主题所作出的引人注目的贡献。

当两个主要的倡导者在 1954 年和 1961 年分别退休和去世后,施密特和柯珀斯的历史传播论的神学版本早早地结束了。柯珀斯的继任者约瑟夫·哈克尔(Joseph Haekel)(自学院建立后,他是这一职位上首位奥地利出生的非牧师)连同罗伯特·海因-杰尔登(流亡后又移民回来的少数人之一)及其助手安娜·霍恩瓦特-杰拉克史泰因(Anna Hohenwart-Gerlachstein)以及沃尔特·赫什伯格,接着很快宣布了施密特的文化圈理论过时了。被关闭的圣言会人类学学派也走到了尽头,从那个时候开始,圣言会的理论体系完全改变了它整体的神学和学术取向。那些继续作为人类学家而工作的人们现在可以对这一条路线进行更广泛的阐述,其中先前的维也纳学派也许做得最为成功:他们对素材进行了系统的编辑(哈克尔、约瑟夫·海宁格)。这与维也纳的非洲学者沃尔特·赫什伯格在 1960 年代早期对民族史的方法论的阐述相差并不太远。后者主张只要能得到资料的证明,就可以对地区性的事件情景进行描述性的历史编纂。另一方面,海因-杰尔登继续研究其更具臆测性的传播论,例如,通过支持托尔·海尔达尔(Thor Heyerdahl)的小艇探险来证明到美洲的跨太平洋移民,这后来在他的学生卡尔·杰特玛(Karl Jettmar)和沃尔特·多斯特尔中导致了冲突和不同的学术方向。

　　1950 年代后期和 1960 年代初期之后,在维也纳出现的这种新的异质性以及在瑞士德语区的相似情形,都同东西两德的人类学形成了对比。奥地利和瑞士德语区在 1968 年之前的 10 年里就已经出现了一种更多元性的人类学工作环境——这里有德语区两个最大的人类学学院——而西德的情况则是长期多元性较弱而保守性较强(Gingrich 1999a,156—159)。

142

　　图恩瓦尔德曾为其引入了民族社会学(*Ethnosoziologie*)这一术语的德国功能主义学派获得了新的重要建制支持。在其生命的最后几年中,图恩瓦尔德成功地在西柏林的自由大学建立了社会心理学和民族学研究所,并在这里创办了另一份重要的德语区人类学期刊,《民族心理学和民族社会学研究》。在这所作为现在大学学院前身的单位里,图恩瓦尔德原先的学生西格丽德·韦斯特法尔-黑尔布什(Sigrid Westphal-Hellbusch)很快就成为他的助手。在他的监督下,韦斯特法尔-黑尔布什在 1940 年取得了博士学位,1946 年获得从业许可。1959 年她当上了教授,之后成为德语国家社会文化人类学界的首位女性全职教授。凭其广泛的田野作业和博物馆工作经历,她成为一名优秀的西亚和中亚社会的民族志分析家。她同时还通过对南伊拉克的异装癖者进行分析而延续着早期的性别研究传统(Hauser-Schaublin 1991)。这可以被看作是图恩瓦尔德极具争议的专业研究史中相当积极的一面:最终,一个以社会科学为基础的非种族主义的人类学小学统得以成形。

冈特·瓦格纳在1948年迎来了其个人的"去纳粹化":埃文思-普里查德、福蒂斯、达里尔·福德(Daryll Forde)、西格弗里德·纳德尔(Siegfried Nadel)都为此写出了书面证明,表明他在战前是一位公正的学者。瓦格纳拒绝了图恩瓦尔德和迪德里希·韦斯特曼邀其加入西柏林新学院的好意,并试图要在英国找到一个职位,但一开始并没有成功。在他于南非早逝前不久他拒绝了一个赴伦敦任教授的盛情邀请,显然既是处于家庭的原因,也是因为他这样一来就能够在新家进行手头的"田野作业":作为"助理政府民族学者",瓦格纳开始为南非的内务部工作。那时国大党刚上台,正要开始建立其日后臭名昭著的种族隔离政权。

就像那些年的其他几个德国社会文化人类学家一样,如沃纳·W.埃斯伦(Werner W. Eiselen)、弗里德里希·R.莱曼(Friedrich R. Lehmann)、保尔-里纳兹·布鲁兹(Paul-Lenert Breutz)和奥斯温·科勒(Oswin Köhler),瓦格纳收集了记录文献,并为对西南非(现在的纳米比亚)和南非的非洲群体进行的种族隔离统治准备了报告。这些报告对于南非的国内政治是否具有实质性的重要影响仍有待讨论。然而,在国大党的新集团统治下, 143 南非人类学的学术和应用领域与德国的联系是不容否认的(Hammond-Tooke 1997, 113, 116; Mischek 2002)。但在这种联系内部,意识形态和概念维度上的意义要大于实践经验方面的意义:在那些时代的民族主义和种族主义非洲意识形态中可以发现经过特别精练过的"永恒的"赫德式"文化"概念的痕迹。某种程度上，这些观点已经通过较持续地使用一些德语的民族学著述在1920 年代非洲史泰伦伯希大学早期的民族学（"*Völkerkunde*"和"*Ethnology*"）课程中被激发。（Hammond-Tooke 1997，58－69）。也许对人类学的历史更重要的一个情况是：穆尔曼的民族（*Ethnos*）概念在实行种族主义隔离制度的南非的一些主要学者和政客们当中相当有影响，其中包括了直到 1966 年都担任其内务部部长及首相的亨德里克·维沃德（Hendrik Verwoerd）（Sharp 1980）。

在其 1945 年以后的学术生涯中，穆尔曼非常努力地工作，并将其毋庸置疑的学术技能转变为一种受人尊敬的学术记录。他用新的术语为其 1945 年以后的听众、读者和学生重写并重新出版了许多他在 1945 年以前所写的作品（Seiler 2003）。例如，他原先战时出版的那本《种族、民族和文化》（*Rassen，Ethnien und Kulturen*）在 1945 年以后又被其重新编订（1964）。这个例子中，书的英文题目《种族、民族和文化》旨在使旧的术语在新的情境下变得时髦。这本书代表了穆尔曼为一个目标所作的不懈努力，即把民族之间的关系进行理论化。穆尔曼诸如此类的努力在 1945 年以前的原始背景使我仍非常怀疑一些德语区人类学家的看法，他们坚持认为这本书可以被视为弗里德里克·巴特（Frederik Barth）的《族群与边界》（*Ethnic Groups and Boundaries*）的先驱。

也许穆尔曼 1945 以后最能显示其才华同时也最具自我揭示意味的作品是《千禧年主义和本土主义》（Mühlmann 1961）。这部两卷本的出版物中的第一卷包括穆尔曼的学生通过图书馆资料进行的案例研究，是关于南北美洲、撒哈拉以南的非洲以及其他地区的复兴运动。第二卷由穆尔曼独自编著，分析了其他一些关于本土主义和千禧年说运动的历史资料，包括从早期的犹太和天主教历史到 16 世纪。在其研究结果和发现中，穆尔曼提出，所有这些运动都是在外部压力以及从外部施加的不对称权力关系的作用下出现的。另外，穆尔曼指出，它们都展示了其追随者想要通过追随一位拯救领导者并重建失去的伊甸园，以建立一种新的公平秩序的渴望。为了这个目的，他们会调动资源清除现有的邪恶，这种努力无疑会导致一系列的大众行动。

144

尽管这些观点很有趣也很有说服力，但它们也包含了一种隐含的信息，并非像其初看下那么单纯。穆尔曼作为一名年轻人和积极的纳粹党员，在 1933 年就已经"作为一名参与者"写了一篇关于希特勒运动的文章，并把这个运动刻画为"千禧年信徒们的太平盛世"（*chiliastic millenarianism*）。在这一背景下，有人会承认在穆尔曼 1961 年的书中有自我反省的一面，这个德国人类学家及前纳粹党员努力要通过人类学的方法和手段，来评价纳粹的所作所为。为了这一目的，他返回到 1933 年的想法上。把纳粹主义刻画为一种非常特殊的复兴运动，这实际上是一个非常有用的观点，正如埃里克·沃尔夫在他 1999 年最后一部书《想象权力》（*Envisioning Power*）中所证明的。沃尔夫是曾躲避纳粹迫害的维也纳犹太难民，后来成为美国战时反抗希特勒的著名斗士，他在本质上并没有抛弃穆尔曼的复兴论，而是为了相当不同的目的而将其吸收（1999，198、281）。他研究了纳粹主义和卡瓦究特（*Kwakiutl*）和阿加特（*Aztec*）这两个社会之间的相似与对立，以识别出在各个具体的条件下权力和意识形态的逻辑，从而在相对主义和普遍主义方法之间遵循一种折中的路线。

穆尔曼还有别的打算。在他 1961 年的书中，自我反思中的合法化维度与一种深刻的辩解式维度结合在一起。通过研究几乎所有文化和历史领域中的千禧年和本土主义运动,以及强调这方面的共同性多于差异,穆尔曼清晰地指向了一种与具体的历史和社会文化情境无关的普遍主义原理。这位德国人类学家和前纳粹者通过人类学的方法和手段努力要解释,像纳粹主义这样的现象以各种形式发生在所有社会的所有时期。与沃尔夫挑选出几个案例进行"控制比较"(Gingrich 2002)以分出相似和差异的研究方式不同,穆尔曼使用普遍主义的比较方法,主要强调共同点和相似点。利用这一程序,穆尔曼试图强化人类行为中普遍模式的地位,这一方式在弱化具体情境的重要意义以及对其进行轻描淡写时会很管用。他因此采用了一种普遍主义的原理传达了这一隐含信息,即如果通过普遍的必要条件来看,个体的责任和选择就不那么重要了。

145　　很明显,在每一个时期穆尔曼都抱持着一种聪明的意识形态机会主义:在纳粹时期,他对巴斯蒂安的学统和人类统一的普遍主义范式发起攻击,以推广他自己的等级式和种族主义者的相对主义;而在 1961 年为了民主的目的,他又把自己曾经猛烈攻击的普遍主义拿来,以证明纳粹主义并不是什么异常的事情,而只是在特殊的情境下正常的人类行为。

　　最晚直到 1960 年代,穆尔曼第二代的学生中已有很多人都嗅到了他们老师的偏见和机会主义倾向。在某种程度上,这也与他的另一本有影响的书《人类学史》(*Geschichte der Anthropologie*)(1948/1986)有关。这一部人类学历史完全以一种片面的、辩护式的且以德国为中心的视角呈现了这一学科领域的发展变化。到 1986 年又再版了几次,该书几乎成了关于这一主题唯一的德语教科书。许多学生都能而且确实都选择了英语或法语教科书,或者被好的老师推荐这样做。但是,在其他一些地方,三代德语区人类学的学生都是从一个与纳粹主义牵涉较多的人所写的书中来学习他们学科的历史的。

因此,在 1968 年学生反抗活动之中以及之后,具有反叛性的人类学学生开始研究并质问他们的教授们在纳粹时期都干了些什么——这并不是偶然的。西柏林是学生反抗运动的主要中心,而海德堡则是另外几个重要的中心地区之一,人类学的情况也是如此。在 1968 年,海德堡的人类学教授是威廉·埃米尔·米尔曼,当反抗的学生指控他曾经是纳粹主义的一名积极同谋者的时候,米尔曼选择了辞职并退休。

1968 年事件和东德的人类学

1968 年的事件在德语国家思想界的反响与巴黎、旧金山或纽约等地的反响不同,而同时这些反响对于德语国家中的人类学也与对于社会学或哲学等学科不同。

在德语区的西部,反对越战的运动同反对本地人士默许对旧纳粹主义心存敬意的活动结合在一起。很快,这一活动又同反对华约组织入侵邻国捷克斯洛伐克结合在一起,这起入侵是 1945 年后,德国军队首次协助占领另一个国家。在这一次学术和社会运动中,西德的一些学术圈中出现了一些创造性的讨论。例如,在社会学中,先前被迫离德后又回来的西奥多·阿多诺和他的年轻助手于尔根·哈贝马斯(Jürgen Habermas)参与了法兰克福关于实证主义的大讨论(Adorno 1969)。与此相对,西德年轻一代具有批判精神的民族学学生先是获得了巨大的胜利,但过了一阵子就大部分销声匿迹了。一段时间之后,德国民族学学会(DGV)1969 年和 1971 年的会议导致了西德主要的人类学方向的稳定化。但是,

146

更引人注目的短期建制上的变化导致了难与人相处且孤立的美国马克思主义者劳伦斯·克拉德在西德的任职，以及穆尔曼从海德堡的岗位上辞职。除此之外在西部的变化就缓慢得多了。

具有讽刺意味的是，1968 年事件似乎对我们这一领域在东德的正面影响要比西德多。在 1970 之前由沃尔特·尤里布里希特（Walter Ulbricht）领导的晚期斯大林主义政权的统治之下，民族志和民族学只有极少的选择可能。一些博物馆收藏被重新组织，例如德累斯顿和莱比锡，只有一小部分人类学家被雇用。他们大多数都承担政治和意识形态的任务，对田野作业没什么兴趣。朱利叶斯·利普斯和妻子爱娃从美国返回莱比锡，朱利叶斯成为那里后来以他的名字命名的人类学学院主任，同时也担任了莱比锡大学的院长。他后来早逝，死后在他夫人和政党的帮助下成为标志性人物，这也导致了从那时就开始的许多关于他的一些作品的真实性的问题。

东德训练出来的第一代民族志学者和他们的学生中，有少数得以进行了重要的档案研究，或在艰难的条件下进行了田野作业。例如，英格堡·温克尔曼在 1966 年完成了关于德意志帝国殖民主义的研究，伊玛加德·塞尔瑙（Irmgard Sellnow）在加纳进行了借助摩托车的田野作业。在柏林墙于 1961 年建立之前，塞尔瑙在西柏林接受了韦斯特法尔-黑尔布什的训练。在 20 世纪六七十年代和八十年代早期东德人类学家的领导权力群体中，塞尔瑙是一个顽固的党政思想家，但对年轻一点的人类学家来说，也是一位善于区别对待的提拔者甚至是保护者。作为一个坚定的马克思主义者而非机会主义者，加上她在西部接受的专业训练和她自己的田野经验，她不仅实行了政治控制，而且设立了一些专业标准，这在当时东德是她的许多同行都无法做到的事。

1968 年事件在东德造成的冲击是：新斯大林主义者（neo-Stalinist）埃里克·霍尼克（Erich Honecker）强迫晚期斯大林主义者（late-Stalinist）尤里布里希辞职，以阻止事态向着类似于捷克斯洛伐克的方向发展。新集团最初允许在国内的文化和教育中的几个领域进行有限的改革。在霍尼克当政的最初几年，这一转变的结果之一就是东德的民族志和民族学在学科、人员、学生和研究的可能选择上出现了适度增长。

　　我在这里必须阐明，东德的社会和历史科学中的主导发展形态是为服务于东柏林和莫斯科集团而出现的意识形态扭曲。几个领导的学术阵营所生产的也只不过是政治宣传，没有特别许可几乎没有民族志学者被允许到国外旅行。许多研究结果在学术上被接受之前都要经过内部审查，更不用说出版了，如果还有出版被许可的话。我们领域中的许多正派的学者都因为对国家安全部工作人员的谴责或者政党的政治压力而在事业中遭到了挫折。

　　尽管有这些破坏性和限制性环境，以及那些只要学术结果对他们的集团没用就不喜欢的权力中心的存在，还是有一些优秀的研究工作被完成了。从 1965 到 1985 年 20 年间，许多作者都努力取得了一些事实上非常卓越的成果。

　　自从德国统一以来，主导的大环境倾向于扭曲任何带有"前东德"标签的东西，因此这些作品大多数都被忽略了。这其中的一些作者在条件远不如西欧德语地区的情况下尽了最大努力，他们理应在"二战"末到柏林墙倒塌这段时间的德语区人类学记录中被提及并给予赞扬。与当时许多俄国的研究一起，如安纳托利卡扎诺夫（Anatolij Khazanov）、维克托·卡波（Victor Kabo）和伊戈尔·克鲁皮尼克（Igor Krupnik）所进行的研究，这些东德的民族志学者和民族史学者们的作品代表了苏联集团内部的人类学领域所生产的最好作品。

东德的作品中值得关注的包括沃尔夫冈·科尼希(Wolfgang König)对中亚的阿卡尔-提克(*Achal -Teke*)游牧部落的研究,是对游牧民族的讨论中的重要部分(1962);罗莎·斯泰恩(Lothar Stein)关于伊拉克北部的沙马加巴(*Shammar Djerba*)的专论,是对阿拉伯人类学的一个重要贡献(1967);艾达·艾克-史瓦尔伯(Ida Icke -Schwalbe)在印度所作的关于种姓和阶级的研究(1972);海因茨·伊斯雷尔(Heinz Israel)基于赫恩胡特(Herrnhuter)的档案,对因纽特人(*Inuit*)历史的研究(1969),在某种程度上,这是对美国女权主义者、马克思主义人类学家埃莉诺·利科克(Eleanor Leacock)研究的阐述和补充。尽管条件困难,东德的这些研究所取得的质量和专业标准,是在西德自大约1968 年以后的人类学作品中并不常见的。

1968 年以后西部德语地区的人类学

如果历史要为现在提供任何答案(这一观点本身就充满争议),那么德语区人类学的历史所能提供的答案更是复杂,只有几个是清晰的,我找到了其中的两个:

首先,这一历史证明了不管是有意还是无意,学术研究要被政治利益腐蚀和利用是多么容易。殖民主义、法西斯的独裁主义、纳粹主义和大屠杀的罪行以及遗留的纳粹党的政治和斯大林的苛政都以不同但却重要的方式对社会文化人类学产生了影响。随之而起的问题不再是是否存在影响,而是人类学家在过去是如何处理它的,而且对此,他们在将来会如何处理同政治利益的关系。人类学在德语区的历史表明,通过学术的手段参与政治根本不代表一种安全的解决方式。反而,这一历史表明,如果能够保持与任何明确政治利益间的批判性距离和自身独立,那么才会有更好的机会在可靠的伦理基础上从事好的社会文化人类学研究。

第二,在世界的这个部分的人类学历史也对它在新千年遇到的困难处境提供了部分答案。德语区人类学一直以来处于边缘和孤立的状态,其原因不仅是 1945 年以后全球学术语言霸权的转移;毕竟,德语在地区内所能自我保有的语言市场要比另外一些要好得多,例如斯堪的纳维亚或荷兰。此外,一些德国社会学家,如哈贝马斯和乌尔里希·贝克(Ulrich Beck),已经在英语世界找到了听众,因此原因肯定不限于此。因而,语言方面的原因也许对于理解德语区人类学的现状是必要的,但这一原因并不足够。

德语区人类学的现状也尤其是由历史决定的。大大小小学派的代表人物至少到 1950 年代都保持着他们的位置,有些甚至坚持到 1980 年代。这些大大小小的学派在其历史中展示了许多优点,但它们也展示了更多恶劣的行为。如果这些学派最后的代表人物们即使进入了 1980 年代还仍努力要根据他们自己的好恶来训练他们的学生,事实的确如此,那么他们将继续对现在产生影响。好的消息是,这种影响已经逐渐减弱。影响没有能够再度自我更新延续,而后几代的成员们开始采纳了替代性的做法。这就是 1968 年事件的持久影响。

在西部德语地区,由 1968 年反抗事件所引起的短期变化对人类学的影响比预期的要少:在海德堡,穆尔曼由杰特玛接任,他是一位经验主义取向的历史传播论者,专门研究的地区是欧亚大陆和中亚。在西柏林,劳伦斯·克拉德以他那种与外界隔绝的臆测式的马克思主义为基础从事自己感兴趣的中亚研究,除了他对马克思的人类学笔记的编辑,在其他地方几乎没有影响。在维也纳,博物馆馆长汉斯·曼朵夫(Hans Manndorff)据称与在东南亚与中情局的活动有瓜葛而被公众所不齿。1968 年事件对西部德语地区的社会文化人类学的中期后果要更为重要一些。

　　一方面,这些中期变化关乎建制和学术环境。紧随 1968 年事件,社会学、历史和哲学都进行了深刻的自我转型。在社会学中,像哈贝马斯和卡尔·波普尔爵士(Sir Karl Popper)这样的权威人士参与了实证主义的讨论。在历史领域,新的概念和方法被引入,如汉斯-乌尔里希·维勒(Hans-Ulrich Wehler)的结构历史和"来自底层的历史"方法。这首先是为民俗学(Volkskunde)创造了一种带有回归冲击的新学术环境。在赫曼·鲍辛格(Hermann Bausinger)及其在图宾根的学生的工作影响下,德国的民俗研究经历了被重新改造的运动,这场运动是要求对民俗的研究远离民族主义而创立面向本国社会文化过程的、以田野调查为基础的民族志研究。最终,这一运动还引发了一次广泛的改名,即由民俗学改称欧洲民族学(Europäische Ethnologie)。欧洲民族学在德语国家拥有的大学院系和博物馆的数量是民族学(Völkerkunde/Ethnologie)的两到三倍,它成功地把自己改造成社会文化人类学的一个重要伙伴。尽管在特定的方法论和主题方面还持续性地存在着差异,但对话和合作的潜力一直在增长。

　　在几个学术和建制环境中的这些进步变化也鼓励了西部德语地区的社会文化人类学内部的变化。这一情况首先是以 1970 年代许多有影响的新出版物的出现为标志的。弗里茨·克雷默(Fritz Kramer)和克里斯蒂安·西格里斯特(Christian Sigrist)合编的两卷本《没有国家的社会》(Gesellschaften ohne Staat,1978),作为穆尔曼教科书的一种解放性的替代者,为几代那时还没有足150 够的英语语言技能的德语学生介绍了由埃文思-普里查德、福蒂斯和同时代的英国社会人类学家对非洲的经典文章的翻译本。克里斯蒂安·菲斯特(Christian F. Feest)以一种比较的方式,出版了他的《红色的美利坚》(*Das rote Amerika*,1976),给读者介绍了北美土著人的历史和文化,并概括了美国人类学家对他们的看法。同时,乔治·格伦贝格(Georg Grünberg)和沃尔特·多斯特尔合编了第一届巴巴多斯美洲土著代表大会上拉美人类学家和土著代表人物的文章,这次大会也是由格伦伯格合作组织的(1975)。

这些连同一些其他的出版物都表明了西部德语地区的人类学的一种面向更现代化和更频繁参与的新的开放趋势,这一趋势还强调了对社会科学方法和非臆测性的历史写作的新重点。这也反映在一系列新的建制和代际变化上。1970年代和1980年代的人类学博物馆不得不为了后殖民主义时代而进行重组。它们在某种程度上借助新媒体的帮助并通过吸引新的参观者做到了这一点。

1968年以后,在德语国家的大量规模各异的博物馆中,德语区人类学中的一些最优秀的研究技能和潜能开始重新出现。针对各种地区和历史的扎实的专业知识开始变得明显,许多主题的专业化在这些博物馆重新获得活力。一个很好的例子是巴塞尔博物馆:得益于艾尔弗雷德·布勒的发起工作,以及阿尼玛丽·塞勒-鲍丁格(Annemarie Seiler-Baldinger)和其他人坚持不懈地努力,该博物馆成为全球最具盛名的纺织品研究中心。另一个例子是关于物质文化的一本系统性的手册《生产技术和物品使用的民族学研究》,这是由赫什伯格发起并由菲斯特和艾尔弗雷德·贾纳塔(Alfred Janata)继续接手的一个项目(Hirschberg,Feest & Janata,1966/1989)。视觉人类学在1968年后也经历了一系列改革,同德语的书面人类学一样矛盾的视觉传统最终被重新评价,并在格丁根的《电影图片学大百科全书》中找到了新的基础。

　　这些就是民族学的主要建制变化——"民族学"这个名称也为西部德语地区所常用。我最后以对 1989 年以前的主要学术方向和代表人物的一个简短概括来作总结。

　　到 1970 年代和 1980 年代后期,这些民族学的主要方向都开始了一种转型,从老的学派在"后 1945"时代的三个较早方向转移开,转到两个主要的"前 1989"方向上,即历史人类学和文化人类学。综合而言,这些方向将一些对过去地方学统的沿承与为现在做好了准备的更多新的异质性元素结合在了一起。

　　历史人类学发展了它在博物馆中的一个强项,地方专业知识和档案材料促进了对写作历史的臆测性方法更早的超越,而在这方面又与德语区中来自启蒙时期的重要语言学学统结合得非常好。德语学术圈中的人文学科被赋予了来自这一语言学学统的丰富的专业院系:日本、中国、印度和西藏研究;阿拉伯、土耳其和伊朗研究;等等。尽管某种程度上还遭受到被萨义德(1979)批判的东方学的局限的影响,这些传统和研究记录经历了自身的改革,并在越来越多地刺激历史人类学发展的同时也被后者所影响。尤其是,地区专业化和历史专业知识的质量在关于南北美洲的土著人、撒哈拉以南的非洲、中东、西伯利亚、东南亚和美拉尼西亚的研究中都达到了新的水平。

　　无论人们从理论的意义上对德语历史人类学家的这种地区与历史的高度专业化能力怎么看,它们作为一种强大的实践经验记录都不能被忽略。当文化形态学在法兰克福非常缓慢地消逝的同时(非洲学学者哈勃兰德直到 1980 年代还固守着过去并代表着这一老学派),历史人类学中新的异质性在别处已开始形成。在波恩、明斯特和维也纳,像菲斯特、奥伯勒姆(Oberem)、普里姆(Prem)和科勒这样的学者造就了一种强调前哥伦比亚时代和殖民史的美国民族史研究,常带有同博厄斯学统之间重新建立的密切关系。带有更强的传播主义以及对经验的强调,杰特玛、约翰逊(Johansen)、马歇尔(Marschall)、威达(Vayda)和其他人在科隆、海德堡、伯尔尼、慕尼黑和其他地方进行了亚洲研究。对非洲尤其重要的人类学研究以一种更具历史相对论的方式在汉堡、慕尼黑和格丁根由兹维尼曼(Zwernemann)、劳姆(Raum)、福克斯(Fuchs)和布劳卡姆帕(Braukämper)继续,而对美拉尼西亚的研究则更强调社会历史重点,由费舍、施勒希尔(Schlesier)和舒斯特(Schuster)在汉堡、格丁根和巴塞尔继续。此外,赫什伯格以及他的继任者维恩哈特(Wernhart)(维也纳)和莎雷(Szalay)(苏黎世)阐述了民族史中的方法论,而首先发起对学科历史的重新评价的是布朗德维(圣·奥古斯汀)、费舍(汉堡)、菲斯特(维也纳和法兰克福)、斯塔格尔(波恩)和科尔(Kohl)(美因兹)。

德语中这种新的异质性的历史人类学经常是同已确立的文化 152 的观念走得较近,但最终得以同其他先入之见相分离,这包括传播,当然也包括了种族的概念。尽管英语读者经常会继续认为这些作品太厚重,太过反省,这一代历史人类学家中的大多数能够把德语臆测性的历史相对论的沉重负担转变为一种扎实的、更新的技能,为未来的工作创造潜力——以便为德语国家的人类学,乃至为国际人类学中的主流方向作出贡献。

如果从建立机构的数量上比较,历史人类学在 1989 年之前的一个 10 年中仍然比社会人类学强大,而今天则反过来了:社会人类学成为德语国家现在的主流趋势。在 1989 年之前很早的时候,当社会人类学者接手了苏黎世、维也纳和西柏林的三个最大的大学院系的时候,这一缓慢的转变已经显露出来并被预见了。当民族社会学(*Ethnosoziologie*)通常还是一个德语术语之时,社会人类学也已对经济和宗教主题给予了应有的关注。此外,许多身为历史人类学家(如施勒希尔、约翰逊和杰特马)的有影响的学者自己也在某种程度上从事社会人类学研究,并在他们的学生中推广。

在 1980 年代后半期,德语区的民族社会学已经展示了三个主要方向,在向前进的过程中还会进一步分化。首先,带有一些应用元素的发展人类学那时比现在要更流行,它通过强烈重视经济和社会变化而保持着自身的价值。其最佳代表是艾尔沃特(Elwert)(西柏林)对西非、加纳特(维也纳)对中东以及罗夫勒(Löffler)(苏黎世)对西南亚所作的研究。第二,出现了一种主要是由跨文化数据分析家们所从事的比较社会人类学,如彼得·穆勒(Peter Müller)(苏黎世)、"网络"分析家托马斯·施魏策尔(Thomas Schweitzer)(科隆)、艺术人类学家本庆(Benzing)(格丁根)和新进化论者、中东专家多斯特尔(维也纳)。这些方法激起了对方法论的反思和对概念的兴趣。除此之外,比较方法从新一代的女权主义人类学家那里获得重要的灵感,这些人如豪瑟·肖伯林(格丁根)和娜蒂格(Nadig)(不来梅)。第三,结构人类学由印度研究专家裴弗(Pfeffer)(西柏林)和喜马拉雅研究专家欧佩兹(Oppitz)(苏黎世)为代表。

153 与他们同时代的历史人类学家不一样,这些德语区的民族社会学家对不可置疑的文化(Kultur)概念开始产生更大的怀疑,但与其历史人类学的同行类似,新一代社会人类学家中大多数人也都克服了先入为主的概念,如筛选、同化和种族。一些作者,像加纳塔、艾尔沃特和多斯特尔为检验这一领域的过去迈出了第一步。这些拥有异质性倾向的新社会人类学家们一开始几乎并不为其国外的同行所知,但现在他们中的一些人已经成了历史人类学家中更有影响力的作者了。

到 1980 年代之前,德语区的社会和历史人类学家开始严肃地评价过去的非传统,并将其作为前进的必要前提。民族学(Ethnologie)在 1989 年对于国际主流来说还处于边缘,但现在多少好点了;它仍然还是一个属于自己的世界,但现在却是互动的——门窗大开。

作者的注释:英语中关于德语的社会文化人类学的叙述还相当稀少。按照作品跨越的主要时期的年代顺序,基础的作品包括:启蒙时期,迈克尔•哈布斯迈尔(Harbsmeier 1995)和哈恩•韦尔默朗(Han Vermeulen 1995)选在一个文集中的文章。关于哲学背景,请参考扎米托的著作(zammito 2002)和杜蒙特的著作(Dumont 1994)中的一部分。关于 19 世纪古斯塔夫•克莱门和西奥多•韦茨,罗维的论述(Lowie 1937)仍然有用。要了解马克思有关人类学的论述,戈德利埃的著述(Godelier 1977)是最好的。对于威廉时代德国的人类学,可以参考佩尼和班齐尔的书(Penny and Bunzl 2003)和科尔的书(Cole 1999),还有马提•班齐尔和贝努瓦•马辛的著名文章(Bunzl 1996;Massin 1996)。格莱恩•佩尼(H. Glenn Penny)对那个时代德国人类学博物馆的分析非常精彩(2002)。安德鲁•齐默曼的书(Zimmermann 2001)有用也精确,但对弗里茨•格雷布纳和贝纳德•安科曼 1904 年的范式转变持有的观点太过热情(Grabner 1905;Ankermann 1905)。对于前纳粹时期的德语区人类学,读者可以参考科克(Köcke 1979)、布朗德维(Brandewie 1990)以及多斯特尔和金格里奇(Dostal and Gingrich 1996)的论述。对于纳粹时期,英语中非常少有的几部文献中有一个是多斯特尔的著述(Dostal 1994)。对于 1945 以后的发展,英语中没有很好的概论。

首先,我在 2002 春天到芝加哥大学人类学系做里克斯特访问学者的旅行使我现在的研究成为可能,对此我要感谢它的学术成员,尤其是当时的负责人苏珊·加尔(Susan Gal)。第二,这一研究中其他重要的部分由奥地利科学基金的 2000年维特金斯泰恩奖支持。对于他们的研究资助,我尤其要感谢西尔维娅·哈斯(Sylvia Haas),感谢她在整个项目过程中的支持;感谢克里斯蒂·菲斯特、彼得·施魏策尔和乔治·斯托金的批评建议;感谢马利亚·安娜·希克斯-霍恩巴尔干(Maria Anna Six-Hohenbalken)在研究尤斯廷案例时的帮助;我还要为梅格·科克斯(Meg Cox)出色而努力的编辑工作表示感谢。最后,我要感谢沃尔特·多斯特尔在 1970 年代后期和 1980 年代关于德语区人类学历史的课程首先给予我的灵感。对于我来说,它们的价值不可估量,这对于那些有幸参与的每一个人也是如此。

第 三 部

法语国家的人类学

罗伯特·帕金

第一章　涂尔干之前的渊源

一种法国式人类学传统？

让我从一个反问开始吧：的确存在一种明显的法国式人类学传统吗？在即将作有关这一传统的系列讲座之初，提出这样的一个问题似乎会有些让人不解。可是实际上法国的情况的确涉及了一个在英国和美国人类学界都不曾出现过的矛盾状况，我怀疑在德国也未存在这种状况，至少不曾像在法国如此明显。简而言之，在法国，那些创立了人类学重要的理论和方法论的人和那些在田野中收集民族志资料的人之间一向存在着比其他地方更加清晰的分工界限（Adams 1998，373－377）。这并不是说法国的人类学家不在意理论或者他们对此没有作出贡献——远非如此。而是法国没有像英国的布罗尼斯拉夫·马林诺夫斯基那样的人物，他在自己移民到的国家的人类学传统发展的关键时刻发明了一套沿用至今的田野调查方法，同时至少部分地以这种方法为基础创造了一套持久力稍逊的理论，并且还通过这两方面的结合来传授人类学，因此激励着一代代后继者追随他将理论与实践相结合的先例。

谈到教学以及开拓性的田野工作，在法国，最贴切的例子是两位马塞尔：马塞尔·莫斯（Marcel Mauss）和马塞尔·格里奥勒（Marcel Griaule）。然而，他们之间存在着清晰的角色差别。正如许多他的学生以及同代人证实的那样,莫斯对研究中会涉及的各个非欧洲民族都很熟悉,但是他对它们作过的最近距离的实地观察,不过是在 1909 年,为研究一种宗教舞蹈而到摩洛哥待了三个星期。他的角色,确切地说,是在两次大战之间以涂尔干式的理论来教授民族志。而格里奥勒,尽管他从 1930 年代直至 1950 年代

158 在法国都颇有影响,但是,不管是在田野工作研究中,还是试图将人类学与文学艺术相联系时,除了一些最粗浅的理论外,他并没有把他的活动和理论探讨结合起来。在他和莫斯的影响下,后来的不少法国人类学家都采取了一种严格的反理论立场,把民族志,而不是理论,推崇为人类学的真正基础。

当然,如今的法国已经拥有为数可观的优秀民族志作品,可是为什么当初田野工作在那里却开始得如此之晚呢?尽管格里奥勒在两次世界大战期间就已经开始的那些引起争议的活动,田野工作一直等到"二战"后才真正成规模有质量——这一情况的原因还没有完全弄清楚。不过,原因之一是,在法国,围绕着埃米尔·涂尔干形成的占主导地位的理论学派,一直到涂尔干学术生涯的后期都始终更接近于欧洲的社会学,只有到了"一战"后,当莫斯从涂尔干手中接管了它之后才变得更加人类学化。而且人类学这个词对涂尔干来说确实有点不怎么样,因为它会唤起关于 19 世纪英国学派的记忆,而无论如何,这个学派对于宗教的解释,正是涂尔干决心要挑战的。

莫斯和罗伯特·赫兹(Robert Hertz)积极地在涂尔干主义的研究计划当中把非欧洲民族也考虑了进去,这照理来说应该会鼓励更多的田野工作。而且,属于涂尔干的群体的那些人们显然已逐渐意识到了,虽然在理论领域他们没落后,但在这个方面英国已经走在了他们前面,于是他们也开始对此采取些措施。在这方面

最主要的努力是赫兹 1911 年为期六周的意大利阿尔卑斯之旅，在那里他研究了共同信奉当地一位名不见经传的圣徒贝苏的一群天主教信徒。可是，他的同事们却并不全然赞同这一举动，他们总是对散发着民俗学气味的一切事物疑心重重（见本章第三节），而在当时，甚至到更晚些时候，人们都倾向于为欧洲的民族志研究打上民俗学的标签(J. Cole 1977；Abeles 1999)。

这可能就是对田野工作的另一重限制：涂尔干主义者们一直都很看不起阿诺尔德·范热内普(Arnold van Gennep)，正像我要在下一讲中谈到的，他遍及欧洲的田野工作活动与涂尔干主义的摇椅人类学截然相反。其实，赫兹的短期旅程已是"一战"前涂尔干主义者们在田野研究活动上的顶峰。除了莫斯更为短期的摩洛哥之旅外，只有亨利·伯夏（Henri Beuchat）作过另一次此类尝试，他试图造访因纽特人。但是，作为一个极地探险家而非学者，他在北冰洋的一场沉船事故中失踪，而所有他收集到的笔记也与他一同沉入水底。

当然，作为一个殖民强权国家，法国也有这几类民族志爱好者——殖民地官员、传教士、军官等等——但是他们的研究和他们在英国、美国、德国以及荷兰的同好们一样，都处于理论上的边缘地位。首先，莫斯在 20 世纪二三十年代倡导的那些田野研究，并不是以土著语言完成的长期田野工作，而更像是探险的变种，和格里奥勒从吉布提到达喀尔的穿越非洲之旅或克劳德·列维-斯特劳斯(Claude Levi-Strauss)沿亚马逊流域展开的旅程是一样的。因此，两次世界大战期间的法国人类学最多也就构成了摇椅人类学和长期田野工作之间的一个过渡。后者正属于在十九、二十世纪之交时，W. H. R 里弗斯及其同事们在英国人类学界引发的那种研究调查模式，这一模式以托雷斯海峡探险活动为最著名的代

159

表。于是,在法国,虽然格里奥勒和他的同事们在两次世界大战期间已经开始与多贡人长期打交道了,但是,马林诺夫斯基式的田野工作只是到了"二战"后才真正被确立为常规。

在法国,理论发展与民族志实践之间存在鸿沟,这个问题或许又伴随着另一重麻烦,即对大多数法国理论家的分类问题。在盎格鲁-撒克逊传统中,他们的类别界限大体较为清楚,而在法国我们却不得不问:如果有人能被归为人类学家这个类别的话,那到底哪些理论家能被算作人类学家? 例如,涂尔干是应该被看作一位哲学家还是一位社会学家;列维-斯特劳斯应被视为一位哲学家还是人类学家;莫斯和皮埃尔·布尔迪厄应被当作社会学家还是人类学家;应把福柯视为一位历史学家还是社会学家? 正如 W. Y. 亚当斯指出的(Adams 1998,377),在法国,理论家们还具有对所选择的理论路线的强烈个人认同,这塑造了并贯穿于这些理论家的整个学术生涯:里弗斯在英国或者马歇尔·萨林斯在美国引起的剧烈学术思想转折在法国是无法想象的。

这些因素糅合在一起所导致的后果之一就是,法国的民族志虽然品质是一流的,并且也很明显是与理论相关的,但是它通常却似乎更为关注对手边收集到的特定民族志材料的分析,而并不关注比较研究,更别说提炼出相关的理论了。当然,这一点在别的地方也常会出现;但是,其他国别传统中那些从事田野工作的人类学家们也会借鉴其他的、不搞田野调查的学科来生产自己的理论,而法国的民族志研究者们在创造自己的理论时却更多地只依赖本学科。他们更倾向于直接从民族志材料——包括他人取得的民族志材料出发来创造理论。法国人被自己精美的理论困住,而英国人却跳不出事实层面,如果我们想一想这句在某些研究领域内已经被普遍接受的名言,那么,上面这种现象就实在有够讽刺的:实际上恰是相当多的法国民族志是严格经验性的,根本就没有理论上的雄心(Clifford 1983;Weber 2001,479)。

当然,以盎格鲁-撒克逊式的方式把理论和实践成功结合起来的法国人类学家也是有的,比如路易·迪蒙(Louis Dumont,1950年代早期,在埃文思-普里查德的全盛时期,他在牛津大学教了四年书)、莫里斯·戈德利埃(Maurice Godelier)及其他马克思主义人类学家。可是总体来说,在法兰西,精美的理论并非民族志学者的珍爱之物,这一点非常明确。这些精美理论是由那些专事思辨的思想家们来创造的,他们尽管有时也用用民族志材料,但仅仅把它当作是构建理论的众多工具之一,这些理论的演绎性质非常明显。如果他们撰写民族志,它通常只是对他们先前早已独立于民族志就创立出来的理论的一种事后支持。在列维-斯特劳斯的例子当中,这一点非常明显;至于涂尔干,虽然他对社会事实百般强调,但在实践中,他只是表明了自己更多地是一位理性主义者,而不是实证主义者,更别说经验主义者了。

在以下讲座中,我将主要聚焦于那些颇受关注的理论家们,但我也会在适当的时候谈到在法国的理论和民族志之间存在的断裂,而且我还会谈一谈主要的田野工作者。不过,在这次开场白当中,我将先回顾一下法国社会学和严格意义上的人类学的某些先驱,以及19世纪时人类学在法国博物馆界和学术团体中的源头。

孟德斯鸠和卢梭:法国社会思想在大革命之前的源头

如果撇开开创性的田野工作不谈,那么,当谈及促成人类学理论和实践的基本观念之时,法国当之无愧地拥有优先地位。的确就是在法国,首次出现了一位将对他者的风俗及对异域陌生人群的兴趣与以多多少少算是客观的方式系统地探求关于人类社会知识的尝试相结合的早期现代作家。他就是孟德斯鸠。在这一节里我还将讨论卢梭，再接下来，下一节里则是圣西门和孔德（Aron 1968；Lukes 1973；Shilling and Mellor 2001；Swingewood 1984）。

启蒙运动主导了17世纪晚期和18世纪的社会思想，并且与法国联系尤其紧密。总体而言，上述这些人物不是启蒙运动的缔造者就是其产物。通过为理性主义保留一席之地，法国在19世纪早期对启蒙运动作出回应时采取了一种与德国非常不一样的形式。在德国，法国式的理性普遍主义被完全丢弃，代之以由文化和种族歧视造成的对约翰·戈特利布·赫德所持诸文化的特殊性这一信条越来越严重的扭曲。这种扭曲在尼采的非理性主义、黑格尔将领袖和国家等同，并最终在法西斯主义的种族迫害罪行当中达到顶峰（在本书上一部分中，安德·金格里奇讨论了德国启蒙运动在后拿破仑时代的命运）。当然，法国也产生出了阿蒂尔·德·戈比诺（Arthur de Gobineau）和保罗·布罗卡（Paul Broca）的种族主义以及古斯塔夫·勒庞（Gustave Le Bon）的群体心理学，这些都对法西斯主义理论产生了影响（Neocleous 1997）。然而，从长远来看，它们在法国思想中始终处于边缘地位。

从我们直接的论述目的上来说，重要的是这些启蒙运动的早期人物对涂尔干的影响，而涂尔干的研究和学统在很多方面都处在我以下这些讲座的核心地位。的确，人类生活具有一种集体的、社会的维度，个体的思维和行动经由它而得到调节并被神秘化，从而社会也就介入了我们对世界的直接意识，这种观念是至少从让-雅克·卢梭到让·鲍德里亚（Jean Baudrillard）和布鲁诺·拉图尔（Bruno Latour）以来一直延续着的一个主题。因为涂尔干常常被当作这种思潮的制高点和扛鼎人物，我在论述过程当中会把他对这些早期人物的反应以及对他们的观点的应用涵盖进去。

　　鉴于孟德斯鸠(1689－1755)是涂尔干的拉丁文论文——这篇论文最近再次被译为了英文(Durkheim 1897/1997；Lukes 1973,279－282)——的研究对象,他在涂尔干的思想背景当中具有独特的重要性。作为一位生活在 18 世纪法国皇权专制主义的持续危机之中的贵族,孟德斯鸠在 1748 年创作了,从日后的社会学看来他最重要的一部作品:《论法的精神》(Montesquieu 1949)。乍一看,这部作品似乎没呈现出什么新东西,它讨论的是不同类型的宪法的特点和长处,而采用的方式表面上看来与从古典时代(例如柏拉图和亚里士多德的那些作品)和文艺复兴时代(比如马基雅维里的那些作品)的许多著作相似。的确,孟德斯鸠运用了一些相似但却不尽相同的范畴,诸如君主制度、民主制度和专制主义。然而,如果进一步探究的话,我们就能够发现很重要的、具有前瞻性的差异之处。

　　先前的作者们倾向于作出论断,很喜欢用人类的动机,尤其是那些著名历史人物如梭伦(Solon)或吕库古(Lycurgus)的动机,来解释宪法;而在很大程度上,孟德斯鸠没有在解释中启用个人动机这一条。总体而言,他的阐述并不是批判性的,虽然在一些特定的案例当中他有时候也会提出他认为最好的选择。更重要的是,他对各种宪法的兴趣为他提供了一个基础去考虑与它们相连的社会类型。这促使他运用了共变法则(concomitant variation)来作为分析工具。于是他认为,共和制,无论是贵族形式的还是民主形式的,都是由公共利益(common good)促动的,而君主制则受制于分权,以及阶级分化。后者是不同利益的聚焦点,虽然它们至少通过彼此间的竞争生产出了自由的条件。另一方面,专制制度仅仅是由统治者和一大群被奴役的人群组成的。因此,它们更适合于庞

162

大的亚洲人群(如土耳其、波斯和中国的制度),而采用君主制的社会为中等规模,共和制则针对小型社会,这后两种制度都更加适合那种所谓的拥有更高复杂性的欧洲社会。虽然孟德斯鸠还在热爱自由的新教和独裁的天主教之间作了区分,但总地说来,采用共和制的人群都还是信奉基督教的,而不是伊斯兰教、印度教或儒教。在他的总体框架中,孟德斯鸠还纳入了那些"蒙昧的"和"野蛮的"社会,它们都不存在国家,并分别与狩猎采集和游牧生活相关联。

不过,在考虑到环境因素,尤其是气候条件对社会及其法律的不同影响时,孟德斯鸠显然调用了涂尔干通常否定的那些外部的、非社会性的因素。在他关于孟德斯鸠的论文当中,涂尔干坚称,孟德斯鸠没有看透社会自身给出的意识形态解释,因为他用客观环境来解释法律,而实际上法律是被加诸这些环境之上的。他还用一定的篇幅讨论了孟德斯鸠怎么拿偶然性来解释个人对法律的触犯,而涂尔干则倾向于把这看作是对社会规范的偏离。与上面的批评相反,涂尔干也赞赏地提到,孟德斯鸠没有去考虑个人的自由意志,而承认法律表达了社会理想,另外,虽然他承袭自先前那些思想家们的演绎说理方式偶尔也还是会很明显,但是他不时体现出归纳式思考的倾向。涂尔干甚至声称,他本人对机械团结和有机团结的区分在孟德斯鸠对共和制与君主制分别进行的阐述中已有所体现,如果考虑到后者具有阶级分化而前者没有的话。不论如何,归根到底,把社会分成各种类型,而每种类型都应该被看作是一个内部融合的整体,且这些整体又能够通过它们各自的法律得到研究,在这一点上,孟德斯鸠都向前迈出了重要的一步。此外,他还是首先应用社会学规则(sociological law)这个概念的人之一,社会学规则是与社会为了自身的目的而实施的道德律法相区别的。

另一个对涂尔干影响很深的作家是卢梭(1712－1778)，斯蒂芬·卢克斯(Steven Lukes 1973,282－288、125－128)在讨论涂尔干受到的影响之时，把卢梭和孟德斯鸠等量齐观。孟德斯鸠多少还是他所属的贵族阶级的辩护者，而与他同时代的日内瓦人卢梭， 163 一个忧郁症患者和社会适应不良者，将激励起后来无数的革命，而且常常受到指责，认为他应为法国大革命之中及之后所有的民众极权主义行动负责。不过，卢梭最为著名的可能是他对直接民主的提倡以及另一项明显与之相抵触的主张，即，通过把个人的自由托付给一个更高的社会秩序，个人的自由将得到增长。对卢梭来说，虽然人类生来就是社会性的和相互协作的，但他们所创立的体制却常常奴役了他们自身。对他们来说，解决这个问题的方案是，聚集到一个能够使他们作为一个群体来自治的社会契约下来。只有这样，通过卢梭所谓的公意(general will)的表达，公正与秩序才会成其为可能。可是，公意不仅是一个大杂烩，而且是大于个体意志的总和，它收编并取代了个体意志。跟公意过不去就是跟自己过不去，因此也就限制了自己在社会中的自由。把这种消极的观点转换为一种积极的观点，我们就能够在其中感觉到后来涂尔干的观点的萌芽，敬奉神就是敬奉社会，而且也就是敬奉自己。

确实，涂尔干自己也注意到了卢梭的这个概念，并把它看作是对群体价值的表达，因为这和他自己的集体意识(collective consciousness)概念显然有相似之处。他也同意卢梭的以下立场，即对个人来说，只有社会生活才是最能自我实现的，而这需要个人自觉地与大众融为一体。但是，他批评卢梭设定了一种人类从中创造了社会的自然状态，不过，或许这对卢梭来说只是一种纯粹为了启发思维而作出的假设，而不是像霍布斯那样真的把它当作一段拟构的历史。但在涂尔干看来，这就否认了社会自身的天然性

(naturalness)而使它看起来像是人造的。涂尔干认为卢梭提到的社会乃是人类理性的产物,是为了服务于个人而创造出来的,可实际上社会是外在于并且在逻辑上优先于个人的。不过,涂尔干却认为卢梭的早期教育法,尤其是《爱弥儿》(1762/1993)一书中提到的,可以理解为承认了教育在使人类脱离自然并因此成为一个叫做社会的更大整体的一部分这一过程中的作用。教育在很大程度上是这么一回事:它在孩子身上激发起为了实现更广大的集体目标而对自身自然面的抵制。非常类似于后来的福柯,涂尔干在《爱弥儿》中看到了通过这些集体目标的客体化而实现的自我规训的灌输,从而使得人们不再那么需要外来的规训。因此,卢梭的思想就成为了涂尔干早期对教育的看法的基本部分。

164 圣西门和孔德:19 世纪早期对启蒙的回应

1815 年拿破仑的惨败在法国激起了政治和思想领域内的双重反应。用理性个人主义代替宗教迷信崇拜的启蒙计划不再受宠,一种反启蒙的运动则大行其道,它接受了传统宗教的终结但是却没有接受当时与个体张扬相联系的自我主义(egotism)。很多 19 世纪早期的学者,特别是法国学者,感到了这样一种需要,即保存旧日宗教的精神实质,但是要以一种世俗的、人文主义的形式,这种形式能够缓解一个政治形势停滞不前与工业企业发展并存的世界中的自私自利。他们于是发展出了社会的有机体模型,将直觉置于理性之上,并以此作为应对启蒙运动个人主义的一种方式。

当然,对人类的种种崇拜在法国大革命中就已存在,但它们在其后的时代中似乎变得更为突出。其中一位想通过宣扬这些观念来取代超自然宗教崇拜的思想家就是孔德·克劳德-亨利·德·

圣西门(Comte Claude-Henri de Saint-Simon, 1760—1825)。他是一位固执的贵族,在诸如《欧洲社会的重组》(1814)和《工业体系》(1821)之类的著作当中,大力指责个人主义不道德,因为它主张无神论而且崇尚自我中心主义(Saint-Simon 1975)。

对圣西门来说,社会是超个人的和有机的,而且因为它确实需要领袖,所以是等级化的,同时也因为它如果没有某种能够同时成为象征焦点和社区道德激励之来源的信仰崇拜的话,就不能够正常运转,所以它又是宗教化的。从他那19世纪初的视野来看,圣西门认为工业社会在大多数方面都是有益的。虽然在这个新社会中,功绩逐渐取代了出生成为领袖身份的基础,但是仍然存在领袖身份和社会的不同部分之间的有机纽带,以及个体和社会之间的有机纽带。要着手了解圣西门的思想,首先知道这一点就够了;只是到了后来他才又提倡一种能够崇尚这种新的团结形式并且能够给予它一个道德基础的人文主义信仰崇拜。

虽然圣西门的观点很难说是民主的,他却在工业社会的根基之处看到了我们今天所谓的公民社会,也就是,独立于政府并且通过一个劳动分工体系自由组合联系在一起的一些团体。这代表了一种从原先欧洲社会那种直接对臣民行使的权力统治政权的转变。他的方法是非常实证主义的,而且植根于一种科学的史料梳理方法,这使得他足以被弗里德里希·恩格斯称为一个社会主义者,而被涂尔干称为既是一个社会主义者又是社会学真正的奠基人。涂尔干还很欣赏他对现代社会有机体本质的强调,不过却批评了他早期思想中对经济系统的过分关注。

另外一位思想家,奥古斯特·孔德(Auguste Comte, 1798—1857),比他的同代人走得更远,他寻求把前辈圣西门所倡导的那种信仰崇拜与一门新科学相结合。遵循圣西门的理念,他起初把

165

这门新科学叫做社会物理学,后来才改称其为社会学(Comte 1973,1988)。虽然孔德,而不是圣西门,通常被与实证主义这个术语及其概念的发明联系在一起,但他本人却很难被描绘成为一位无端地收集资料的毫无主张的科学家。相反,他所关注的是要为将来建立一个令人满意的社会奠定科学基础。为了这个目的,精神层面要和科学层面融合起来。与前面提到过的那种反启蒙计划相一致,孔德也确实感到要让科学家代替神父成为社会中超越性的来源。另一种类似的转变与精英的角色有关,他们不再是贵族武士而是新兴的富有商人阶层——主要是工业家,但也有传统商人。孔德相信,虽然他自己身处的时代是动荡不定的,但科学家们和工业家们最终会战胜武士和神父;而作为最权威的科学,社会学的任务就是要指明这一趋势。尤其是,社会学应该担负起能够抑制过度经济竞争的社会资料的科学收集和评估工作,并且保证精英们履行了他们对社会其他群体所担负的社会责任。和圣西门一样,孔德不是一个民主主义者,他把这种或那种形式的精英统治看作是理所当然的。

　　既然是不可避免的,这种趋势也是历史性的,而且它还代表了孔德著名的人类心智发展三阶段(反映在对人类状况的解释模式上)中的最后一个阶段——一种很具 19 世纪特点的模型。在第一个阶段,解释是通过求助于以人类自己为模型而造就的超自然存在来寻求的。在第二个阶段,像自然或者涂尔干后期提出的"马那"概念这样的抽象力量被召唤出来作为解释。第三个阶段则是科学的阶段,在这个阶段中,早先对终极解释的追寻被更加谨慎的对现象的观察和科学法则的创立所取代。不过,虽然科学在未来的胜利是必然的,但像所有进步一样,它不是由理性或者智识而是由情感引发的。孔德经常把情感和智识对立起来:情

感引发变化，而智识通过为变化寻找到理由而巩固变化。作为权
威科学，社会学要体现这些理由。

166

因此孔德的著作里面很明显存在神秘因素。他甚至把智识也
降低为对事后合理化的生产。此外，对孔德来说科学和宗教一样
是超越性的，因为和宗教一样，它为人类给出了他们之所以存在、
之所以被社会束缚，以及被社会统治（它可以缓和这种统治）的理
由。但是，与宗教不同，它基于具体的东西而不是想象之物。但尽
管如此，孔德的科学是不现实的，因为它不是一种批判的或者甚至
是试验性的科学，而是又像是宗教一样教条化的和终极的。

实际上，孔德是在对一位年轻的巴黎女人的激情促动下，才创
造出了对人类的信仰崇拜，而这位女子的早逝使他一直以来就备
受其扰的心理疾病逐渐恶化。这种未能实现的崇拜当中提到的
"伟大存在"代表的即是人类及其迄今为止所有成就的化身。和他
之前的罗伯斯庇尔和圣西门一样，孔德没办法让自己从宗教的形
式当中摆脱出来，即使他已经认识到宗教传递的信息已经不再能
够左右人们的思想或者生产出他们对社会的依恋之情。孔德的这
种崇拜是涂尔干关于仪式是社会在进行自我崇拜的模型的完美例
子，只不过在这种崇拜当中，是人类全体而不是单个社会充当了既
是神又是崇拜者的角色，而且象征符号的中介作用也没有那么明
显。因此孔德同孟德斯鸠不一样，或者甚至同涂尔干都不一样，他
对人类的多样性根本不感兴趣。人类在精神上同一，最终也会真
的走向同一。不同的社会事实随着不同的社会中包括意识形态在
内的各异的社会环境而产生，从这个意义上理解的社会决定论的
思路对孔德来说并不重要，因为历史似乎迟早注定要把人类带到
同一种状态——这又是另外一种很具 19 世纪特点的观点，尽管在
他的例子当中这还促使他批评了殖民主义的横行霸道。

从涂尔干的角度来看,孔德对历史必然性的感觉之所以重要并不是因为它可能具有的正确性——这一点涂尔干并不认可——而是因为这里面没有提及个体的自由意志或者伟人的作用,就像孟德斯鸠的例子一样。孔德强调社会整体相对于组成它的个体来说具有的优先性,而且他坚持斯宾塞大概于同一时期在英国提出的社会与生物有机体之间的类比。这使得孔德的阐述是功能主义的,就像涂尔干自己的一样。孔德还认识到在整体社会情境当中来研究一种社会现象的重要性,而且与孟德斯鸠不同的是,他把社会当作是自生的,因为他尽量没有调用一些非社会的因素来解释社会。但最令人吃惊的相似性也许是宗教在孔德和涂尔干的著作当中所占的核心地位:尤其是对孔德来说,由于宗教是社会性的,因此它也是传统的,也由此涉及了联结不同世代的我们如今所谓的社会记忆。

虽然我们已经讨论过的这些作者与其说是社会学家倒不如说更接近于哲学家,但是基于访谈和其他形式的直接实地调查而写成的更加细致的社会学著作在 19 世纪也已粗具雏形。这里涉及的关键人物是皮埃尔·纪尧姆·弗雷德里克·勒普莱(Pierre Guillaume Frédéric Le Play,1806－1882)。其主要著作,一本对 1855 年的家庭状况以及家庭与职业之间的关联的比较研究著作(Le Play 1982),出自他在担任巴黎矿产学院(école des Mines)的矿区巡回调查员期间所进行的各种考察活动,其考察行程最远至乌拉尔山脉地区。感兴趣于技术发明对社会形态和稳定性的意义,他强调了父系家庭在提供社会稳定性方面更大的潜力,与此同时他还确认了倾向于破坏稳定状态的过渡家庭形式,如主干家庭(父母,子女,以及鳏寡的祖父母)。在工业社会中孩子从家庭中迁移出去也是不稳定性的另一个来源,这使得勒普莱强调地方感来应对这种状况(Brooke 1970)。

法国民族学在 19 世纪的起源:博物馆和学术团体

从大范围上来讲,与在欧洲其他地方以及美国的发展相类似,19 世纪也见证了对民族学的浓厚兴趣在法国的发展。和其他地方一样,法国的民族学是凭借其对非欧洲人群抱有的更大兴趣而与社会学区分开来的;它基本上是进化论的视角;它把种族、文化和语言混为一谈,并由此产生出了种族以及文化差异的观念;它强调物质文化的重要性。启蒙运动的人文主义思想及其对启示性宗教(revealed religion)的批评态度同样对这些发展产生了影响。和其他地方一样,在法国孕育了这些早期发展的机构一般是博物馆和学术团体,而不是大学。

1799 年人类观察社(the Société des Observateurs de l'Homme)的建立是较早的一次建立民族学研究社团的尝试,但它最后流产了。这个社团被诸如路易-弗朗索瓦·若弗雷(Louis-Francois Jauffret)这样的自然主义者和所谓的"意识形态者"(Idéologues)团体*所支配,他们把民族学看作是一门沉溺于功利主义解释的科学的、实证的学科。让-巴蒂斯特·拉马克(Jean-Baptiste Lamarck)也是该社团的一名主要成员。除了其他一些活动外,这个社团发起了向旅行者发放民族学问卷的活动。该社团一直维持到 1804 年,之后它的大多数成员都加入了博爱协会(the Société de Philanthropie)(Kilborne 1982)。亚洲学学会和地理学

---

* 法国 19 世纪初时围绕德·特拉西(Dustutt de Tracy,1754－1836)形成的哲学家团体。——译者

学会都建立于 1822 年,后者尤其成为了海外探险的强有力促动者。

　　在 1839 到 1847 年间,物理学家和种族理论家威廉·爱德华兹(William Edwards)和其他人一起建立了巴黎民族学学会以研究"机体的构造、智识和道德特征、语言和历史传统",昂·韦尔默朗(Han Vermeulen)把这种研究视角描述成"民族历史与种族历史"的融合(1995,50)。与这种视角形成竞争的是美洲与东方民族志学会的地理和语言导向,这个学会是由亨利·德·隆佩里耶(Henri de Longpérier)等人在 1859 年创立的。同年,为了反映这样一种发展趋势,即从纯粹的基于种族的民族学向更加进步的把体质、社会及文化视角相结合的人类学转变的趋势,体质人类学家保罗·布罗卡和其他人一起在巴黎建立了一个新的人类学学会(这比伦敦人类学研究所的建立早了四年)。另一个比它稍晚一些建立的机构,是 1898 年建于河内的法国远东学院。作为研究赞助者和一本主要的东方学和人类学期刊的出版者,在法国结束对印度支那的占领之后,这个学院的生存举步维艰,如今它设在南印度的前法属海滨小城本地治里 (Dias 1991;Dias and Jamin 1991;Karady 1981;Stocking 1964;Vermeulen 1995;Williams 1985)。

　　19 世纪还见证了民族学博物馆在法国的建立。E. F. 茹阿尔(E. F. Jouard)是一位早期的推动者,他在 1920 年代成为皇家图书馆馆长。他一直坚持认为,民族学调查所获得的物品首先是因它们的科学价值,而不是作为艺术品才值得注意。不过,是阿道夫·巴斯蒂安于 1868 年在柏林建立的民族学博物馆,才最终促使自然史博物馆的一位人类学教授阿曼德·德·卡特勒法热(Armand de Quatrefages)和他的学生埃内斯特-泰奥多尔·阿米(Ernest-Théodore Hamy)一起推动了一个类似机构在巴黎的建立。

其结果是民族学博物馆于 1878 年在特罗卡德罗（Trocadero）博物馆被创立，它起初集中关注于前哥伦比亚时期新大陆的工艺品，后来将关注范围扩大到整个法兰西帝国及法国本土乡村地区。阿米是博物馆的第一任馆长，他的管理工作经常受到资金短缺和缺少地方来有效地陈列展品或者恰当地储藏物品这些问题的阻碍。他实行一种基于功能而不是进化序列或民族学材料收集区域的物品分类法。他和卡特勒法热以及布罗卡联手在 1875 年共同创建了人类学学院，这个机构意在通过把体质的、文化的和语言的方面相结合而把对人的研究融会贯通起来。可是，阿米自己却希望把法国人类学拉离生物学而使其朝向历史和民族志方向发展。他的主要活动包括试图证明新世界的前哥伦比亚时期文明起源于旧世界。

已经存在的机构偶尔也会为学术人类学提供平台。1855 年自然史博物馆设立了一个人类学的教授职位，而从 1875 年开始，巴黎大学也开始由医学教员来教授人类学。这些活动都是由人类学学院赞助的（Dias 1991；Dias and Jamin 1991；Jamin 1991b；Karady 1981；Williams 1985；Rogers 2001，489）。

因此在 19 世纪中期之前，法国的人类学活动中就已经存在了民族志（包括材料收集）和理论的分裂。尽管在英国也存在着摇椅人类学家和田野工作者的劳动分工，这种分裂无论在英国还是美国都似乎并没有在法国这样明显。在美国，至少路易斯·亨利·摩尔根已经开始在夏天进行田野考察，而在冬天来作理论研究了。不过，到了这个世纪的末期，涂尔干和他的学派开始习惯于回顾那些民族志材料并把它们融合到自己的作品当中去，尽管他们自己从来没有真正亲自去收集过这些材料。

第二章　涂尔干及其时代

埃米尔·涂尔干

如果说有一位理论家的名字在他逝世很久之后的今日仍然统治着法国人类学界的话,他就是埃米尔·涂尔干。他的社会决定论虽然在其他国家的社会科学界已经过时,尤其是在美国和英国,在法国却仍有影响力,尽管对它的引用通常都是隐晦的或者仅仅是以一种多少有些稀释了的方式。在政治形象上,与他给学术界留下的相当复杂的印象非常不同,涂尔干在各个时期都总是"左派"共和党的宠儿,又总是自由党以及法国反共和党的"右派"眼中的魔鬼。如今人们对他引用变得少了,这一事实表明的是其观点的常规化而不是被忘却或者抛弃。正如我将在第五节中所指出的,甚至于像皮埃尔·布尔迪厄、米歇尔·福柯、雅克·德里达以及让·鲍德里亚这样的思想家,虽然小心翼翼地保持着与涂尔干的距离,最终也能够被置入涂尔干主义的传统当中。此外,一些法国马克思主义者,尤其是莫里斯·戈德利埃,曾刻意追求将克劳德·列维-斯特劳斯对涂尔干传统的结构主义式发展与马克思主义加以协调。在国外,美国人类学总是与弗朗兹·博厄斯作为学生时便开始浸浸于其间的德国学派更为接近,而20世纪的英国人类学则仍然着迷于那个最终将19世纪的英国学派降至对历史的猎奇之地位的法国学派。

涂尔干 1858 年出生于法国东部洛林地区埃皮纳小镇的一个犹太拉比家庭中。涂尔干在年轻时就背离了犹太教,尽管许多评论者在其思想当中体察到了犹太教观念的影响。他在巴黎接受了系统的高等教育,接着便在几个中学教书,之后到德国待了一年。在德期间他造访了威廉·冯特在莱比锡的心理学实验室,它让涂尔干印象最深的不是其在心理学上的贡献而是那里的集体工作方式——一种涂尔干和他的同事们在某种程度上将要采用的实践方式——以及它对历史的和民族志材料的运用。从 1887 到 1902 年,涂尔干在波尔多教授社会科学和教育学,次年转到索邦大学任教,并在那里待到学术生涯结束。对他来说,“一战”岁月是以他对法国在战中的立场进行的辩护活动为标志的,并且因他唯一的儿子安德鲁 1915 年死于东部前线而变得灰暗。埃米尔·涂尔干死于 1917 年,很明显是由于中风(Karady 1981;Lukes 1973)。

他在波尔多的那段岁月见证了《社会学年鉴》在 1896 年的创刊,它成为涂尔干的新社会学学术发展的主要载体。涂尔干确实不满足于仅仅以教书来谋生,而是为自己订立了创建社会学的任务。这一任务不是要把社会学建成法国已有的这些零散活动,如奥古斯特·孔德和弗雷德里克·勒普莱这样的学者先前所做的,而是要将其建设成为一门独立的大学学科。尽管阻碍重重,他却成功地实现了这一目标,并对法国以及其他地方的社会学和人类学的发展都产生了深刻的影响。

涂尔干也参与政治,但不是在实践活动上。他将社会学看成是创造一个适合于第三共和国的世俗道德体系的方式,而在他和其他进步人士看来,第三共和国当时是一个正受到右翼狂热主义和宗教蒙昧主义威胁的后权威式国家。于是他带着这种观点成为了一名共和党人及议会内的社会主义知识分子。人们认为安东尼·吉登斯在 1990 年代后期的英国对托尼·布莱尔所起的作用，正是涂尔干更明确地和在更大程度上对 20 世纪初法国议会中的让·饶勒斯(Jean Jaurès)及其他左翼领导人所起的作用。因此，就像孔德的例子一样，社会学对涂尔干而言既是科学又是一种纲领，在为共和国的活动提供一种道德基础方面，它甚至与孔德的人类崇拜有着某种功能上的类同。

涂尔干在教育方面的工作应该被视为这个计划的另一个方面。在 1780 年代于勒·费里(Jules Ferry)所进行的一系列改革之后，教育主要成为世俗主义的共和国，而不是教会或其他反共和国实体的事务。因此它就成为了向国内的年轻人灌输与第三共和国相关的价值观的首要阵地。涂尔干总是把教育看作是个体的社会形成的场所，而非个体自身个性发展的场所。于是这就与德国的教育(*Bildung*)理念相距甚远，德国的理念主要服务于后者。涂尔干的影响超出了法国，成为土耳其凯末尔主义的国家建设的要旨(Kahveci 1995；D. N. Smith 1995)，这就如同马克思主义在 20 世纪后期在许多第三世界后殖民主义国家中所起的作用一样。

在对待前人的作品时，涂尔干尤其看重他在社会理论方面的前辈，如孟德斯鸠、圣西门和孔德。这并不是说他对来自其他学科的影响完全免疫。在影响到他的各种学科中，列首位的是哲学，这里面一部分是将心灵的孤立(isolation of mind)视为探索对象的笛卡尔传统，但也有经由法国新康德主义哲学家查尔斯·勒努维耶(Charles Renouvier)而接受的康德思想，涂尔干很惹眼地将勒努维耶宣称为他"伟大的导师"。勒努维耶是第三共和国早期哲学界的主导人物，他塑造了第三共和国大部分的官方政治信条。斯蒂芬·卢克斯列举了涂尔干欣赏勒努维耶的那些方面，尤其是他的理性主义，他对道德及对其科学地加以研究的需要的关注，他将道德植根于社会性,以及他将人类的尊严定位在社会整合与社会力量方面(Lukes 1973,54—77)。

卢克斯还把涂尔干对康德的理性主义的修改追溯到了勒努维耶那里,这种修改的方向是朝着范畴的偶然性以及它们之被社会决定的属性,如同《原始分类》(Durkheim and Mauss 1903/1963)及其后的《宗教生活的基本形式》(1915/1995)都强有力阐明的那样。尽管涂尔干对大多数康德本人的著作都心存怀疑,他对两分法的青睐(个人—社会;神圣—凡俗)却可以直接追溯到这位德国大师。但是,恰如他与当时的重量级人物亨利·柏格森(Henri Bergson,1859—1941)之间的长期争论(1960,1986)所显示的那样,并非所有的哲学流派都与涂尔干相合,柏格森提倡一种把意识与外界刺激相关联的非理性立场,认为意识更易于被直觉而不是理性所把握,而意识本身则是以一种名为生命力(é lan vital)的模糊形式出现的。

其他两个值得注意的影响因素在这里也应该简单提一下,它们尤其与涂尔干有关宗教的著作相关。一个是尼马·德尼·菲斯泰尔·德·库朗热(Numa Denis Fustel de Coulanges)的历史社会学,他的《古代城市》(1864/1882)特别关注祖先崇拜,并从它在社会整体中的地位这一角度来看待它。第二个是 W. 罗伯逊·史密斯(W. Robertson Smith)的民族学,他把阿拉伯的宗族系统与闪米特宗教的某些方面相联系(Smith 1885,1889)——为涂尔干把图腾主义视为宗教的原初形式的理论注入了重要养分。

涂尔干在波尔多时把注意力转向了宗教,在此后的岁月里这成为他在巴黎时的主要兴趣点。他对宗教的研究是其作品当中在内容上最人类学化的,这反映了 20 世纪初出版的田野工作专著的增加,以及马塞尔·莫斯在强调民族志的重要性方面对涂尔干的影响。涂尔干那些更为早期的作品,从 1890 年代开始算,包括了《社会分工论》(1893/1984)、《社会学方法的准则》(1895/1982),以及《自杀论》(1894/1951),都是当涂尔干尚在波尔多时出版的,相比之下在导向上更偏重社会学。虽然它们也很好地代表了涂尔干的思想,但最终却是关于宗教的主题最好地代表了他的思想。涂尔干把"神圣之物"(the sacred)看作是社会意识形态的等同物,更确切来讲也就是作为一系列价值观的化身的社会自身的等同物。上帝不过是用象征符号形式表现出来的社会对自身的表征;膜拜上帝之时,人们就是在膜拜社会,并且通过这种方式他们成为社会的一员。他在后来抛弃了自己早期解释宗教的努力,他最主要的富有生命力的著述是他在有生之年出版的最后一本书,《宗教生活的基本形式》(1912/1995)。

在这本书中乃至总体而言,涂尔干都是在同时反对哲学理性主义者和经验主义者、反对关注个体的心理主义者,以及在更早的时候,主要反对英国的宗教人类学者。为方便起见,我们将首先论及他对以进化论(evolutionism)和唯理智论(intellectualism)的两大潮流为特征的 19 世纪英国学派的批判。涂尔干反对达尔文主义和英国式的进化论,但他自己的学说也有进化论的一面,这在他与莫斯的合著作品当中表达得较为完整,我将在下一讲中讨论这一点。不过,就涂尔干本人来说,考虑到进化论是因为他需要反对英国学派的唯理智论者提出的与进化论同样夸张的对宗教起源的解释。他们把这种起源归结到这样一些情绪上,即原始人在原始条件下无奈地遭遇到诸如自然的力量(自此就产生出了各种自然精灵的观念)以及死亡现象(自此就产生出了灵魂的观念)这样一些令他们无法思量的事情时所产生的恐惧、疑虑或惊奇。换句话说,虽然他们的说法中也不缺乏一种集体的维度,但宗教从根本上说被看成了人类心智因此也就是个体的心理状态的产物。这也随之产生了对信念（belief）而不是仪式（ritual）的强调，尽管他们，尤其是在泰勒和弗雷泽的著作当中，把巫术当作了一系列与宗教中更纯净的信奉不同的仪式实践行为来对待。

涂尔干从根本上反对这种立场，因为它要求这样一种观念，即为了使得宗教继续存在，每一代人都必须拥有相同的情绪体验。毫无疑问宗教的确提供了对不可思量之事的解释，但除此之外还有着比仅仅对个体情绪的安抚和对好奇心的满足更多的东西。确实，涂尔干在社会事实这个概念的发展中没有为心理学留下任何 174 的位置，而他认为宗教就是由社会事实组成的。这至少有一部分是因为是关于宗教的各个范畴限定了人类，而不是人类自己创造了它们——用现代的语言来说，他们缺乏足够的能动性来为自身发展出这样的观念。那么，这些观念是从哪来的呢？涂尔干的回答是它们来自社会，但是很多人发现，在此情境中社会是一个很模糊不清的概念。然而在涂尔干看来，任何一个社会都拥有不管多分散，但多多少少都可被辨识的拥有权威者，于是通过他们，社会就可以利用包括宗教在内的意识形态，作为将其价值观施加于个体成员之上的一种方式。这些成员中也包括了那些拥有权威者：于是涂尔干抛弃了那种将意识形态仅仅看作是特权者施加于卑下者身上的一种权威工具的"庸俗马克思主义"观点，因为那些特权者也同样受到了社会及其意识形态的影响——用现代的语言来说，他们也拥有社会性（sociality）。

宗教拥有使自身能够行使这种社会功能的四大特征。首先，它是强制性的，其中存在着很强烈的强迫性质，这种强迫性质是由从温和表明不赞同到人身限制的一系列法令所支撑的。其次，它是普遍性的，这是从它聚集了一群个体，并对他们每个都具有至少从外部看同等影响力的层面上而言的。第三,它是传统的,这是从它先于个体行动而存在并且会在总体上比个体存活得更久的层面上而言的。第四,它外在于个体:正是因为这种外在性它才可以对个体施加影响。在这里不存在对个体能动性些许的让步,他们甚至不是被这个社会机体利用的傀儡,而是它被俘的化身。

不过,在他将宗教与社会相关联的过程中也涉及了工具性。首先,宗教信仰和实践通过,用涂尔干最著名的词汇之一来表述,"集体表征"(collective representation)——社会规范、象征符号、神话和价值观本身来表达社会的价值。但它们不是任意就可完成这个过程的:必须有一个特殊的场合。对涂尔干来说,这个场合就是仪式进行的场合。他的同代人,被他忽视的阿诺尔德·范热内普,把仪式看作是各种位置或状况之间的过渡,后来范热内普才又把对权力的思考也加入了这种观点之中。可是,涂尔干则强调权力胜于强调过渡。在他的阐释中,仪式是社会意识得到强化的场合,在场的所有人都感到他们是一个团结的而且根本不存在分化的群体。这就是使仪式成为向社会成员灌输社会价值观的绝好时机的原因。正是通过仪式,知识被转化成了权力,这种权力在涂尔干看来,从根本上说是社会对个体的权力,而仪式中使用的象征符号则遮蔽了这种权力。

于是,在唯理智论者强调信仰胜于仪式活动之处,涂尔干将之逆转。可这种逆转本身又受到了批判。一种常见的批评是,在涂尔干的立场当中存在着某种循环论证,或者一个缺失的联系环节。与唯理智论者相反,涂尔干雄辩地声称,仪式不是对情绪的反应,相反,而是它们生成了情绪。但是,如果仪式经验的一部分乃是要感受这些情绪,且如果这些情绪是在仪式中生成的,而它们代表了对最大强度的社会性的表达,那么首先使得人们聚集到一种仪式

175

上来的又是什么呢？对涂尔干而言，答案就是"热狂"(efferves-cence)而已，一种自发的聚集，常常是暗示性的，它所唤起的不过是一种原始的群体心理状态。然而，涂尔干谈论的对象是代表了一个社会群体的一群会众，而不是勒庞所指的人群(crowd)。此外，也没有理由假设参加某一特定仪式的所有人全都可以受到同等程度的兴奋情绪的激发。

　　在此处涂尔干忽略了这样一个事实，人们在仪式事件之外也并不缺乏社会性，并一直进行着彼此的交流。所交流的东西之一——甚至是在诸如嚼舌之时——是关于正确的社会性类型的知识，其中就包括了社会性中所必要的应对仪式的态度以及相关的象征符号意义。人们还运用他们的记忆和诸如死亡之类的突发事件来决定什么时候应该举行仪式。仪式也许会强化对社会的感知，但这并不意味着日常时间中就不存在对社会的感知。

　　涂尔干通过在宗教里寻找社会性所想表达的东西，也可以用他对图腾崇拜的解释来作为一个辅助例证。他把图腾崇拜既视为宗教的最初形式又视为澳大利亚各社会之间用来规范通婚关系的一种手段。虽然正如他的同代人很快就认识到的那样，他关于图腾崇拜的阐述在民族志材料方面有很多大缺陷，但是这些材料对于他的那种观点来说，即认为崇拜实际上是被那些抽象地代表着社会的宗教象征符号模糊化了的自我崇拜，却是一种很完美的说明。在《原始分类》(1903/1963)这本早期著作中，涂尔干和莫斯提出，通过把一种自然物种或者现象与一个像宗族这样的社会群体相连，图腾崇拜以社会世界的分类来表征自然世界的分类模型，并因此给予社会世界以优先地位。于是图腾就作为一种象征物来代表宗族。此外，宗族的成员一般都对与起源神话相联系的图腾物具有一种特殊的宗教情感。图腾物在起源神话中占有一席之地，176

而且宗族成员有责任避免危害、杀伤或者食用它,尤其当图腾物是一种动物时。不过在仪式场合中他们却必须献祭图腾物并食用它。

从表面上看,这是一种典型的仪式性逆转,但是食用某一神圣之物也能被解释成为一种与它融为一体的手段。因为图腾代表宗族,以任何一种形式崇拜它就相当于崇拜宗族本身,进一步延伸来讲,也就是崇拜宗族的成员,包括崇拜者本人。而且,尽管我们必须承认宗族不是整个社会,但它无疑是一个社会群体。因此,直接崇拜宗族本身是无效的,因为人们很快就会意识到它是个什么;于是它就会因而受到挑战,而意识形态将会被破坏。所以,图腾作为一个象征符号介入了一方面作为崇拜行为主体的宗族成员和同时又在另一方面作为崇拜行为客体的宗族成员之间,模糊了这两者原本就是同一个的事实。在涂尔干看来,意识到自身所持意识形态的基本范畴使人获得了独立于这种意识形态的自由,并使得对它的论争、反对以及最终取消成为可能。而通过运用象征符号来掩盖其中这些信息,宗教就阻止了上述情况的发生。

这又与涂尔干所考虑的另一个更加宽泛的问题相连,即个人与社会之间的关系问题。了解他如何看待这个问题的一个方式仍然是通过他对宗教的阐述,更具体地说,在这里指的是他对"神圣的"(sacred)这个范畴的讨论。涂尔干主张人类有对事物进行对立二分的思维倾向,而他对"神圣的"与"世俗的"(profane)之间的二分对立的关注则是最著名的例子,尽管人们对涂尔干究竟想拿这个例子说明什么总是争论不休,或者甚至对于这个例子是否有价值也并无定论(Evans-Pritchard 1965,64—65)。事实上,在我看来,"神圣的"本身并没有什么值得争论之处:它还是对社会价值用象征符号语言形式作的宗教表达。的确,如果对涂尔干来说,宗教和社会是同等的,那么社会与"神圣的"(事物)也是如此。此外,"神圣的"(事物)同时也是最可能被赋予象征表达形式,从而遮蔽其真正本质的,而这尤其发生在仪式当中。

至于"世俗的",涂尔干对这个词语的运用并不是很一致。对于他而言,这个词究竟是指凡俗的,即无宗教色彩的呢,还是代表了令"神圣的"相对于它显得脆弱而易受伤害的那些力量,例如污染和不纯洁呢?当然,作为社会价值观的表达,"神圣的"受到了来自"世俗的"威胁,这一威胁表现为尘世间个体的那些违反了社会律法的兴趣和活动的形式。它们会被人们视为罪过、犯法或者仅仅是对个人社会责任的忽视。在这里,涂尔干至少给予了个体些许能动性——但仅仅是那些反社会的个体,他们因为采取了错误的行动而使自己脱离了社会,但为了自己能生存下去,他们迟早会重新与社会和解,更不用说为了想在社会中取得成功了。正如我在下一章里将表明的那样,他的学生罗伯特·赫兹在其关于罪恶的著作当中更细致地谈及了这点。

涂尔干对待个体的方式因其过分的决定论色彩而不断地触怒了自由主义者。不过,注意到下面这一点十分重要,即涂尔干考虑的并不仅仅是那些施加在个体身上的显著的外部约束力,诸如在现代社会中的警察和法庭或者更传统的社会中宗教权威所施加的那种力量:这些都依赖于武力,而且可以从认知上或物理意义上被挑战或规避。相反,涂尔干的思想告诉我们,社会作为赋予我们价值观和我们关于神圣之物的观念的道德共同体,作为比我们作为单个个体或者聚集之众更伟大的道德共同体,超越了上述外在约束力。它把我们对他人负有责任,以及生活在社会之中能同时在道德上和身体上使我们得到完善的观念灌输给了我们。此外,社会还给予了我们一些基本范畴,我们就是根据这些范畴来描绘世界并理解它以及我们在它之中的位置的。我们通过社会给予我们的范畴来看待世界，但却是以一种导致我们对其产生大量误解的方式。

虽然在这些情况下也存在着约束力，但这种约束力是道德上的，并且倾向于被人们认定为是恰当的：人们并不试图去反抗或规避它。这些价值观在由仪式引起的激动情绪当中被我们确认，结果我们就在行动当中内化了这些价值观。通过这样的举动我们被灌输了这样一种观念，即认为社会是在我们之上和之外的某物，但是涂尔干非常清楚地表明，集体表征并不存在于任何其他地方，而只在每个人的头脑之中。他坚称，人们只有在集体环境下进行的交流当中才能变得集体化（Ôno 1996；Mellor 1998，2002）。

回应涂尔干的批评者们的一种方式就是反思他们视若珍宝的个人主义价值观：因为归根到底，它除了是一种社会性的价值观以外又是什么呢？如果人们可以把个人主义作为整个社会，或者像西方这样的一群社会的特征——期望着个体应作为个体去行为处事，而不是效法旁人，他们应该独立思考，应该靠自己而不是依赖他人，等等——那么我们可以非常确定，我们是在处理一种社会事实而不是少数离经叛道者的越轨行为。可是涂尔干自己也认可了社会越轨行为的存在，甚至在启动必要的社会变迁方面看到了它的益处。

涂尔干还有其他理由在他对宗教的阐述当中限制——如果不说弃绝的话——个体的能动性。与唯理智论者不同，他并不把宗教当作是惊恐不安的或者充满好奇的原始人的臆想，并将其视为"从错误的前提出发所进行的推理"。可是，既然已经从年轻时候开始就看穿了任何个人信仰的虚伪，他也并不认为宗教从神学上来说是真实的。应该说，它的真实性是社会性的，因为它塑造了那些进入了集体环境中的个体生命，并赋予他们以意义。像社会一样，它也是自生的。宗教绝不是对社会之外的因素的解释，而且任何社会之外的因素，诸如个体心理状态或者物理环境，都不能解释宗教或社会。宗教是一种社会事实，因此它只能由其他社会事实来解释。涂尔干早在 1895 年，在《社会学方法的准则》一书中就确立下了这个基本的方法论原则。这意味着他在社会因素的解释上不会对心理学、哲学、或者旧式人类学妥协。只有新的社会学能够提供这种解释。

埃文思·普里查德曾经评论道，涂尔干的宗教解释对于前人称之为封闭社区（closed communities）的社会单位最为有效，就比如那些澳大利亚土著社区。涂尔干广泛地但却通常并不精确地运用了这些材料来支持他在《宗教生活的基本形式》（1912/1995）中的论述。封闭社区或社会一般以宗教一致性和无阶级为典型特征，尽管其中也可能存在着基于个人作为专司宗教事务者的角色或性别、年龄和亲属制度而产生的地位差异。对于宗教信仰，人们可能会对宗教的这个或那个方面存有怀疑——比如关于某个萨满的技术，或者某项仪式的有效性——但却并没有发展出完善的替代性意识形态。如果我们用这种视角来考察更加结构化、以阶级为基础、"开放的"社会的话，情况又会如何呢？一致的宗教已经离开了历史舞台，它已经变成多流派的了，并最终收缩成为私人实践的事务，国家对它并不感兴趣。涂尔干时代的法国就是这样，而且今天它还是这样。涂尔干对这个问题的解决办法是把"神圣的"这个观念扩展到包含了诸如平等、个人主义和民主这些世俗的价值观上，从而就把宗教的观念扩展到了那些与超自然毫无关系的、被我们更多地描述成仅仅是意识形态的或超验的领域。从某种意义上说，这是孔德或者罗伯斯庇尔式的世俗崇拜的最后闪现，尽管涂尔干并没有明确赞同过他们的观点。

涂尔干早在 1893 年,在他用法语撰写的论文《社会分工论》中,就谈到了封闭的和开放的社会中的社会团结问题(Barnes 1966)。尽管在那个时候宗教对涂尔干的学说来说无疑已经十分重要,但同样重要的还有社会结构的类型。于是典型的部落社会

179 被分成了各个宗族,它们在娶妻问题上互相依赖,但在功能上却是同等的,也就是说,在功能上是不相关的:如果一个宗族灭亡的话,这对整体社会并没有什么影响。这些是具有"机械团结"(mechanical solidarity)的社会。此外,它们拥有相当分散的控制机构,这些机构最终都依附于一组基本的道德和仪式价值;因此,作为封闭社会它们直接约束着个体。

相反,"有机团结"(organic solidarity)型社会则是基于某种类型的劳动分工,无论这种分工是像西方资本主义体系那样是纯经济的还是像印度种姓体系那样主要是仪式性的,它们对于整体的功能运转都是必要的。这种社会同时还具有这样的特征,即社会分层、社会权威蕴含在清晰可辨的机构当中(统治者,国家),而且存在着其他各种道德和仪式观念,尽管这些观念也许不被容许因而受到压制。虽然宗教也被看成具有向社会成员们阐明某些特定价值观的功能,但这本书却可能是涂尔干的所有主要著作中最功能主义化的。尤其有鉴于涂尔干已抛弃了英国的进化论,而且认为社会是自生的,即社会事实只能由其他社会事实来解释,于是就是这样一种内因主义(internalist)观点就把他引向了功能主义。

《自杀论》(1897)以另一种方式展示了涂尔干式的研究途径与方法论,莫斯为此书做了大量的资料收集工作。涂尔干学派开展了一系列研究项目,在这些项目当中,这位受人尊敬的作家选择一个看起来用个体心理学也能够解释的题目,只是为了表明它事实

上还具有一层社会维度，而这本书就是其中的第一个例子。自杀现象是一个很好的备选对象，因为它看起来完全是一种自我的行为。可是，涂尔干不仅注意到了在不同的欧洲国家和宗教传统当中，自杀率波动极大，他还做出结论，认为自杀行为可以分成不同的种类："利他的"，因为拥有过度的社会情感；"利己的"，因为缺乏社会情感；"失范的"，当社会在迅速蔓延的危机状态中无法有效支持个人之时；等等。这种基本方法的其他例证还包括涂尔干自己关于教育的著作（如1979；见上文），保罗·福科内（Paul Fauconnet）关于责任观念的著作（1920），塞莱斯坦·布格莱（Céléstin Bouglé）论平等观念的著作（1899,1903），莫里斯·阿尔布瓦克斯（Maurice Halbwachs）论记忆以及论是什么构成了经济富足的著作（1912,1933,1999），莫斯论死亡（1979,35—56）以及身体移动的启示（1979,95—123），以及赫兹论罪过的著作（1922/1994）。

　　涂尔干早年的第三本重要作品是《社会学方法的准则》（1895/1982），它的标题就解释了自身的内容，而且书中的一些关键点我们都已经提到了。还有一点需要在此处讨论一下。虽然在《社会学方法的准则》当中涂尔干声称自己是一个理性主义者，既抛弃了实证主义也抛弃了经验主义，但是在我们所熟悉的哲学对理性主义与经验主义的区分之间，他的位置，严格来讲，是中立的，同时借鉴了两方而不是完全依赖于这方或另一方。这种立场在涂尔干早期写下的关于哲学家希波利特·泰恩（Hippolyte Taine）（1897/1997）的短文中得到了勾勒。涂尔干认定泰恩是所有哲学家当中在这个问题上和自己的立场最为相近的一个，尽管那个时候他自己的观点已经成形了。他相信观念之间存在逻辑关联，从这点上讲涂尔干当然是一位理性主义者，但是他又认为，只要哲学以不打算加以证明的方式来呈现这种关联，它就犯下了错误。因此，为了提供证据,经验主义也是必要的。然而,单独的经验主义只不过是对事实的杂乱无章的收集:为了整理这些事实并使它们有意义,理性主义的逻辑又是需要的。这样就产生了一种新的研究途径,这种途径只有涂尔干对实实在在的社会事实感兴趣的功能主义社会学才能提供,而非冥想式的哲学或者单纯的统计社会学所能给予的。

阿诺尔德·范热内普:民俗学家或朴素的人类学家?

对涂尔干的批评几乎伴随着他写作而出现,而且日渐增多。从这个方面上讲,阿诺尔德·范热内普(1873－1957)是一个尤其重要的人物,因为他的研究对人类学具有显著的重要性,尽管这一点一直在法国被忽视。此外,和涂尔干那个圈子里的大多数成员不同,范热内普是一个真正的田野工作者。

范热内普出生在德国的路德维希堡(Ludwigsburg),混合了法国、德国和荷兰的血统,父母离婚之后是他的母亲在萨沃伊把他抚养成人。他和与他大致同时代的莫斯一样,很长寿。然而,和莫斯不同的是,除了1912到1915年间在瑞士的纳沙泰尔大学谋得一个教职,之后却因为抨击瑞士在战时的中立态度而被逐出这个国家之外,范热内普几乎从未在大学任职。他随后返回法国想尽办法来为战事出力。在以后的岁月里他基本上是靠翻译和偶尔担任一些管理类的职务来谋生;他还尽其所能地在欧洲各地开展了广泛的田野工作。这后一项活动是他愿意为之奋斗的事业,而且得益于其语言天赋,他不但掌握了主要的欧洲语言而且还学会它们的各种方言变种。1920年代以后,他集中精力把法国作为民族志调查的区域,并创作了包括多卷本的《当代法国民族志手册》

181

(Van Gennep 1937—1953)在内的一些作品。他的主要关注点是
对民俗学的改革,这一改革的方式是将民俗学的关注点从古风和
遗留物转向对一种真正的法国人类学来说更合适的共时研究
(Belmont 1979,1991;Needham 1967)。的确,他的工作在依赖于
遗留物理论的经典的好古民俗学与最终于"二战"后出现的更加整
体主义的法国人类学之间提供了一个中转站(Rogers 2001,488—
489)。

范热内普的民族志研究途径被很好地用于对涂尔干的批评。
这不是直接基于他自己田野工作所获的经验材料,因为这些田野
工作并不是在澳大利亚完成的,而是因为他自身的经验赋予了他
评估民族志文本的良好基础,而这正是涂尔干显然常常缺乏的
(Lukes 1973,524—27)。因此,在他的《图腾问题的真实情况》
(Van Gennep 1920)一书中,范热内普声称自己也考察了涂尔干
谈到的那些关于图腾崇拜的材料并发现它们很有问题。这使得他
加入了以博厄斯的学生亚历山大·戈登韦泽(Alexander Golden-
weiser)(1917)为代表的反对者行列,他们认为涂尔干关于图腾崇
拜的模式过于死板。不是所有的宗族社会都有图腾,不是所有的
图腾都和社会群体相联系,也不是所有的图腾都调控着外婚体系
的运作。尽管涂尔干所认为的与赋予图腾令人敬畏力量有关的非
人的力量——马那的观念普遍适用于民族志材料的解释,但从一
个报道取证存在不足的民族志区域的案例出发来发展一整套宗教
理论的做法从原则上就是错误的。范热内普还是首批对涂尔干作
出下列批评的人之一,即认为涂尔干以一种完全排除个体主观能
动性的方式把社会物化了。涂尔干还基于技术水平,把土著社会
当作是简单的和原始的,然而从宗教信仰的角度来看,这些社会
却是相当复杂并且完全现代的。这个观点后来被列维-斯特劳

斯继承,并用以驳斥关于亚马逊流域社会很原始的指认。

范热内普的民族志经验也经常为他自己的著作和文章提供素材。他在这些作品里表达了对宗教人类学和更为传统的民俗学的关注。他最特别的作品之一是《半调子学者》(the Semi-Scholars,1911/1967),这是一系列取笑他自己几乎完全被排除在学院建制之外的小说式素描。不过,他最重要和最著名的作品毫无疑问是《过渡礼仪》(1909/1960)。在书中他运用丰富的民族志材料支撑起了一个关于仪式过程的模型,这个模型经常被引用,有时得到修改,但自从它第一次面世以来却从未从根本上被抨击或超越。他所勾勒的这一结构在之前赫兹论死亡的著作(Hertz 1907/1960),以及菲斯泰尔·德·库朗热的作品当中都有预示(Evans-Pritchard 1981,188)。

大体说来,范热内普写到,仪式是关于地位间的转变的。在任何仪式中都可以辨别出三个阶段:一个阶段是离开旧地位,一个是进入新地位,另一个是在两者之间的阈限期。因为阈限阶段往往以某种方式暂停或改变了正常的社会生活,它成为大多数人类学家关注的焦点。特别要指出的是,维克托·特纳用“融聚(communitas)(如嬉皮士群体等等)的永久边缘性”扩展了这个主题,而马克斯·格卢克曼(Max Gluckman)(1963)则引入了反叛仪式的概念(尤其是非洲臣民对国王的反叛),其宣泄过程就集中在仪式的这个阶段。赫兹在他论死亡的文章中(见下一讲),表明阈限期中的行为可能比正常状态更受限同时也更夸张。

范热内普的模型显然是一种结构主义式的,因为他声称不论实际情形如何,所有社会的所有仪式都具有这样一种三重结构。(他承认有时候阈限阶段会非常简短,几乎会退化消失,但他仍然坚持它总是存在的。)这个模型还是一个过程性的模型,因为仪式发生在时间中,从一个阶段向另一个阶段变化,并改变了人们的地位。把这种朴素的结构主义与一种过程性视角结合起来是一种非常成熟的举动,并且这是一项很大的成就,尤其是对于一个总是被人,尤其是被涂尔干主义者们,鄙视为不过是个搞民俗的、其作品完全引不起人们的兴趣且毫无价值的人来说。当然,涂尔干对仪式的阐述中也有结构和过程,但当与范热内普的持续性模型相比较时,它对动态的那点感觉就显得苍白无力了。正如我们所看到的,涂尔干所关注的更在于社会利用仪式来揭示社会信息这一点上。

索绪尔与结构主义语言学

乔纳森·卡勒(Jonathan Culler)把涂尔干、西格蒙德·弗洛伊德和费迪南德·德·索绪尔(Ferdinand de Saussure)并列在一起,认为他们分别在思考社会、心理和语言学问题时强调了用共时性分析取代先前更加注重历史传统的研究风格(Culler 1976)。索绪尔的思想扩展出了语言学界而延伸到符号学界,或广义的符号研究领域,并被采纳进列维-斯特劳斯的结构主义、莫里斯·梅洛-庞蒂(Marice Merleau-Ponty)的现象学和 20 世纪中期雅克·拉康(Jacques Lacan)的心理分析,以及罗兰·巴特(Roland Barthes)更加具体细致的影像符号学。虽然索绪尔于 1857 年在日内瓦出生,在那个城市结束了自己的学术生涯并于 1913 年在那里逝世,但他是在巴黎和莱比锡教书,并在法国写作和开课。在这里我们只探讨索绪尔的一本著作:《普通语言学教程》(1983)。索绪尔的同事们收集了学生在他的众多讲座中做的笔记编成了这本集子并在他死后加以出版。

索绪尔的基本观点之一是论符号的任意性本质、组成符号的能指与所指之间关系的任意性本质，以及所指自身在时间历程中或不同语言中所占据的语义空间差异上的任意性本质。这种任意性意味着符号不能凭任何实质性的东西来定义，而只能通过彼此之间的关系来定义。通过对立关系作出的区分具有根本重要性。一个著名但远非唯一的例子是成对的清辅音与浊辅音的对立关系。

他的另外一个主要观点是把语言（language）划分为"*langue*"和"*parole*"（即语法和言语：这两个法文词甚至在译文里面也直接沿用），或者将其划分为言语的规则和说话人对这些那些规则加以实际运用而制造出来某种声音和意义的特定组合，也包括句法。对语言学家来说，虽然言语是直接接触到的素材，但它是任意性的；与此相反，语法，归根到底在呈现言语的本质方面更加重要。这种区分可以用索绪尔的另一对著名的两分对子来描述，即共时的（通过时间中某一点的截面）和历时的（作为穿越时间之流的语言）。

谈到句法，索绪尔又进一步在一个句子的范式或模式与在其中出现的各种字词组合链之间作了区分。对于语言总体，索绪尔认为它形成和导引了个体的思想和表达，而不像早期语言学理论那样，认为它仅仅反映了个体的思想和表达。在这个方面，他确认了语言中存在一种个体言说者几乎无法意识到但却能遵守的决定性因素；由此他也证实了卡勒的观察，在他、涂尔干和弗洛伊德之间的确存在着某种平行相类关系。这种立场在列维-斯特劳斯以及其他依循此路径的后继者的作品当中也能发现（Culler 1976）。

倾右翼的社会科学：群体（crowd）与
人类社会学（*Anthroposociologie*）

虽然涂尔干的温和"左派"的、拥护共和的社会学取得了学术界的主导地位，但它也并不是没有竞争者，而他也在自己的著作中与这些竞争者展开了争论。柏格森的反理性主义是被政治"右派"采用的一种学术思潮。在这种背景中值得注意的另一位人物是古斯塔夫·勒庞（1931 年去世），他的主要论题是群体行为和群体心理学（Le Bon 1995）。

在勒庞看来，随着通常来讲带有暴力色彩的形象和口号占据了理性的位置，并成为一股可以从政治上加以利用的动员力量，任何一个由个体组成的群体，哪怕是一个审判团，都成为了理性转化为非理性的场所。于是演讲者就能够暂时取代社会的正式领导，而以一种群众自身愿意接受的方式来统治人群。虽然勒庞谈论的人群因此都威胁到了社会秩序，但人群本身却并非无政府主义的。勒庞从这种模型当中看到了社会主义失败的一种原因，因为它将自身的运动建基于典型人群不会去倾听的理性论证之上。他后来承认了他对墨索里尼的支持，后者直接受到了他的观点的影响。而另一位思想家，乔治·索雷尔（Georges Sorel）则反而恰恰在人群的聚集当中看到了一场实实在在的社会主义革命所需要的原料（Horowitz 1968；Neocleous 1997，4－8）。

正如卢克斯指出的（Lukes 1973，462－463），涂尔干对待人群的态度也是积极的，尽管是以一种不同的方式：正是仪式上那种将人群聚集在一起的热狂催生了宗教观念。因此涂尔干并不是像勒庞那样，将人群视为病理性的和颠覆性的，或者像索雷尔那样，将

184

其视为革命性的,而是——以宗教会众的形式——把它视为有序的、一致的社会生活的基础。另一位生活在上个世纪之交的右翼学者是路易·马朗(Louis Maran),他倡导把人类学和一种将法国的农民生活浪漫化的乡村社会学糅合在一起,来巩固法兰西帝国在殖民地与宗主国之间建立联系的帝国主义计划。他在右翼政治阵营当中的影响力一直到第二次世界大战之时都在持续增加,但最后马朗却在维希政权垮台之后逃往了伦敦(Richman 2002,103)。

如果考虑到当时,甚至今日在欧洲大陆的许多地方,人类学这个词与其近亲,体质人类学之间的联系,在此处提一下在 19 世纪末 20 世纪初的法国发生的一场叫做人类社会学的国际性运动,及其领军人物乔治·瓦谢·德·拉普热(Georges Vacher de Lapouge,1854—1936),是比较合适的。从本质上来说,这是一种法国版的种族社会学,结合了查尔斯·达尔文的进化理论(从总体上来讲它对法国的思想界影响极小)、保罗·布罗卡的头骨学(Craniology)和阿蒂尔·德·戈比诺的种族主义。它不仅利用种族来解释社会现象,还以此来谴责社会带来的影响。例如,他们谴责社会规则干扰了自然选择,让侏儒和弱智儿存活了下来;社会规则往往消灭了社会中最好的群体,却使弱者逃避了战斗;而职业化则使得精英们削减了他们的生育率。于是人类就与其他物种不同了,因为他们允许社会选择来影响种族。由于这不是一种简单的种族决定论,这场运动的人气持续增长了一段时间,甚至影响到了像涂尔干这样的主流社会学家。的确有一段时间,涂尔干主义者们很郑重地对待了这个学派的著作,在《社会学年鉴》上面给予这些作品及这个学派本身以一席之地,直到亨利·于贝尔(Henri Hubert)、莫斯和其他人全面揭示了他们的缺陷。瓦谢·德·拉普热在蒙波利埃大学做过一些非正式的教学工作,在其基础上他完成了代表作《社会选择》(*Sélections sociales*)(1896;另见:1909),除此之外,他主要是一位图书管理员而不是一位学者,尽管他也研究过法学和医学(Llobera 1996)。

值得注意的是,亨利·米方(Henri Muffang)这位起初在年鉴杂志负责学派的研究的次要人物、非典型的右翼涂尔干主义者很快便与涂尔干学派分道扬镳了。在学派中他至多只算是一个半心半意的成员(例如,他没能与他的同事们一起支持艾尔弗雷德·德雷福斯*)。其他脱离本学派的人极少,但是仍然包括了加斯顿·理查德(Gaston Richard)(Llobera 1985)、马库斯·德亚(Marcus Déat)和于贝尔·布尔然(Hubert Bourgin)和乔治·布尔然(Georges Bourgin)兄弟等人。德亚的背离一方面是受到了心理学的影响,另一方面是由于他渴望能够通过引入直接经验(direct experience)来克服涂尔干学派在个人与社会之间的二元主义(Marcel 2001b,48—49)。在两次世界大战之间以及德国占领时期,于贝尔·布尔然恣意地用受到反犹主义鼓舞的论调来批评涂尔干学派的工作——然而,这并没有妨碍他的回忆为我们对这一学派工作历史的了解提供许多深刻见解(Bourgin 1925,1970)。虽然涂尔干学派受到了这种变节行为的冲击,但对它的主要打击仍然来自"一战"这场大灾难。尽管如此,它在莫斯的领导下存活了下来,并在两次大战之间及其后的时间里成为了人类学发展的主流。我将在我的下一讲中转向这些以及其他相联系的发展。

---

　　* 1894 年法国军队诬告法国总参谋部犹太血统军官德雷福斯(Alfred Dreyfus)充当德国间谍。尽管缺乏证据,法庭仍判处德雷福斯终身苦役。围绕这一案件的斗争导致了一场政治危机。在舆论压力下,德雷福斯于 1899 年获赦,1906 年恢复名誉。——译者

第三章 莫斯和其他涂尔干主义者与两次世界大战之间的发展

马塞尔·莫斯

埃米尔·涂尔干学派的工作并不是他个人的一场独角戏，因为他成功地吸引到了一群志趣相投的人，其中有些人和他一样优秀。在这一讲当中，我将倾向于强调那些对人类学有着最大影响的人，而不是其他那些同样值得引起普遍注意但却更接近于社会学或其他学科的人（Marcel 2001a）。

在所有这些人物当中，马塞尔·莫斯（1872—1950）是涂尔干最亲密的合作者及其最重要的副手。他尊重学派内的其他成员，常在他们去世之后为其整理出版遗作。虽然他本人也很优秀，他的重要性在很大程度上还因为他是涂尔干的外甥。的确，涂尔干就像他的父亲一样：在莫斯幼年丧父之后，涂尔干就完全把他置于自己的羽翼保护之下。莫斯 1872 年出生于埃皮纳，后在波尔多跟随涂尔干学习，1902 年又跟着他去了巴黎。他一直在巴黎教书，起初是在巴黎高等研究实践学院（EPHE，创立于 1886 年），教学方向是"未开化"人群的宗教（1902—1926），后来他又在其参与创立的民族学学院（1926—1940）以及法兰西学院（1931—1940）任教。学派群体中的大多数人都死于"一战"，而他的舅舅也去世了。于是在战后，莫斯几乎是自己一手培养了一批新的社会学家、人类学家和博物馆学家,其中就包括克劳德·列维-斯特劳斯和路易·迪蒙。在被纳粹占领军逼迫着退休之后,他生命的最后 10 年没有从事研究工作,纳粹对法国的占领与"一战"带来的损失一样打击了他。他于 1950 年逝世(Fournier 1994;James and Allen 1998;Jamin 1991d;Mauss 1968—1969)。

一些学者在莫斯的学术作品当中发现了高度的不统一性,他 187 的个人生活也是如此。那些曾现场听过他的讲座的人,如迪蒙,曾经对他的演讲风格作过如是评论:他的演讲非常生动和富有启发,但却似乎随时都可能向任何方向发散开去;他还会给任何一种社会交往,不论多么随意的,加上民族志式的评论。他对自己的研究工作的热情以及他的学者风范都毋庸置疑,而且他像百科全书般博学。但是他的所有著作无疑缺乏一个整体系统,尽管单独看来每一项研究都足够清晰和连贯。

这种系统之缺乏的原因之一可能是刻意追求的学术风格(除非这是莫斯自己的一种事后解释)。在写于 1930 年的一篇对自己的学术生涯的回顾当中——这篇文章是他为了自己首次尝试入选法兰西学院而写的,但这次尝试失败了——莫斯提到他青睐事实甚于理论(这篇回顾的英文译本见:James and Allen 1998),而且他总是抛开了像涂尔干那样去建立一个体系的想法。当然事实上也可以说涂尔干的系统,就它本身而言,对莫斯来说已经足够了,于是他把自己的主要任务定位在拓展他舅舅留下的思想,并且利用那些正在被生产出来的越来越多的民族志材料来填补其中的裂缝,而不是去开创新的天地。对于一个显然在写作方面有些障碍的人来说,他最终很好地完成了他的任务。这也多亏了他兴趣的广泛性和他的学术思考能力。

但这并不是说这两个人的作品之间不存在细部上的差异,不过列维-斯特劳斯为了试图在法国创建一种现代的、部分上讲是莫斯式的人类学则夸大了他们的差异(Lévi-Strauss 1987)。当然在我们今天看来,莫斯是这两人当中显得更为人类学化的一个,而且他有可能在强调人类学材料在研究工作中的重要性方面影响了涂尔干。有些人觉得,他青睐事实更甚于理论的作风使他比他的舅舅更加实证主义化。

　　当然,莫斯也经历过一些理论上的微调。"一战"后孤零一人的莫斯开始怀疑"神圣之物"是不是像涂尔干曾强调的那样具有普遍重要性,他转而开始强调马那,一种超自然力量的观念,他声称这是社会决定论的一个象征符号。这种声言意在取代英国的唯理智论者们把灵魂当作宗教信仰的主要象征符号的主要观点(试把这与泰勒那众所周知的定义相比较,泰勒认为宗教是对有灵魂的存在的信仰)。后来他又开始后悔对巫术和宗教进行的截然二分,涂尔干曾经从他的唯理智论论敌那里接手了这种二分概念,而莫斯和亨利·于贝尔在他们自己关于巫术的研究当中又延续了这种二分(Hubert and Mauss 1972)。而如今莫斯则更倾向于谈论"巫术-宗教的"。同时谈到了罗伯特·赫兹和涂尔干的理论,他指出人类不仅进行对立二分,他们还能够基于其他数目进行分类,例如他所喜欢提及的一个群体,新墨西哥的祖尼人就对空间进行七重分类(1968－1969,2:145)。

　　莫斯还比涂尔干更加接近整体主义的观念,这似乎在后者看来也许不合理。而莫斯的确强调过,例如在《礼物》(1954)一书中,在研究任何一个具有社会学价值的课题时,所有相关的社会方面都必须被考虑进去,而且这个课题自身也应该被恰当地放置到作为一个整体的社会当中去。与此相关的一点是,对于任何一个课题的研究来说,必须要选取一个描述得非常详尽的民族志例证,比如古代印度人的献祭（Hubert and Mauss 1964），或者波利尼西亚人的交换，或者在赫兹的例子当中婆罗洲人举行的二次葬（Hertz 1907/1960）。这两个原则都被看成是对过去的那种四处剪切然后粘贴在一起的综合方法的替代物，那种旧的综合方法最为人所知的典范则是詹姆斯·弗雷泽十二卷本的《金枝》（1911－1936）。

涂尔干和莫斯之间一种相对来说被人忽略掉的相似性是对进化论的强调。当涂尔干抛弃了 19 世纪英国学派的研究之后，他不得不面对关于宗教的起源和进化这个问题。在《社会分工论》（1893）中他描述了这样一种转变趋势，即从只有一个单一的道德和宗教体系的部落（"封闭的"）社会转变为拥有多个这样的体系的等级化社会，然后再更进一步地朝向现代的，更加分化和意识形态更加自我化的社会的转变。在这样的社会当中，宗教不再拥有公共地位而完全成为私人的事情。另一个转变趋势是从具有机械团结的社会转变为那些具有有机团结的社会，也就是说从"宗族"社会转向"劳动分工"社会。在这两种情况中，都含有一种意味，即随着分化取代了先前的单一，社会也在进步中变得越来越复杂了。

这种趋势在莫斯那里得到了加强，他在 1920 年代明确地拒绝对进化论失势表示赞同。在他与其舅父 1903 年合著的一篇名为"原始分类"的文章中，这种进化论观点业已出现并表现为把自然世界的分类与社会世界的分类联系起来。其基本论点是，在那些更加"原始的"社会中，对自然世界的分类是通过如图腾崇拜等制度建立在社会世界的分类之上的。然而，由于研究了一系列不同的情境，这篇文章又可以被看作是呈现了多个进化的阶段。书中最先提及的还是澳大利亚的例子，因为它是以图腾制度为特征的——这对涂尔干来说是宗教的最早形式——且这两种分类在该例子中具有一种一一对应的关系，选择这个例子还因为澳大利亚

土著被看作是现代人类的最早代表。这两种分类之间还存在着含
混的地方：虽然自然的范畴可能是以社会范畴为基础的，这两者却
又彼此相蕴含，因为宗族就是图腾，反之亦然。经过了一系列诸如
中国的"个人"图腾这样的中间阶段之后，这两种分类之间的联系
在现代社会当中完全断开了，它们甚至不再是同一种知识话语的
一部分，生物学新近开始从社会学当中分离出来。

以各个层面的混淆开始，并以它们的分离，尤其是在现代的分
离为终的这种写作习惯在莫斯独立完成的著作当中也很明显，例
如《礼物》以及他 1938 年关于人的那篇论文（Mauss 1938/1985；
Allen 1985；Parkin 2001 第 13 章）。虽然《礼物》仍然是整个人类
学界当中内涵最丰富和最有影响力的著作之一，但它却常常在招
致各种各样的批评。弗思（Firth 1929，421）认为莫斯误解了"豪"
（*hau*）的本质：它也许赋予了礼物自身某种能动性，但它并不像莫
斯所声称的那样代表了送礼者的一部分。但当中东的材料证明情
况与莫斯的模型相违背的时候，考虑到在许多阿拉伯社会中交换
是被限制甚至要避免的（Dresch 1998），印度的材料则在礼物所蕴
含的送礼者之罪的方面支持了这个模型，尽管不是从必须要回礼
的责任方面（Parry 1986；Raheja 1988）。莉迪娅·西戈（Lygia Si-
gaud）指出（2002），莫斯的同代人在读《礼物》一书时将其曲解为
对法律、责任和整体主义的强调：而在她看来，列维-斯特劳斯是首
先开始强调其中互惠内涵的人，这是一种既富有成果又影响深远
的转变。

我们至少还要提一下莫斯著名的原初结构主义者（proto-
structuralist）地位，因为他关于礼物的著作认可了关系的重要性，
并且后来通过他的学生列维-斯特劳斯对结构主义的全面发展产
生显著的影响。他弃而不用的 1909 年关于祈祷的论文也提供一

个例证,表明即使再明显个人的活动也是有社会性根源的(1909/2003)。在这里面同样有着进化论的维度,即原来由一个集体来举行的仪式逐渐变得个人化了,就比如在新教当中的情况。但个人化的仪式仍然包含着一种社会传统,以及单独祈祷者从社会性中获得的对正确行为的期望。

值得注意的还有莫斯关于身体运动被社会决定的研究(Mauss 1979,第 4 章)。迪蒙声称,莫斯仅仅依据走路的方式就可以把一个英国人和一个法国人区分开来(Dumont 1992,第 7 章),而且莫斯还提出,虽然存在种族差异和长时间的种族对抗历史,南部美国人的身体运动形态基本上是一样的。另外还有一篇论文是关于相信受到了超自然攻击而导致死亡的心理暗示的。因为各种信仰所处的社会和意识形态环境不同,这种心理暗示在实际引起死亡方面,在某些社会中产生的影响要比其他社会大(Mauss 1979,第 2 章)。莫斯与亨利·伯夏合著的那本讨论爱斯基摩人的季节性迁徙的作品,强调了冬季和夏季生活所具有的不同社会性质(Mauss and Beuchat 1979),这显然影响到了爱德华·埃文思-普利查德在《努尔人》当中对当地生态状况的描述处理。在与于贝尔合著的关于献祭的作品中,莫斯还强调了祭品并不仅仅是被给出去的某物,而是对社会权力的认可(Hubert and Mauss 1964)。他其他的作品还有很多。虽然他的著作仍然是根植于其舅父建立并勾勒得相当清晰的模型,但在其著作的内容广泛性和想象力方面,鲜有人能与莫斯比肩。

罗伯特·赫兹和亨利·于贝尔:宗教社会学

由涂尔干和莫斯发展出来的理论方法,甚至是某些相同的主

190

张,也出现在莫斯的朋友兼同事罗伯特·赫兹(1881—1915)的著作当中。如果要说有谁让涂尔干学派深深感到惋惜,那一定是这个人,他的优秀给许多人留下了很深的印象。但是他的远大前程却和他一起葬送在了法国对马尔谢维尔的进攻之中,他在1915年作为军官指挥了这场战役。从赫兹的信中能够瞥见他那有些躁动的心境,他从未能够说服自己去相信,幽闭的学院生活会比能够改善自己的同胞以及国家命运的行动更值得追寻。具有部分德国犹太血统和盎格鲁-撒克逊血统,赫兹良好的出生在他身上引发了一种夸张的渴求,去服务于他生于斯长于斯的法国以及那些毫无特权的工人阶级。

　　赫兹最愉快的经历之一就是1914到1915年在军队里和那些受他领导的士兵们待在一起的日子。他想象自己进入了一个格外井井有条的涂尔干式理论描述下的集体。待在军队里的时候他还记录下了他手下的士兵所知道的那些歌曲和民间故事(1917)。有迹象表明,如果能在战争中活下来的话,他会抛弃社会学而成为一位教育家,就像他创立了法国第一所幼儿园的妻子爱丽斯一样,或者像早期的涂尔干本人一样。与莫斯和许多其他的涂尔干主义者一样,他在左翼政治活动中很活跃,是社会主义研究小组(Groupe d'Études Socialistes)这一团体背后主要的智囊。这个团体是一个受到费边主义影响的辩论学会,它把学者(包括莫斯和弗朗索瓦·西米安)和左翼行动派聚集到一起来讨论公共政策问题(Parkin 1996,1997,1998)。赫兹具有莫斯和其他人曾经提到过的忧郁倾向,这可能在他的工作中有所反映。显然他似乎已经给自己确立了这样一个目标,研究莫斯所说的"人的黑暗面"(1925,24),即社会生活的消极方面,尤其是在生活从根基上受到挑战而不得不采取行动来重构自身的时候。

　　这在赫兹最广为人知的两篇作品中体现得很明显，它们分别是关于死亡和关于手的象征主义的，此外这一点在他未完成的关于罪过与赎罪的论文当中也是一个重要方面。1907年的那篇关于死亡的论文首先既是对二次葬现象的阐述，又是对仪式的结构的阐述（它可能影响到了阿诺尔德·范热内普，他的《过渡礼仪》一书就问世于两年之后），还是对丧礼中情感的确切地位的阐述（Hertz 1907/1960）。仪式所展现的阈限期被对尸骨的第二次埋葬所终结，赫兹是以婆罗洲的例子来讨论二次葬的，虽然这确实也出现于现代欧洲的某些地方，比如葡萄牙北部（Pina-Cabral 1980）和希腊南部（Danforth 1982）。赫兹一直对死亡进行消极的描述，并把仪式的功能看作是驱除死亡所偶然引发的氛围。只是到了后来，人类学家才开始看到死亡仪式当中的积极方面，它常常是对生活，乃至生活的象征性更新进行重新肯定的场合（Bloch and Parry 1982）。

　　在他1909年的那篇关于手的象征主义的论文当中（Hertz 1909/1973），赫兹颠覆了关于这个问题的传统的生理学观点，他认为通过文化上对使用右手的偏好这种形式，社会决定论对生物有机体本身产生了影响。在论文的结尾处，赫兹赞扬了现代教育中那些超越单一偏好而促进两手平衡发展的尝试。这涉及通过将其与生理的机械运动相分离的方法，克服用手习惯中象征层面的影响。简言之，这也是我上面已经提到过的莫斯观点中关于原始混合观念在进化过程中得到分离的另一个相关例证。

　　赫兹关于罪过和赎罪的论文，或者确切地说是他在自己去世之前完成的那部分（大概完成了导论的百分之八十），由莫斯在1922年整理出版（Hertz 1922/1994）。赫兹曾打算让它成为自己的主要作品；虽然今天的人们更熟悉他关于死亡和用手偏好的文章,但照他自己的想法,这些都只不过是为这后一篇论文所作的准备,然而战争和他自己的亡故阻止了这部作品的完成。原本打算作为对山峰和山脉更广泛的研究的一部分,他在 1911 年到 1912 年间进行了对圣贝苏崇拜的田野研究,研究聚焦于建造在都灵附近阿尔卑斯山高处山岩上的一座小教堂。这项研究包括他关于山的心理投射这一论述主题,尤其是一些和希腊神话相关的主题(例如,雅典娜的神话)。赫兹还写过一篇辩论性很强但有意思的关于法国人口减少问题的小册子。在这个小册子中他把这种现象归咎于中产阶级,同时他还指责了因为人口减少而鼓励外来移民增长的做法(1910)。在这里,我们遇到的是深受政治激励的知识分子赫兹,属于社会主义研究小组这个群体的赫兹(这个小册子源于为该组织所作的一次演讲),而不是那个纯粹的学者赫兹。

亨利·于贝尔的名字通常是和莫斯连在一起的。他是莫斯在研究巫术和献祭方面的合作者,而且还和莫斯一起在巴黎高等研究实践学院讲授古代欧洲宗教。他还对古代凯尔特与日耳曼历史以及考古学感兴趣(Hubert 1950,1952)。于贝尔现在被确认是一篇 1905 年论时间的作品的作者,而此前的相当长一段时间,出版上的疏漏使得它一直被当作是莫斯的作品。在这篇文章当中我们也能找到典型的涂尔干主义的特征,尤其是对时间的象征性本质、它对社会日程安排的裨益、仪式日与其所属的那段时期之间的转喻关系(如星期天表征了整个星期,等等)的讨论,以及对现代世界中时间的象征性功能与其纯粹机械式的衡量功能的分离,以及与在非现代社会中这两者混同情况的比较——我前面提到过的涂尔干式的进化论模型的又一个例子。

阿尔布瓦克斯以及其他涂尔干主义者:普通社会学

时间对其具有某种重要性的另外一个人物是莫里斯·阿尔布瓦克斯(1877－1945)。在斯特拉斯堡大学高举了多年涂尔干主义的旗帜,阿尔布瓦克斯终于在 1944 年的年中获得了令人觊觎的法兰西学院教授身份。不幸的是,他在两个月后被盖世太保逮捕并于次年死于布痕瓦尔德集中营。虽然他还推进了涂尔干关于自杀的研究(Halbwachs 1930)并且还对消费模式以及经济其他方面的研究作出了贡献,但今天阿尔布瓦克斯主要是因为他关于记忆的著作(例如 1999)而被人们铭记——这是一个现代人类学又重新发掘出来的主题(Halbwachs 1912,1933,1999)。阿尔布瓦克斯写到,记忆虽然看起来是个人的,实际上却是一种彻头彻尾的社会现象,因为它是与他人共享的,并且受到我们的社会环境的促动。此外,每一代人都会修改集体记忆,把他们独有的东西添加到业已存在的内容中去。记忆还和年龄有关系,其道理在于,年华的老去把我们带回到我们的传统,于是带回到记忆。因此,记忆是意识形态性的和选择性的,它通过与展示性及重构性的仪式相联系,从而重构了过去,并以很重要的方式重构了社会自身。而且,阿尔布瓦克斯还解释说,在一个复杂社会中,不同的社会群体拥有不同的集体记忆。 193

阿尔布瓦克斯在后期的研究中注意到了现象学的因素。他还发展了对社会心理学的兴趣,并敢于对涂尔干研究中的一些方面作出批评。在对自杀的研究当中尤其是这样,他把被他人抛弃作为自杀的一个关键原因。不过,归根到底,他和这个群体中的其他人一样,一直都坚持着大师确立下的基本原则。他还被认为比照于贝尔的社会时间概念发明了社会空间的概念,但于贝尔的波兰学生,斯蒂芬·扎诺夫斯基(Stefan Czarnowski)也许先他一步发现了这个概念。他对这个术语的运用与后来研究东南亚大陆的法国人类学家乔治·孔多米纳(Georges Condominas)对这个术语的运用(1980)不大相同。对后者而言,社会空间只不过是对社会组织的一种隐喻。而对阿尔布瓦克斯而言,它是社会对空间的利用以及社会对空间范畴的决定,这两方面都是值得注意的。

其他的涂尔干主义者可以只简略地在这里提一下,因为虽然他们在各自的有生之年都是涂尔干学术圈子的核心的一部分,但他们对作为一个整体的人类学的影响却相当小。塞莱斯坦·布格莱(1870-1940)是涂尔干最早的合作者之一。在遇到涂尔干之前,他自己那种相当倾向于心理学的观点已经大体成形,涂尔干不得不说服他相信那门新的学科,即社会学的必要性。不过,一旦被涂尔干说服之后,布格莱就投入了对平等观念的研究之中(Bouglé 1899,1903),后来又钻研了印度等级化的种姓体系(Bouglé 1971),并把这种体系的形成归咎于婆罗门。他对印度的研究,确认了纯洁和不洁的观念在生产一个既牵涉到分离(在单个种姓之间)又牵涉到融合(在使所有种姓结合成一个体系方面)的种姓体系上的重要性,在很大程度上影响了后来路易·迪蒙对这个题目的研究(见下文第五讲)。布格莱还研究过社会价值观的产生(Bouglé 1969)并且对蒲鲁东的社会学一直很感兴趣(Bouglé 1912)。弗朗索瓦·西米安(François Simiand,1873-1935)是这个群体当中的经济学专家(1934-1942)而且他还出版过关于社会科学方法论的著作(1903)。他指出,经济方面的运动,如价格等等,并不是功利主义的,而是被根植于市场上非理性的牛市和熊市阶段的集体态度所结构化的,而且与大众对经济存续所怀有的集体意愿相关联(Marcel 2001b)。

拥有法学的背景并在图卢兹建立起其学术事业的保罗·福科内(1874－1938)虽然可能更是因为他关于责任及其司法判定的研究(Fauconnet 1920；Gephart 1997；Mauss 1999)而为人所知,但是他对方法论诸问题的讨论也作出了贡献(Mauss and Fauconnet 1901)。在他关于责任及其司法判定的那部作品当中,我们熟悉的 194 那种进化论发展顺序又出现了,即朝着个人对于社会具有更强个体化的方向发展。这反映在罪犯在现代社会要被惩罚而在前现代社会里则是被重新接纳的对比之中。然而,所有的司法统治都更关心确立什么是罪行,而不是确认罪行的动机。作为一个涂尔干主义者,福科内敏锐地指出了审判的社会本质,不过他也同时强调了审判的宗教层面因素。为此,他研究了法律观念与宗教观念和仪式活动的联系,也研究了对无生命物和超自然物的责任归咎,以及对成年人类之外的动物和儿童的责任归咎问题。

另一个接受过法学训练的涂尔干主义者是伊曼纽尔·莱维(Emmanuel Lévy,1870－1944),他从 1901 到 1940 年间在里昂教书,并且是当地有名的社会主义活跃分子。谈到责任,他认为财产权和合同责任都植根于那些直接相关者的信念以及更广阔的社会环境之中。像福科内一样,他确认了这些现象具有的宗教层面,而且把这一主张中提到的道德基础与法律区分开来,并认为后者需要进行理性的考量并由外在权威予以实施。随着现代的、资本主义的、以市场为基础的经济的到来,原本不能被让与的财产权已被其让与形式所取代,这受到价值观念的约束,而这些观念随着人们愿意付出的东西而转变。在这里,莱维的激进主义的作用很明显:资本主义造成了权利(资本家的)和职责(工人的)之间的分离,这种裂痕只有像社会主义或工联主义这样的激进主义运动才能够克服(Lévy 1903,1926,1933；另见：Frobert 1997)。

两次大战之间的主要非涂尔干主义者

　　这个时期的其他一些人物也对法国甚至更广大地区的人类学产生了影响，但是他们，严格说来，甚至在某些例子中很宽泛地说来，并不是涂尔干圈子里的人。莫里斯·林哈特(Maurice Leen-hardt，1878－1954)的名字在他死后几乎完全被遗忘了，直到1980年代，在他关于新喀里多尼亚的主要著作 *Do Kamo*(《生灵》)被翻译成英文之后，人们才再次把他记起(Leenhardt 1947/1979)。莱纳特 1878 年出生于蒙托邦，是一个教地理的神父的儿子。1902年他出版了他关于埃塞俄比亚运动的论文，这是一场发生在非洲南部，反抗种族歧视的运动(Leenhardt 1902/1976)。在学习了神学和医学之后，1902 年他作为一名新教传教士去往新喀里多尼亚。他在那里的活动如今常常被作为一个早于布罗尼斯拉夫·马林诺夫斯基的田野工作的例子而加以引用。而与马林诺夫斯基一样，他也相信以当地人的生活方式去生活是了解他们的思想和价值观的唯一途径。

　　在田野地的时候，林哈特试图保护当地人群免受殖民政府的虐待，并且推动了把当地人的价值观和基督教的价值观融合在一起的本土教堂的创立。通过这种方式，他开始认为本地文化是自主的，而且具有自身的价值。在学术观点上，他抛弃了他的朋友吕西安·列维-布留尔(Lucien Lévy-Bruhl)对原始的和现代的思维形式进行的区分，而这又对后者在晚年改变在这个问题上的看法具有影响。然而作为人格(Personhood)的一位早期研究者，林哈特从人对身体的意识当中获得对人格的感觉。他认为，人格的观念是由基督教引入新喀里多尼亚的。不过,他排除了把心理分析作为对人格的解释的路径,而青睐于莫斯的整体主义社会学和民族志。

林哈特还对时间、神话与艺术之间的关联,以及"*kamo*"(活着的)与"*bao*"(死了的)这两种观念的融合感兴趣。具体来说,他寻求一种对神话的现象学研究方法。这一方法并不把神话看作一种叙事形式,而是看作个体经验到的一系列不连贯的"景象"或"时期",而在其中,恰如列维-斯特劳斯后来所指出的(Lévi-Strauss 1967),文化的、生态的和宇宙的现实彼此重叠在一起。

1926 年林哈特返回法国并试图参与到教会的管理工作中去;他这一努力的失败反映了他在田野地的传教活动由于被认为具有颠覆性本质而给他带来的坏名声。他在 1937 年出版了一本关于新喀里多尼亚的大受欢迎的民族志《此地之民》(*Gens de la Terre*)并在 1947 年又出版了《生灵》。从 1935 年开始和莫斯一起教了一段时间书之后,林哈特在 1941 年接替了莫斯在巴黎高等研究实践学院"原始"宗教史方向的教职。他在这 教职上的首位学生是米歇尔・莱利斯(Michel Leiris)。这一职位后来在 1950 年被列维-斯特劳斯接替。林哈特还在东方语言学院教过书,在人文博物馆(Musée de l'Homme)负责过大洋洲分部,并且于 1947 年在新喀里多尼亚的努美阿创建了法兰西大西洋研究所。他逝世于 1954 年(Dousset-Leenhardt 1977;Clifford 1982,1991)。

另一个在这一时期很著名的作家是吕西安・列维-布留尔(1857—1939)。这位哲学家在 1908 年获得了现代哲学方向的教职,并在 1925 年从人民阵线政府那里获得许可成立了民族学学院并委托莫斯和保罗・里韦特(Paul Rivet)进行管理。虽然他大致和涂尔干是同一代人,但他比涂尔干多活了 20 年,而且只是在涂 196

尔干死后才对人类学变得重要起来。事实上也像涂尔干那样，列维-布留尔在其学术生涯相对较晚的时期才开始转向对所谓原始人群的研究（Lévy-Bruhl 1923, 1912; Cazeneuve 1972）。此后一直到他 1939 年逝世，这都是他的主要兴趣点。

列维-布留尔对"原始"人群的观点并不是始终一致的。虽然他总是小心翼翼地不让自己和涂尔干主义者们靠得太近，但是和他们一样，他放弃了唯理智论者那种认为宗教根源于个体的心理且所有的人类都具有共同的心智特点的立场。他深受涂尔干的集体表征观念的影响，并声称每个社会都有其社会性决定的思维方式。因此他认为，在理解其他人群的社会生活的时候，思维方式跟行为一样重要。不过，最让其闻名于世的可能还是他对原始心智和现代心智的区分。原始心智涉及超自然观念，而现代心智是逻辑化的。因此，原始思维是"前逻辑的"而且涉及"神秘参与和排除"，因此象征性物件分享了彼此的本质，在同一时间出现在两个地方，等等。这种参与和排除还直接作用于原始人的感觉：例如，在看到自己的影子的时候，原始人马上就相信了这就是他的灵魂。最终，它们本身就是从一系列的可能性当中通过社会的方式被选择给个体的。这使得前逻辑思维毫无创新并且不受经验影响。只是到了后来，神话和象征符号作为经验与思维之间的中介因素进入历史，在这个阶段中作为一种独立现象的概念也出现了。因此，前逻辑思维是无概念的——这使得它从字面上来看是矛盾的（Durkheim 1915/1995）。

列维-布留尔说得很清楚，他所作的这种区分针对的是原始人群借以思考的范畴，而不是说他们绝对没有逻辑思考的能力。确实，前逻辑思维与其说是以其无逻辑或反逻辑性质为特征，倒不如说是以它对矛盾的更大容忍度，或者应该是无视，为特征。这种思维模式的其他层面还包括当地人因果观念中神秘力量的重要性；缺乏一种独立的自我观念（Mauss 1985）；以及精神的与物质的、个体与群体、身体与心灵之间的混淆，并且认定身体超出了它物理的边界而包括像头发、衣服和脚印这样的东西。然而列维-布留尔也承认，那些所谓文明人也并不是所有思维都是有逻辑的：即使是科学创见当中也涉及许多直觉的因素，严格来说是在追随某种直觉而不是理性的思索。 197

　　列维-布留尔把不同的思维模式归结到不同的社会类型上面，这种分类方法在他的同代人看来大有问题。在他死后出版的那本《笔记》（1949/1975）显示出他自己也逐渐意识到了这个问题。在他的朋友林哈特的影响下，他更清楚地表达出了这样一种认识，即他确认的那两种思维模式在任何社会中都是并存的，而并不是分别是某种特定类型的社会的产物。他还把自己对"原始"思维的描述重点从前逻辑转移到了神秘性这一点上，并且认为这种特性更多地是由于情感（尤其是恐惧）而不是认识的原因，这就使得他又倒回到了 19 世纪维多利亚时代那些人的方向上去了。可是，当把互渗（participation）的观念用于解释仪式期间人类与神之间的关系时，他毫无疑问地识别出了大多数宗教实践的一个基本目标。

　　今天，为了维护人类种族的基本一致性并且阻止那种容易导致政治歧视的对原始族群的随意而具误导性的解释，对列维-布留尔这种基本两分法的摒弃已成共识。那些竟敢公然复兴列维-布留尔的观点的人，如让·皮亚杰（Jean Piaget）（1971）和克里斯托弗·霍派克（Christopher Hallpike）（1979），常常被谴责为冥顽不灵地坚持这种观点。然而类似的观点在学术界的暗流当中始终存活着，这部分是因为它们应合了许多人类学家持有的一种牢固的但却普遍密而未宣的看法，即"西方"在某种程度上是有别于"其他地方"的。因此,它们偶尔会以其他形式重现,比如在杰克·古迪关于文字影响的研究中(Goody 1977),和迪蒙对现代的和非现代思维的区分上(Dumont 1992;Evans-Prichard 1965(第 4 章),1981;Jamin 1991c)。尽管埃文思-普里查德比别人都更打算认真看待列维-布留尔,但在关于阿赞德巫术的著作(1937)当中他却抛弃了列维-布留尔的观点,而部分地返回到了他和涂尔干主义者似乎一直反对着的唯理智论的老路上去了。

　　这个时期的另一个重要人物是马塞尔·葛兰言(Marcel Granet,1884－1940),他试图把涂尔干主义的观点和方法融合进他对中国的研究当中,而他从 1911 到 1930 年都生活在中国。回到法国之后,葛兰言在巴黎高等研究实践学院获得了一席之地,从1926 年开始在东方语言学院授课,并且参与了汉学研究所(the Institut des Hautes études Chinoises)的工作。在研究当中,葛兰言抛开了传统的历史而青睐于对中华"文明"进行重新解释和分析(Granet 1930,1953),并在使用历史文献的过程中采用了一种并
198　不旨在创造连贯叙事而是反映了其朋友莫斯所倡导的整体论的方式。

　　葛兰言起初是对中世纪欧洲的荣誉观念感兴趣,后来为了进行比较研究而转向了中国,并主要聚焦于汉代以前的时期。这个领域后来占据了他全部的学术生涯。这也使其开始关注中国的封建义务,然后又关注家庭,因为它是一种与这些义务经常发生冲突的体制,最后,以家庭为单位,他关注到了以祖先崇拜形式出现的宗教(Granet 1975)。他在对中国产生兴趣之前就接触了涂尔干的学说,与后者一样,他把祖先崇拜的出现放在了历史上相对晚近的时间。和大多数的进化论者不同,他拒绝从中解读出一种原初形态。同样与涂尔干相似的是,他识别出了一种早期在神秘主义

和律法观念之间的联合。此外他在研究中更看重文本而不是把信息提供者的言论作为自己的基本材料。在这方面他也附和了涂尔干的那种总体感觉，即认为过分依赖信息提供者的言论，结果只会是得到民俗知识并把起源神话误读为真实的历史，而不是正确的整体论分析。葛兰言把中华文明部分地看作是在历史之中发展起来的独特思维模式之一，这种观念使得他更强调延续性而不是变迁，就像传统的历史所做的那样。

葛兰言对中国的婚姻体制的研究（Granet 1939）对列维-斯特劳斯创立姻亲联合的模型具有相当大的影响。他的一个学生，爱德华·梅斯特（Edouard Mestre），在巴黎高等研究实践学院的讲座中先于埃德蒙·利奇对卡钦人那种以不平衡为惯例的联盟体系作出了描述（Freedman 1975；Goudineau 1991）。

另一个在这一时期及后来很重要的人物是葛兰言的学生乔治·杜梅泽尔（Georges Dumézil，1898—1986）。杜梅泽尔的研究有时被认为在 1930 年代甚至以后很长时间内都服务于右翼分子的政治规划，因为其公然声称要压制西方思想中的犹太遗产。在伊斯坦布尔大学以及乌普萨拉大学教了一段时间历史之后，杜梅泽尔得到了巴黎高等研究实践学院授予的一个印欧人群宗教的比较研究方向的教职。在 1949 到 1968 年间，他在法兰西学院拥有印欧文明研究的教授职位（Charachidzé 1991）。杜梅泽尔自称是历史学家，不过他也可以被看作是一位进化论的结构主义者，因为他确认出了一直可以追溯到古代印欧语系社会的持续存在的代表性结构（Dumézil 1968—1973，1988）。他的比较对象囊括了印度、伊朗和古代凯尔特人和日耳曼人，以及古代希腊人和罗马人。与列维-斯特劳斯一样，神话对杜梅泽尔来说非常重要，不过在杜梅泽尔这里，观念上的三分代替了前者的二分，他确认出了不断出现在社会组织和神话中的一种三元结构,即存在于精神权威、世俗统治和财富创造之间的功能划分。杜梅泽尔的研究创生了一种新的学术事业,它通过结合人类学、历史和比较语言学而为自己开辟了一方天地,它还激发了对其他语系(如闪族语系、泰语系等)类似研199 究的产生。杜梅泽尔的研究得到了语言学家埃米尔·本维尼斯特(Emile Benveniste)的研究成果的支持,后者把印欧的观念用来作为一种重构和解释早期印欧体制,包括欧洲古典时期体制的路径。

两次大战期间的博物馆事业

莫斯的教学在 20 世纪二三十年代为人类学形成了两股新的趋势。其中一股发生于博物馆学领域,并聚焦于此前已经长期陷入停滞状况的特罗卡德罗博物馆。埃内斯特-泰奥多尔·阿米在1908 年就已去世,接替他的是勒内·韦尔诺(René Verneau),在其管理下,特罗卡德罗博物馆进一步衰退。韦尔诺的管理结束于1927 年,其特色之一是对原始艺术的兴趣,这种兴趣激发了 20 世纪头 20 年的许多先锋派艺术家。虽然对大多数人类学家来说,工艺品的科学价值是最重要的,但是这一发展趋势却提升了它们的审美价值,而这正是阿米极欲鼓励的,他只要一有资金就会筹办令人印象深刻的展览活动。紧随着 1937 年的世界博览会,保罗·里韦特和乔治-亨利·里维埃(Georges-Henri Rivière)在 1938 年把特罗卡德罗改成了人文博物馆。新的博物馆超越了阿米先前那种纯粹的功能分类法,添加了展出物品的社会背景。在此之前的一年,里维埃还建立了民俗传统与艺术博物馆(Musee des Arts et Traditions Populaires,MATP),其中还包括了法兰西民族志中心;它后来成为了战后发展起来的新的法国人类学的研究基地

(Dias 1991;Rogers 2001;Schippers 1995;Williams 1985)。

因此,除了使艺术家们得到灵感外,博物馆一直到 1950 年代还对法国的民族志活动有着强大的影响力。这可以用迪蒙的一些早期作品,特别是描述法国南部一个节日的作品《塔哈斯克》(*La Tarasque*,1951)来作为例证——迪蒙最初就是 MATP 的工作人员。这种对博物馆及其收藏品的兴趣导致的后果之一是,传播论作为一种潮流在法国出现的时间晚于英国,直到 1930 年代晚期才出现,比它在英国被功能主义取代要晚了 15 到 20 年。法国著名的传播论者有保罗·里韦特和安德烈-乔治·奥德里古(André-Georges Haudricourt),我记得直到 1980 年代中期我还在巴黎听过后者用传播论的观点做的讲座。

里韦(1876—1958)刚开始工作时是一个军医,因为这个职业的缘故他随一个科学探险队去了厄瓜多尔。在那里他开始对考古学、语言学、民族学和体质人类学感兴趣,而且也收集起了自然史 200
标本。1906 年回到巴黎后他到了法国国家自然史博物馆,后来他逐渐开始着手于研究哥伦比亚时代以前的厄瓜多尔(Riret 1912)。1925 年,他和列维-布留尔及莫斯一起共同创立了民族学研究所(Institut d'Ethnologie)。其后他一直在博物馆领域工作,除了教书他还参与了 1937 年新的人文博物馆的创建工作(Le′vine 1991)。

奥德里古(1911—1996)生于 1911 年,起初学的是植物学和地理学,1944 年他转向语言学研究,专攻斯拉夫语系。在 1948 到 1973 年间他数次参加对美拉尼西亚和远东地区的考察活动。他学术经验的两个方面,植物学与语言学,使得他成为了法国民族植物学(ethnobotany)的先驱(Haudricourt 1943)。他的第三种兴趣在于工具及其与社会的关系(Haudricourt 1987)。他的基本观点是工具的发明受社会的影响，而不是社会受工具发明的影响（Dibie 1991）。因此，同来自自然科学界的里韦和奥德里古都在其成熟期的研究工作当中把这种背景与社会科学、人文学科结合在了一起。

随着列维-斯特劳斯的结构主义在 20 世纪五六十年代的到来，博物馆与田野工作之间的联系基本上中断了。唯一的例外是 MATP 继续支持着研究法国本土的人类学，我在下一讲中将谈到这一点。

格里奥勒与转向田野工作

莫斯引领的另一股趋势是田野工作。两次世界大战期间的岁月见证了在法兰西帝国范围内进行的民族志工作的进展，当时这个帝国也正处于鼎盛时期。法属印度支那，尤其是中部高地，被非越南的、非高棉的部落占领着。奥斯卡·萨朗敏克（Oscar Salemink）很好地讲述了人类学对这个地区的研究史（1991，2003）。远在法国 19 世纪 80 到 90 年代对此地的占领之前，像让·肯林（Jean Kemlin）这样的传教士从 1850 年代以来就活跃于巴拿人（Bahnar）中间了。总的来说，传教士们之所以有兴趣了解当地宗教为的是便于劝导人们皈依。在占领后，官方对这些高地地区的主要兴趣就是想招募当地部落里的人们，或者叫莫伊（*moi*，字面意思是"奴隶"），到橡胶种植园和军队里干活。这种兴趣本身也导致了对其部落社会的人类学研究的诞生，这种类型的研究中较早的一例是《丛林中的奴隶们》（*Les jungles moi*）（1912），作者是殖民地官员亨利·迈特尔（Henri Maitre），他在 1914 年被墨农人（Mnong）杀死。

这方面的主要人物是利奥波德·萨巴捷(Léopold Sabatier, 1877—1936),他于 1903 年来到印度支那并很快成为了拉德人(Rhadé)中的"法国驻扎官"。他在这个职位上服务到 1926 年,然后因为为了保护当地人而总是拒绝让越南人和法国种植园主进入这个地区而被解雇。他在学术上具有重要性是因为他率先撰写了对部落"风俗"的一系列阐述,每一本都集中关注了一个独特的高地族群。从效果上看,这些都是为了管理当地人而起草的殖民法案,这些卷帙浩繁的作品因为引入了一些法国的法律观念和实践,其作为民族志的有效性大为削减(Sabatier 1930;Sabatier and Antomarchi 1940)。尽管如此,萨巴捷的观点从根本上说是文化相对主义的,并抛弃了用进化论来解释社会传统。他的这一立场与法国种植园主、传教士以及大多数官员所持立场大相径庭,对那群人来说,当地人归根到底只不过是一群需要文明教化的野蛮人罢了。

不过萨巴捷倒也的确获得了一些像法兰西远东学院(EFEO)这样的组织的支持与合作,EFEO 从 1820 年代起就开始撰写对在高地生活的其他群体的阐述,而且还开展了一些语言学方面的调查研究。虽然越南语实际上和很多高地语言都有关联,但是 EFEO 的语言学研究却是用来支持那种更为常见的主张的,即高地族群与越南人是毫不相干的。1937 年,保罗·莱维在 EFEO 中创立了一个专攻民族志研究的分部。在这个地区创建的其他机构还包括由 EFEO 协同河内大学的医学部共同创立的印度支那人文研究所,旨在研究民族志和体质人类学,此外还有印度支那研究学会,1880 年在西贡创立。

人类学研究工作也同样在法兰西帝国的其他区域进行着。和研究象牙海岸的路易·托克(Louis Tauxier)一样,亨利·拉布雷

(Henri Labouret)是研究西非沃尔塔河上游地区（1941）的政府人类学家。莫里斯·德拉福斯（Maurice Delafosse）也很活跃,创作了大量作品,使得这一时期英国对西非的民族志研究黯然失色（1922;Goody 1995,39—40）。德拉福斯可能是在马塞尔·格里奥勒之前研究这一区域的主要人物。他对非洲十分熟悉,尤其强调种族间不平等的历史偶然性及其社会性本质。从 1901 年开始,他在巴黎的东方语言学院教非洲语言,并且还在殖民地学院中协助培训殖民地官员。此外他还参与了另一项对田野工作来说非常重要的事业,即 1925 年由列维-布留尔、莫斯和里韦在巴黎大学创立的民族志研究所的组建工作。他于翌年逝世（Clifford 1983,126—128;Jamin 1991b,290）。

莫斯在民族学学院开设了教授田野工作和民族志的常规课程,部分是面向那些殖民地官员。这对于在法国大学里把人类学制度化来说是一个新的起点,尽管学院也开设其他诸如语言学、地理学、史前史、和体质人类学之类的课程（Karady 1981）。和在英国的情况一样,法国人类学也经历了一个匆匆拜访很多个人群而非长时间对某一人群做田野工作的探险转折过渡期。于是,1898 年的托雷斯海峡探险便有了其翻版——1930 年代由格里奥勒领导的达喀尔-吉布提的探险,这次探险还关注了工艺品的收集;列维-斯特劳斯在同一时期的稍晚时候进行的亚马逊流域之旅也属同一性质。

马塞尔·格里奥勒（1898—1956）其人从 1930 年代一直到 1950 年代都是一个很有影响但又很有争议的人物。他是莫斯的学生,对田野工作充满热情,并且把它作为一种科学的旅游和探险形式加以推广。他甚至视其为一种冒险,这种冒险的特质从他曾当过飞行员的经历中也可见一斑:据说在 1940 年代他曾在索邦大学穿着飞行员的制服给学生上课；而在 1943 年，作为法国首位普通人类学教授他在索邦大学首开了民族学的课程。早在 1928 年，甚至比达喀尔-吉布提探险还要早的时候，格里奥勒就在埃塞俄比亚——后来的那次探险也到过这个地方——作过田野调查并且收集工艺品。1930 年代的那次探险非常有名，而且有像雪铁龙这样的公司为他们提供资金。那正是黑人艺术盛行以及公众对所有原始的东西都充满热情的时期，格里奥勒这个公关家充分利用了这一点来为这次探险事业筹集资金。在这次探险期间，旅行家们曾与马里的多贡人（Dogon）相处了一段时间，这使格里奥勒同多贡人之间建立了一种关联，这一关联不仅在后来贯穿了格里奥勒的整个田野调查生涯，而且在他 1947 年与土著人奥格滕梅里（Ogotemmêli）之间展开的著名“对话”中达到高潮（1948/1965；1938）。虽然奥格滕梅里在与格里奥勒会面后不久就去世了，但他却可能成为了整个人类学史中最著名的信息提供人。而且，与唐璜不同，他的存在从未受到质疑。

　　格里奥勒喜欢启用大量的助手和同事来观察一项仪式，把他们安排在不同的角度上观察，从而获得对参与到这项活动当中的不同群体的一个总体看法。虽然最初受到了传播论的影响，但是他很快就抛弃了这种观点，而青睐于后来克利福德所说的“共时性文化模式”（Clifford 1983，122）。他还强调可以把成年礼仪式普 203 遍看作是踏入当地文化的入口，这个原则后来被热尔梅娜·迪耶泰朗（Germaine Dieterlin）以及他的其他追随者们继续贯彻了下去。然而，虽然格里奥勒认为人类学是多学科交叉的，田野工作也牵涉到运用许多种不同的能力，但是他的著作除了发展了田野工作自身的方法理论外，却并无其他理论（Griaule 1957）。他的这种弃绝理论的倾向可能直接或间接地影响到了以后的许多法国人类学家,那些强调田野工作和民族志调查更甚于理论的人类学家们。

格里奥勒因为与信息人之间的关系性质而招来了批评,而他的报告作为人类学研究材料的价值也受到了质疑。他公开表示田野工作中不可避免地牵涉到有利于西方白种人的田野工作者的权力关系。但他并不像一个当代的人类学家会做的那样,慎重地对待这一发现,远非如此,他似乎倒是乐在其中。他充分利用了自己作为一个白人男子相对于处于被殖民状态下的当地人所拥有的权力,从他们那里不仅攫取了信息,还攫取工艺品甚至坟墓里的骸骨。在他看来,殖民情境下的遭遇总是潜在性地充满敌意,所以他形成了一种审问者的而不是询问者的风格,常常采用操纵性的和强迫性的提问方式来诱使信息提供人透露出比他们真正想说的更多的东西。

当然,除了这些方法的不道德本质之外,太过坚持也会导致在现场编造答案的情况发生。这些策略以及他所描述的这些活动所具有的舞台感及时常出现的戏剧性——格里奥勒有个习惯,他总是去营造他要调查的情境而不是去等待它们自然出现——以及他与诸如奥格滕梅里这样的关键信息提供人之间关系的亲密性,都招致了这样的指控,即他的著作与其说是民族志报告还不如说是文化产品。毫无疑问他非常依赖那些对他项目持赞同态度的翻译和信息提供人,而这或许不可避免地使得他把非洲的过去精炼为"非洲主义",正如雅克·马凯(Jacqus Maquet)后来做的那样,尽管他的观点与一些像利奥波德·桑戈尔(Leopold Senghor)和艾梅·塞泽尔(Aimé Cesaire)这样背井离乡的非裔学者的观点之间产生了互相影响。不过,格里奥勒还是认为多贡人的信仰体系具有和基督教以及其他天启宗教(revealed religion)进行比较的价值。

格里奥勒曾与一系列同事一同工作，比如担任过其秘书的莱利斯，还有迪耶泰朗（Dieterlin）和德拉福斯，虽然并不是他所有的同事都一直是他的追随者。迪耶泰朗与格里奥勒之间的合作相当广泛，并且在他死后还以两人合著的名义出版了研究多贡人的著作（Griaule and Dieterlin 1965）。她还在班巴拉人（Bambara）中间做过田野调查（1951），其学术研究目标是确立一种泛萨赫勒地区（pan-Sahelian）思维方式的存在，她后来在巴黎高等研究实践学院 204和法国国家科学研究中心领导了一支研究队伍专攻这一主题。她还对人格（personhood）感兴趣（Dieterlin 1973），而且后来还与格里奥勒的一个学生让·鲁什（Jean Rouch）合作拍过电影（Izard 1991）。迪耶泰朗直到逝世的前一年都一直持续回访多贡人，方式是与同事们一起组成季节性考察队而不是独自进行长期田野工作。另外，她还鼓励研究非洲的英法人类学家开展合作（I. M. Lewis 2000）。

格里奥勒的其他学生还包括列维-斯特劳斯未来的追随者、比利时人卢克·德·余施（Luc de Heusch）和后来成为了一位社会语言学家的格里奥勒自己的女儿热纳维耶芙·卡拉姆-格里奥勒（Geneviève Calame-Griaule）（1965/1986），以及丹尼丝·波尔姆（Denise Paulme，1909—1998）。波尔姆曾受过法学训练，这也许是她对社会组织（包括年龄组）以及这个群体都关注的仪式和象征主义感兴趣的原因；她还研究过口传文学。在参加了格里奥勒组织的 1935 年那次探险之后，她于 1940 年写了一篇关于多贡人的论文（Paulme 1940/1988）。后来，她还与其丈夫——法国人种音乐研究的先驱安德烈·舍费尔（Andre Schaeffner）一起在几内亚和象牙海岸的一系列其他人群里做过田野调查（Paulme 1984）。1958 年她获得了巴黎高等研究实践学院的教席，并在那里建立起了非洲研究中心(Janin 1991a)。

社会学学院

在同一时期更晚些的时候,米歇尔·莱利斯(1901—1990)与法国短命的社会学学院(The Collège de Sociologie)牵连在了一起(1937—1939;见:Hollier 1995;Richman 2002),这是他和乔治·巴塔耶(Georges Bataille,1962年去世)和罗热·凯卢瓦(Roger Caillois,1913—1978)一同创立的。他们在很大程度上受到了莫斯和赫兹对象征符号和仪式的研究,以及莫斯倡导的新的法国民族志的启发,尽管只有凯卢瓦和莱利斯才是莫斯的嫡传学生。的确,正是这两个人与艾尔弗雷德·梅特罗一道,促使巴塔耶在自己已有的对文学和哲学的兴趣之上又加上了社会学。莱利斯和凯卢瓦早期还信奉过超现实主义,但后来又抛开了它;而巴塔耶对这一运动一点也不感兴趣。社会学学院被认为是由学术和政治倾向都相似的学者合作进行的事业,它超越了普通的学术合作:它的创立者们都是坚定的反种族主义者,尤其是巴塔耶,他还具有马克思主义倾向。他们的这一事业通过期刊《阿希法尔》(*Acéphale*)*的创刊得到了巩固,它与一个同名的秘密小团体紧密相关。

205   在这个三人组合中,巴塔耶似乎具有学术上的主导地位,而且还在去世后因为其对包括当代社会的暴力和虚无主义等非理性问题的关注,成为某些当代文化研究领域的权威,(Bataille 1970,1997)。当然,这些也正是巴塔耶最活跃的1930年代的时代特征。巴塔耶的基本观点是,涂尔干式的社会学所试图解释的社会秩序

---

* "阿希法尔"为音译,此词意为"无头"。——译者

归根到底来说，并不比那种非理性的、甚至是自我毁灭式的、打破守护着这一秩序的种种禁忌的冲动更重要。而且，正是禁忌的存在才更加强化了这种非理性的冲动。由于这种冲动是个体天生的，因此巴塔耶实际上是用一种与意志和权力相关的现象学群体心理学来对涂尔干式的理性主义社会学进行了补充。这种心理学承袭自弗洛伊德、尼采、黑格尔，甚至于马基·德·萨德（Marquis de Sade），后者代表了一种违反性禁忌的极端形式。这种非理性冲动不但用违反禁忌的方式取代了其禁绝作用，而且还代表了一种要威胁对社会来说为神圣之物和神圣之人的意愿，尽管这也会散发出积极的活力。

巴塔耶不仅对献祭感兴趣，而且还对莫斯所描述的夸富宴制度很感兴趣。他用更宽泛的"花费"（dépense）一词，来把这种制度看作是社会本身以及现代社会中颠覆性的、反资产阶级思潮的基础，因为资产阶级是强调节俭的。引用赫兹关于"左"与"右"的论文，巴塔耶强调"左"，或者说是不详的圣物，是一种能把涂尔干式的同质状态转换为富有革命精神的异质状态的颠覆性力量，而这一异质性恰恰是资产阶级的社会通过压制他者，即工人阶级而自身所鼓励的。巴塔耶还引入了涂尔干的热狂概念，并看到其潜在的既可能通往"左"，也可能通往"右"的革命性力量，这种说法重述了勒庞的观点。而这又与献祭的观念联系在了一起：在巴塔耶看来，现代社会的特征之一即设定了这样一些需要不断的献祭的普遍观念，就如在军国主义中的情况那样（士兵们用生命作出了献祭），或者一种现代群众运动的意愿，以消灭阶级或种族敌人。

有人批评巴塔耶的研究工作缺少民族志资料作为坚实基础，他的工作中仅仅有些在梅特罗促动下（梅特罗曾请他写一篇对一场前哥伦比亚时期艺术主题展览的评论）产生的对阿兹特克文明相当浮光掠影式的兴趣。更深层的问题是,一如苏珊·斯特德曼-琼斯(Susan Stedman-Jones)曾指出的,消极、虚无以及道德相对主义,即使在现代社会也只是例外现象,而不是人类日常活动的常规形式(2001)。而且巴塔耶在方法论上也受人诟病,因为他把我们或许会称之为制度性虚无主义(institutional nihilism)的东西——比如在他最喜欢的例子夸富宴当中,那种显然毫无道理的对财富的损毁恰是社会所要求的——和个人对社会禁忌的违反搞混了。

206 　　凯卢瓦的研究工作总的来说更加含糊(Caillois 1950),他的朋友巴塔耶也毫不迟疑地批评了这一点。凯卢瓦质疑了圣俗两分在现代社会中的用处,他认为,这种两分只对战争和革命状态才适用,而不再适用于正常的社会生活状态;在现代社会中,献祭,尤其是巴塔耶所关注的那种损毁式的献祭,更取决于个体想不想做,而并不取决于社会迫力。战后,凯卢瓦还撰文反对浪漫化地看待原始人,而他声称在列维-斯特劳斯的新人类学当中察觉到了这种趋势。不过,在一封信中,莫斯谴责了他在凯卢瓦和巴塔耶的工作中所发现的那种对非理性的赞颂(Marcel 2001b)。与法兰西学院其他的评论家们一样,莫斯可能错把客观看待社会生活的意愿当成了应该如何引导群体的政治纲领:正如我们已经提到过的,这三人都是坚定的反法西斯主义者,而且莱利斯后来还因其反种族主义、反殖民主义的言论而名声大噪,连其昔日导师格里奥勒也未能免受其责难。

　　这三个人的大多数著作都接近文学,而莱利斯的著作则和文学交融在了一起。莱利斯后来在 1939 年 6 月与巴塔耶和社会学学院分道扬镳。他的学术之路起初是受到诗歌而不是作为一门学科的人类学的启发,而且他的早期作品在 1925 年还上过《超现实主义评论》。这种对超现实主义的兴趣主宰了他的大部分作品，虽然他在 1929 年最终脱离了这场运动，但在 1940 年代晚期他还试图调解超现实主义与让-保罗·萨特（Jean-Paul Sartre）对其所谓窥视癖般的被动性及对道德责任的弃绝所进行的抨击。莱利斯还写了一些关于非洲的文章，尤其是在《非洲幻影》（1934）一书中他批评了格里奥勒对成年礼的看重及其把成年礼当作人类学家进入另一种文化的入口以及文化自身顶峰代表的研究方法。他抛弃了那种刻板地认为任何一种异文化都具有，或本身就是一种特殊本质的观点，并且坚持要在总体视野中把那些被同化或欧洲化的非洲人都包括进去。他还很反感格里奥勒那种充满侵略性的质询方式，并认为民族志工作者应该是被剥削群体的同情者（Sartre 1948；Leiris 1950，1968；Boschetti 1985；Jamin 1991e；Robbins 2003）。

在与巴塔耶分道扬镳之后，莱利斯开始专心撰写他那部受到人类学方法激发的自传，这也是他最为著名的作品（1968）。因为他对格里奥勒、巴塔耶以及其他人的批评，他还成为一位整个民族志研究过程有效性和可行性的早期怀疑者，而这种怀疑从 1980 年左右开始在人类学领域变得很常见。但这并没有妨碍他在 1960 年代成为了法国国家科学研究中心的一位研究负责人。207

虽然当时民族志与艺术及文学的交融，如果不说混淆的话，在格里奥勒和社会学学院众人的作品当中非常流行，但时至今日那不过是一种历史上的新奇东西罢了。在这些人物当中，可能是莱利斯的著作流传得最为久远。而对于涂尔干主义的学术源流来说，它的高歌行进只不过是受到了第二次世界大战的干扰，而不是被它终结。它的延续鲜明地体现在结构主义并隐含于其他学派当中，这将是我后面两讲的主题。

第四章 结构主义与马克思主义

208 **马**塞尔·莫斯的两位最有影响力的追随者是克劳德·列维-斯特劳斯（生于 1908 年）和路易·迪蒙（1911—1998）。他的研究对于后两者都产生了极强的影响。虽然列维-斯特劳斯只是在美国学习了人类学之后才回顾性地发现了莫斯的价值，但是他却通过对莫斯著名的交换模式的利用发展出了他视为方法而非理论的结构主义。迪蒙的结构主义总是更具偶然性，因为，在列维-斯特劳斯的直接影响以及莫斯的亲身传授之下，他才逐渐地认为这种立场最适于从更宽泛的层面上来理解他的南印度民族志材料和印度种姓系统。但是正如列维-斯特劳斯也受到了对立两分，这个首先由罗伯特·赫兹确立为科学谜题的观念的影响，迪蒙成功地使这一对结构主义而言至为基本的观念朝着新的方向得到发展。

列维-斯特劳斯和结构主义

列维-斯特劳斯 1908 年出生于布鲁塞尔。早年对地理学的兴趣使他注意到了在自身变换不定的地表景观中旧日模式的留存。这可以被看作是一种基础结构主义的、列维-斯特劳斯式信条的早期展示，即存在于持久的、一贯的深层结构与其变动不居的表象之间的区分。在研习了法学和哲学并在一个中学教过一段时间书后,从 1935 到 1938 年,他在新创建的圣保罗大学做讲师,这使得他能够到巴西内地去旅行,而这些旅行为他后来的神话和相关课题的研究提供了素材。列维-斯特劳斯从来没有做过马林诺夫斯基式的田野工作即那种对某一个群体的长期参与观察:他到亚马逊流域的旅行从本质上更是探险,那种在英国和法国的人类学传统的历程中都从时间上处于摇椅人类学和长期田野工作之间的探险。他那本法文原名,甚至英文译名都叫做《忧郁的热带》(1973)的著作,一本哲学、人类学和自传的混合体,最好地代表了他这一阶段的生活。除了其他的收获,我们从书中还知道了他不喜欢田野工作,这使得他经历了一场暂时的危机,质疑自己坚持从事所选职业的能力。

　　第二次世界大战使列维-斯特劳斯流亡到了纽约,在那里他不仅通过自己的朋友兼社会研究新学院(New School for Research)的同事罗曼·雅各布森(Roman Jakobson)而接触到了结构主义语言学,而且接触到了博厄斯学派传统,以及它的反进化论与反种族主义立场、文化的具体化,以及对普遍人类心智模式的兴趣这三者的综合,而后者归根溯源来自弗朗兹·博厄斯与德国的阿道夫·巴斯蒂安的接触。列维-斯特劳斯在纽约的岁月对其思想的发展所起的塑形作用至少和法国哲学的影响一样强,而在列维-斯特劳斯最终返回法国之后,他却进一步背离了法国哲学。他每天必到纽约公共图书馆,这在某种程度上,使我们回想起一个世纪之前成天坐在伦敦的大英图书馆里的马克思。

　　虽然在美国也有机构向列维-斯特劳斯提供了职位,但没能在社会研究新学院获得教职使得他于 1947 年返回巴黎,试图在那里创建自己的事业。莉迪娅·西戈认为,尽管一开始有几次错误的尝试,列维-斯特劳斯还是通过将自己确立为莫斯的天经地义的学术接班人开创了自己的事业,而他的这一角色也是莫斯本人在有生之年所看到了的(2002)。之后乔治·达夫(Georges Davy)接收了他并成为他的导师。1948 年列维-斯特劳斯被任命为国家科学研究中心(the Centre National de la Recherche Scientifique, CNRS)的研究负责人,随后又担任了人文博物馆的分部主任。他从 1949 年起在巴黎高等研究实践学院(EPHE)执教,后来成为了那里的研究主任,在第二年继任了莫斯和莫里斯·林哈特在未开化族群宗教研究方向上的旧职位,并旋即将其名改为从政治上看更为恰当的无文字族群的宗教研究。1959 年列维-斯特劳斯第三次尝试入选法兰西学院并获得了成功;在那里他创立了社会人类学实验室(the Laboratoire d'Anthropologie Sociale)并于 1960 年创办了《人类》(L'Homme),它很快便成为法国人类学的主流期刊。

除了他在美国受到的影响之外,一系列其他的思潮也对列维-斯特劳斯有影响。在他的思想当中不止一处暗示了英国早期的唯理智论,尽管并不带有最初与其相联系的进化论的影响。这种影响似乎最直接地来源于詹姆斯·弗雷泽,尽管爱德华·泰勒是一个更具体的影响源。与这种对人类心智的兴趣相关联的是对弗洛伊德思想的关注,这有时候会使列维-斯特劳斯接近于心理分析,虽然他关于无意识的观点更多地是索绪尔式的而非弗洛伊德式的。列维-斯特劳斯还发现了黑格尔的辩证法及其马克思主义的发展,这作为一种不仅将深层结构与其表面现象相关联而且将深层结构彼此相连的方法,对他来说非常有用。列维-斯特劳斯不是一个马克思主义者,但是他曾说过,他写任何东西之前都要首先读一点马克思的东西来让自己的头脑以恰当的辩证方式运作。当然,在此之前他已经从莫斯的演讲当中吸取了交换观念的营养。

将所有这些思潮结合在一起，他发展出了一种将结构视为一组关系而非一种物质的观点，后者是功能主义的观点。在列维-斯特劳斯的结构观念当中，关系的本质是恒常的，不论它们联系起来的那些物质或实体怎样在各个例子当中千差万别，不论是在社会之中还是在它们之间。并且结构是无意识的，它们是一致的，是各个文化相遇和可以互相比较的地方。

列维-斯特劳斯对语言学的兴趣从总体上来看也许对他的思想影响最大，或者不管怎么说，是其可以最广泛地加以应用的。这种影响力既与结构作为一种模式的观点又首先与支撑着结构的对立两分观念相关联。首先，列维-斯特劳斯从费迪南德·德·索绪尔那里获取了语法和言语之间的对比，即语法是一组恒定的规则或模式，而言语作为一系列可能的独特的言说，在其中得以构造。

言说随时间而改变，而人们用来构造言说的语法则在言说的期间固定不变（当然，语法也会经历长时段的历史变迁）。这个对比有时候被人们用抽象的语言描述成范式与句法之间的联系，有时又被描述成隐喻（强调相似性）与转喻（一种关联关系，其中部分代表着整体）之间的联系，理论家们又用了大量的具体例子来说明这种对比。其中有一个来自索绪尔，是象棋游戏的例子（推而广之还包括所有其他的游戏和体育运动）。他认为，象棋游戏里把一组规则与每一次实际下的棋局（被看作是多次行动的组合）结合在了一起。另一个例子是音乐，它把一种根据当时的规则所确定的乐曲和谐标准与每一段旋律的流动性与创造性对立统一起来。另外还有另外一个例子是筵席，它具有一种固定的上菜流程，这种固定流程与每一流程中所实际提供的菜肴的多样性对立统一。在所有这些例子当中，信息的线性流动受制于一组规则，但同时多多少少又受制于人们在这些规则范围内所作出的自主选择。而且结构或 211

271

模式这个方面虽然能得到分析,但却全然不会为日常意识所意识到。

索绪尔对列维-斯特劳斯的影响还超越了语言学本身,因为列维-斯特劳斯利用语言学来对法国人类学的理论和实践作了一系列改革(Johnson 2003)。他建议人类学应该变成一种像索绪尔的语言学那样的科学,尽管它是有关于不受情境限制的文化而不是有关受情境限制的社会结构的一种科学,正如在艾尔弗雷德·拉德克利夫-布朗提出的科学主义中那样。这使得列维-斯特劳斯把人类学看作是一门全新的学科,它同时区别于法国先前的民族学、社会学以及哲学。他把社会学从中心的位置拉了下来,这导致他和战后法国社会学的领军人物乔治·居尔维什(Georges Gurvitch)结下私怨,而他对哲学的摒弃后来也将导致与让-保罗·萨特的争论。那个时候列维-斯特劳斯对历史更加看重一些,认为它研究意识而人类学研究无意识,所以为了全面研究人类的情况,两者都是必要的。然而,尽管他后来对"热"社会,即意识到自身已经累积下来的线性历史的社会,和"冷"社会,即对时间的感知不是累积性的而是局限在神话式的循环往复中的社会作过区分,但是列维-斯特劳斯的结构主义并不需要历史。

列维-斯特劳斯从语言学那里汲取的第二个观点是成对出现的清辅音与浊辅音的语义学重要性(Jackobson and Lévi-Strauss 1962),这一观点来源于列维-斯特劳斯在纽约时的朋友罗曼·雅各布森和另一位俄国语言学家 N. S. 特鲁贝茨科伊(N. S. Trubetskoy)的理论研究。"sad"(悲伤)和"sat"(坐)之间的语意区别对讲英语的人来说是很明显的,但他们却不能够指明这种区别在发音上的基础,即最后一个辅音是发音还是不发音,因为他们并没有特地去想过这事情。换句话说,在这里我们又遇到了典型的社会行动者身上浅层明晰而深层模糊之间的对比，以及许多变量与一个涉及对立两分的简单而普遍的模式的对比。这种对对立两分的关注并没有妨碍列维-斯特劳斯确认出第三个因素来调和两极以解决矛盾，尤其是在对神话的分析当中，虽然他也不是让所有的对立都从逻辑上得到了这种调和。要理解他的结构主义，我们所需要理解的是文化的各种叙述以及其他浅层表达方式变化都是和一种普遍模式联结在一起的，例如存在于同种或不同文化中神话间的普遍模式。

上述这些见解都是通过具体问题来进行阐发的，比如列维-斯 212 特劳斯在其第一本重要著作《亲属制度的基本结构》(1949/1969)中谈到的交换及其重要性问题。当然，关于交换的概念还是主要来源于莫斯的那本《礼物》。斯特劳斯的贡献是把交换这个概念应用到了莫斯曾设想过的应用情境之一，即婚姻，尤其是交表婚。交表婚乃是基于一种普遍的乱伦禁忌，这种禁忌迫使男人们要送出自己的姐妹（虽然不一定要直接与另外一个群体）去交换别人的姐妹来做自己的妻子。

在此，应该重点讲一下列维-斯特劳斯的总体论述的一些特色。首先，这是一种关于契约的观点。按照这一观点，人们聚集到一起而形成社会的原因既不是像霍布斯认为的那样是遵从于统治者意志，也不是像卢梭设想的那样是遵从于公意，而仅仅是因为互相支持——这是对泰勒所言"与外面联姻，要不就灭亡"这一观点的重述。从这个方面讲，它并非涂尔干主义的。其次，从根本上说这是一种功能主义的观点，而且还不是列维-斯特劳斯唯一一个此类观点：他把神话视为用象征形式传播了社会知识，这也可以归入此类。

第三，这两类研究的主体中都表明了列维-斯特劳斯思想中的另一个方面——所有人类作为同一生物种群的成员而共同具有的普遍特征与使人们彼此形成差异的文化多样性这两者的并置。从某种层面上说,列维-斯特劳斯的结构主义依赖于全然基于生理特征而产生的人类心理普同性。不管他们具有怎样的文化特殊性,各个地方的人们都是借助两分对立来进行思考的,因为他们共享着某些心智特征。而这又是因为他们的大脑结构从生理上讲是相同的,因为他们都是同一个种群的成员。这也正是文化与自然相遇之处。乱伦禁忌是处于自然与文化转变关键点之物的主要例子。禁忌是普遍的因此也是天然的,因为所有的人群都拥有禁止乱伦的某项规定。但它同时又是文化的,因为这个乱伦规则所适用的亲属关系类型又是因社会而异的。人类还可以通过交换,具体来说是婚姻交换,来超越它——这种社会机制的确把人们变得社会化了,因为它使得他们能够把乱伦变成一种神话中才描述的自然状态而扔得远远的。

列维-斯特劳斯对神话的广泛研究(尤其是 1964 年和 1967 年)也很好地阐明了他的方法。列维-斯特劳斯与涂尔干的一大不同点就在于,他不是把仪式而是把神话看作对人类学家理解文化以及当地人汲取本文化都至关重要的领域(Johnson 2003)。对列维-斯特劳斯来说,仪式是一种基于转喻关系之上的表演,这种转喻关系存在于一种真实的献祭物和一位并不存在的神灵之间,因此仪式也就是基于对客观存在的世界与想象中的其他世界之间的不连续性进行的错误否定之上的;而且,它产生情感意义的效果比产生认知意义的效果更加显著。相反,神话作为基于隐喻的语言,除了它颠倒了生活之外,从内容上很像生活本身,所以它可以被看成一个独立的领域,这个领域可以通过解决其自身设立的虚假对立关系的方式返回到现实层面,于是便向我们提供了通往人类思维方式的钥匙。

列维-斯特劳斯还在图腾崇拜和献祭之间建立起了与上面类似的对比关系，前者是一种非实用性的、不受制于情境的运用隐喻的例子——隐喻关系存在于对自然进行分类的客观系统与社会世界之间——后者则是刚刚已经描述过的仪式的虚假转喻体。神话还持续重复运用神话主题（mythemes），也就是不断变化象征外表但却固守于一种相同结构的基本事件。这种重复被比做列维-斯特劳斯所熟悉的信息理论中的冗余（redundancy），即对已接收到的信息的真确性的反复验证或其他验证方式（Johnson 2003）。与此同时，神话还像是匠人就地取材或者即兴而成的作品，因为它根据某种潜在的结构，使其对可用的文化和生态资源的随意提取利用变得系统化了。列维-斯特劳斯的人类学中以抛开仪式行为的代价来获取的对神话的集中关注，涉及对涂尔干社会学当中提到的情感热狂的重要性的否定，而这乃是他与居尔维什之间分歧丛生的原因之一，这些分歧使得居尔维什曾试图将他排除在1958年涂尔干百年诞辰的庆典活动之外。

毋庸置疑，神话是具有能够抛开它们各自的具体内容而相互加以比较的结构的。与这种稳定性形成对比的是根据不同的神话，甚至文化而可能被插入上述任意模式当中去的不同人物和事件。由此对立两分的观念又变得十分重要了，尤其是因为它通过在叙事的某一阶段呈现了对立面的一极而在另一个阶段则呈现了另一极而切实塑造了神话的叙事方式；神话中出现的这种在对立两极之间的流转推动了叙事的发展。列维-斯特劳斯声称，人们聆听神话时会下意识地追踪这两极的出现和消失，并把它们对立起来，他们会注意到各种调和措施，并因此从这大部分内容都并不真实的文学叙事当中发掘出神话的象征意义。

　　这就是那个著名的关于译解密码的观点，即人们必须要对象征符号进行解码才能够获得被隐藏的但却至关重要的社会知识。这一观点招来了斯佩贝在《再论象征主义》(Sperber 1975)一书中对其进行的反驳。对斯佩贝来说象征符号恰恰相反是唤起了社会行动者们业已拥有的知识。但是，主要是通过象征性地，而非直接地，解决矛盾冲突的方式，神话才为日常认知活动进行了补充并使214得本不可思议之物——如乱伦——成为可以被思考的东西。这一基本对立——即存在于可能的社会与现实的及必然的社会之间的对立——可以被看作是涂尔干主义所一向坚持的"社会塑造着个体思维与生活"这一观念的列维-斯特劳斯版本。

　　总体而言，列维-斯特劳斯认为神话例示了人类思维，甚至是整个心智的普遍特征。这一观点也体现在他论图腾崇拜的那部短小作品里(Lévi-Strauss 1963)。在其中，列维-斯特劳斯竭力否定图腾崇拜能起像布罗尼斯拉夫·马林诺夫斯基所说的确定有用的或危险的物种之类的作用。相反，对列维-斯特莱斯来说，图腾崇拜组成了一组与它们所代表的社会群体的分类相类似的分类序列，两个序列不分孰先孰后。除其他的意义之外，这一论点否定了涂尔干和莫斯两个人在《原始分类》(1903/1963)中提出的社会群体是对自然界进行分类的模板这一论断；同时它也否定了认为图腾崇拜是它们所表征的社会群体的附属物这一功能主义观点。相反，列维-斯特劳斯把对图腾物种的分类看成是社会群体分类的类比项，反之亦然：狐狸与熊的关系就好比宗族 A 与宗族 B 之间的关系，依此类推。因此，此处谈论的是关系而不是实质性的认同，虽然信息提供者的有些言论被讨论过很多次，如"我是一只美冠鹦鹉"(Crocker 1985)。总之，图腾崇拜是一种思维机制：用列维-斯特劳斯那句有名的话来说，动物"有利于思考"(good to think)，而不是"有福于口腹"(good to eat)。

图腾崇拜在那本可能是列维-斯特劳斯最有名但也是产生问题最多的著作,《野性的思维》(1966)当中也非常重要。在这本书里,我们能够发现作者那种典型的对人类思维和心智的关注,而且程度更高。让-保罗·萨特(1905—1980)之前曾以自由意志和个人的道德责任的名义批评了结构主义的决定论,而列维这本书中则包含了对这种批评的回击。在回击萨特之时,列维-斯特劳斯对萨特思想的存在主义、现象学基础的反对甚至到了这样一个地步,即认为对于他所致力于创造的新的人道主义的人类学来说,哲学只不过是多余:尤其是,列维-斯特劳斯抛弃了法国哲学中始于笛卡儿主义的主体本位基础。他还强烈反对萨特所谓的新进化主义政治计划,即以应用某种版本的促进进步理论(uplift theory)来把西方的价值观传播给第三世界的人们,从而把它们纳入到西方的发展轨道中来。对列维-斯特劳斯来说,这纯粹只是一种种族中心主义,因为它贬低了其他文化的价值,而且还剥夺了他们保留特色的权利。这种情绪还出现在他早在 1950 年就发表的那些反种族主义的言论当中,这些主张后来被联合国教科文组织采纳到了自己的纲领当中。 215

有些批评者指出,在列维-斯特劳斯的基本观点当中,即深层结构与它们的表象之间的对立两分,存在着某种循环论证,因为只有表象这个层面才可能得到具体的证据。于是,表象不仅要说明它们自身的存在,而且还要证明那种深层结构的存在,可深层结构本来应该是解释它们的。对列维-斯特劳斯来说,这与他的观点并不相违。他可能是其著作与人类学息息相关的所有思想家当中最擅以演绎方式思考的了;他的立场深深植根于这样一种观点,即所有的人类在将自己区分为不同的文化之前,首先都共有一种基础性的理性主义逻辑。因此对他来说,是从普遍性这一极还是从文化的、表象上的差异性这一极入手来解决问题,这都无关要旨。正如列维-斯特劳斯曾经说过的,到底是他在思索神话还是神话通过他在自我思索都无关紧要,因为在更深一个层次上,他的心智也是钦西安人的心智、南比克瓦拉人的心智乃至全人类的心智,这与文化无关。

　　克里斯托弗·约翰逊(Christopher Johnson)认为(2003),列维-斯特劳斯的反笛卡儿主义延伸到了他作为作者的特点上,或者说他缺乏一种作者的个性。要是想到列维-斯特劳斯自己所说过的那些话,比如他对个人认同没什么很强烈的感觉;他的书都是借他的手写的,而不是他写的;他在写完这些书之后就不大想得起来具体写了些什么了;以及虽然他对科学的进展很感兴趣,但他自己却拥有"新石器时代的心智",像在"古老"或"冷"社会一样,我们很容易就能看出他对于自己作为作者的看法和他反现象学的社会心理决定论之间存在的联系。这到底这真是列维-斯特劳斯看待自己的方式,还是一种启发式地故作姿态,在约翰森看来还并不是很清楚。(另见:Badcock 1975;M. Lane 1970;Robey 1973;Jenkins 1979;Clarke 1981)。

结构主义哲学

　　尽管列维-斯特劳斯试图削弱哲学的中心地位,这时期还是有很多在立场上相当折中主义的哲学家受到了结构主义的影响,或者是列维-斯特劳斯式的或者是索绪尔式的或者两者兼而有之的,而这些人反过来又在 1960 年代和 1970 年代的理论旋涡中占有了一席之地。有一个人与列维-斯特劳斯虽然在学术观点上不相近,但在个人关系上十分亲密,并且是列维-斯特劳斯能够入选法兰西学院的关键支持者,他就是执教于里昂大学、高等师范学院以及法兰西学院的莫里斯·梅洛-庞蒂(1908-1961)。庞蒂起初是一个 216 胡塞尔主义的现象学家,后来在"二战"的抵抗运动中成为了萨特的助手,可是在朝鲜战争的问题上他和萨特在1952年一度在政治上决裂了。这使得他偏离了埃德蒙·胡塞尔而更趋向马丁·海德格尔;同时对索绪尔理论的发现也使他更加靠近结构主义。他自己的现象学强调的不仅是经验和自由意志,还有个体之间的交流的感悟力和主体间性。他的另一个影响源是雅克·拉康,虽然和拉康有所不同的是,梅洛-庞蒂更强调意识而非无意识是自我知识和了解的来源。很多人觉得,由于他常常会对自己的学术来源进行灾难性的误读,尤其是对索绪尔,他没能在现象学和结构主义之间实现真正的和解。

另外一位在某些观点上与梅洛-庞蒂一致的现象学家,同时也是一位在政治立场上接近于结构主义的基督徒和反马克思主义的是保罗·利科(Paul Ricoeur,1913年出生)。因为其政治倾向,他在左倾的南特大学里麻烦重重,尤其是当他和列维-斯特劳斯一样没能在1968年和其他知识分子一起走上巴黎的街头后。起初受到胡塞尔,以及海德格尔的"前见"(preunderstanding)这一概念的影响——这个概念指先前的知识影响了当前所有的理解并因而使其主观化——利科认为真理是以经验为基础的,而这种经验得到了个体之间所进行的主体间交流的修正。他还借鉴了弗洛伊德对梦和象征符号的关注,并将其与索绪尔的结构主义语言学相结合,从而发明了不仅把语言看作文化的基本工具,而且还将其看作文化的观点。一开始这只指象征符号的语言,但后来利科把日常语言也加入到了他的解释之中。并且由于语言部分上是一种表达,对于利科来说，动机的有意识成分多于其无意识成分，后者则是弗洛伊德所主张的。与此相一致，利科还强调隐喻在生产出无穷无尽的意义和意义的转换方面的创造性。他的某些著作直接反映了他的宗教和政治信仰。作为一个基督徒，他批评功能主义社会学和人类学把信仰降解为意识形态、合理化过程或者社会功能。而且虽然他反对马克思的革命计划，他对马克思的反资本主义立场以及他把政治体制与压迫及与社会在暴力中分裂为阶级的过程相联系的观点很是赞赏（Ricoeur 1974，1977；另见：Kurzweil 1980，第 4 章）。

在这一时期值得注意的第三个人物，一个比利科争议性更大的人物，是罗兰·巴特（1915－1980）。同样也是个折中主义者，他已因为自己那本以《神话学》为标题结集出版的短小精悍的短论而被看作是一位通俗结构主义者，在这本书中他像让·鲍德里亚一样揭示了广告和其他媒体信息中的潜在文本（subtext）。起初受到了被其认为是包含了社会革命潜在可能性的马克思主义与加缪（Camus）化约主义朴素文风（*l'écriture blanche*）的混合影响，巴特后来又发现了索绪尔的结构主义语言学并把这种学说应用在文学批评上。这一理论强调风格是独立于作者的，它从表面上看是主观性的而实际上却也植根于特定的文化当中；无论是作者的生平还是他所处的年代都无足重轻（可将其与列维-斯特劳斯对神话的无作者性的解读相比较）。这又导致了对符号语言学的兴趣，在这种学说当中，起指示作用的物（referent）本身被忽略掉了，取而代之的是纯粹的对能指（the signifier）和所指（the signified）的关注（所指乃是物体的形象所代表的东西，不是物体本身）。巴特研究的另一个方面是"读者的"与"作者的"文本之间的对立，或者说"不过是故事"式的与批判式的对文本的阅读之间的对立，这些都是相当晚近的时候许多美国的后现代主义者们采用的术语。可是,在经历了1968年在政治上的失望之后,巴特和其他的"左派"人士从政治活动当中引退而潜心写作,此时,他开始远离了结构主义和符号语言学,逐渐陷于批评的文字游戏当中。要谈论真正的互文性,我们必须转向朱莉娅·克里斯蒂娃(Julia Kristeva)和雅克·德里达(Barthes 1974,1975;Kurzweil 1980,第7章)。

战后的民族志:反理论

第二次世界大战后,人类学调查在法兰西帝国残留下来的殖民地中继续进行,直到1960年之前帝国最终土崩瓦解。这些研究中很多都带着非理论化,甚至是反理论的基调,这反映了在结构主义到来之前,格里奥勒作为一个"纯粹的"田野工作者所开创的研究传统的持续影响。当年萨巴捷的工作,包括编撰阐述(coutumiers),被传教士们在越南高地延续着,其中很多人撰写了大量内容丰富、风格朴实的民族志,如雅克·杜尔内(Jacques Dournes)对斯雷人(Sre)和嘉莱人(Jarai)的研究(1951,1972,1977);贝尔纳·茹安(Bernard Jouin)对拉德人的研究(1952);以及保罗·吉耶米内(Paul Guilleminet)对巴拿人、色登人(Sedang)和嘉莱人的研究(1952)。杜尔内还以自己的斯雷语名字丹波出版过作品(Dournes 1950),并且为阐述高地族群而发明了"*Pémsien*"(从"Pays Montagnard du Sud-Indochinois"*演化过来的)一词。像莱纳特一样,杜尔内后来跨越了传教士和学者之间的界限,成了一名职业人类学家。不久之后,在民族志研究促进中心(CFRE)受 218

---

* 法语,意为"南印度支那的山地国度"。——译者

训的职业人类学家加入了这个调查群体。这个中心是 1947 年由安德烈·勒鲁瓦-古朗（André Leroi-Gourhan）和罗杰·巴斯蒂德（Roger Bastide）建立的一所人类学者培训学校。该校早期的毕业生中有研究嘉莱人的皮埃尔-贝尔纳·拉丰（Pierre-Bernard Lafont）（1963），以及研究墨农加尔人（Mnong Gar）的乔治·孔多米纳（Georges Condominas）（1965，1977）。

孔多米纳起初在法兰西远东学院、CFRE 以及海外科学技术研究组织（the Oragnisation pour la Recherche Scientifique et Technique de l'Outre-Mer，ORSTOM）的赞助下于 1947 年对一个墨农加尔人村庄进行了有关涵化（acculturation）的研究，该研究是一个主张利用人类学来改进殖民地治理的短期项目的一部分。在此期间，他创造了自己用来称呼 Montagnards 的词汇：原初印度支那人（Proto-Indochinois）。受到米歇尔·莱利斯的影响，孔多米纳开始怀疑这种调查的价值，并且反对美国对越南的干涉：战争和美国的定居政策非常有效地消灭了作为一个可辨识的独特族群而存在的墨农加尔人族群。由于始终坚持一种文化相对论立场，他后来关注东南亚地区的族群语言学与族群科学的比较研究。不过，除了社会空间的概念之外他的著作并没有什么理论深度，而社会空间的概念也不过是对社会差别和社会组织的一个隐喻罢了。孔多米纳 1960 年代回到巴黎之后创立了东南亚及马来群岛资料与研究中心（Centre de Domumentation et de Recherche sur L'Asie du Sud-Est et Monde Insulindien，CeDRASEMI），该中心曾一度办有一本期刊（Salemink 1991，2003）。

安德烈·勒鲁瓦-古朗（André Leroi-Gourhan，1911—1986）是战后巴黎的另一位知名人物。他综合了对社会人类学、古人类学（尤其是在 1965 年之后）和考古学的兴趣，把自己的调查方向集中于工具、技术及它们所暗含的关于人类生理进化、普遍人类社会以及具体宗教信仰和实践诸方面的原理。对勒鲁瓦-古朗来说，整体主义就意味着人类这种生物与人类社会的结合，而中介则是工具，因此他十分热衷于对这些工具进行分类（Leroi-Gourhan 1943－1945,1983）。作为莫斯和马塞尔·葛兰言在战前培养的学生，勒鲁瓦-古朗在特罗卡德罗博物馆转为人文博物馆的过程中起了一定作用，而且还对西太平洋地区进行过考古学田野调查（1946）。在和巴斯蒂德一起创立法兰西远东学院之前，他曾从 1945 年起在民族志研究所任教。1945 到 1956 年间，安德烈·勒鲁瓦-古朗在里昂任民族学教授，1956 到 1968 年间则是在巴黎索邦大学任民族学与史前史教授，之后从 1969 年直到他逝世，他都任法兰西学院史前史教授（Bernot 1986;Cresswell 1991）。

　　另一位当时的著名人物是出生于瑞士的南美人艾尔弗雷德·梅特罗（Alfred Métraux,1902－1963）。梅特罗在阿根廷长大，并在巴黎高等研究实践学校和远东语言学院接受了学术训练。和列维-斯特劳斯一样，他也是在美国度过了"二战"岁月，不过他服务于美洲民族事务局并成了一名美国公民。出于对考古学、语言学、历史以及宗教的兴趣，他在复活节岛、非洲以及南美的图皮-瓜拉尼人（Tupi-Guarani）那里作过研究，在 1948 年他还和莱利斯一起去了海地。他的主要贡献是对南美殖民主义的起源、神话、萨满教还有伏都教（voodoo）的研究（Métraux 1940,1942,1958,1959）。他在很多地方任过教，其中包括图库曼（他在那里的阿根廷大学建起了人类学研究所）、柏克利、耶鲁、墨西哥大学、圣地亚哥大学以及巴黎，在巴黎他从 1959 到 1963 年间在 EPHE 担任过研究负责人。1950 到 1962 年间，他还参加了总部设在巴黎的联合国教科文组织的工作并成为负责社会科学项目的永久成员。据说虽然很讨厌繁琐的公文事务,但他还是在管理这些项目时十分尽职尽责,而且抓住一切机会来强调人类学的价值。他为之著名的还有其非常随意的授课风格、他对自己的作品不过是些编年史的评价,以及他对自己首先是个田野工作者而不是理论家的角色定位。在一次采访中他提出,人类在新石器革命之后的推进其实是犯了一个错误,因为在这之前人类更加知足。这种对"原始"社会的浪漫化的观点也能够在他的学生皮埃尔·克拉斯特(Pierre Clastres)的著作中找到(Bing 1964;Dreyfus 1991;Lévi-Strauss et al. 1964;Wagley 1964)。

　　另一个理论野心不大但是有着广泛民族志调查经验的人物是吕西安·贝尔诺(Lucien Bernot,1919－1993)。他起初在远东语言学院学学习中文,后来勒鲁瓦-古朗为他在人文博物馆的亚洲分部找了一份工作。贝尔诺随后参与了在列维-斯特劳斯的支持下进行的一项对一个法国北部乡村社区的初期人类学研究(Bernot and Blancard 1953)。1951－1952 年间,他在马尔马人(Marma)中做田野研究。这是一个讲藏缅语并生活在当时还属于东巴基斯坦(现在是孟加拉国)吉大港地区的族群。他在 1970 年代把这次调查扩展到了对缅甸的研究(Bernot and Bernot 1958;Bernot 1967a,1967b)。像奥德里古一样,作为法国的一位原始植物学的先驱,他还对语言和技术感兴趣。他与孔多米纳一起创立了 CeDRASEMI,并在 CFRE、EPHE 以及巴黎高等社会科学研究学院(École des Hautes Études en Sciences Sociales,EHESS)任过教,其后从 1979 到 1985 年他在法兰西学院任南亚社会志(sociographie)教授。对宏大理论持怀疑态度,他曾指出,虽然一本民族志专著总可以用结构来解释,但结构主义却绝对不可能重构民族志。220 不过,他却对民族志调研本身进行了理论化,声称民族志只有在以莫斯的方式实现了整体观的情况下，才能够真正成功（Toffin 1995）。

富有理论的田野调查：法国马克思主义人类学家们

　　虽然这里谈到的很多人物都公开地对理论表示怀疑，但正是列维-斯特劳斯（那种偏重理论的风格）的影响力在战后的法国人类学界居于核心地位，这种情况一直持续到了 1960 年代，而且它不仅仅影响到了诸如迪蒙那样的其他结构主义者。这一时期也正是路易·阿尔都塞（Louis Althusser）的新马克思主义的影响力在法国年轻一代人类学家身上以及其他学科当中开始显现的时候（Augé 1982，65—77；Bloch 1983，146—72；Kurzweil 1980）。虽然阿尔都塞不是一个人类学家，而且极力否认自己是个结构主义者，但是他认可了在马克思主义和结构主义之间存在着某种亲缘性，而且还认为运用经典马克思主义立场来研究前资本主义社会，即大体等同丁涂尔干所说的具有机械团结的那些部落社会，会困难重重。正统马克思主义之应用于人类学，正如在苏联所展现的情况那样，从这种观点来看，并没能超越对摩尔根划分的发展阶段的教条性接受，而这种观点早就被其他的人类学学派抛弃并归入本学科的历史之中了。此外，尽管法国的马克思主义人类学家们很热爱摩尔根的人类学以及马克思本人的民族志笔记，但对他们来说，无论是马克思还是恩格斯都显然没有真正理解前资本主义社会，虽然他们能够接触到的人类学材料非常具有基础性作用。和其他同代的马克思主义者一样，阿尔都塞对经典马克思主义仍然在宣称的各发展阶段的必然性提出了质疑。因此他更深入地研究马克思并希望从中找到一个能够同时适用于阶级社会和无阶级社会的分析工具。他所找到的是生产方式（mode of production）这个概念。

许多法国马克思主义者都受到了阿尔都塞的影响，其中包括伊曼纽尔·泰雷（Emmanuel Terray）(1972)、克劳德·梅阿索（Claude Meillassoux）(1981)以及皮埃尔·菲利普·雷伊（Pierre Philippe Rey）(1971)。然而通过对协调结构主义和马克思主义的卓著尝试，莫里斯·戈德利埃（Maurice Godelier 1977）从其他人当中脱颖而出。在短暂地研习过哲学和经济学之后，戈德利埃在1964年开始接触人类学并且很快就成为列维-斯特劳斯的助手，这使得他直接接触到了当时还十分强劲的结构主义之流。这一转变发生的时间之早及其具体环境都说明了戈德利埃是独立于阿尔都塞而发展出自己的理论立场的，因为后者是在1960年代中期才开始得到关注的；显然戈德利埃对新的马克思主义者们提出的那些问题有着自己直接的影响力。

戈德利埃协调结构主义和马克思主义的尝试的基础在于他所探查到的它们之间的相似性。两者之间一个显著的共同点就是把辩证法作为设定论题和进行分析的形式。另外它们对转换（tansformation）的关注也颇为相似，这一转换是列维-斯特劳斯在他对神话的比较研究中特别强调的。这些转换又都与一种潜在的结构相关联，不论这个结构是列维-斯特劳斯谈论的思维形式还是马克思所说的生产方式。这些潜在的结构在两种情况下都与对真实社会环境的遮蔽甚至神秘化相联系，无论其被定义为列维-斯特劳斯理论中的普遍心理社会决定论还是马克思理论中的权力关系。虽然它们被遮盖了，但结构本身是真实的。因此，在这两种理论当中，社会行动者都在很大程度上忽略了他们存在的环境，这样一种感觉都是很明确的。这使得行动者作为信息提供者所说的东西仅仅只是研究的一个起点。从这种说理路径出发,列维-斯特劳斯和戈德利埃都得到了一种在马克思主义当中也能够找到的反经验主义立场。从他们的观点来看,经验主义并不是错误的而是不可能的,因为它误把信息提供者的言论当成了对社会事实的一种多少可以算是直接的和最终的说明。经验主义者们相信他们能够为这些言论添加的东西只是一种更加优雅和可能更具比较性的描述,而不是分析。

任何一种结构主义立场还断定,结构先于它们在社会行动中的表达而存在。包括戈德利埃在内的马克思主义者于是宣布,经验主义者事实上并不是像他们所声称的那样,参与到了价值中立的对事实的收集和对它们演绎性解释当中。相反,他们受到了那个制造了他们自身的结构的驱动,这是一个在放任的、自由的、资本主义的、彼此无涉的设想当中得到表达的结构,而这些设想无论是故意地还是无意识地都掩盖了权力关系的真正本质。因此,列维-斯特劳斯和马克思主义人类学家们,都偏好以演绎的方式来进行对例子的搜寻,这些例子能够证明结构的存在,而这些结构的存在是早已被确认了的,而且还被看成是先于它们在普通人的思维和行动中的显现。归根到底是逻辑支撑了这种立场,因为结构内在于所有人类的心智(列维-斯特劳斯的说法)或者存在于所有社会情境中(马克思主义人类学的观点)。

但是,在背离正统马克思主义而趋向结构主义立场方面,戈德利埃走得比这更远。首先,他提出,社会系统的瓦解并不一定是像正统马克思主义所说的那样源于内部冲突,而可能是其他内部变迁或者外部影响的结果。他还反对把阶级的观念运用到对前资本主义社会的分析当中。虽然这样的社会也有在性别、年龄和亲属 222 系统中人的地位上的不平等,但却没有从正统马克思主义意义上来说的阶级，尤其是一个人按后两个标准得到的地位一般在生命周期当中都是变化着的。当然，这一点不能用在性别地位上，而雷伊和梅阿索尤其通过综合考虑再生产方式（女性的再生产力量在其中被男性用亲属群体的形式进行控制）和生产方式（考虑到阶级，某些男性控制了其他男性的生产和劳动能力），把女性描绘成了一个屈从的准阶级。

其次，戈德利埃也许比当时法国任何其他的马克思主义者都对宗教的研究更充满兴趣，而且他认为宗教不只像马克思主义的正统信条界定的那样，是意识形态上层建筑。他在对科林·特恩布尔（Colin Turnbull）关于姆布提人（Mubti）的材料的再分析中指出，那种周期性举行的长达一个月的丧礼，与其说是一种对社会存在的环境的神秘化，不如说是生产方式的一部分，因为它强化了日常狩猎活动所需要的合作，而这种合作正是这些仪式的一部分，于是它就提高了捕杀率。他还曾指出，印加人的生产方式实际上是由宗教体制本身来组织的，即使这些宗教体制为了从被统治者那里榨取经济上的剩余而神化了统治阶级：用马克思主义的话来说，他们再生产的不仅是意识形态上层建筑，而且还有部分经济基础。虽然历史尤其在英、美两国对马克思者以及某些马克思主义人类学家来说很重要，但戈德利埃和列维-斯特劳斯所采用的方式一样，都不要求进行历史分析。

1989 年社会主义的瓦解对戈德利埃在近年背离结构主义毫无影响，而且他完全清楚，马克思主义作为他所说的元理论已经死亡，虽然他仍然在某些与权力和屈服相关的特定马克思主义观点当中看到了潜能。相反，泰雷、梅阿索、雷伊等人看来始终更加接近主流的马克思主义。不过他们也同样感到，必须要对马克思主义的正统信条进行调整以适应为前资本主义社会找到某种充分的马克思主义式的解释这一要求。他们都在西部和中部非洲社会进行过田野研究。在这些社会中,如同梅阿索所指出的,一种宗族式的生产方式被外部影响力搅乱了,这些影响力包括贸易和殖民经济体系及其对经济作物的强调。

对于宗族体系即阶级体系观念非常热衷的雷伊在刚果做了与 223 梅阿索类似的研究调查并宣称,由一个人的舅舅掌握的实际权力被似乎是分配给他父亲的权力所掩盖了,但实际上这种权力他父亲根本就享受不到。梅阿索试图用移民来联结本土的生产方式和资本主义的生产方式,因为移民为殖民社会以及后殖民时代的那些昔日宗主国提供了大量的廉价劳动力。泰雷摒弃了诸如他在梅阿索和雷伊那里找到的"宗族模式"那样的单一生产方式,相反,他提出,只有在那些劳动者和不劳动者能够被清楚区别开来的地方,我们才可以谈论阶级。不过,他仍然认为经济基础是整个系统的基础,而且它同时涉及技术和社会生产关系;因此,他部分地返回到了阿尔都塞之前的经典马克思主义。

雷伊批评泰雷的看法,因为他认为这暗示了社会和谐和稳固,而事实却很可能充满变动不定的辩证运动。即使是前资本主义社会也不能避免各种生产关系与意识形态上层建筑之间的矛盾冲突,而马克思认为这导致了社会变迁的发生。这使得雷伊形成了这样一种观点,即所有的社会,包括前资本主义社会,都是阶级斗争的场所;而且在前资本主义社会中,年长者群体就是斗争中的统治阶级。这不仅颠覆了阿尔都塞的观点,也与恩格斯的观点相抵触。因此,在阿尔都塞唤起"生产方式"、戈德利埃求助于"结构主义"来解决这个两难问题的同时,雷伊的解决方案则是扩展了马克思主义中的"阶级"这个核心概念。泰雷在马克思本人的著作当中找到了依据来推翻这种扩展方案。但是,雷伊和泰雷都同意,在这些社会当中,阶级是相对的,因为年轻人会随着生命周期逐渐变成年长者。他们也都把亲属制度看作是意识形态上层建筑的一部分,而不是经济基础的一部分。戈德利埃回应说,亲属制度既是经济基础又是上层建筑,因为和宗教一样,亲属制度既可以是一种生产方式又可以是一种意识形态。梅阿索的立场更加激进:他否认亲属制度在狩猎–采集社会当中具有任何实质的重要性(Bloch 1983;Augé 1982,65—77)。

　　虽然他们彼此之间有差异,雷伊、泰雷和梅阿索都采用了正统马克思主义中固有的资源来寻找解决其自身矛盾的方法,因此也就更接近于正统马克思主义。在这个意义上他们的作品是互相支持的。而与他们相反,戈德利埃为了达到同一个目的则调用了一种外部的但并非毫无关联的学说,即结构主义。近年来,他开始对性别和亲属制度(Godelier,Trautman,and Tjon Sie Fat 1998)以及他自己曾做过广泛的田野调查的巴布亚新几内亚"伟人社团"的政治形态(Big Man Societies)感兴趣。最近他还重新审视了莫斯的《礼物》(1999),还和米歇尔·帕诺夫(Michel Panoff)合作编撰了与身体有关的论文集(Godelier and Panoff 1998),帕诺夫自己则探讨了美拉尼西亚的劳动力问题。

富含理论的田野调查:结构主义者、心理分析学者、认知主义者及其他

　　战后早期以来的这段时间见证了实践性的人类学以长期田野工作之形式的大规模发展,这些田野工作中许多是由马克思主义人类学家们开展的。虽然戈德利埃试图协调马克思主义和结构主义,但是总的说来马克思主义人类学家是批评结构主义的源流之

一。另一个源流是 1968 年的政治事件，它除了让戴高乐倒台之外，还肇始了一种过程，即知识分子们对这些事件的政治态度和动机——尤其是那些像列维-斯特劳斯那样没有参与到其中去的人——越来越受到质疑。可是，至少那些在 20 世纪六七十年代涌现出来的人类学家都直接受到了列维-斯特劳斯的激发，而且其中很多人就是他的学生。比较著名的就有让·普永（Jean Pouillon）、皮埃尔·马兰达（Pierre Maranda）（他曾研究过，比如，法国亲属术语的历史；1974），马克·奥热（Marc Augé）、弗朗索瓦丝·埃里捷（Françoise Héritier）以及菲利普·德科拉（Philippe Descola）。

奥热写过一篇试图调和人类学的不同学派的短文（Augé 1982），最近他关注当代社会的现代性和后现代性（Augé 1995，1999）。埃里捷接替了列维-斯特劳斯在法兰西学院的席位，随后接替她的则是德科拉。在列维-斯特劳斯的指导下，埃里杰在沃尔塔河（Volta）上游地区的萨摩人（Samo）中间研究克劳-奥马哈（Crow-Omaha），或者叫做半混杂式（semicomplex）亲属体系，并率先尝试了用电脑来处理复杂的亲属制度数据（Héritier 1981）。她还通过关注对同时与两个或两个以上彼此之间相互有亲戚关系的人结婚（比如，同时娶母亲和女儿；Héritier 1999）施行的禁止和偶尔的允许，把对乱伦的研究向前推进了一步。

德科拉生于 1949 年，是研究亚马逊流域，尤其是那里已经作为希瓦罗人（Jivaro）而广为人知的阿丘亚尔人（Achuar）的专家。不过总地来说，德科拉对列维-斯特劳斯式的研究主题更加感兴趣，比如交换、神化、宇宙观，以及自然与文化——在阿丘亚尔人看来，自然本身就拥有社会性——之间的关系。因此德科拉可以说是法国环境人类学的先驱（Descola 1994，1996）。他曾经在英格[225]

兰、拉丁美洲，以及 EHESS 和法兰西学院教书。另一位列维-斯特劳斯的追随者是比利时人卢克·德·余施，他试图把结构主义和精神分析结合起来（Heusch 1981,1982,1985），例如，他曾经阐释只能通过结合这两种视角才能被理解的作为潜在敌意的文化表达的舅权制度（参见：Augé 1982,38—39）。

担任 CNRS 的研究主任并执教于南特大学的丹·斯佩贝（Dan Sperber,1942— ）则来自更加反结构主义的阵营。他凭借一篇著名的强有力批判列维-斯特劳斯对象征主义的观点的文章而崭露头角（Sperber 1975,前面已讨论过），此文基于他在埃塞俄比亚的多尔泽人（Dorze）中间所做的田野工作。这进一步发展成为对认知的研究，强调了诸如关联性（relevance）作为一种促进与他人交往的刺激的重要性、情境在指代中的作用以及暗示（implication）与建议（proposition）在交往中的地位等问题（Sperber and Wilson 1986,与语言学家戴尔德丽·威尔森合著）。斯佩贝最近则与对认知给予关注的英国人类学家莫里斯·布洛克（Maurice Bloch）合作，再次研究舅权的问题（Bloch and Sperber 2002）。

斯佩贝的其他研究项目包括从更普遍的层面上探讨人类学知识的本质（Sperber 1985）并提出了一种对宏观层面文化的"流行病学式的"解释，这种解释基于观念的"传染"（contagion of ideas）这一概念，而这一传染则是在人与人之间互动的微观层面得以传递和再生产的，斯佩贝把这一领域称之为生态学领域（Bloch and Sperber 2002）。上述举措乃是一项实证主义尝试的一部分，它试图通过让人类学直面心理学，让具体文化事项直面普遍层面，使社会"重新自然化"（Sperber 1996）。斯佩贝明确地倡导用这种立场来替代传统的涂尔干式的用其他社会事实来解释社会事实的方法（Bloch and Sperber 2002,726—727）。因此从表面上它让人想到诸如方法论个人主义、交易理论（transaction theory），以及布尔迪厄的实践理论（关于实践理论，见下一讲）。然而，观点与情感"传染"的观念其实也能在涂尔干那里找到。

其他作者的作品则更加着重属于弗洛伊德传统的精神分析。贝尔纳·朱利拉（Bernard Juillerat）是国家科学研究中心（CNRS）的一位研究主任，研究过喀麦隆的穆克特雷人（Mouktélé）（Juillerat 1971）和巴布亚新几内亚塞皮克的雅法尔（Yafar）人，并且声称是后者使得他采用了精神分析的角度（Juillerat 1991，1995，1996，2001）。显然，精神分析观点只讨论了乱伦，而且是基于核心家庭具有普遍性这种错误假设之上。甚至朱利拉也对将弗洛伊德观点 226 应用于神话持十分谨慎的态度，认为它们对于解释神话来说过于复杂。他还重新研究了理查德·索恩瓦尔德（Richard Thrunwald）早先对巴纳罗人做过的田野调查（Juillerat 1993）。

朱利拉对精神分析的关注追随了更早些时候杰曼·德弗罗（Georges Devereux）的那些类似研究。德弗罗 1908 年出生于匈牙利后在法国接受教育。1932 年他离开法国前往美国发展自己的事业。他起先在加利福尼亚的莫哈维人（Mohave）中间做田野调查，然后又在 1933 到 1935 年之间在越南高地的色登人（sedang）中间开展研究（Devereux 1937），这使得他暂时涉及了战时策略服务办公室的工作。他在 1936 年返回巴黎，成为巴黎高等研究实践学院的研究负责人。他最深入和长期的民族志研究是对莫哈维人展开的研究，整个研究从他最初发现这个人群具有强烈的精神分析自觉开始，直到 1985 年他的骨灰被播撒在这片土地上。终其一生，德弗罗都提倡心理学与人类学之间的互补性——这一观点来自博·尼尔斯（Niels Bohr）的物理学——以及其彼此间的不可化约性，而不主张它们之间对抗或融合。德弗罗把文化描述成一个"标准化的防御系统",例子之一就是替罪羊作为一种可能的心理投射载体的作用。他还对梦、神话与文化总体之间的交互作用感兴趣,并接受了无意识以及文化差异的普遍性。最后,他还先于福柯质疑了以一种社会正常标准来界定个体的心理健康程度的实践活动(Devereux 1961,1967,1970;Deluz 1991a;Salemink 1991,269;Xanthakou 1995)。

罗歇·巴斯蒂德(1898－1974)原来是一位中学老师,1938年他成为圣保罗大学的社会学教授并在那里待到了1953年。回到巴黎之后,他成为巴黎高等研究实践学院的研究负责人,其开设的研讨课尤其吸引了大量第三世界的学生。1959年他获得索邦大学的人类学与宗教社会学教授职位,后来又与勒鲁瓦-古朗共同担任普通人类学教授,后者曾与他一起在1947年建立了民族志研究促进中心(CFRE)。巴斯蒂德早先对弗洛伊德和荣格(Carl Jung)的心理分析很感兴趣(Bastide 1950),后来则对巴西的降神崇拜(possession cults)展开了研究。他并不把这种崇拜看作是遗留物或者某种病态的显现,而是看作对传统的修正。这种修正虽然在一定程度上具有精神宣泄的成分,但却和传统一样需要严格遵守常规化的和结构化的实践方式。在发展研究方面,巴斯蒂德还是首先倡导要同时研究协助发展者与被协助发展者的人类学家之一;因此他成为了应用人类学正式学术研究的一位先驱(Bastide 1973;Deluz 1991b)。其他受到精神分析激发的研究还包括勒内·吉拉尔(René Girard)所进行的研究工作(Girard 1972)。他将仪式解释为一种献祭的形式,它重复了一种原初的暴力行为,其中涉及对诸如替罪羊和献祭动物之类对象的周期性驱逐。

同时期及之后较活跃的人物还包括乔治·巴朗迪耶(Georges Balandier，1920— ），他发展出了政治人类学的新趋向（Balandier 1970a），用全新的视角审视了殖民主义的影响，尤其是在非洲的情况（Balandier 1966，1968），这种视角被奥热认为是批判性功能主义（critical functionalism）的一种（Augé 1982，43、93—94）。他起初是在法属西非研究战后的变迁，比较了加蓬的芳族人（Fang）和刚果-布拉柴维尔的巴-刚果人（Ba-Kongo）的不同经历（Balandier 1970b）。他的视角既考虑到了作为权力的一种来源的神圣事物，也考虑到了来自国家以及无国家社会中的无序和不稳定因素的重要起源。与巴斯蒂德一样，巴朗迪耶是发展人类学的一位先驱，并且被认为创造了"第三世界"这个词。他在巴黎高等研究实践学院（EPHE）建立起了非洲研究中心，后来在 1962 年被任命为索邦大学首位非洲人类学教授。尤其是在1960 年代，他对社会生活中混乱因素的关注使得他成为法国最著名的反结构主义人士之一。而且，与他的盟友社会学家乔治·居尔维什一样，他抛弃了列维-斯特劳斯在社会学和人类学，及其在"热"和"冷"社会之间所作的区分。这与其对历史的注重有关，他把历史看作是人类学家应该考虑到的东西，而不是像结构主义者那样对其浑然不知（Jamin 1991b；Rivière 1991）。

　　另一位怀疑结构主义的人是逝世于 1997 年且与南特大学有关联的法国贵族埃里克·德·当皮埃尔（Éric de Dampierre）。作为社会学家雷蒙·阿隆（Raymond Aron）在政治学院的学生，1950 到 1952 年间，德·当皮埃尔在芝加哥与社会学家为伍，随后开始为 ORSTOM 研究殖民统治对恩扎卡拉人（Nzakara）的生育力的影响，这个群体与阿赞德人比邻而居，生活在今天的中非共和国境内。1962 年他在南特大学建立了人类学与比较社会学实验室（Laboratoire d'Anthropologie et Sociologie Comparatives），

1986 年又建立了民族学协会（Société d'Ethnologie）。在实践方面，他每年都会造访恩扎卡拉区域的班加苏（Bangassou）去研究那里的部落法庭，他甚至还成功地从美国为恩扎卡拉人要回了一口法庭里的钟（Dampierre 1963,1984）。除了倾向于马克思主义外，德·当皮埃尔的社会学背景还使得他对结构主义充满质疑。和莱利斯以及克劳德·塔尔迪（Claude Tardits）一起，他还对非洲文学产生了兴趣（Bekombo 1998；Margory Buckner，私下交流）。

　　在另外一个全然不同的方向上，雅克·马凯利用自己在非洲的田野经历提出了整个非洲大陆的文化一致性（Maquet 1972）。但也许更令他为人所知的是，他倡导关注艺术的象征主义而不是关注艺术品得以产生的社会情境，从而用美学人类学来替代艺术228 人类学。这是一种从传统人类学到本质主义（essentialism）的奇异退遁，更不用说其化约主义（minimalism）了（Maquet 1979,1986）。

　　另一种具有跨学科性质的学术潮流在 20 世纪五六十年代涌现，即历史学年鉴学派，它明显深受人类学的影响。这一学派起初是由吕西安·费夫尔（Lucien Febvre），马克·布洛克（Marc Bloch）和莫里斯·阿尔布瓦克斯三人 1929 年在斯特拉斯堡大学创立的，并在布洛克和阿尔布瓦克斯死在纳粹手上之后继续留存了下来，这是因为战后费夫尔迁居巴黎并且在法兰西学院和巴黎高等研究实践学院（EPHE）站稳了脚跟。费夫尔的学生费尔南德·布罗代尔（Fernand Braudel）从 1949 年开始就在法兰西学院拥有教授席位，并将在 1963 年成为 EPHE 第六分部的主席。布罗代尔强调要研究历史长时段而且从人类学中引入了整体论这个概念（Braudel 1972）。这个学派中许多其他的历史学家聚焦于区域史而不是法国一国的历史。或许这类历史作品中最著名的乃是伊曼纽尔·勒华拉杜里(Emmanuel Le Roy Ladurie)撰写的《朗格多克的农民》(1982)。勒华拉杜里是法兰西学院里现代文明史方向的教授。他的《蒙塔尤》也几乎同样著名，是一项对 1300 年前后朗格多克的宗教异端的研究(Le Roy Ladurie 1978；关于年鉴学派的总体情况，见：Burke 1989)。

第五章　实践、阶序和后现代主义

"二战"后法国人类学的学科建制结构

许多 1970 年代在巴黎出现的思潮一直持续到了 1980 年代,并受到新思潮到来的补充和挑战。到 1980 年代为止,除了巴黎大学的三个人类学教职之外,在普罗旺斯地区艾克斯、里尔、里昂、斯特拉斯堡和图卢兹等地的大学内也有这方面的教职。尽管如此,在当时的 54 所大学和文科学院当中,只有 11 所外省院校以及 3 所巴黎的院校开设了人类学方面的课程(其中还包括体质人类学和史前史方向)。到了 20 世纪末,这种状况已有所改善,现有的 55 所该类院校中有一半已经开设了人类学课程,而全国人类学方向的研究和教学职位的总数几经达到约四百个。可是,这些课程并非全部都是由科班出身的人类学家来讲授的,而且它们也并不一定得到了相关政府部门的承认:的确,第一个人类学专业学位直到 1968 年才被授出。

巴黎的情况稍微好些,在人类学方面的教学和研究工作方面带头的机构是由巴黎高等社会研究学院(EHESS)、巴黎高等研究实践学院(EPHE)的第五分部以及法兰西学院。通过在这些机构当中举办的研究和讨论会活动而不是任何一种正式的导师督导制度,许多法国人类学家得到了卓有成效的学术训练,而且这些人在学习人类学之前的学术背景也和从前的学生不一样了:从原来的重点学科哲学转向了一些更加"现代的"科目,尤其是社会学。其他人类学教研机构还包括克劳德·列维-斯特劳斯在法兰西学院设立的社会人类学实验室、EHESS 的第六分部(现在叫做法国人文之家,在位于拉斯佩尔大街上的 EHESS 大厦的第一层)、非洲研究中心(the Centre d' Études Africaines)、当代日本研究中心(the Centre d' Études sur le Japon Contemporaine)、海外科学技术研究组织(ORSTOM,一个以政策研究为导向的机构,后来变成了发展研究院)以及国家科学研究中心(CNRS)。对法国本土的人类学研究继续在民俗传统与艺术博物馆内进行,而在人文博物馆则延续从事对物质文化和原始民族自然知识的研究。地处南特西郊的巴黎第十大学如今在埃里克·德·当皮埃尔的领导下也成了人类学教研要地。

CNRS 和 ORSTOM 基本上是特别针对研究者的(在 1980年左右分别有 192 名和 40 名研究员):教学活动非常有限而且一直都不是对研究者的必要要求,另外虽然职位的报酬并不是非常高,但在 CNRS 这些职位却是终身的。这些机构的存在使得研究工作与教学工作在法国分离了,这种方式让法国人类学的体制结构变得独特,还引来了其他国家人类学家们的艳羡,虽然法国人倾向于认为,和美国比起来人类学在法国得到的资源不足。CNRS 尤其常与那种以课题或地区来定位的实验室或研究组织合作,而且这些机构往往是跨学科的。由路易·迪蒙在 1981 年建立,后来由达尼埃尔·德·科佩(Daniel de Coppet)领导 ERASME(社会人类学研究所:形态学、交换)就是一个例子。但是,除了共同举行讨论会并编辑合集之外,这些机构里的积极合作活动很少。相反,这些研究队伍集合的是那些被共同的研究主题或区域联系在一起但却是单兵作战的研究者。ERASME 在这方面算是有些例外,因为那里的研究者除了有共同的理论观点之外还有一些合著作品问世,尽管有些成员显然只更热衷于前者(Barraud,de Coppet,Iteanu,and Jamous 1994)。

尽管有 ORSTOM 开展相关活动而且有罗歇·巴斯蒂德和乔治·巴朗迪耶对该领域的兴趣,但是应用人类学在法国发展很有限,总的来说这一时期在圈里圈外都不讨人的喜欢。不过从学术关注点上来看,除了早先对人类思维、信仰和社会结构的关注之外,对历史、经济、政治、环境,以及人类学与殖民主义之间的联系的兴趣有所增长。而且这并不是一条单行道:这些被关注的其他学科的从业者们——例如,历史学年鉴学派——也开始对人类学感兴趣。虽然如此,在这一时期总的来说学科界限还是被保持着。除了上面提到的那些领域之外,人类学与博物馆方面的接触极少,

231 这与结构主义来临之前的时期很不一样。结构主义到来之后,在法国赋予了人类学一种强烈的自我认同,这种认同区别于对物质文化的研究和进化论沉思的余韵,也影响到了与博物馆原来的那种联系方式。人类学家们还开始在这些官方提供的平台之外聚会:法国第一个人类学家的职业学会成立于 1979 年。

在 1980 年之后,针对法国本土的人类学研究也得到了一系列建制的动力。一直到那时为止,对法国的研究几乎都是以民俗传统与艺术博物馆(MATP)为基地。然而 1980 年,在列维-斯特劳斯在社会人类学研究所的同事伊萨克·希瓦(Isac Chiva)的发起下,文化部下面建立起了民俗遗产传承项目组以进一步推动对本国的人类学研究。从 1983 年起,它开始出版一本叫做《疆域》(Terrain)的期刊以及许多书籍。除此之外现在还有其他一些同类的研究中心,其中包括社会组织及机构人类学实验室

(LAIOS)、当代世界人类学中心(CAMC)以及在巴黎之外的，位于图卢兹的人类学中心和在普罗旺斯地区艾克斯的地中海民族学比较研究院。

　　和欧洲大陆的情况一样，法国的教师和研究人员都是受政府相关部门(教育或者科研)或各所大学直接雇用的公务员。与大多数盎格鲁-撒克逊国家的实践形成鲜明对比的是，法国大学缺乏体制上的独立性。这是否会危及学术上的独立性也一直是备受争议的一个问题：虽然对关键职位的任命经常带有重要的政治方面的考虑，但从总体上来讲它可能并没有危及学术独立性。但无论如何，可以公正地说，法国在学术职位任命上可能存在着盎格鲁-撒克逊传统所不能容忍的政治约束程度，而在后者的传统中，学术自由因高等教育在形式上的独立而得到强化。尽管如此，没有人会质疑法国存在着真正的知识分子的自由：无论是右翼还是左翼的知识分子都比在其他地方得到了更多尊敬并享有更高的公共性，以致很多人都成了媒体上的明星。的确，学术问题，包括人类学感兴趣的问题，都以一种在别处无法想象的方式在纸质和广播媒体上被习以为常地讨论着。这种大众性也扩展到了人类学期刊身上，它们通常都是通过各个书店直接卖给大众的。最重要的人类学期刊毫无疑问是列维-斯特劳斯在 1960 年创办的《人类》(*L'Homme*)，不过《格拉迪瓦》(*Gradhiva*)、《人类学期刊》(*Journal des Anthropologues*)、《莫斯学刊》(*MAUSS*)* 以及一系列地区性期刊也很引人注目。内容涵盖范围更广的有《争鸣》(*Le Débat*)和《当代》(*Les Temps Modernes*)(Picone 1982；Rogers 2001；

---

　　* 由一批延续莫斯传统的社会学家、经济学家和人类学家共同于 1981 年创刊，特别重视莫斯的"礼物"范式。——译者

Current Anthropology 1980；Casajus 1996；R. Parkin 个人收集的资料）。

232 研究法国本土的人类学

1980 年代以后设立了专门针对法国本土的人类学研究的新机构，这补充了在民俗传统与艺术博物馆（MATP）已经进行了四十多年的，特别是在乔治-亨利·里维埃促动下完成的研究。可是，甚至连这个博物馆在 1937 年的成立也并不标志着该领域人类学的正式开端。毫无疑问，这一领域人类学起初的学术背景是民俗学，是范热内普尤其是在两次世界大战期间曾试图改革的民俗学（见我的第二讲）。他和里维埃因为尝试在"二战"结束后不久的那段时间里协调民俗学和人类学而走到了一起。但是法国人类学的发展道路绝不平顺，正如罗伯特·赫兹 1913 年那篇关于一个意大利北部讲法语的社区的文章所说的那样（Hertz 1913/1983）。一直到了 1970 年代，马克·阿伯勒（Marc Abélès）还谈到，田野工作在欧洲并没有完全受到重视，虽然人们认为它很适合女性来做（Abélès1999, 405）。

试图消除民俗学和人类学之间的距离的尝试一直都在继续，而且总的来说取得了成功。战后这类作品中最早的是一项对普罗旺斯的一种崇拜活动的研究，由迪蒙撰写的《塔哈斯克》（Dumont 1951）。当时迪蒙还没有完全从博物馆学家的蚕蛹中摆脱出来而成为一名真正的人类学家——确实，这项研究的一个重要关注点就是与这种崇拜相关联的物质文化。旋即涌现的是吕西安·贝尔诺与勒内·布朗卡尔（René Blancard）合作的成果，对一个他们称之为努维尔（Nouville）的位于皮卡第的村庄的研究（Bernot and

Blancard 1953)。他们的著作研究了村内的社区感和与外部世界的差异感,以及诸如经济和村民的生命周期这样的"客观"因素。但值得注意的是,此后无论是迪蒙还是贝尔诺都是通过在法国之外的地方,在南亚那些更加"奇异的"地方,开展的田野工作而开创了自己的事业,虽然迪蒙后来又回到了对欧洲意识形态,尤其是与个人主义和平等价值观相关的研究上来了。

苏珊·罗杰斯指出,一直到 20 世纪七八十年代,民俗学对法国的人类学而言仍然很重要,因为人类学家们强调他们所研究的特定社区的独特性,而这种独特性又部分涉及它们的特殊历史,包括能够从物质文化和口头文学当中学到的那些东西(Rogers 2001)。但是,那种基于从时间空间角度来划分变量的普查性质研究的宏大综述被常见的人类学传统中对一个单独的社区的长期田野工作所代替了。此外,对物质文化和口头文学以及历史文献的研究得到了从主流人类学,尤其是在亲属制度和仪式方面汲取的新概念的帮助,而对亲属制度和仪式的研究本身就在一段时期内有助于把针对法国本土的人类学拉入主流。于是弗朗索瓦丝·佐纳邦(Françoise Zonabend)研究了一个位于勃艮第的村庄主要在 20 世纪的历史(1984),而马丁·塞加朗(Martine Segalen)则试图通过上溯到 19 世纪的文献来创造一种对法国乡村生活的总体观点(Segalen 1983),而在另一本关于布列塔尼低地的作品当中这种追溯则延伸到了 18 世纪(Segalen 1985)。她在一本以人类学视角看待家庭历史的概括性作品当中组合了这些见解(Segalen 1980)。她在书中驳斥了认为家庭的规模和重要性都因为工业化、城市化和其他现代的压力而缩减了的传统观点,并且认为相反,它们仍然保持类型多样而且富有活力。她还曾通过人类学的视角更加宽泛地对当代社会进行了审视(Segalen 1989)。这类作品显然与历史学年鉴学派的研究有重叠之处。

在仪式研究方面具有代表性的作品可能是珍妮·法韦-萨达（Jeanne Favret-Saada）关于法国西北部乡下某地妖术的研究，她隐去了该地的真名而把它称做勃卡热（Favret-Saada 1980）。不过，虽然从一个层次上来看她的作品按照经典的整体主义形式把妖术放置在当地信仰和实践的总体系统当中，而且甚至还声称她认为这种信仰比精神病治疗法在处理精神压力方面更有用，但从另一个层次上来讲，它描绘了一个正在遭遇了非同寻常的危机的社区，因为年轻一些的神父们拒绝像他们的前辈那样为那些受折磨的人"除妖"。如此多的这类作品都是关于布列塔尼及其"古老的"凯尔特文化的，也许这一事实就表征了一种对法国本土内奇风异俗进行的无意识的寻找（参见布吕吉埃对一村庄进行的多学科、纵向研究（Bruguière 1975），埃德加·莫林也对其作过研究（Morin 1977））。

法韦-萨达的研究也许可以被部分地看作是下面所说趋势的一个例外。罗杰斯曾声称，研究法国本土的法国人类学家们都很注意不要去重蹈那种认为法国的社区正在现代的多重压力下趋于瓦解的标准社会学观点的覆辙，于是他们反其道而行之，试图强调那些社区自身的活力和整合。这使得许多人类学家完全避开了对乡村农民的研究而青睐于对城市区域、对工业（如：Zonabend 1993，关于一个位于诺曼底的核工厂及其与当地社区的关系）、在精英群体中（如：Le Wita 1994，关于中产阶级的论述）以及对当地政治（如：Abélès 1991，对勃艮第的研究）展开研究。但是在存在快速的社会变迁和运动的地方，标准的个人专著形式也具有局限性，这就是为什么某些涉及单独一个村庄的研究是合作项目而且通常是多学科的项目（Zonabend 1991）。但是，这种局限性已经也

越来越显示在普遍的人类学当中。如今很难清楚地为法国人类学 234
家在海外人类学和本土人类学之间作个区分，如同他们在欧洲其
他地方的同行们遇到的情况一样；而且在某些情况下，这种差别在
法国更小。佐纳邦已经提请我们注意这些研究所揭示的在法国内
部，甚至是在比邻的区域之间存在的差别，这使得一种整体的"法
国文化"观点变得很成问题（Zona bend 1991）。这既是把人类学
方法运用于本土所产生的力量，同时也是它不可避免的后果。

　　还有很多非法国的人类学家在法国做过田野工作（Delamont
1995）。不过，虽然情况正在发生变化（如：Vernier 1991，关于一
个希腊岛屿卡尔帕索斯的亲属制度），但是从目前来讲，自从调查
地遍及欧洲的范热内普以来，法国人类学家在这块大陆的其他地
方开展研究的步伐十分缓慢。最近，阿伯勒（Abélès 1992，1996，
2000）和伊雷娜·贝利耶（Irene Bellier 1995；Bellier and Wilson
2000）对欧盟的机构作过一些研究。

拉康：使心理分析相对主义化

　　很多搞田野工作的人类学家，如罗歇·巴斯蒂德、杰曼·德弗
罗、贝尔纳·朱利拉和勒内·吉拉尔都受到了心理分析的影响，不
管是以把它与结构主义相结合或者使它与结构主义相对立的方
式。除了巴斯蒂德和朱利拉对荣格感兴趣之外，这种影响力大多
来自弗洛伊德。然而，情况因为雅克·拉康（1901—1981）的作品
而发生了改变。拉康是一个实践性的心理分析学家，对法国和其
他地区的人类学产生了相当大的影响，这种影响力尤其是通过他
吸引了成百上千的观众的公共演讲而发散出去的。虽然拉康的出
发点是弗洛伊德的理论，但是他非常反对精神分析在美国的医学

化(medicalization)，而提出将这门学科看成较接近哲学的观点，以及强调接受分析者对治疗的享受而不是强调他们被治愈的观点。弗洛伊德认为个体在童年时期就压抑了的本能冲动与作为它们的替代物而习得的社会赞同的行为之间的分裂需要加以治愈，拉康抛弃了这种观点：对拉康来说，两方都是精神的必要组成部分，因此精神总是分裂的。此外，他提出以永远都不能得到回报的欲望这一概念取代弗洛伊德理论中在心理压力和受挫的需要之间的连接。

　　然而，通过强调孩子发现它是和其他人以及整个世界分离的个体这一过程所产生的异化影响，拉康发展了弗洛伊德的理论。

235　在一开始的"想象"阶段，孩子设想它自己是和自己的妈妈联结在一起的。它随后经历了"镜像"阶段，此时看到自己的倒影使它意识到了自己，但不是这个世界。在紧随其后的"象征"阶段，父亲造成了孩子和母亲的分离，这个危机让孩子学会把父亲通过语言表达出来的权威和自己进行掩饰的需要联系起来，从而应对这种权威。

　　拉康还受到了索绪尔式的结构主义语言学的影响，因此他提出无意识并不是与任意性和混乱相联系的，它是结构化的并且还同等地受到了文化和个人欲望的影响。这使得他对文化以及它对无意识的影响产生了一种相对主义式的兴趣。他相信无意识只有通过语言才能真正被获知，而这也把我们引向了相对主义。这种理论的结果之一是，对于诊断来说，病人们说话的方式和他们说话的内容同样重要。结构主义和这种形式的心理分析之间的相互影响使得拉康和列维-斯特劳斯各自的追随者在对神话的分析中有了某些合作。弗洛伊德把某些心理状况的产生归因于病人混淆了词语和事物，拉康则用混淆了能指和所指的观点加以取代，它们正是组成符号语言学理论的基本要素，这体现了来自索绪尔的另一重影响。对于拉康来说，无意识只是能指的领域；是意识把能指和它的所指联系了起来，这很像弗洛伊德把表征的领域置于意识当中的做法。但是对拉康来说，只要能指是语言性的，毫无疑问它们也是文化的（Lacan 1968，1977；Kurzweil 1980，第 6 章；Ferrell 1996）。拉康的理论应用很广，例如它曾被用于对 1990 年代南斯拉夫暴力事件频发的分析（Bowman 1994）。

拉康式的心理分析的影响在费利克斯·瓜塔里（Félix Guattari）的作品当中有很强的体现。他和福柯主义的哲学家吉勒·德勒兹（Gilles Deleuze）一起对拉康把精神分析和文化相融合的尝试进行了扩展，这种努力最后以他们抛弃弗洛伊德对俄狄浦斯情结的分析而告终。作为替代，他们转向后现代的方式，欢庆精神的分裂——而这种情形弗洛伊德甚至拉康也在某种程度上把它看作是病态的——把它当作是解放性的。此外，虽然弗洛伊德和拉康都聚焦于核心家庭并把它当作这种分裂和冲突发生的场所，但是德勒兹和瓜塔里却指出这种社会形式并不普遍，这层考虑强化了由拉康引入的对精神分析的相对主义的和文化的理论立场。拉康觉得文化影响到了无意识，因此它不是全然孤立于个体精神的深处的，而德勒兹和加塔里则强化了这种感觉。因此行为并不全然像弗洛伊德的正统信条所说的那样根源于童年被压抑的记忆，它还根源于我们周围的世界。其实，对德勒兹和瓜塔里来说，童年和成人后的行为之间并没有什么断裂。他们还批评了其他的一些流派，尤其是结构主义和马克思主义。首先，他们反对列维-斯特劳斯强调的象征符号的普遍性，继而提出重要的是象征符号的效力（efficacy）而不是它们的功能或者意义。其次，他们声称马克思主义把工人阶级当作是一群毫无分化的和可随意锻造的大

236

众,然而事实上它在很多方面都是分裂的和具有颠覆性的。

　　正如马克思所说,颠覆的一个来源当然是资本主义内部的矛盾冲突;不过对德勒兹和瓜塔里来说,这并不是马克思所指的生产,而是资本主义为了维持自身的存在而不断扩增人们对消费品的欲望的倾向(另见上面提到的让·鲍德里亚)。这实际上就开启了能够被颠覆性使用的新的空间(Deleuze and Guatarri 1984,1988;Augé 1982)。这使我们回想起了朱莉娅·克里斯蒂娃的研究。其研究指出,语言被用来使女性边缘化,但女性却能够利用她们自己的书写从这个位置来颠覆性地进行回应。坚信性别是一个社会的而并非自然的问题,克里斯蒂娃抨击了把男人和女人分开并让后者屈服于前者的边界,认为它是一种必须被取缔的霸权结构。这又让人想到了拉康的观点,阴茎并没有把男女分开,而是使他们结合起来。在克里斯蒂娃的精神分析中,她不仅强调了前恋母阶段的符号语言,还强调了恋母家庭中母亲的角色,这是对梅兰妮·克莱因(Melanie Klein)而不是对弗洛伊德本人观点的延续(Kristeva 1980,1988)。在另一个研究领域当中,她试图确认对法国的认同与普遍价值之间的联系,正如迪蒙在结构主义的框架内所做的那样。

　　在其他由德勒兹和瓜塔里引入的转变当中,还有一种对标准的摩尔根式的进化范式的逆转,一种把现代之前阶段的人类标榜为在"文明"上更加优越的逆转。这种态度也能够在许多受无政府主义激发的、反国家的田野工作者的作品当中发现,尤其是皮埃尔·克拉斯特和雅克·利佐(Jacques Lizot),他们研究的都是美洲印第安人群。克拉斯特出生于 1934 年并于 1977 年在一场车祸中丧生,他是 EPHE 的一名研究主任和南美印第安人的宗教和社会方向的教授。作为艾尔弗雷德·梅特罗和列维-斯特劳斯的学生,

他于 1960 年代赴巴拉圭并对在他看来正处于社会解体的时期的
图皮-瓜拉尼人群体展开研究（1972/1998）。这反映了梅特罗的
影响，因为他认为社会解体开启了研究某一社会的最佳视角。克
拉斯特的无政府主义使得他对把国家看作是进化的必要条件的观 237
点嗤之以鼻，并认为它是种族中心主义的；相反，他发展了一种将
美洲印第安社会看成是无冲突社会的观点，这种观点常常被认为
是无可救药的浪漫主义和非现实主义的（Colchester 1982）。不过
即使对克拉斯特来说，领导地位也涉及在领导者和被领导者之间
的利益交换——这是列维-斯特劳斯在《忧郁的热带》（1973）中指
出的一点。因此政治并不像马克思所说的那样是上层建筑而是自
成一体的。所以这使得美洲印第安社会有机会选择抛弃权力和国
家制度：在图皮-瓜拉尼人的例子中，克拉斯特写到，这种规避是通
过移民来完成的，移民缓解了使形成国家成为必然的人口的压力
（Clastres 1987）。

利佐的主要作品是关于雅诺玛米（Yanomami）人的，他们或
许是南美洲被研究得最多的人群。美国的人类学家拿破仑·夏格
农（Napoleon Chagonn）一直关注于勾勒出雅诺玛米文化和社会
组织的结构原则，而利佐却更纯粹地专注于描述，就和贝尔诺和乔
治·孔多米纳所做的一样，在最大程度上避免作理论推断。不过，
利佐还是强调了雅诺玛米人政治体系的缺陷，而这种缺陷既是由
令雅诺玛米人远近闻名的暴力所引起的，反过来又导致了这种暴
力的发生。利佐把它归因于不法的性关系。这显然和克拉斯特认
为亚马逊社会是没有冲突的观点相矛盾。利佐还避开了夏格农对
战争发生的唯物主义解释，而更倾向于对它进行一种结构主义解
释并将其看作是意在达到平衡状态的一种交换形式（Lizot 1994）。
但是，就像克拉斯特的《瓜亚基尔印第安人编年史》（Clastres

1972/1998)一样,利佐的《雅诺玛米人的故事》(Lizot 1985)一书那种描述性的、部分是叙事性的风格接近于文学作品,主要关注让民族志材料自我呈现;两本书都没有任何引用文献。虽然克拉斯特和利佐都把非工业社会看作是能充分满足基本需要的,但是他们却因没有考虑到与欧洲人的接触所产生的效果而受到了批评;例如,马库斯·科尔歇斯特(Marcus Colchester)认为,对这样的社会设想出的富足状态与他们从欧洲人那里得来的金属工具有着密切关系(1982),而巴塞洛缪·迪安(Bartholomew Dean)则提请人们注意当地人对那些剥削性的白人农场主和"志愿协助的"人类学家存在的那种急切而又极度的依赖——这些人其实就是在当地人与现代社会打交道过程中支撑着他们的人(Dean 1999)。

福柯和布尔迪厄:新涂尔干主义?

从今日人类学家们引用其作品的持久性来看,在法国战后时期产生的所有知识分子当中尤其有两位作家似乎对人类学具有持久的影响,他们就是米歇尔·福柯(1926－1984)和皮埃尔·布尔迪厄(1930－2002)。两人都可以被纳入涂尔干主义传统之中,虽然他们本人以及他们各自的拥趸都不曾有意要作这样的声明。当然,他们各自都具有与此传统的差异而且也彼此不同,而布尔迪厄尤其因他顺应马克斯·韦伯观点方向的实践理论而广为人知。

最近有人试图把埃米尔·涂尔干和福柯相互对照着来加以解读,尤其是在马克·科拉迪斯(Mark Cladis)主编的一本聚焦于教育和惩罚的集子(1999)当中。在此之前,科拉迪斯的英国同事迈克·甘恩(Mike Gane)已经将福柯的《规训与惩罚》(1977)描述成"涂尔干主义传统迟来的延续"(Gane 1992,4),而且很显然,福柯和涂尔干的调和性理论立场在一种宽泛的层面上很类似,如果不谈他们的方法、结论或者基本路径的话。但无论如何,福柯始终是一位原创性的思想家而且更愿意引证其他的一些影响源,尤其是尼采对权力的谈论和其他一些德国思想家的观点以及加斯东·巴什拉(Gaston Bachelard)对库恩式的标志了整个科学史知识结构间特征的"断裂"理论的重新运用(Foucault 1978,1979,1984,1985,1997)。

在其整个学术生涯当中,福柯都关注着越轨现象:关注它是如何被社会性定义的,社会中的什么人定义了它,以及谁治愈了它。通常是同样的人群和机构卷入了所有这些过程当中。事实上,任何机构——医院、诊所、收容所、监狱、学校、教堂、军队、工作场所甚至社会安全保全机构——都可以被那些通常自命凌驾于他人之上作威作福的社会权威看作是实施规训、控制和最终惩罚的场所。的确,任何一种治疗和救赎方法都涉及一些自封的专家或至少是专业人士对人类主体以及从根本上讲他们的身体所实施与行使的控制和权力。对福柯来说,甚至那些自封的性学专家对性别差异和曾被视为越轨的那些现象,如同性恋的确认事实上也不过是另一种形式的社会控制,因为它制造了一个使"正常"的行为借以得到判定的标准。

因此,与涂尔干及马克思一样,福柯关注的是对个人进行控制的社会基础,而且他把越轨与涂尔干称之为消极团结(negative solidarity)的东西联系了起来。与在涂尔干的学说中的情形一样,除了将其置于社会之外的越轨行为之外,他的阐述中的个体们缺乏能动性,而且他也不仅仅对社会关系的客观事实感兴趣,还对通过意识形态掩盖了这些事实的集体表征感兴趣。然而,与总的来说对社会秩序持有积极看法的涂尔干不同,福柯悲叹由此产生的

239 控制,并看到它只是赋予少数人以凌驾于大多数人之上的权力,而不是它所声称的为所有人的福祉而创立的社会团结。同时,他并不把越轨看作是病理性的而是看作正常的行为。部分原因在于越轨是由意识形态定义的,因此永远无法被客观地固定下来;今天是正常的东西明天就可能被重新定义为越轨的,反之亦然(就如同性别革命的结果一样)。这就意味着那些被社会定义为越轨者的人事实上只是遭受到任意隔离的被迫害的个体。但这里似乎也提到任何社会都有一种不变的需求,它们要运用越轨作为一种手段来定义可接受的规则并给自身提供一道边界和一种认同。考虑到他对社会控制的消极态度,福柯所提供的前景最终只能是绝望的。虽然福柯隐晦地预言了科学的终结,认为它与法律一起已经成为现代社会主要的制造规训的工具,但是他似乎又相信,只要人类是社会性的,他们就总是会受制于这种或那种规训控制的恣意统治。

所以,社会同时定义了越轨和正常。但是规训的统治不仅仅是从外部得到强化的——它们还常常为那些被迫承受它们的人所内化,这些人于是开始规训自身。这种状况在现代世界当中被更连贯的和更广泛的监督所加强,其例证之一即为最近城市中心的安全摄像头的大量涌现,这简直堪称圆形监狱监控模式的现代运用。这些规训措施都是由福柯称之为知识的结构或编码的东西,无论是宗教的、法律的或者科学的,来指导实施的。它们都是由那些自封的专家以一种看似天经地义并且毫无偏私的方式创造的。但事实上它们却毫无例外地都是权力控制的工具以及一手创造了被其认定为需要救治的越轨行为的专断的意识形态工具。当代的法律和医学是如此,从前的宗教也是如此。的确归根到底,虽然它们都具有理性主义的外衣,但法律和科学都与宗教一样是意识形态性的(参见孔德的观点)。这也同样适用于社会科学,由此福柯就把同代的法国学术界的其他思想学派——马克思主义、拉康主义、存在主义、结构主义——一并消解为了意识形态。

　　虽然福柯强烈地否认自己是一个结构主义者，但是在他的作品和结构主义学派之间存在着明显的类似，尤其是知识结构这个对主体隐藏了其意识形态基础的概念。类似点还包括他所运用的一系列二分对立，比如疾病与健康、神志清晰与痴傻癫狂、无政府状态与规训状态以及医生与病人、老师和学生、监工与工人、法官与囚徒等等。福柯不仅仅将语言作为另一种结构来看待，而且还直接使用了结构主义的术语，比如所指与能指。但另一方面，与列维-斯特劳斯式的结构主义不同，福柯的方法论很大程度上是历史化的，这既体现在他对纪实文献的集中运用上，又体现在他所追溯的存在于不同历史时期的知识结构之间的变迁上，这些知识结构被库恩式的和巴什拉式的称为"科学的断裂"的东西所隔离开。但最为重要的是，他对权力及其运用的结构的谴责是十分激进的，或许甚至更甚于马克思或卢梭的批评，而人类学家们已被他对意识形态本质的强调所深深影响，这甚至关乎他们自身学科知识结构的意识形态本质。不考虑他在其他方面的影响，福柯至少对一种后现代趋势的出现负有部分责任。这种趋势认为人类学研究存在着无可救药的缺陷也因而是行不通的，因为信息提供者和那些坚持要代他们说话的人类学家们之间存在着不可避免的不平等的权力关系（Cladis 1999；Kurzweil 1980）。

　　福柯提出的某些问题也出现在布尔迪厄的著作当中，尤其是他对法国的教育进行的研究之中。他把教育视为一种一直延续到大学阶段的、在每一代人当中对社会不平等进行再生产的手段。虽然教育被呈现成一种为所有人提供平等机会的中立性活动，但布尔迪厄却将它看作是资产阶级的一种权力工具以及一种实现在

240

社会上与政治上的包含与排斥的工具。这种包含与排斥乃是基于某些合适种类的文化资本的持续积累,而低等的阶级通常自愿地将自己排除在这种文化资本之外。其中涉及的作为直接强制的替代物而出现的"象征暴力",类似于涂尔干的宗教理论中提到的象征符号的遮蔽作用,它对权力意识形态性的自然化让人想起了马克思,而它提到的那些被意识形态弄得处于不利地位的人们对意识形态的内化又让人回想起了福柯。而相反,布尔迪厄后期的某些观点并非全然相异的作品探讨了品位的观念,认为品味既构成了文化资本又为决定谁拥有它提供了一个基础。这也使布尔迪厄的理论更加接近韦伯对阶级与地位之间差异的关注(Bourdieu 1984,1988,1990a)。

1930 年出生于法国南部农村的一个小资产阶级家庭,布尔迪厄本人的经历可称得上是与他自己后来所描述的教育霸权潮流相左的。的确,他的观点最近受到了德博拉·里德-达纳艾(Deborah Reed-Danahay)的挑战(1996),达纳艾展示了法国乡村一个社区中的人们是怎样行动起来颠覆了他们中间的那些教育家们的元叙事(metanarrative)的。

尽管从必要文化资本的占有方面看,布尔迪厄出身贫寒,但他却成为近几十年法国社会学界的主要领袖,并保持着这种地位一直到他于 2002 年去世。他总是很难被归类,他遨游在介于马克思、韦伯和涂尔干之间的那一个大体上但并非全部由他自己营造出的世界之中。他在阿尔及利亚待的那四年,其中部分是在军队中,使他对人类学式的田野工作有了亲身体验(Bourdieu 1962,1979),这一经历频频出现在他后来的作品当中。尽管布尔迪厄在阿尔及利亚实际完成的民族志较为一般,他后来还在自己的家乡贝亚恩地区作过进一步的田野调查,这些和他通常与自己的同事或学生合作完成的各种各样的社会学调查(Bourdieu and Passeron 1979;Bourdieu et al. 1999,这本书记录了当今法国的各种亚群体的状况)一起,后来全部都被融入了他的理论写作当中。

布尔迪厄的批评者们倾向于认为其偶尔进行的材料收集工作肤浅且缺乏系统。但无论如何,田野工作对他的作品来说是重要的。阿尔及利亚的情况向他表明法裔阿尔及利亚人与阿拉伯人群一样陷于冲突之中,这使得他在这件事情上既反对弗朗兹·法农(Franz Fanon)又反对法国左派。这种态度以及他早期对斯大林主义在政治上的反对应该让我们意识到有必要对后来其他人试图声称他支持马克思主义这一情况采取谨慎的态度。不过阿尔及利亚的情况对他也许也是社会加诸个体能动性之上的约束力的一种早期展示。布尔迪厄抛弃了萨特的存在主义,但却接受了对一种注意到伦理问题的反思社会学的需要(关于后面这一点,见:Bourdieu 1990a;另见:Wacquant 1989;Robbins 2003)。他早年一直钟情于运用结构主义,这一时期可以用他对卡比尔人(Kabyle)的房屋的著名分析作为例证(Bourdieu 1979),但后来他却脱离了与这个学派的紧密联系。

布尔迪厄最广为人知而且无疑由于其广泛的应用而最具长期影响力的作品是他关于实践的论述(Bourdieu 1977,1990b)。这从某个层次上可以被看作是他协调结构与能动性的尝试,正如此前韦伯和塔尔科特·帕森斯(Talcott Parsons)以及此后安东尼·吉登斯所做的那样。然而在很多方面布尔迪厄在此又体现了他最涂尔干式的思想,因为他认为社会现实不仅是客观的且不依赖于人类能动者的,而且它们还同时逃逸于人类意识之外,于是也限制了人们的能动性。布尔迪厄最主要的创见在于揭示它们如何做到这一点。为了不落入社会科学方法论通常的表达窠臼,他避开了

"规则"的概念,而引介了一系列其他术语,从某种程度上几乎为此发明了一套特殊术语,尽管其中的很多的意思都依然含混不清。

这些术语之一便是"信念"(*doxa*),它指社会生活中那些多多少少被理所当然地接受的方面。它们被不加反思地,甚至是习惯性地相信着和执行着,尽管它们都源于社会实例,如非始终同样源于社会化的话(这个术语布尔迪厄不太喜欢)。另一个术语则是"实践"(practice)本身。实践基于信念,它可被说成是信念的执行,尽管它还涉及了一定程度的即兴表演成分,布尔迪厄将这种成分称之为竞争力——即以正确的社会行为——被呈现于他人之前并经受考验。如果所有这一切看起来似乎像是走钢丝绳的话,与信念相联系的习惯则切实有助于有竞争力的社会表演的生成,因为过多的有意识反思已被禁止了。最后是棘手的"惯习"(habitus)概念。布尔迪厄似乎想以此指代一种文化先例(cultural precedents)和被他称之为无意识行为倾向(unconscious dispositions)的组合体,后者会在社会行动者进行社会实践之时被唤起。于是,因为并不存在自由能动者,社会性就不是如涂尔干式功能主义所描述的那样,在模糊的社会权威颁布规则的过程中构成的,而是在诸个体通常无意识的策略性即兴发挥过程中生成的。在这个即兴发挥的过程中,诸个体运用他们业已相当零散地学到的关于可接受的社会行为知识来指导其自身以应付眼前的社会情境。

如果我们能够接受下面这个事实,那么上述情况也许就更加现实了。这一事实是:即使是在具有长期教育过程的最制度化的社会之中,在人们习得的大量可被接受的社会行为中,只有相对很少的一部分是通过学校及类似机构,或者甚至是在家庭当中被灌输给人们的。相反,我们是在行动中,并因我们的行动惹恼了别人才学会的——换句话说,是靠实践而不是靠规则的灌输习得它们。

这依然与韦伯的方法论个人主义相距甚远。韦伯认为社会能动者们自己通过沉默的或言明的关于社会行为正确形式的人际协商而创造了社会。当然，布尔迪厄猛烈地反对当前在极大程度上支配着社会学的理性选择理论。他认定这一理论忽略了行动的社会层面，尤其是这样一个事实，即利益及追求利益的恰当策略都同样被社会决定。实践并非在起限制作用而是提供了便利，而这给人们带来了一定程度的能动性；但他们只能够在由社会确定的狭窄的限定范围内行使其能动性。

路易·迪蒙：通过等级连接意识形态和实践

主要通过涂尔干主义的视角来努力达成意识形态与实践之间的理论和解的思想家并不止布尔迪厄一个，它还同样适用于一位自认的莫斯主义者——如果不是涂尔干主义者的话——路易·迪蒙。与其另一位主要导师，结构主义者列维-斯特劳斯相比，迪蒙入行很晚。1911 年出生在希腊的萨洛尼卡，迪蒙的青春期在辍学 243 经历中结束。在换了好几份临时工作之后，1936 年他终于成为了民俗传统与艺术博物馆（MATP）的一名工作人员。对那些展品的日益增长的兴趣驱使他重返学校学习，这其中的一个重要部分就是聆听到马塞尔·莫斯的演讲。和列维-斯特劳斯不同，迪蒙的战争年月不是在流亡中度过的，而是作为一名被德军监禁的战俘。不过他的囚禁期时有间断，他会在这些时候到汉堡去跟随德国耆那教专家沃尔泰·舒布林（Walther Schubring）教授学习梵语。

对印度的研究和列维-斯特劳斯的影响一样使得迪蒙转向了结构主义，因为他认为这种理论立场能够最好地解释他的印度材料（Dumont 1986）。但是在牛津做讲师的那四年的经历（1951—

1955)也让他直接接触到了英国的经验主义,在那里他取代了拉德克利夫-布朗学派的功能主义者 M. 斯利尼瓦斯(M. Srinivas)——他自己把这段在牛津的经历称为"第二次训练"。后来迪蒙返回法国,并继续到印度的北部做田野工作,这次调查他显然不太满意,相关出版物也极少。1957 年他回到巴黎担任印度社会学教授,随后又在 EPHE 任比较社会学教授并在那里一直干到退休。在 EPHE 他和戴维·波科克(David Pocock)一起创办了《印度社会学进展》(*Contributions to Indian Sociology*)这本重要的期刊,其目的在于把印度人类学从原来的各种民俗学的、进化论的和功能主义的老路上拉出来从而使其进入到结构主义的轨道上去,这项事业显然是以《社会学年鉴》为蓝本的。他的一个学术关注点是促进对种姓的研究——早先各种对印度的人类学研究强调的不是种姓而是部落,即印度人口中的少数,这也是进化论者思考的焦点。

　　所有这些都只是对迪蒙最著名和最具影响力的著作《阶序人》(Dumont 1966/1980)的铺垫。《阶序人》是一本对印度种姓制度进行全面的人类学描述的著作,它讨论了这一制度的等级化本质以及按照涂尔干模式实现的社会对个体的含纳。这引出了一项对印度和西方的长期比较性研究,后者主要从平等主义和个人主义的相对价值方面被加以呈现(Dumont 1992),这在他最后一本论德国意识形态的主要著作中达到顶峰(Dumont 1994)。迪蒙在1967 年创建了印度与南亚研究中心(the Centre d'Etudes de l'Inde et de l'Asie du Sud),在 1976 年他又创立了 ERASME,这是 CNRS 里面一个主要从跨文化视角研究交换和葬礼的研究小组。迪蒙于 1998 年逝世(Allen 1998;Galey 1982;Toffin 1999)。

　　迪蒙的事业因此颠覆了在他之前的涂尔干主义者塞莱斯坦·布格莱的研究(见我的第三讲),后者在转向印度之前就开始研究

西方的平等观念。布格莱从来没有造访过印度。对于印度他当然
比迪蒙了解得更少，而且他把所有显现出来的问题都归咎于婆罗
门。很少有人类学家会比迪蒙更能全面运用这个原则，即研究另 244
外一个社会能够告诉我们很多关于我们自己社会的东西。在结构
主义方面，迪蒙式的结构主义总是比列维-斯特劳斯式的更多些文
化具体性而少些普遍概化的东西。而且，他有关亲属制度的著作
也更加接近于其他的田野工作者，因为他是从实际婚姻规则和实
践的多种变化形式当中识别确认出一个亲属用语的恒定结构的，
就比如德拉威人（Dravidian）的例子。他的研究仍然是结构主义
的，这在某种程度上是因为迪蒙对群体间姻亲联系的强调，但是比
起列维-斯特劳斯的模式来，他的研究在很多方面都更加植根于所
获取的民族志细节材料（Dumont 1983）。

　　迪蒙把列维-斯特劳斯的对立两分的结构主义信条发展成为
了他所称的等级化对立两分（hierarchical opposition），这为从结
构主义内部来统合意识形态与实践提供了一条道路（Parkin
2003）。迪蒙最初应用这种修正版的对立两分形式来解释印度社
会当中婆罗门和刹帝利（Kshatriya）两个种姓之间的关系。一个
更为熟悉的例子可以帮助我们弄清楚这种形式的含义（迪蒙
1992,119）。在其用法因为暗含的政治取向而得到纠正之前的时
代，英文单词"man"具有双重意义。在一个"层面"（level）——用
迪蒙的术语来说——上，"man"（男人；人）就只是"woman"（女人）
的反义词而已。但在另一个层面上，它代表了全人类并因此将
"woman"也包括在内。换句话说，在这后一个层面上，"man"的意
思涵盖了它的反义词"woman"。

　　显然这一情况在一系列环境当中都适用。在这些环境当中，
男性的事物被认为从意识形态上比女性的事物更加重要、更有价

值,等等。而且在涉及涵盖的这个层面上,女性成为完全不可见的,这正是因为她们被涵盖掉了。只有到了前一个涉及区分的层面上,女性这个范畴才出现。因此这两个层面在种类上是不一样的。它们还从意识形态上被统合进了同一个结构当中:它们并不仅仅代表的是对立的两极此消彼长的不同情境。列维-斯特劳斯的对立两分无论怎么颠倒还是等价的,因为移动它们不过就是互换一下位置而已。可是,当这两极是在迪蒙谈的两个层面上移动时,它们是在两个不同的位置上移动,一个是当一极被另一极涵盖的时候产生的主导位置,这个位置让被涵盖的一方消失看不见,而另一个则是因为两极彼此区别而均得以呈现的时候产生的次要位置。回到印度的例子当中,婆罗门要么在只有它得以显现的仪式当中通过它与宇宙的关系代表了(涵盖了)整个社会,要么它就会以服从于刹帝利权威的形式与后者一同呈现于社会当中,但是它仅只在刹帝利处于统治地位的情况下处于从属(世俗的,非超越性的)的地位。

将等级化两分对立应用于平等主义的西方是把意识形态与
245 实践联系起来的途径之一。迪蒙给予了实践活动应有的地位,同时又很典型地让它们从属于观念的层面——我们在关于印度婆罗门与刹帝利的关系的讨论当中已经看到了这一点。观念和价值的层面总是涵盖了实践的层面:尽管前者要依赖于后者才能实现,但后者从意识形态上总是处于从属地位,有时甚至还从意识形态上不可见。只有当宗教活动当中的语用学或者实践世界在道德上委曲求全的特征变成讨论的焦点时,实践才会变得显著,但也仅仅是在次要的区分层面上而不是在主要的涵盖层面上。因此我建议迪蒙的名字应该被加入那些试图将实践和能动性与意识形态结合起来的人们的名单中去,他们包括最近期的吉登斯和布尔迪厄、中期的帕森斯以及创始者韦伯。

迪蒙还为法国的年轻一代学者们留下了他自己的学术遗产，这些学者包括研究印度尼西亚的塞西尔·巴罗（Cœile Barraud）（1981）、研究尼日尔的多米尼克·卡萨茹斯（Dominique Casajus）（1985）、研究所罗门群岛的达尼埃尔·德·科佩（1933－2002）（1985）、研究巴布亚新几内亚的安德烈·伊特尼（AndréIteanu）（1983）、研究北非以及印度穆斯林（the Meo）的雷蒙德·雅莫斯（Raymond Jamous）（1981,1991）以及研究东非和萨摩亚的塞尔热·切尔凯索夫（Serge Tcherkézoff）（1987）。所有这些人都在不同时期曾是 ERASME 的成员，而且以各自不同的方式在他们的民族志著作中更进一步推进了迪蒙关于等级和对立的教义（这个群体的研究，以及迪蒙自己的研究，详见：Parkin 2003；另见：Barnes，de Coppet，and Parkin 1985；Barraud de Coppet，Iteanu，and Jamous 1994；de Coppet and Iteanu 1995）。

他们在一篇合著文章中发出了一项重要提议（Barraud，de Coppet，Iteanu，and Jamous 1994），该提议有关于我们应该如何在坚持莫斯式传统的整体论的同时对不同社会进行比较的内容。莫斯本人的比较方式倾向于带有某种进化论的层面：正如我在第三讲中所讨论过的，他采用的一种普遍策略是，通过展现世界历史上能够代表这种整体层面逐渐呈现的不同阶段来比较某种特定社会现象（诸如交换或人）的整体。对巴罗、科佩、伊特尼和雅莫斯而言，作为比较的基础的应该是整体主义的性质本身。相应地，在这篇合著文章中，迪蒙关于等级化对立的模型提供了比较不同社会的终极或者超越性价值的一种比较方式，这种作用是通过在各个不同的案例中运用这种模型得以确认的。

迪蒙还对南亚人类学研究方向中独具特色的法国学派大有影 246

响,尽管马德林·比亚尔多(Madeleine Biardeau)把印度教当作一种文明来进行的人类学解释表明,他的影响并没有波及这一领域的各个角落(Biardeau 1989;Biardeau and Malamoud 1976)。研究印度的法国人类学家包括查尔斯·马拉杜(Charles Malamoud)(1989;Biardeau and Malamoud 1976)、马里-路易·雷尼什(Marie-Louis Reiniche)(1979,论一种南印度的崇拜活动)、让-克劳德·加莱(Jean-Claude Galey)(1980,论亲属制度)、塞尔热·布埃(Serge Bouez)(1985,1992,论部落与孟加拉湾),马里内·卡兰-布埃(Marine Carrin-Bouez)(1986,论部落)以及丹尼斯·维达尔(Denis Vidal)(1997,论暴力)。研究尼泊尔的法国人类学家包括奥利维尔·埃朗尼特(Olivier Herrenschnidt)(1989)、马克·加博里奥(Marc Gaborieau)(1978;另有专门研究尼泊尔的穆斯林的著作)、热拉尔·托芬(Gérard Toffin)(1984,1993)、阿内·德·萨勒(Anne de Sales)(1991,论尼泊尔的萨满教和毛泽东主义)、亚历山大·麦克唐纳(Alexandre MacDonald,他出生在苏格兰,但是在法国接受的学术训练并且定居在巴黎)(1983,1987)、吉塞尔·克劳斯科普夫(Giselle Krauskopf)(1989)以及贝尔纳·皮涅德(Bernard Pignède,他英年早逝于1961年)(1993)。并非所有这些作品都是关于那些传统的具有异国情调的文化形式的,这从热拉尔·厄泽(Gérard Heuzé)研究部落矿工的作品(1996)和比利时人罗伯特·德利耶热(Robert Deliège)研究印度贱民的著作可以表现出来(1997,1999;1985,论部落)。并非所有这些人类学家都直接与迪蒙的观点有联系,不管是批评的还是拥护的。大体来说他们的著作都能归入我们现在可以确认下来的一种具有一定理论意识但却汲汲于经验细节的民族志的法国式人类学传统。法国有自己专门的南亚研究杂志《普鲁萨拉》(Purusartha)。

后结构主义：解构，模拟和后现代主义

当腹背受敌之时，结构主义看来似乎已经没法保住自己了。在对结构主义形成挑战的流派当中，包括了心理分析、现象学和所谓的民族志本质主义（ethnographic essentialism），例如田野工作者贝尔诺和孔多米纳的立场，这些潮流都起源于 1950 年代。尽管如此，前两股潮流还受到了结构主义的积极影响，而且它们都确实试图与之结合。但后结构主义（poststructuralism）这个词则倾向于表达另外的理论路径。比前几股潮流开始得相对要迟些，后结构主义它有时看来既扩展了结构主义又与其相矛盾。雅克·德里达（Jacques Derrida）的解构主义、鲍德里亚通过呈现的影像来模拟现实，以及让-弗朗索瓦·利奥塔（Jean-François Lyotard）的后现代主义都对人类学结构主义的瓦解有影响，虽然他们都大量运用了后者的语言和观点。这些理论家们都不能被划定为人类学家，而且除了浅尝辄止的接触外，他们都不曾广泛地参与到人类学当中。　247

雅克·德里达 1930 年生于阿尔及尔，2004 年逝世。他早年曾在哈佛上学并在约翰斯·霍普金斯大学担任教职。完成学业后他在高等师范学院（École Normale SupÉrieure）和耶鲁大学教过哲学。后来他在巴黎参与了"泰凯尔"（Tel Quel）这个由各学科的激进知识分子组成的群体＊。除了受到一系列其他人物的影响，包括弗里德里希·尼采、西格蒙德·弗洛伊德、马丁·海德格尔、埃德蒙·胡塞尔和 G. F. W. 黑格尔，德里达还涉猎了雅克·拉康和让-雅克·卢梭的著作，并且以一种更加怀疑但并非彻底超

＊　"泰凯尔"为音译，此词意为"原本"。——译者

然的态度了解了列维-斯特劳斯的结构主义。德里达关于结构主义的一种基本观点是,虽然它把每个文本看作是独特的和不变的,但文本却并不是互不相关的单位而是具有内在矛盾冲突,并且还具有一种德里达称之为互文性(intertextuality)的彼此相互引注的趋向。此外,考虑到对同一文本的每一次阅读都是不同的,那么每一个文本就既不是内在统一的又不是边界固定的,而是代表了基于这些不同的阅读经验而产生出来的一系列不同文本。这个方面本身又代表了互文性的又一个维度,即互文性不仅仅是文本间随时间流逝而交叉引注(cross-referencing)的问题——也就是说,它并不单纯是个历史的问题。

因此,德里达给自己定下的任务是,"解构"那些通常所谓的文本,以此来展示它们被撰写出来的情境以及它们获得并揭示意义的情境。对他来说,意义是依赖于情境的,甚至是由情境来定义的。而且与福柯极为相似的是,他是根据知识政体(regimes of knowledge)对行为的制约作用来思考问题的,这种知识政体在文本中得到表达并把自己看作是由真理决定的因此倾向于避开自我批评(比如,在职业学者中,以及在更广义的知识求索行为中)。虽然被赋予了这些知识型的语言是自足的(self-contained)和自指的(self-referential),但它却绝非中立的。相反它最终是社会性的,独立于个人并加诸于个人身上。因此,德里达从解构主义那里汲取的观点之一乃是对于对立两分的两极进行各异评价——这个观点让人想到赫兹和迪蒙,而不是列维-斯特劳斯。根据知识政体,可以用这种方式建立起一种两分对立:一极代表受推崇的知识(如科学),而另一极则代表那些不受赞许的和具有潜在颠覆性的知识(或许如巫术)。虽然处于边缘地带,但是巫术却通过为科学设定边界而定义了它。这再次让我们想起了福柯,虽然福柯本人把德里达的书斥之为装腔作势。

　　但在他那些解构的著作中，德里达超越了这些并进而关注批 248
评得以产生的环境，关注什么是解释和话语的元层次。首先，典型
的批评都是通过关注概念的起源而不是现在的状态来解构它们
的，原因在于当起源已经消失之时，起源的"痕迹"仍然明显。但痕
迹还作为起源的对立面而构成了起源，因为只有通过痕迹我们才
能发现起源。

　　德里达理论中的一个方面就是他性（otherness）的概念，虽然
是德里达提到了这一概念但它实际上涉及了结构主义。来自别处
的引证部分地提及了德里达认为可以互换的能指与所指间的对
立。此外，解构本身被迫要运用它想要废除之物的语言，因为它还
没能够形成一种替代性语言。虽然批评已经自动地使受批评的概
念"有待抹除"（under erasure）——也就是说，它容忍了它们暂时
悬置自己的消亡——因为它缺乏一种替代性的话语，而在一个无
限的衰退过程中，这种移除总是被"延迟"而且从未被实现过。反
种族主义的行动者们却必须使用传统的种族范畴来论证这些范畴
的错误与多余，就是一个很明显的例证，虽然德里达本人并没有提
到过这个例子。这个观念引出了德里达最为著名的用双关语来作
为启发机制的例子：批评同时涉及了差异（*différence*）和延迟（*différance*，这是德里达造的词，意思是"延迟"），这个双关语乃是基
于法语中动词"*différer*"具有的双重意思（"使不同；使延迟"）。

　　德里达的解构观点还一直延伸到了对文本中脚注的解释。他
指出脚注常常被当作一个半隐密的空间，用来羞怯地证实或者甚
至反驳正文当中作出的论断。那些论断，因为是作者意欲表达的
并被他人承认为最主要的主张和话语，所以也就组成了在一对势
力不均等的两分对立关系中地位更为优越的一极。而另外一组德

里达加以玩味的对立关系则存在于前言与它所关联的正文之间。他认为,前言是对正文的一种超浓缩表达,但同时又牵涉到一个谎言,因为它通常是写于正文之后。用德里达在此处采用的弗洛伊德式的语言来说的话,就是,虽然看起来好像是前言产生了正文,但事实上正文是前言的父亲,而前言作为它的儿子,却可能通过将其情境化而拒绝正文(Derrida 1976,1978;Spivak 1976)。

让·鲍德里亚(生于 1929 年)的作品关注的一般都是媒体及其制造的影像对我们的感知和行为的影响;这或许会让我们想起罗兰·巴特的某些著作。现代社会已被影像浸润到了如此深广的地步,以至于诸如广告、电影和电视这样的媒体已经开始被困在一个循环当中了,在这个循环当中,影像最终只是指向彼此,而非任何现实。现代媒体是极度自指(self-referential)的,因为它已经被它们自身(再)生产的环境给迷住了。因此,对现实的感知已经被各种影像过滤过了,以至于我们如今生活在一个鲍德里亚称之为拟像(simulation)的世界中。如果我们看一下关于演员的戏剧以及在剧场表演中提到戏剧再生产环境的漫长历史时,这也就不算是什么新鲜事了。影像还会生产出一种代码,我们凭借这种代码来定义自己并区别他人,而具体区别方式则让我们想起布尔迪厄关于文化资本是如何被创造出来的观点。

对鲍德里亚来说,拟像这个词并不暗含有任何一种对现实的模仿,甚至也不包括对其的扭曲,它已经变成了自生的,就像在电脑虚拟空间里一样。此外,媒体如今创造现实的程度与它们记录现实的程度一样高,比如当骚乱因电视摄像机的在场而起,或者电视制作者们自己设下的场景随后又被报道为“现实”——也就是说,媒体激发了本不会发生的行为。而事实上,如今互动电视的出现已经使得观众自己能够参与到媒体影像的创造中来了,而正是这种影像的创造构成了拟像。

可是,鲍德里亚抛弃了马克思主义的一个观点,即影像操纵了我们的行为因为它强加了一种存在于影像制作者和消费者之间的虚假断裂。相反,不管我们是在制造影像还是消费它们,我们都已被社会限定了如何对拟像作出反应(这种话我们也能够想象是涂尔干说出来的)。鲍德里亚在早期当然是经由法国的马克思主义的修正主义者亨利·列斐伏尔(Henri Lefebvre)受到了马克思影响的,但如今他认为当代资本主义涉及的不是产品的生产和消费——一如在过去和在正统马克思主义中那样,而是影像的生产和消费。影像被用来创造无穷无尽的欲望但却不被用以满足需要。在鲍德里亚看来消费已经取代了政治,尤其是随着它吸收了非常激进的政治影像,如切·格瓦拉(Che Guevara)的头像,来作为挣钱的产品之后。他与此相关联的一个观点是,我们并不会像反对一种争鸣观点或一种压迫体系那样去反抗影像,我们最多只是忽视它们——有鉴于当代反资本主义运动明确提出的对广告的反对,这个观点必须加以修正。鲍德里亚的作品当中还有心理分析的因素。虽然广告影像明晰显示了一系列似应是恋母情结的无意识梦想和象征,但是它们激起了对性和死亡的无意识冲动渴求,不过在广告中后者总是被更加安全地收编于广义的暴力形式之下。最后,消费植根于原初的匮乏感,并且利用了人类对象征符号的反应(Baudrillard 1968,1970,1975,1988a,1988b,1993;Poster 1988)。

人们普遍认为是让-弗朗索瓦·利奥塔(1924—1998)在一份 250 为魁北克省大学理事会撰写的关于科学知识形势的报告当中创造了"后现代主义"这个词(Lyotard 1984)。后现代风格本身被认为是在有趣味的、本土化的和折中式设计取代现代主义者们的一丝不苟的实用主义设计风格之时而首先兴起于建筑学领域。它随后波及了文学和其他艺术类别领域，为了颠覆现代主义者关于高雅文化（high culture）的观念而推崇各种大众文化和亚文化。在更晚些时候，社会科学家们发掘了它并将其当作一个工具以理论勾勒当代生活大多数领域内多元趋向性（multistrandedness），这包括了诸如多元文化主义、全球化、认同的归化（hyphenation of identities）以及各种霸权结构的去中心化（殖民主义的、资本主义的、以性别为基础的、种族的，等等）等因素。总之，后现代主义高扬无序而非有序、分化而非统一、多样性而非一致性、相对主义而非标准化、平等而非霸权。

在上面提到的那篇报告中，利奥塔复兴了哲学家巴什拉（Bachelard）（1934,1953）早年对科学得以产生出来的环境的研究，尤其是对一组对照差异关系的研究。这个对照存在于客观知识的科学观点与作为一个共享价值观的群体的科学家们对这种知识的现实的、通常具有不确定性的构建之间。巴什拉还对科学进步很感兴趣，认为它涉及的是"认识论的突破"而不是渐进的变化（Kuhn 1970）。

利奥塔本人集中关注于科学家们是如何不再把他们的研究工作看成是对付这个世界上所有缺憾永远有效的药方，或甚至不再将它们看作是对这个世界运作机制的一种全面而完整的说明。这种状况的发生有很多原因，其中包括科学自身具有的不确定原则、科学家之间的争论、对科学通过战争对环境以及对全人类造成的损害的承认，以及大多数科学研究的短视和不甚光彩的妥协，而这乃是因为它越来越依赖于那些自有其目的的赞助机构。巴什拉和库恩都曾指出，科学在观念和实践两方面都是社会的产物。无论如何，科学都不可能再宣称自己是利奥塔所说的那种能够生产出超越所有相对主义的毋庸置疑的真理的元叙事（metanarrative）了；这是一种让人回想起德里达和福柯的解构。的确，利奥塔赞成启蒙事业的瓦解而且拥护自由、知识的透明性及其构成方式的透明性，以及像斯科特所描述的马来农民进行的那种较小规模的反抗与颠覆（Lyotard 1985）。相应地，他反对从后现代主义的经验当中再创造出新的元叙事，坚信被压迫者应该被允许自我言说，而不是由那些声称掌管着某种特定知识体制的知识分子来代为言说——如，由来已久地，人类学家。越来越多的人类学家已采纳了这种观点，但或许主要是在法国以外。

251

同样活跃于科学知识社会学领域的还有布鲁诺·拉图尔（Bruno Latour）（Latour and Woolgar 1986），他指出现代性的观念作为一种实践形式已被证伪（Latour 1993）。尤其是，科学宣称已揭示了自然是与它自己在实验室里构建自然的做法相抵触的，这抹杀了区分自然与社会（"净化"，科学依赖于此）和混淆自然与社会（"解释"或"调和"，后一个词巴什拉也采用了）之间的差别。总之，鉴于实验室既是科学的也同样是社会的，也鉴于科学思维在原则上不能容忍这种由其一手造成的自然与社会的混淆，因而在事实上，理想中的现代性从没存在过。这让人回想起迪蒙的论断，即非现代的思维仍然潜伏在现代思维之中，这也与存在于后者而非前者之中的这种矛盾意识相关。在另一个方面，卡斯唐（Carsten）（2000,31—33）和布凯（Bouquet）（2000）最近曾经建议用这些见解来区分社会性的与生物性的亲属制度。

总结性的评论

尽管许多从 1970 年代起一直困扰着人类学的后现代和解构

潮流都发源自法国的唯理智论,但是正如不止一个评论家曾指出的那样,它们在法国对人类学的影响或许小于在其他地方(Clifford 1983,130—31;Godelier 2000;Weber 2001;Rogers 2001)。罗杰斯指出了在法国人类学中不存在自身反思性或自传主题(在这方面布尔迪厄对前者的必要性所作的独树一帜的论述是个例外),法国人类学还对民族性(ethnicity)不甚敏感,而在别处这已经逐渐被看作是关乎变幻的语境及混杂性的问题了。罗杰斯还指出今日的法国人类学在定位上仍然倾向于整体论和共时性,强调莫斯式的或结构主义式的一致性而非后现代主义者们谈论的碎片化。也许这些与其说是理论原则,倒不如说是方法论准则,这反映了许多法国人类学家的民族志本质主义(ethnographic essentialism)。这些作者在定位上常常是多学科的,他们并不是对理论无
252 知而只是怀疑理论,或者说他们更关注于事实、经验主义和实践。这在很大程度上是一种土生土长的怀疑主义,极少或完全没有借鉴英国或其他地方的例子。至于民俗学研究,虽然大体来说它在理论上并非多产,但它最终在法国的土壤中与人类学田野工作融合在了一起,创造出了一种如今已扩展至现代体制中去的研究传统。

虽然流派众多,但法国人类学学派的确从涂尔干在1880年代所设立的观念那里获取了可观的理论一致性,这种观念最初是为社会学设立的,后来由涂尔干自己和莫斯应用到人类学上,又在"二战"后由列维-斯特劳斯以结构主义的形式加以发展。这种影响甚至可以在那些乍看起来摈弃了这些观念的作者们的作品中被探查到。于是,像福柯、布尔迪厄、鲍德里亚和德里达这样的作者都曾以一种让人回想起涂尔干对仪式中的象征符号的解释(更别说回想起卢梭)的方式谈论过意识形态与意象的内化,而戈德利埃

则强调了结构主义与马克思主义之间的相似性。的确，许多所谓的后结构主义思想家一方面批评了结构主义，一方面又扩展了它，这乃是因为一种持续的借助二元对立来进行思考的倾向，即使他们的思考目的正是为了解构这种对立，或至少是解构它们被认为代表着的那种不平等。因此，从卢梭一直到鲍德里亚存在着延续性，其间有赖于诸如涂尔干和列维-斯特劳斯这样的重要人物作为中介。

拉康主义者们也肯定了文化对无意识的影响力，因此也就像涂尔干一样否定了文化或社会心理决定论的可能性。在其他方面，心理分析虽然影响程度不及涂尔干传统，但仍然对法国人类学造成了重要影响。这既反映在其潜在于结构主义之中，也反映在来自弗洛伊德和相对来说程度稍弱些的荣格，以及更加晚近的拉康本人的更为直接的影响当中。不过，列维-斯特劳斯对心理学的运用是集体性的而非个体性的，谈论的是蕴涵在表面的文化多样性之下的基本思维模式。列维-斯特劳斯将对这种广义心理学的运用与泰勒式的文化观念以及索绪尔式的结构主义相结合，使得他能够完成莫斯提出的在法国把人类学确立为一门独立学科的任务，恰如涂尔干六十多年前确立社会学一样。从这个意义上说，列维-斯特劳斯是继涂尔干之后第二位对法国人类学具有重要意义的伟大创新者，而且在我看来，他应该也能与涂尔干、韦伯和马克思三位并驾齐驱，成为第四位社会科学创立之父。

它在理论与实践之间以及教学与研究之间的分离，它所具有的可观的理论连续性，以及它相对来说较晚的学科建制以及田野工作转向都使得法国人类学可以声称自己是一种具有真正独特性的国别化人类学流派。然而虽然这种独特流派对于更加宽泛的法国学术传统来说也仍然是这样的，但它并不是孤立的。现代法国

253

社会思想既汲取了自身的理性主义和普遍主义传统,也借鉴了德国诠释学和现象学以及英国的经验主义;它还扩展了自己的海外影响力,不仅是对英国——在那里它或许可以说是主导性的——而且还对美国和德国。因此,法国被列为当今世界最重要的社会思想和民族志实践生产者之一,实属实至名归。

第 四 部

美国的人类学

西德尔·西尔弗曼

第一章　博厄斯学派和文化
人类学的发明

我的任务是通过五次讲座来追溯美国人类学的历史，但即便仅仅是因为这个领域所具有的庞大规模，这一任务也是令人生畏的。在今天的美国，大概有两万人以某种方式投身于人类学实践或者自称人类学家。他们的工作和兴趣涵盖非常广泛，他们承接了一个多世纪以来人类学先辈的衣钵，而这些先辈们自身就同样存在着各种差别。公正地评价他们中的每一个人已非我力所能及，因此我打算为我的主题加上几个限制性条件。

首先，因为美国人类学家至少划分为四类（子学科包括文化或社会人类学，今天已经不常被称为民族学了；体质或生物人类学；考古学和语言人类学），考虑到这个学会*的重心所在，我将主要关注文化和社会人类学分支。尽管如此，我仍会时常涉及其他子学科的内容，并希望能够解释为什么美国人类学形成了这种特殊的布局以及为什么至少我们当中还有一部分人认为这种学科布局仍然适合我们。（我仅用形容词"美国的"作为美利坚合众国的简写，它并非指代整个西半球。）

其次，我将努力提供对这门学科主要思潮和发展的认识，但我主要从自身的见解出发并强调那些我认为最为重要或最有意思的

---

* 指马普学会。——译者

东西。因为美国人类学传统是本书所述四种传统中最为年轻的一种，虽然历史较短，但其 20 世纪的发展却有较多值得一述的内容。所以我这里所讲述的时间起点要比另外三位同仁的更靠后一些，并将关注点集中在刚刚过去的 20 世纪。我的五场讲座的安排或多或少遵循了年代学序列，但在前两讲后，我将在叙述时间上有所逆转，以关注 1970 年代美国特有的对复杂社会的人类学兴趣，而最后的两讲将从这个年代继续往前。

258　　再者，我不会将这样的历史看作由一系列空洞的观点（主义）构成的序列，而是试图将这些观点与关于各种机构和社会关系的历程以及影响它们的外部环境联系起来。这些观点正是在这样的机构建制与社会情境中形成并产生了它们的影响。尽管我的描述是局部的并且是我最为熟悉的那部分内容，但是我希望通过它大家能够对作为一种社会现象的美国人类学有所体味。

最后，我不打算把这一历史呈现为一种建立在系统的知识积累之上的秩序井然的进程。我并不认为任何学科的历史是以这样的方式运作的，我也没有兴趣用胜利的语调重构美国人类学的过去，将其描绘成在 20 世纪不断向前和向上发展的过程。我们的历史充满了异议与纷争，而并非全然彬彬有礼。人们也许会因为我们先辈和同仁们因无理性的个人偏好引发的过失而责备他们，但我认为正是通过这些不同意见我们才得到了最多的收获。因此，我将围绕着争论和冲突来安排我讲座的部分内容。我希望到最后我已经使你们相信我们是一个充满活力或者说不受拘束的群体，而且美国人类学将在它独特的、交织着热切的献身精神与不同观点的学科道路上继续繁荣下去。

开端

标准的教科书是这样勾画美国人类学的开端的：它的创始人是培养过 20 世纪上半叶的很多著名人物的弗朗兹·博厄斯（Franz Boas）。伴随博厄斯而来的有他作为反进化论者的批评，有与特质分布类型相关的历史主义以及人类学在各大学院系、博物馆和专业实体中的制度化过程。他还带来了由四个领域所组成的学科结构，这种结构起初是研究美国印第安人的一种方法论设计，但随后开始被确立为一条理论上的基本原则。从一开始，博厄斯就使用文化作为核心概念，它与英国社会人类学中对社会和社会结构的强调相对立，也与 A. R. 拉德克利夫-布朗所不屑的民族学相对立，更与基于种族或生物学的解释相对立。

所有的这些都足够正确，但美国人类学的历史并不是一个排除了其他声音，由一个在整齐的理论框架指引下的博厄斯的信徒们所组成的学派来有计划地展现、控制和统一的历史。相反，它是一个在理论、社会、政治、文化和制度等许多方面存在着争论、冲突和差异的舞台。

博厄斯本人当初加入其中的美国人类学界即非空白一片地等 259 待着他来改变，也并非不存在其潜在的对手。因此我们的第一个问题是：故事从哪里开始？那些在学科专业化以后将成为其中心主题的，被政治家、作家和各种流派的科学家所讨论的话题至少可以追溯到 19 世纪早期。这些主题包括印第安人的起源和文化身份，以及这些对于西部边界扩张而言意味着什么；种族差异的重要性以及如何通过它向奴隶制度的政策施加压力；以及新移民群体的特征和他们在社会中应有的位置等相关问题。旅行者收集与印第安有关的手工艺品和民族学信息,语言学者描述或推测美国印第安人的语言,颅相学者开展人体测量的研究,业余考古学家则被美国东部的坟墩和西南部的普韦布洛(Pueblo)遗址所吸引,并出现了基于这些兴趣爱好的学术团体。在后达尔文时代,各种解释通常遵循着这种或那种进化论框架。

以我们今天的观点来看,刘易斯·亨利·摩尔根(Lewis Henry Morgan)是19世纪的绅士学者中最重要的一位。他是一名律师,因为在一场土地纠纷中替塞内卡(Seneca)部落打官司而与该部落熟悉起来。他继而对易洛魁(Iroquois)亲属关系(Morgan 1851)产生了兴趣,并接着出版了一本关于亲属关系制度比较研究的大部头著作(Morgan 1870),有人指出这本书的出版标志着人类学中亲属关系概念的出现。摩尔根随后使用亲属关系作为进入更广阔的社会进化理论的一个切入点,他在《古代社会》一书(Morgan 1877)中对此进行了论述。这本著作引起了马克思和恩格斯的注意,并且在20世纪中叶的美国人类学中扮演了关键的角色。

随着西部扩张的不断深入,出于实践和学术的动机,社会要求获得关于印第安人的知识。独臂内战英雄及探险家约翰·韦斯利·鲍威尔(John Wesley Powell)是一个不知疲倦的印第安人语言和习俗的汇编者,他被任命领导美国地质调查局(U. S. Geological Survey)和随后于1879年新成立的美国民族局(Bureau of American Ethnology)。在局里,鲍威尔主要负责在进化论的解释框架内推动美国印第安人研究的专业化。局里的一些民族学家在边疆地区进行充满危险的田野调查,继续构思着一条不同于博厄斯的路径。的确,对博厄斯的诸多批评中有一点就是:在他建立这一新学科的过程中,他忽视了——甚至是从人类学记忆中抹去了——这些先辈和对手，包括摩尔根。

　　具有建制意义的人类学发端于各博物馆和政府机构，史密森 260
尼国家博物馆（National Museum of the Smithsonian）、哈佛的皮
博迪博物馆（Peabody Museum at Harvard）以及纽约的美国自然
历史博物馆（AMNH）在 19 世纪中叶以后纷纷建立，不久就成立
了考古学和民族学分部来收集和保管相关文物。他们还开展了调
查工作，例如 1894 年美国自然历史博物馆的杰瑟普探险（Jesup
Expedition）不仅早于英国发起的托雷斯海峡探险而且具有更明
显的人类学意味。差不多同一时间在芝加哥举办的世界哥伦比亚
博览会（the World's Columbian Exposition），即 1893 年的大世博
会导致了田野博物馆的出现。在人类学博物馆发展过程中起到关
键作用的人物是弗雷德里克·沃德·帕特南（Frederick Ward
Putnam），他接连在哥伦比亚大学、哈佛大学、芝加哥大学和加州
大学伯克利分校创立了学术性的人类学系。帕特南也成了博厄斯
的导师，正是通过他，博厄斯最初在芝加哥博览会找到了工作，接
着他又来到美国自然历史博物馆任职。

　　1883 年，博厄斯前往中部爱斯基摩人地区的巴芬岛进行调
查，这意味着他已经进入了人类学的舞台。他此行的目的在于进
行一项地理学调查，而在调查结束时他已经成为一个民族学学者
了。时隔一年回到他的祖国德国后，博厄斯开始在柏林皇家民族
学博物馆的阿道夫·巴斯蒂安手下工作。他随后将巴斯蒂安和鲁
道夫·威超的概念进行转换以处理美国情境下的文化问题。在又
一次前往北美洲西北海岸的田野行程后，博厄斯决定定居美国，他
在这里获得了一系列的编辑和博物馆馆长这样的职位。他真正在
美国立足是在 1895 年前后，这时他在美国自然历史博物馆和哥伦
比亚大学（以下简称哥大）都已开辟了据点。

19 世纪最后 10 年,美国人类学的重心在华盛顿。美国民族局、地质调查以及国家博物馆的人在 1879 年成立了华盛顿美国人类学协会(Anthropological Society of Washington),10 年后又创立了《美国人类学家》(*American Anthropologists*)杂志,这本杂志在 1902 年以前一直在华盛顿,之后它被转到了美国人类学协会(American Anthropological Association,AAA;又名美国民族学协会,它的总部在纽约,事实上要早于比它更有影响力的华盛顿协会)。华盛顿的机构同当时绝大多数的民族学著作及博物馆陈列一样,为进化论传统所主导。

博厄斯发现不仅需要对付进化论传统,而且还要同类型学的、种族主义的体质人类学斗争,后者的先锋是国家博物馆的阿莱什·赫尔德利奇卡(Aleš Hrdlička),之后是哈佛大学的欧内斯特·A. 胡顿(Earnest A. Hooton)。不久后联合起来反对博厄斯的还有哈佛皮博迪博物馆和华盛顿卡耐基协会的考古学家们,其考古学的特征从根本上来说是描述性的并且长期否定美国境内的人类遗存,这同博厄斯的历史主义相左。博厄斯在人类学舞台上斗争的另外一个对象是发起优生运动的查尔斯·B. 达文波特(Charles B. Davenport)。

这些反对力量在哈佛与在华盛顿几乎同样强大,他们被人们称为华盛顿-剑桥轴心。他们与哥大的博厄斯以及迅速扩散到整个国家的博厄斯学派之间的对立标志着一条持久的断层,并且各个派系之间的关系也并不友好。他们争夺国家研究委员会(National Research Council)和其他研究基金来源的主导权,他们还争夺对美国人类学协会的控制权、《美国人类学家》的编辑权以及对新成立的系所职位的任命权。这种分裂从理论上看是进化论与历史主义模型之间、种族主义与文化决定论之间,以及固定类型与可塑性之间的对立。它是一种文化上的分歧，以以前的英国新教徒后裔为主体的美国人站在一条战线上，而移民（通常是犹太人）的博厄斯派人士站在另一条战线上，这通常也反映了"一战"期间在移民政策、种族关系、民族主义和孤立主义、对美国印第安人所采取的分离主义和同化主义，以及其他问题方面存在的政治差异。

"一战"前的博厄斯和博厄斯学派

在 1890 年代，博厄斯就开始发表他对进化论学者思想的批评，比如他论述"比较方法的局限性"的著名论文（Boas 1896）。在这篇论文中，他认为比较法是进化论学者遵循的特定程序。他将每一批评指向了不同的重点，而并非一直持续地向一点发起攻击。1911 年他出版了《原始人的心灵》（1911b）一书，这本书既是为门外汉同时也是为专业读者而作。虽然在这本书出版之前，博厄斯没有出版过任何一本系统的理论代表作，然而他范式的轮廓仍然是清晰的。

博厄斯的范式使得对被认为正在迅速消逝的土著文化的经验研究成为人类学的优先对象。田野调查成为这类研究的关键，尽管此时的田野调查通常意味着听取长者的讲述或是对文本的记录而非后来民族志式的参与观察。它将人类学的四门子学科视为对无文字文化进行研究和历史重构的互补手段。它强调语言，这既体现在它坚持对土著人的语言文本进行整理，也表现为它将语言视为进入土著人内心状态的一种途径的观点。

这一范式标志着文化概念的一个转向，它定义的文化包括了物质、社会和象征领域。这乍看之下与爱德华·伯内特·泰勒的定义类似，但博厄斯所指却与泰勒的有很大的不同。他的范式并不像泰勒那样把文化当成文明的同义词，而是在一种复数的意义下强调文化的多样性并且将文化视为习得性人类行为所发生的背景（这一点与当时强调本能的心理学相反）。这种文化概念也呼唤一种文化相对论的立场，即在试图对一种文化进行归纳之前，我们有必要根据它们自身的术语并将其放置于自身的历史情境下来理解它们。博厄斯范式为它所诟病的直线进化论提供了一种历史特殊论的替代策略，直线进化论认为文化进步是由预先注定的各阶段的发展演变所组成。当文化之间的传播和接触被视为主要的历史机制时，这种策略及时地为人们在"文化如何从其内部塑型"这一问题上的兴趣保留了空间。这一兴趣来自传播论者自身的研究，因为这些塑造的类型影响了文化特质在接触情况下的吸收方式。这种转向同样也使得人们对文化与个体之间的关系越发关注。

博厄斯的范式强调了文化现象的相对自主性。这一方法的关键在于将种族、语言和文化分离开来。博厄斯强调它们都是独特的现象并受制于相互独立的不同原因。这种观点促成了他对体质人类学的探求，体质人类学较少强调生物学而更多地被视为挑战当时种族主义类型学的一种手段，后者假设种族的精神和身体特征是固定不变的。博厄斯在他的研究中甚至质疑了经典人体测量特征的不变性，他采用的方式是将移民的头部数据与他们在美国出生的那些后裔进行比较来证明这些特征的可塑性可能来自对环境状况的一种适应（Boas 1911a）。

262　　在这一范式中，我们看到了博厄斯思想的两条路径。这两条路径被他的学生以不同的方式继承，而博厄斯本人也在其中不断转换：其一为历史学路径，特别关注那些可以用来说明文化特质分布的可追溯的过程。其二为心理学路径，它包括心智主义者在"什么使得不同文化的人在心智方面存在差异"这一问题上的兴趣以及整合论者对"特质是如何结合"这一问题的关注这两方面。这两条路径也与博厄斯的历史的和科学的两种认识论大体相符。一般说来,博厄斯在"一战"前培养的第一代学生强调第一条路径,然而他们之间以及他们与博厄斯之间在"文化历史意味着什么以及应该如何对它们进行研究"的问题上存在着很大的分歧。1920 年代师从博厄斯的第二代学生则遵循第二条路径,寻找共时性文化整合和个体濡化(enculturation)的法则。博厄斯的第三代弟子是 263 1930 年代在哥伦比亚大学成长起来的,他们将两条路径结合在一起,但他们采用强调具体事件的方式来回归到文化历史中(这与从特质分布中推断出历史关系的方法相反),包括关注土著人对外部条件的反应以及土著文化所处的更大背景。

　　博厄斯作为学科建制的缔造者功劳卓著。随着 1901 年在博厄斯指导下获得博士学位的艾尔弗雷德·克罗伯(Alfred Kroeber)在加州大学伯克利分校创建人类学系,博厄斯的第一代学生开始在全国各地建立人类学系:如罗伯特·洛伊(Robert Lowie)(投奔了克鲁伯)在伯克利,弗兰克·斯佩克(Frank Speck)在宾夕法尼亚大学,费-库珀·科尔(Fay-Cooper Cole)和爱德华·萨丕尔(Edward Sapir)在芝加哥大学(后来萨丕尔去了耶鲁),梅尔维尔·赫斯科维茨(Melville Herskovits)在西北大学,亚历山大·戈登韦泽(Alexander Goldenweiser)在社会研究新学院(他在这里给莱斯利·怀特(Leslie White)和露丝·本尼迪克特讲过课)等等。这些院系中的绝大多数都采纳了博厄斯人类学的四领域模式,尽管博厄斯本人(以及哥伦比亚大学)主要关注于民族学和语言学。当时的许多人类学研究依然以博物馆为基础。博厄斯提升了博物馆的专业化程度并且将他的学生安插到关键位置上,如在美国自然历史博物馆工作的克拉克·威斯勒(Clark Wissler)。博厄斯还积极地创建专业协会,其中包括 1902 年成立的美国人类学协会(尽管博厄斯直到 1907 年才当选为主席)。同时,博厄斯还积极创办期刊并确保在国家机构中有人类学的代表。此外,他还是一个活跃于公共问题如民族主义、种族关系、教育和优生学的评论家。他所参与的这些活动并非出自某种特别的政治目的,而是基于人类学知识应能为解决社会问题指明道路的信念。

　　尽管博厄斯的学生经常自称为该学派的成员,但是他们之间仍然存在着巨大的差别。(同时有必要指出的是:博厄斯本人习惯于自我批评,他经常会改变看法并且否定其以前的观点)。他第一代学生之间的差别在于应该如何遵循博厄斯学术体系的问题。小乔治·斯托金(George Stocking Jr.)对博厄斯学派中的笃信者和叛离者作出了区分(Stocking 1974,17)。第一类人中有罗维、莱斯利·斯皮尔(Leslie Spier)、赫斯科维茨、威斯勒和斯佩克。第二类人则包括克鲁伯和萨丕尔。克鲁伯追求具有自己风格的历史主义而萨丕尔则选择强调个体并且发展了日益区别于博厄斯理论的语言学方法。此外斯托金还留意到了第三类人,即经过演变后的博厄斯学派,他们中有本尼迪克特和玛格丽特·米德(Margaret Mead)。

264　　保罗·雷丁(Paul Radin)是另外一个叛离者。他是一个情绪激烈的、观点几乎完全与博厄斯相对的叛离者,对克鲁伯的反对更甚。他坚定地批判他们关于分布的研究和统计学方法。雷丁主要的关注对象是"原始哲人"的世界观。他著作的一个主题是研究萨满和神秘的魔法师这样反复出现的人物采取怎样的方式来揭示原始社会的普遍性真理以及这种方式与文明社会的对照(例如他在1927 年出版的著作)。在雷丁看来,历史停留在人类的经验之中,他开创了一种以个体经验为中心的生活史方法并且出版了一本关于一个温尼贝戈（Winnebago）印第安人的自传体作品（Radin 1920）。接下来还有戈登威泽，他与萨丕尔和雷丁在某些问题上的观点近似（比如，同他们一样，戈登威泽认为个体对文化具有一种创造性的影响力），但在其他一些问题上又与二者的看法都不相同。

博厄斯学派的第一代成员之间的分裂随着克鲁伯《超有机体》（Kroeber 1917）一书的出版而到达了一个危机时刻。在《超有机体》一书中，克鲁伯声称文化现象完全独立于有机体，后者是一个包含了生物学、心理学和个体的范畴。而文化是"浮在上方"的，且不同于这些"较低"层面。萨丕尔对此进行了猛烈的批评，他坚持认为文化的核心应该在于个体（Sapir 1937）。第一代成员中的其他人则据此分为两派，每一方都指责对方背叛了博厄斯的原意。几年后，萨丕尔引发了另一场风暴，他抛弃了绝大多数博厄斯学派成员所持的"技术性和民族性"的文化观并且提出了一种替代性的文化理论，这种理论将文化视为一个群体的"精神财产"，这是博厄斯提出的"一个民族的特质"这一概念的一种精致化。在这一文化理论中，萨丕尔第一次对"文化整合"进行了表述，他将其视为价值的一种模式化过程。他对完整的"真实"文化和"虚假"文化进行了对照：前者是融洽的、充满生机的、有机的并且与个体相协调的；后者则是混杂的、失序的并且被人为地强加于个体的（Sapir 1924）。

但与来自博厄斯众多对手的挑战相比，博厄斯阵营内部的不和便不值一提了。这个圈子以外的人类学家们对博厄斯在这门学科中的统治地位愤愤不平，此外，他在公共场合中的直言不讳也使得他成为哥伦比亚大学高级管理层所厌恶的对象。他的敌人不放过任何一个攻击他的机会，当博厄斯反对美国参加第一次世界大战时,他们的机会也来了。博厄斯反对美国参战并非因为他是德国的支持者(这是他被指控的理由),而在于他一生都是一个和平主义者。随后他于 1919 年在一本广受欢迎的杂志《国家》(*The Nation*)上发表了一篇名为《作为间谍的科学家》(Scientists as Spies)的信,并在这封信中不点名道姓地谴责了一些人。他声称这些人打着人类学研究的幌子,实际上是以政府代理人的身份在工作(他指的是卡耐基协会的考古学家们)。华盛顿-剑桥联盟借265 此信大做文章,使得博厄斯受到美国人类学协会的责难并且迫使他从许多关键职位上离任。然而,他的离任并没有持续太长时间。

两次大战的间歇期

克鲁伯和萨丕尔是第一代成员中最有影响力的叛离者。在1942 年博厄斯逝世后,克鲁伯成了美国人类学界中无可争议的元老,直到 1960 年去世前,他都一直保留着这份权威。克鲁伯编撰了一套数目庞大的丛书(其数目总计超过了七百册)并且组织了对所有子学科的研究,他发扬了博厄斯范式中与历史有关的方面,但他依据的是自身的理解,这种理解与博厄斯的看法逐渐产生了分歧。他首要的关注对象是文化形态、类型连贯性和文化创造力,他通过正规的历史学方法来对它们进行研究,强调分类和量化。他首先将文化特质置于它们的特殊论框架下来考虑,接着他试图使用一种他称之为概念整合的方法来对特质进行归类。他首创了文化区域法来甄选出北美土著中具有显著的民族学特征的区域(Kroeber 1939),之后他又写出了与文化成长的形貌、成长的周期以及"类型"相关的文章(Kroeber 1944,1957)。他的目标是进行全面的综合,这从他无所不包的文化元素分布计划到他在一种进步观念的指导下对广阔的文明进程的描绘中都得以体现。

文化元素分布计划以彻底的失败而告终，它的惨败也显现出了克鲁伯的个性。在 1930 年代期间，克鲁伯启动了这一系列雄心勃勃的研究，他认为通过这些研究能够获得对北美西部文化过程的权威性分析，为此他安排了至少十来名学生从事这项研究。后来，他突然在美国人类学协会的会议上宣布这些研究是失败的，因为他们并没有从中得出任何的类型来，那些付出了多年心血并且收集了大量资料的人们感到无比沮丧。（Gene Weltfish，见：Silverman 1981，60）

从某种意义上来说，克鲁伯比博厄斯本人更加博厄斯化，因为他的解释仅仅包括文化内部的过程而排除了外部的因素。例如，他的文化区域类型学认识到了环境因素（他将环境因素视为既定因素）却没能提出环境引起的因果关系。同样地，在他对"妇女时尚在一个世纪进程中的转变"（这项研究是同简·理查森（Jane Richardson）一起做的）的著名研究中，他起初试图将这些转变同 266 社会动荡联系在一起，但不久他就放弃了这种尝试而转为支持一种定量分析的方法，他采用这种方法得出的结论是：文化形态遵循一种固有的变化节奏（Richardson and Kroeber 1940）。如我们所见，克鲁伯在"超有机体"这一概念中体现出的文化决定论主张也比博厄斯走得更远，在这一理论中他（不同于博厄斯）排除了个体或心理学所扮演的任何角色。他毫不迟疑地向博厄斯直接发难，就像他曾指责博厄斯对历史漠然一样。博厄斯对这样的攻击不以为然。他从来都没有赞赏过克鲁伯，他曾经这样谈到他的这个弟子，"他从不对事物进行透彻的思考"（Lesser 1981，29）。

萨丕尔在学科建制方面较之克鲁伯要略逊一筹，但他因为自身的显赫成就而具有深远的影响力。他在位于渥太华的加拿大国

家博物馆度过了 15 年的光阴之后曾短暂地任教于芝加哥大学,随
后他又转赴耶鲁。他之所以被耶鲁吸引是因为他有机会与这里志
同道合的心理学家(他们中有哈里·斯塔克·沙利文(Harry
Stack Sullivan))开展合作。但当他到达耶鲁时,他发现跨学科的
人类关系学院已经被行为心理学和主张进化论的社会学所接管,
而这两者都是他所憎恶的(Darnell 2001,130—132)。虽然他在耶
鲁的岁月因为他的疾病和早逝而过早地告终,但他仍然通过培养
了一批专攻美国印第安人语言的重要弟子而对人类学中语言学分
支的发展产生了重要的影响。

　　在 1920 年前后,萨丕尔与博厄斯在"什么是适用于语言学和
文化变迁两方面的模型"这一问题上产生了分歧,这是一场关于
"历史"确切定义的争论。萨丕尔将语言学方法运用到美国印第安
人的语言研究中并且由此发展出了以语言学证据为基础来对文化
进行历史重构的方法。萨丕尔强调语言在传播过程中的演变关
系,他甚至运用了如"起源"(origin)和来自于共同历史过去的"古
代残余"(archaic residue)这样一些禁用的术语。萨丕尔对文化与
个体之间的关系越来越感兴趣,并且提出了文化不仅仅是一种束
缚而是个体根据他们自身的需要在不同的文化预设上体现出的个
体倾向。在这一观点上,他还与好友本尼迪克特发生了争论。萨
丕尔与博厄斯学派之间的争论使得他同语言学靠得更近,起初他
与伦纳德·布龙菲尔德(Leonard Bloomfield)站在同一战壕,但随
后又与其分道扬镳。由于布龙菲尔德是语言学这门逐渐独立出来
的学科中的重量级人物,因此萨丕尔在这些圈子中也在一定程度
上被边缘化了。

　　萨丕尔质疑博厄斯学派的语言学和文化史,这被称为纽黑文
与纽约之间的对抗。然而尽管如此,萨丕尔仍然是本尼迪克特和

米德等博厄斯学派第二代学者的引路人物。那些无法归入语言学者行列的人类学家们对萨丕尔的了解最有可能来自萨丕尔与他的学生本杰明·沃尔夫（Benjamin Whorf）合作提出的萨丕尔-沃尔夫假说。他们的观点认为不同语言的语义学结构（尤其是它们的语法）从根本上是无法比较的，它们塑造了语言使用者感知和划分经验世界的方式。更进一步的观点（由沃尔夫提出）认为这些语言学结构对思想和文化产生了重要影响，这也意味着每一种语言都与一种独特的世界观相对应。萨丕尔-沃尔夫假说曾经风靡一时，但到 1960 年代，它受到了越来越多的批评并且声名日下。直到最近对语言相对性的兴趣重新萌发后，它才再度为人所关注（Gumperz and Levinson 1996）。

　　1920 年代正是博厄斯的第二代弟子成长起来的时期，传播论和罗列特质的历史主义这时都已经成为了陈词滥调。由于受到精神分析法和格式塔心理学的影响，心理学/整合心理学这一支成为了博厄斯学派中的主流。那些遵循博厄斯这一支系的人们重新塑造了这一理论，他们在一起组成了所谓的文化与人格学派，其中包括了本尼迪克特、米德、欧文·哈洛韦尔（Irving Hallowell）（斯佩克的学生）以及克莱德·克拉克洪（Clyde Kluckhohn）。来自哈佛阵营的拉尔夫·林顿（Ralph Linton）也加入到这一传统中，并将其与来自英国社会人类学的影响相融合。在这一学派的这些学者中，没有人对历史真正感兴趣。博厄斯学派中的历史主义者继续同文化与人格学派各行其道，他们还经常对它进行严厉的批判，但是即便如此，他们仍然厌倦了形式主义并且同从英国传入美国的比较法和功能主义趋势建立起越来越紧密的联系。例如，罗维一直是博厄斯历史主义理论的坚定捍卫者和一个不知疲倦的进化论批判者，但他也是最早几个从一种分析和比较的视角来撰写关于社会组织的通论的美国人之一（Lowie 1920），随后他还在一项对德国人国民性格的研究中采用了文化与人格的主题（Lowie 1945）。甚至连克鲁伯也受到了这种转变的影响，如我们所见，他的关注对象由文化区域和分布研究逐渐转向了文化形貌。

到这时，博厄斯似乎已经进入了事业上的成熟时期，成了他的圈子中的"弗朗兹老爸"。他的这一群学生中包括了相当数量的女性（她们中的一些人最初是他的秘书），他为她们选择研究主题并且保障她们田野调查的资金，但他很少能为她们找到工作——这些女人中没有一个人在他的有生之年获得了固定的学术职位。本尼迪克特成为他在行政上的助手，但她在争取博厄斯退休后留下的教授职位时被人所忽视，没有成为哥大的一名正教授，直到她去世前两个月才获得了这一职位。

268　　　1920 年代是一个罗曼蒂克的年代，"热情而模糊"的民族志强调的是连贯性和共同性。普埃布罗印第安部落（例如祖尼人）提供了第一批的例证，但范本很快就变成了米德笔下的萨摩亚（Mead 1928）。在 1926 年，米德秉承博厄斯的科学精神，开始了她的初次田野之行——前往萨摩亚群岛。那时她已经下定决心要去波利尼西亚进行田野调查，于是博厄斯勉强同意了并为她选择了一个他认为与她的年龄和个性相符的研究主题：生物学上的青春期与文化模式上的青春期的相对作用。有鉴于博厄斯学派将文化看作人类发展和行为的不同情境，这项研究将质疑当时美国社会中的一个一般性假设，即认为因为生物学和荷尔蒙的因素，青春期将不可避免地成为一个躁动不安的时期。米德认为如果她能找到一个反面的例子，她就将证伪这个被视为一般规律的假设。这项研究也是一项满足了博厄斯心理学兴趣的工作，如他在米德著作的前言所述，它是"进入一个原始社会群体的精神生活"的一次尝试（Boas

1928)。

米德关于萨摩亚的著作可能是美国第一部从整体观角度出发、建立在马林诺夫斯基式的参与观察法基础上的民族志。它同样为人类学开启了许多新的领域，包括人类学对太平洋、青春期和性别角色的兴趣。此外，在米德接受了出版商的建议并加入了关于"这本书对美国社会的意义"这一章后，该书不久就为她在公众领域塑造了独特的角色。

尽管如此，却是本尼迪克特完成了对博厄斯的整合心理学兴趣的最终表述。她受到了萨丕尔关于文化和个体的观点的影响，但萨丕尔的重点是个体而她的重点则是文化。本尼迪克特对普埃布罗民族志有着自身开创性的见解，她与露丝·邦泽尔（Ruth Bunzel）、里奥·福琼（Reo Fortune）、米德和其他人之间的关系为那部原初形态心理学文献，即她的《文化模式》一书（Benedict 1934）提供了背景。（博厄斯在那篇充满矛盾的序言中承认在历史重构方面"古老"的兴趣已经让路于整合问题和"深入渗透到文化特质中"的种种努力，但他警告这样的观点不应该走得太远（Boas 1934, xv）。）本尼迪克特写到，每一种文化都在由人类各种可能性构成的"圆弧"上选取一段并予以阐释；每一种文化都可以被视为围绕着某些支配性主题聚合而成的一种"大写的人格"。被描述的不同文化可以与心理症候和个体命运进行类比——是否变得令人羡慕和成功或者被定义为不正常——这依赖于他或她的人格与这种文化所强调或贬低的价值是否吻合。

这是文化相对主义的最高潮。这一概念可以从较浅或较深的 269 程度上来理解。从较浅的程度上来说，它是博厄斯学派人类学的一个基本假设，也是从那时起所有其他人类学的基本假设：这一观点认为文化和文化过程必须通过它们自身的术语，在最初的情境下来理解，而且必须排除观察者的民族中心主义标准。从较深的程度上来说，文化相对主义将文化视为无法比较的，每一种文化对其自身而言都是特殊的，并且只有通过其自身才能够被理解。这一类程度较深的文化相对主义并没有随着本尼迪克特的过世而消失，它在近些年出现了一种复苏的迹象。

文化决定论却是另一码事。正如德里克·弗里曼（Derek Freeman）在米德完成萨摩亚研究的 50 年后展开对其的声讨时所指出的那样，不论是博厄斯还是他的任何一个学生都不信奉"绝对的文化决定论"（Freeman 1983）。弗里曼声称博厄斯命令米德在萨摩亚寻找一个没有压力的青春期，以与他自己的信念保持一致。弗里曼还声称当时正迈入长达半个世纪宽容时期的整个美国都信服于她的描述。（如果博厄斯学派中真有什么人被弗里曼的指控说中了的话，那就是曾声称文化现象是自成一格的克鲁伯。不过他对篮子式样和氏族的研究并未引发弗里曼的怒火。）

博厄斯人类学的前提是生物现象和文化现象的互动，他捍卫四分支的人类学部分即源于这一基本原则。尽管如此，他也不断地与种族决定论，尤其是认为各"种族"拥有不同智能的观念进行斗争。他使用文化决定论作为武器，强调行为和智力是特定文化背景下学习的产物。早在 1906 年的时候，博厄斯就开始就种族问题发表公开讲话，据说他病倒并逝世在克劳德·列维-斯特劳斯怀里时的最后话语也是与种族有关。

米德以及她同时代的其他人类学家的观点是关于文化可变性的基本经验。虽然弗里曼和其他一些现代批评家对它们进行了残酷的歪曲，但这仍是整个 20 世纪的人类学家们不得不一次又一次重新关注的：从博厄斯的圈子对纳粹关于种族和优生学观点的回应，到种族主义主张在像《钟曲线》（Herrnstein and Murray 1994）

这样的书中的多次重现,再到作为族群暴力借口的"文化"这一概念的滥用。人类学的这一职责至今仍然伴随着我们。

1930年代是一个由萧条和萧条时期的政治构成的年代。新政计划为美国人类学的研究提供了支持,这是很幸运的,因为在大学或博物馆里,除了那些已经获得的职位,事实上没有其他职位了。在这些年间以及一直到"二战"结束之前,绝大部分的人类学工作是在政府而非学术团体的支持下运作的。1934年,印第安人 ²⁷⁰ 重组法案被通过了,它试图改变早期的同化主义政策并且鼓励更大程度上的部落自治。此后,许多人类学家被与印第安人有关的部门聘请。大型的考古学项目也启动了。此外,人类学家们还受聘于各类对种族关系和乡村社区的研究。

激进的政治活动是普遍存在的,尤其是在纽约。博厄斯的第三代学生与他们的前辈相比,政治的参与度要更高。这也反映在他们的研究项目中,这些项目通常在启动时像正规的博厄斯学派的研究,但随后就加入了经济学和历史学的成分——历史学这时意味着与美国印第安人接触的真实经历。这一群体中的成员包括了奥斯卡·刘易斯(Oscar Lewis),他描写了皮毛贸易对黑脚族(Blackfoot)印第安文化的影响(1942);伯纳德·米什金(Bernard Mishkin),他分析了平原印第安人文化中的等级和冲突(1940);简·理查森,她研究基奥瓦(Kiowa)人中的法律和地位(Richardson 1940);亚历山大·莱塞(Alexander Lesser),他对波尼族(Pawnee)的精灵舞"猜窝窝"(hand game)*中所揭示的文化变迁的研究已经成为了经典(1933),此外还有吉恩·韦尔特菲什

---

　　* 美洲印第安人的一种赌博性游戏,将骨片或其他小物件迅速从一只手转到另一只手,最后猜在哪只手,猜中者赢。——译者

(Gene Weltfish)和欧文·戈德曼(Irving Goldman)的研究。1935年,莱塞领导了一次对基奥瓦人的考察。这次以田野训练为目的的考察产生了一系列来自相似角度的论文,比如普雷斯顿·霍尔德(Preston Holder)关于喀多族(Caddo)园艺种植者在平原文化史中所扮演的角色的研究(1951)以及约瑟夫·贾布洛(Joseph Jablow)关于 19 世纪早期夏延族人(Cheyenne)参与贸易关系的研究(1951)。莱塞发起过许多大胆的尝试来证明文化史与其他的理论方法是可以兼容的,例如功能主义和进化论。他是最早挑战"原始社会是隔离群体"这一观点的人之一,并提出了"社会场域"(social fields)这一替换概念(Lesser 1961)。他所作的尝试每每遭到许多人的冷嘲热讽。

博厄斯学派这一代的许多成员成为 1920 年代浪漫民族志的批评者,他们对整体和和谐的描述发起了挑战。在这些用田园诗般话语描绘出来的所谓和谐的"普埃布罗"以及其他情境中,他们看见的反而是争执、不平等和冲突。在这一背景中值得注意的是一些博厄斯培养出来的女学者,尤其是邦泽尔和埃丝特·戈德弗兰克(Esther Goldfrank)。

当博厄斯 1936 年退休时,哥大校长作出决定:博厄斯不能指定他的继任者,于是林顿被任命接替他的职位。林顿和本尼迪克特的彼此憎恶是传奇性的,这种情绪伴随了林顿在哥大的整整 10 年。本尼迪克特死后,林顿吹嘘是他运用了他在马达加斯加田野调查中得到的神秘的符咒杀死了她,而他仍然将这些符咒放在一个随身携带的小皮囊中(Mintz 1981,161)。

271　　林顿的任命对哥大的博厄斯传统是一个双重打击:它既边缘化了本尼迪克特,又将人类学拉入了一个跨学科的"社会科学"范畴中,而这是博厄斯学派所痛恨的概念,如同他们对行为科学的痛恨一样。林顿的社会科学倾向在他的《人的研究》（Linton 1936）一书中就已经很明显了，这本书是人类学的第一批教材中的一本，林顿在书中引入了如"身份"和"角色"这样一些关键概念。他的兴趣与美国社会科学的优势相符合，推动这一优势发展的恰是一些新的资金来源，如社会科学研究委员会（Social Science Research Council，成立于 1925 年）和由洛克菲勒家族创立的基金会。林顿在人类学家中率先涉及涵化（accuturation）研究，这一关键范式获得了资助者的好感，他开始围绕着这个主题进行了一种跨学科的尝试。

在哥大，林顿延续了由米德和本尼迪克特两人发展出来的对文化与人格的关注，米德的重点是濡化而本尼迪克特强调的则是"圆弧"，即具有特殊人格的各文化的排列，但林顿选择了一个不同的方向。他与精神分析学家艾布拉姆·卡迪纳尔（Abram Kardiner）一道组织了一个研讨会，这个研讨会开始于 1938 年并且持续了许多年。从田野返回的人类学家们展示了他们收集到的心理学资料，研讨会通过分析这些资料得出与文化有关的推断。参与其中的民族志作者有在塔纳拉（Tanala）收集资料的林顿，在纳瓦霍人（Navajo）中进行调查的克拉克洪，对阿洛（Alor）人进行调查的科拉·杜波依斯（Cora DuBois），在普雷维勒（Plainville，美国中西部的一个小镇）进行调查的卡尔·威瑟斯（Carl Withers）以及在一个湖南村庄进行调查的许烺光（Francis Hsu）。这种集体性的努力提出了与文化之间的互动、儿童抚养和个体人格相关的模型，它提出了类似"基本人格结构"这样的概念，为这一新兴领域提供了主要的推动力。研讨会案例的目录显示出了这一时期美国人类学的另外一个趋势：它正试探性地扩张到美国印第安人之外的新民族志地区，如非洲、亚洲和大洋洲。

到这个时候,人类学已经获得了相当可观的公众曝光度,特别是因为米德和本尼迪克特所撰写的畅销书。米德最初作为在原始人中进行调查的年轻女科学家而获得了巨大的声誉,随后她的角色扩展到以一个受过训练的异文化观察者的角度来评论美国文化的评论家。她的基本观点是文化相对论,在那个美国人对待性、儿童抚养和其他文化实践的态度都很宽容的时期,这一观点为她带来了责难或荣誉。她希望人类学在国家政策中扮演更为重要的角色的雄心日益扩展,同时她也加快了进入政治舞台的步伐。

米德对人类学的力量满怀信心的说法可以从她 1939 年 8 月写给埃莉诺·罗斯福(Eleanor Roosevelt)的一封信件中找到线索。凭借其在"较简单社会体系中的田野经历"以及对一些心理学著作的阅读,她勾勒出了希特勒的心理构成。她继而敦促罗斯福夫人告诉其夫君,他可以"使希特勒从一条不受欢迎的道路转向一条被人认可的道路",而所要做就的就是将这位"统帅"的行为"置于一个道德的情境中"并且将其对荣耀的渴望引导到为构建世界和平的努力上来(Yans-McLaughlin 1986, 194 — 195)。一周后,希特勒入侵波兰。

在哥大和博厄斯学派的前哨阵地之外,1930 年代的美国人类学选择了其他的道路:华盛顿-剑桥轴心在其道路上继续独自前行。类型学方法仍然支配着体质人类学。一种替代方法以人类生物学的形式出现,但只有当 1940 年代早期的生物学提出了新的综合性进化理论时,一个更加生机勃勃的体质人类学才引起了人们的关注。在考古学中,西南地区新地层学的出现以及福尔松(Folsom)文化遗址的发现消除了长期以来对美国存在古代人类遗址的怀疑,对描述性的强调让位于更加以问题为导向的研究。

芝加哥大学一直以来都是自成一体的,而这时它却成为影响美国人类学的一股主要的新势力的大本营,即指从 1931—1937 年拉德克利夫-布朗在此旅居期间。拉德克利夫-布朗的影响与芝加哥大学独特的城市社会学传统结合在一起,为一种独特流派的人类学打下了永久的根基。这种独特流派的人类学在理论上体现出了强烈的社会结构特点并且具有社会科学的倾向。(随后,这一重心导致考古学、灵长类研究和体质人类学几乎被从系里驱逐出去。)弗雷德·埃根(Fred Eggan)和索尔·塔克斯(Sol Tax)试图在他们对美国印第安人的研究中将拉德克利夫-布朗的观点与博厄斯学派的传统结合起来,但只取得了有限的成效。拉德克利夫-布朗的旅居以及同时期马林诺夫斯基对耶鲁的访问在此后不久就把英国社会人类学引入到美国人类学中,并且产生了持久的影响。除此之外,它还使"民族学"的提法听起来已显过时,而"文化人类学"这一称呼既强调了文化概念的中心地位又强调了美国学统的独特性,因此受到了越来越多的青睐。

　　1930 年代期间,其他的力量都还在不断的酝酿之中,它们的影响在"二战"后将能感受到。两位博厄斯学派的"变节者"正在筹划新的理论。朱利安·斯图尔德(Julian Steward,他是克鲁伯和罗维的学生,也受到了戈登·蔡尔德(V. Gordon Childe) 的影响,后来居住在伯克利)正在研究大盆地地区的考古学和民族学并且探索环境和生态关系。莱斯利·怀特(通过戈登威泽、萨丕尔和科尔而成为博厄斯学派的一员)正在研究普埃布罗的民族学,但他已经开始援引一位博厄斯学派深为厌恶的人——摩尔根的一些理论,并着手创立一种文化进化的理论。不久以后这两位 273
"变节者"就将名声大噪了。

第二次世界大战

珍珠港事件以后,美国的人类学家们像绝大多数美国人一样急切地想加入到战争动员中。他们的问题是政府中没有人很关注他们,因此他们需要证明自己的作用。从那时起,许多人类学家都曾在军队工作,这有助于他们进入世界上一大批新的地区。在许多例子中,他们都在战后返回了那些地区去继续进行调查。很多人类学家也应征在 10 个日本隔离营进行社会分析。许多人类学家被部署到战略服务局或战争情报局从事情报工作,而其他人则在军中教授语言和地区知识课程,将他们所拥有的关于这些现在突然具有战略意义的异文化地区的知识贡献出来。这些经验日后将有助于为大学里蓬勃发展的区域研究制订计划以及建立人类学数据库,如耶鲁的人类关系区域档案(Human Relations Area Files)刚开始的时候就是供军方使用的太平洋地区的人类学资料汇编。

在战争动员中,人类学最特殊的介入方式就是积极地进行文化分析,以使它能够运用到心理战场上。米德和本尼迪克特是人类学家中这一群体的开路先锋,这批人类学家们将其才能运用于关于美国的敌人和盟友的文化叙述中。在一系列关于"国民性格"的研究中,他们运用了来自 1930 年代文化与人格运动中的方法并且发展出了分析无法实地考察的文化的方法——他们称之为"对遥远文化的研究"(Mead and Métraux 1953)。他们最大的影响是其关于战争后期盟国应该如何对待日本天皇的建议。战争巩固了美国人类学家在政策领域和政府机构工作中的参与。除此之外,这还标志着应用人类学的开端。

战争的结束对于美国人类学来说是一个分水岭。新的一代进入了这门学科，包括许多学业得到了 GI 权利法案资助的意志坚强的老兵。学科内人数激增并且工作职位也在增加——起初并不多，但肯定要多于大萧条时期的职位。这种增长是与关注对象、方法和理论的扩展相匹配的。美国人类学协会于 1946 年重组并达成妥协，解决了长久以来关于它应该是一个专业协会还是一个更具有包容性的机构的争论。它设立了两种类型的会员资格：一种 ²⁷⁴ 是拥有投票权并且可以任职的特别会员，另一种是不能投票的会员。在大量争论之后，大家仍然同意使它保持为一个包括四领域的协会。尽管不断发展的专业化已经挑战了学科内部的整合，但最终赢得支持的观点是：一个更大的、团结的人类学家群体将是一个在涉及资金来源以及同政策制定者打交道时更为强大的力量。在这次重组中，学科内最大的领域现在被称为文化人类学，这是对从民族学转变而来并且已经取代民族学多年的这一称呼的一种确认。人类学已经为新时期作好了准备。

第二章 "二战"后的扩张、唯物主义和心智主义

在战争的硝烟散尽以后,人类学家又回到了他们的工作中,新的学生挤满了教室,他们中的许多人是得到 GI 法案支持的老兵。美国人类学迎来了一个人员、机构和学术思潮都不断扩张的时期,这种势头在接下来的四分之一个世纪中将不间断地持续下去。1946 年对于两个主要机构而言是一个转折点:在哥大,它见证了朱利安·斯图尔德的到来,他在一股充满生机的唯物主义浪潮中引领潮流;在哈佛,社会学家塔尔科特·帕森斯(Talcott Parsons)建立了跨学科的社会关系学系,它将成为文化人类学中新心智主义(mentalist)方法的摇篮。

随着铁幕在东欧的落下和冷战对刚刚结束的"热"战的取代。战略服务处(Office of Strategic Service),这个许多对国民群体进行文化分析的人类学家借以加入到战争动员中的机构变成了中央情报局。对冷战的反应从两个方面影响了美国人类学:一方面,麦卡锡主义在学术活动的上空笼罩了一层紧张和疑虑的阴云,在个别情况下,它还导致了对学者的侵扰和他们的离职。另一方面,政府启动了许多"发展"第三世界的项目以使其不对资本主义世界构成威胁。为此,政府求助于社会科学家并为他们提供了研究和机构发展的资金。

新进化论和新唯物主义

在人类学界,博厄斯范式从内部受到了来自莱斯利·怀特和朱利安·斯图尔德的挑战。他们两人在其学术生涯之初都是无可争议的历史特殊论者。怀特的博士论文是"西南部的巫术社会"(Medicine Societies of the Southwest),它以阿科马-普埃布罗的田野调查为基础;斯图尔德的博士论文"美国印第安人的仪式性小丑"(The Ceremonial Buffoon of the American Indian)是一项采用了心理学暗示的分布研究。随后他们两人开始向博厄斯学派的责难发起挑战,这种责难为当时绝大多数美国人类学家所认可:即反对过度和草率的普遍化,尤其反对进化论方案。虽然他们发起挑战的方式非常不同,但他们的影响会合在一起,使人类学开始将新的关注点放在文化和文化发展的解释模型上,这些模型优先考虑物质环境。

怀特在整个 1930 年代持续从事他的普埃布罗民族学研究,但他也开始就一种文化进化的理论发表一系列的论述,并将人类学重新定义为被其称之为"文化学"(Culturology)的一门关于文化的科学。这在学科内引起的反响从他对 1939 年美国人类学协会(AAA)的一次会议的回忆中可见一斑。在这次会议上,他为刘易斯·亨利·摩尔根进行辩护,反对博厄斯学派给予他的不公正对待。怀特回忆道,"我提交了一篇论文……在这篇论文中,我以一种直截了当的方式说出了我对民族学中进化理论的支持。当我讲完后,这次会议的主席拉尔夫·林顿评论说我应该得到西部开荒时代的盗马贼和阴险赌徒所受的礼遇,换句话说,就是被准许在日落之前从镇子上滚出去。"(Carneiro 1981,229)

在 1943 年的一篇重要论文中,怀特将文化进化的原动力定义为能量并且提出了所谓的"怀特定理",即文化的进化是伴随着每年每人所利用的能量数量的增长而实现的。他经过充分发展形成的理论展示了一个以获取能量的技术能力为基础的单线进化论模型,然而奇怪的是,他将环境因素排除在外(White 1949)。怀特是一个文化决定论的坚定支持者,他将文化定义为包括对象、行为、观点和态度在内的诸现象,它们都依赖于对象征符号的使用(White 1959)。(马歇尔·萨林斯日后将称这是他在中年时期向唯心主义转型的根源)。考虑到他关于文化因果关系的"夹心蛋糕"模型,一些唯物主义者会认为怀特的定义是有悖于常理的:在怀特的模型中,技术处在底层,它决定了处在中间层的社会组织的复杂程度,而处在顶层的思想和价值则是其他层面的附带现象。

从 1930 到 1970 年,怀特的整个学术生涯其实都是在密歇根大学度过的。在那里,他培养了很多代的学生并且推动了人类学系的发展,使之成为美国最强大的人类学系之一。在密歇根,他一直因为其激进的观点而麻烦不断,这些观点包括他对俄国社会主义的仰慕(他曾于 1929 年访问过俄国)以及他对有组织的宗教所持的严苛态度。天主教教区甚至还派遣修女旁听他的课程并且用笔记一字不漏地记下他所说过的话。怀特还给许多在战后时期成熟起来的人类学家,包括一些考古学家,带来了灵感与启发。在这个群体中有萨林斯、艾伯特·斯波尔丁(Albert Spaulding)、埃尔曼·瑟维斯(Elman Service)、罗伯特·卡内罗(Robert Carneiro)、拿破仑·沙尼翁(Napoleon Chagnon)、路易斯·宾福德(Lewis Binford,"新考古学"的创始人)和其他许多人,他们并非都是怀特正式的学生。然而,却没有人遵循怀特风格的进化论;更确切的说,他们是将它与其他的理论流派融合在了一起,特别是生态学流派。

斯图尔德的学术生涯走的是一条不同的道路。他起初是犹他大学的一名考古学家,于 1933 到 1935 年间在大盆地的肖肖尼人(Shoshone)中进行民族学调查,随后加入了美国民族局并在那里组织撰写了七卷本的《南美印第安人手册》(*Handbook of South American Indians*)。1946 年,他转赴哥大接替林顿。他在这里仅仅待了六年并在伊利诺伊大学度过了余下的岁月。

斯图尔德在他关于肖肖尼人的民族志中开始描述环境与文化之间的关系(Steward 1938)。在这本民族志中,他面对的是环境施加于人们的生计和社会组织上的极端束缚。也许是为了反击他的老师艾尔弗雷德·克罗伯将所有因果角色都归结到环境上的牵强,他在"核心"文化元素和"次级"文化元素之间作出了区分,因果角色将优先考虑"核心"文化元素,在他看来,它们是由环境塑造而成的。斯图尔德创造了"文化生态学"这一术语来描述资源、技术和劳动形式之间的关系:在这种关系中,现有的技术被运用于环境资源上,它们对劳动组织施加了诸多限制,反过来,这些限制也对其他的社会制度产生了一种因果作用(Steward 1955,30—42)。

利用这一理论,斯图尔德还设计出了他自己的一套进化论,他在编写《南美印第安人手册》时最先提出了这一观点。他描述了南美洲四个文化区域的基本特征并且将它们称为文化类型,即将生态适应性标准与复杂性次序结合在一起提出的一个包含了游群、部落、酋邦和文明社会的含蓄的进化论理论体系。随后,由于受到卡尔·维特弗格尔(Karl Wittfogel)和戈登·蔡尔德以及近期考古学在世界许多地区(如秘鲁的维茹谷地项目)揭示出的从早期聚落到国家社会的序列的影响,斯图尔德草拟了一份关于六个土著文明地区的发展阶段的比较(南美印第安人 1949)。这项比较研究显示了灌溉农业与集权制政治权力出现之间的非常重要的关联，他给这种平行发展贴上了"多线进化"的标签。怀特的单线进化观和斯图尔德的多线进化观之间的对立困扰着下一代那些对二者都心存仰慕的人。萨林斯试图通过提出一般进化和特殊进化之间的区别来协调二者，前者与怀特的观点相似，而后者是对斯图尔德观点的一种重新描述（Sahlins,1960）。

278

　　斯图尔德在哥大相对短暂的停留是非常重要的，随着林顿的离去，露丝·本尼迪克特身体的虚弱（她于 1948 年去世）以及玛格丽特·米德在系内被边缘化，对文化与人格的关注正在逐渐减弱。（当我数年后，即 1957 年，进入哥大研究生院的时候，我表达了在文化与人格方面的兴趣，结果被人告知绝不要将这样的观点直接说出来，因为这一流派已经最终被新唯物主义击败了。）在这段时期，后博厄斯学派的许多继承者取得了他们的博士学位。在亚历山大·莱塞和曾经主持过一个名为"时间观与大平原"重要研讨会的考古学家威廉·邓肯·斯特朗（William Duncan Strong）的影响下，他们中的许多人将民族史、经济和阶级引入到他们对美国印第安人的分析中。这些人包括指出了夸扣特尔人（Kwakiutl）的夸富宴与战争之间的关系的海伦·科德尔（Helen Codere）(1950)，论述了大平原中正在转变的军事模式的弗兰克·塞科伊（Frank Secoy）(1953) 以及指出蒙塔格尼 - 纳斯卡皮人（Montagnais-Naskapi）的财富观念源于毛皮贸易的埃莉诺·利科克（Eleanor Leacock）(1952)。

　　斯图尔德的唯物主义和他对发展一种寻找解释的人类学的承诺都吸引了新一代的学生——他们主要是男性，且绝大多数都是老兵，年龄要稍长于其他研究生，还有着这种或那种的左翼政治倾向。他们中的一些组织了一个讨论小组，并自称为（仅仅部分是自讽)"世界巨变协会"(Mundial Upheaval Society,MUS)。他们互相教授人类学知识,阅读彼此的论文并且在他们的讨论中加入自身的政治观点和热望。他们中最年长的是曾经参加过西班牙内战的埃尔曼·瑟维斯,他后来曾赴巴拉圭进行调查,但其更为人所知的是他的"游群、部落和国家"的进化论模型(Service 1962)。斯坦利·戴蒙德(Stanley Diamond)向世界巨变协会提交了他关于达荷美(Dahomey)的雏形国家(protostate)的著作,并以此为起点,从原始社会的角度对西方文明展开了持续的批判(Diamond 1974)。莫顿·弗里德(Morton Fried)是一个中国研究专家,他成为了政治体系演化方面的一个重要理论家。除此之外,他还修改了"部落"的概念,使它从一个民族学范畴或一个进化论阶段改头换面成为国家扩张的一种附带产物(Fried 1975)。约翰·默拉(John Murra)是后来安第斯研究中的关键人物,尽管曾在芝加哥大学注册,但却最终加入了这个圈子。这个群体中的其他人还有丹尼尔·麦考尔(Daniel McCall)、罗伯特·曼纳斯(Robert Manners)和鲁弗斯·马修森(Rufus Mathewson)。西敏司(Sydney Mintz)和埃里克·沃尔夫(Eric Wolf)是这个协会的创立者。这些学生中的许多人加入了斯图尔德在 1948 年雄心勃勃地开展的波多黎各全岛范围的研究,这一项目后来被证明是又一轮唯物主义浪潮的推动因素。 279

　　比世界巨变协会的这群人稍微年轻些的是不久后崭露头角的另外三个人。罗伯特·墨菲(Robert Murphy)在巴西蒙都鲁库(Mundurucú)的印第安人中间进行过田野调查,随后他又转战于北非的柏柏尔人(Tuareg)之中。他首创了对文化生态学、精神分析学和结构主义的理论综合(Murphy 1971)。在伯克利教了几年书后,他于 1963 年回到哥大并且成为系的领导。弗里德的学生萨林斯则将斯图尔德的唯物主义与怀特的唯物主义结合起来,这一结合见于他的多部论著中,其中包括了他关于波利尼西亚阶层形成的博士论文(Sahlins 1958)、他关于斐济田野调查的著作(1962 Sahlins)、他将美拉尼西亚的"头人"与波利尼西亚的"酋长"所作的著名对比(1968 Sahlins),以及在他关于经济人类学和部落社会的重要理论著作。萨林斯于 1957 年加盟了密歇根大学人类学系,此时怀特已经引进了塞维斯。沃尔夫于 1961 年加盟,随后是罗伊·拉帕波特(Roy Rappaport),这一系列扩张巩固了所谓的哥伦比亚-密歇根轴心。当萨林斯结束了 1967—1969 年在巴黎的一段旅居生活后,事情发生了变化:在巴黎,萨林斯成了一名结构主义者。当他回到密歇根后,他发现他所在的人类学系正在朝着一种生态学的路线转变,这种转变因为低估了文化的重要性而与他的理念背道而驰。随着沃尔夫 1971 年离开并加盟纽约城市大学,萨林斯的孤独感在不断加强。不久以后,他也转赴芝加哥大学。

　　年轻的哥大群体中的第三位人物是马文·哈里斯(Marvin Harris)。哈里斯是查尔斯·韦格利(Charles Wagley)的学生,而韦格利本人曾是林顿和博厄斯学派的露丝·邦泽尔的学生。哈里斯起初做的是一个巴西传统社区的研究,1950 年代中期,他在莫桑比克度过了一年,这段经历塑造了他的政治观。当他回到美国后,他将自己转变为了人类学中的一个极端唯物主义者。哈里斯开始着手以一种技术-经济-人口决定论的视角,通过一系列雄心勃勃的项目来重塑这门学科。

　　哈里斯非常重要的成就是发展了"客位"(etics)和"主位"(emics)的概念:他吸收了语言学家肯尼思·派克(Kenneth Pike)的成果,对可以客观观察到的文化现象与那些与意义和主观性相关的文化现象进行了区分。他这样做的目的是要排除后者,但他的概念被其他人断章取义,这体现在接下来许多对文化的定义之中。哈里斯逐渐发展了一套与文化相关的极端行为主义方法,包括论证民族志可以完全通过对人类活动和这些活动作用于对象上的自然效果的详细描述来完成(Harris 1964)。同样值得注意的是他在圣牛、食猪禁忌、食人习俗和其他文化"谜团"上的开创性见解,他解答这些"谜团"采用的是直接的唯物主义解释(Harris 1974,1977)。哈里斯是一名实证主义的积极捍卫者,并且坚持不懈地反对"蒙昧主义",即每一种类型的心智主义。哈里斯也是1968年哥大校园起义的领袖之一,在度过那艰难的一年后,系里的生活变得越来越争论不休,而哈里斯本人常常处在漩涡的中心。最后,他转赴佛罗里达大学任教,在那里他依然是一个积极而无悔的文化唯物主义者。

尽管只有怀特和哈里斯的目标是整合各种进化理论,但新进化论者对相对主义的挑战仍然引起了很多的反响。20世纪五六十年代期间在经济人类学领域涌现出来的形式论与实质论之争就是一个例证。经济史学家卡尔·波拉尼(Karl Polanyi)是关于经济体系的实质论观点的灵感源,他同人类学家康拉德·阿伦斯伯格(Conrad Arensberg)、经济学家哈里·皮尔逊(Harry Pearson)一道出席了哥大一个非常重要的研讨会(Polanyi, Arensberg and Pearson 1957)。实质论者与"形式论者"发生了争论。"形式论者"中有布罗尼斯拉夫·马林诺夫斯基、雷蒙德·弗思和梅尔维尔·赫斯科维茨),他们信奉正统经济学的原理:首先是个体争取理性最大化的假设,认为这些原理能够普遍适用,包括在原始社会中(经过适当的修改)。而实质论者则认为正统经济学来自我们自身的社会,它仅仅对资本主义经济起作用,因此在研究其他体系时,没有必要去寻找普适的经济行为(资本主义的缩影),而应该寻找经济是如何嵌入到社会制度之中的。他们区分了三种不同的交换体系：互惠、再分配和市场经济。互惠支配着血缘社会；再分配是酋邦社会和古代国家的特征；萨林斯、弗里德、乔治·道尔顿（George Dalton）和其他人通常援引马塞尔·莫斯的理论对市场经济这一类型进行了详细的论述。从形式论者的角度来看，这些成果不过只是老套的进化论。终于，争论以停战而告终，因为后来的学者拒绝在形式论和实质论的两极之间作出选择。尽管如此，争论已经导致了不同的理论见解，即以个体为中心的模型与以结构为中心的模型的对立，这些差异日后还在其他许多情境中不断地重现。

与形式论—实质论的争论相似的是在政治体系和法律方面展开的讨论。一方声称法律和政治的普遍原理能够适用于所有社会，例如因纽特人（Inuit）的社会制裁模式可以被视为初始的法律。另一方是像弗里德（Fried 1967）这样的政治实体论者，他们强调这些社会与那些制裁受到制度化力量支撑的社会存在着性质上的差异。考虑到他们对国家的定义，即一个以垄断暴力为基础的实体，那么对他们而言，国家社会和非国家社会是无法比较的。这样的一些观点得到了详细的说明和连篇累牍的论证。在哥大，我们之中那些既信奉实体论经济学和政治学，也信奉克鲁伯的超有机体概念和怀特的文化学这样的文化决定论（都与文化生态学有着千丝万缕的联系）的人，将自己视为向相对主义、个体主义和其他落后观念发难的领导者。

还有另外一个流派的唯物主义的根基也在哥大。斯图尔德的文化生态学提出的生态学方法在安德鲁·彼得·瓦依达（Andrew Peter Vayda）的手中得到了发展，他还于1960年代将他的学生派往巴布亚新几内亚进行调查，这是一个新的充满诱惑的民族志地区。这个群体中的明星是拉柏波特,他受到了格雷戈里·贝特森(Gregory Bateson)的控制论的部分启发,提出了一个关于文化生态学模型的经典例证。在他的著作《献给祖先们的猪》(Rappaport 1967)一书中,拉柏波特描述了赞巴加-马林人(Tsembaga Maring)中的一个复杂的仪式周期,并指出,这个仪式周期起到了调节猪的数量的作用:当这一数量增长到超过了可以承受的水平时,将诱发社会紧张和冲突,并引发要求大规模屠宰猪的仪式。在拉柏波特的人生后期,他对将他的生态学引入到"信仰"和"神圣"的概念之中的兴趣越来越大,这与他在密歇根的同事萨林斯的转变类似。

同时,被斯图尔德视之为理解文化中因果进程的一种手段的文化生态学转型为人类生态学,人类生态学的中心问题是人类与自然的关系。如果在斯图尔德看来基本的单位是各文化的话,那么现在的单位就成了各人群,它们被视为生态体系中必不可少的组成部分,而文化仅仅是他们的适应性行为能力的一部分。生态学分析重新解释了我们所熟悉的人类学主题,比如西北海岸的夸富宴和阿兹台克(Aztec)的人祭。对这一成果的一种批评认为这些体系的重心有时会呈现出一种功能主义的论调。部分出于对这一忧虑的回应,许多人类生态学家在瓦依达本人的领导下转而采用以个体为中心的、在某些情况下具有认知主义色彩的理论框架。后来在1980年代的发展仍又导致了一些新的生态学流派的产生:其中包括试图将生态学和政治经济学结合在一起的政治生态学,以及力图将生态进程历史化的历史生态学。

战后美国人类学的背景

1950年代至1970年代中期,人类学家到新的世界地区调查

282 的机会在不断拓展。因为不发达地区对美国政府而言具有战略性利益,因此要获得到当地做研究的资金变得越来越容易。同样的动力导致了许多校园的区域研究中心的成立,在这里,人类学家与不同学科的专家们并肩工作。对重点调查地区的选择向政治优先的方向倾斜,但来自这些成果中的大多数民族志仍然具有永恒的价值。人类学家的贡献在于:对现实中利益各异的研究进行了跨学科的整合并且提供了一种将完全不同的、被各领域所分割的社会生活集中在一起的方法。在这一时期,对所谓第三世界的调查通常采用的是一种现代化理论框架,有些人类学家采用了这一方法,有些则对它提出了质疑。

在 1950 年代后期,世界大事凑在了一起,这为人类学及其资金渠道的扩张提供了又一层推动力。1957 年的秋天是一个转折点。那时我选修了米德在哥大开设的一门夜间课程,这门课程的招生非常严格。一天晚上,她问整个班级:对你们而言,这一周发生的最重要的事情是什么?不同的人给出了不同的答复:我找到了一间公寓;我找到了一份新的工作;我与我的男朋友分手了。在听完我们所有人的回答后,米德说:不对,对你们而言这周最重要的事情是苏联人造卫星的升空。对我们中的绝大多数人来说,发生在我们身上的事情与世界上发生的那些无可争议的大事之间是毫不相关的。然而米德并不这样想。她不仅仅认为我们现在生活在一个变化着的世界中并且都深受它的影响,还认为人类学是理解这一世界的独特训练。她认为从那时起的每一次太空飞行都应该带上一位人类学家。

尽管这一想法没有实现,但苏联人造卫星的升空还是引发了美苏之间的一场科学竞赛。资助研究和培训的政府机构应运而生,而人类学也将自身纳入到科学的定义之中(对此,我们应该为我们与生物人类学家和考古学家的并肩作战感到庆幸,正如美国人类学协会的长老们在 1946 年就已经预见的那样)。学生们现在能够获得进入研究生院进行深造的奖学金并且可以依靠资助来完成他们的田野调查。人类学获得了比以前更高的知名度,成为了一个对研究生来说更加具有吸引力的学科。

　　这一时期的第三个现象是"婴儿潮"时期出生的婴儿逐渐达到他们的入学年龄,因此迫切需要为他们在学院和大学中准备空间。现有的机构在扩大,而许多新的机构也被建立起来,一时间,工作 283 职位数量超过了现有博士的人数。这种增长出现的方式阐明了美国学术生活的本质,它不同于绝大多数其他国家的学术界。在扩张前夕,美国有 14 个人类学系授予了相当数量的博士学位,考虑到这门学科相对较小的规模,这已经是一个相当可观的数字了。于是,人类学有了多个中心可以包容不同理论与方法的各类据点,以及当人们在先前的岗位上郁郁不得志时可以选择转投的机构。相比于那些由一个或少数几个中心主导的国家而言,相比于那些地位较高的教授牢牢掌握了所有低级别教授命运的学术体系而言,美国人类学很早就有了这种更为开放、多中心的结构。即使在博厄斯如日中天的时代,他的控制也从来不是绝对的,他自己的学生很容易与他分道扬镳并且能够找到继续走下去的据点。

　　随着 1960 年代的扩张,这一学科模式变得越来越明显,到 1970 年代中期已有 75 个院系授予人类学博士学位。声望的次序在某种程度上被这一发展所打乱:在院系声望的排行中,主要的旧院系受到了新院系的挑战,它们中有许多是公立大学。许多领袖人物选择离开声望卓著的旧的机构,到羽翼未丰却很有前途的院系来开创他们的事业。美国人类学内部显著的多样性不仅仅从"二战"后进入这一学科的数量庞大的个体中体现出来,美国学术界的这种结构也说明了这一特点。

1950年代后期至1970年代中期的这段岁月因此成为美国人类学中新的关注点和方法层出不穷以及人类学事业欣欣向荣的一个黄金年代。然而它的确结束了,随之而来的是我们现在仍然能够体会到的学术职位市场的困境。年轻的博士们有时会认为他们是最早遭遇这一困境的一代。事实上,唯一有充足的职位的时期就是在这段有限的15年期间。

战后时期也是人类学各子学科之间关系活跃的一个时期。我在谈及斯图尔德的工作时就曾提到过:考古学正在探索文化发展的难题,并且他们经常引用文化人类学家,特别是那些唯物主义者正在使用的相同理论。在许多方面,考古学本质上就是文化人类学的历史组成部分,这一涵盖广泛的文化人类学还包括了语言人类学。

体质人类学在这一时期发生了翻天覆地的变化。主要得益于舍伍德·沃什伯恩(Sherwood Washburn)的领导,长期占统治地位的"类型学"中心让位于"新体质人类学",后者吸收了近年来对进化理论的综合,这种综合汇集了种族遗传学、对现存的和只能在化石中看到的灵长类的行为和形态学的研究,以及对被认为是人类独特的行为适应方式,即文化的研究(Washburn 1951)。这一发展不仅改变了体质人类学,使它同其他所有的子学科走得更近,而且还掀起了一股对狩猎-掠食者新的研究热潮,这一研究被借用到对早期人类社会的概念化,即"男人即狩猎者"这一模型中(1960年代中期的一个著名综合性会议的标题)。在这一过程中,一个新的重要的专业领域诞生了,即对非人类的灵长类动物的野外考察,今天它成为了美国人类学中最为繁荣的领域。

心智主义的转向：

发生在 1950 年代的另外一些事情更为深刻地影响了人类学的进程。人类学中的社会科学趋向在不断加强，这既是自 1930 年代以来资金渠道对这一趋势的激励所导致的结果，也是战后不断涌现出来的区域研究计划和机构内部的跨学科联系不断增加所导致的结果。在一些机构中，跨学科的社会科学正在从人文主义的、生物的和以博物馆为基础的人类学中脱离出来。

发生了这种转变的地方之一是哈佛，它是经由塔尔科特·帕森斯的创新精神来完成这种转变的。与他的社会互动理论一脉相承，帕森斯预见了社会科学内部的工作分工：社会学将研究社会体系；心理学将覆盖个体与人格体系；人类学的领域将是被定义为观念和价值的文化体系。帕森斯所在的人类学系里的资深人类学家克莱德·克拉克洪反对这种将人类学传统研究范围狭窄化的做法。部分出于对这一观点的回应，克拉克洪与克鲁伯通力合作，纵览了现存所有的"文化"这一概念的用法，而文化的定义从美国人类学的早期阶段开始就是一个令人争论不休的话题。他们的纲要确认了 164 种关于文化的定义。尽管他们并不打算去解决这些定义上的分歧，但他们得出了一种结论，即由"社会科学家们"（他们并没有说"人类学家"）提出来的最为常见的用法是"经由象征符号获得和传达的行为模式"（Kroeber and Kluckhohn 1952, 181）。从结果上看，他们向帕森斯作出了让步。

对许多人来说，难题在 1958 年得以解决。在一个引人关注的进展中，克鲁伯和帕森斯这两位他们各自学科中的元老级人物出版了一份关于人类学和社会学将如何划分社会科学版图的联合声

285 明(有人暗示这一协议的产生过程类似于 1494 年西班牙国王和葡萄牙国王坐在一起瓜分新世界时的情形)。术语"社会"和"社会体系"属于社会学的范畴,将用以指称个体和集体之间互动的关系体系。而"文化"则被留给了人类学家,这一概念被限定为"被人们传达与创造的,与价值、观念和其他富含象征意义的体系有关的意旨和模式"。(Kroeber and Parsons 1958,583)

　　因为对文化的这个定义,克鲁伯和帕森斯拒绝了对新唯物主义者和新进化主义者中的许多人来说是十分重要的综合性观点,因此他们达成的协议无法得到普遍认可也就不足为奇了。尽管如此,它的确在接下来的岁月里深刻地影响了学者们讨论文化的方式,克鲁伯和帕森斯的定义也逐渐成为了绝大多数人的观点。

　　它的发生当然与美国人类学中新思考方法的出现密不可分。当这些方法涌现出来的时候,学科的战场变成了唯物主义与心智主义的对垒,哈里斯将这种冲突简化为客位与主位之间的对立,然而这样的结论并不能满足我们。新的心智主义以许多不同的形式出现,它们有着不同的先驱并且对文化人类学产生了不同的影响。

　　后期博厄斯学派关注心理状态(尤其是爱德华·萨丕尔和他的圈子),同时他们将文化或文化形貌视为一个群体的人格,这些观点连同他们的极端相对主义都为战后独立于帕森斯影响之外的文化唯心论奠定了基础。此外,语言学也变得更加流行和更具有影响力,一些人则在语言中发现了文化的模型。具有讽刺意味的是,正是在萨丕尔原来在耶鲁的系,这个已经被乔治·彼得·默多克(George Peter Murdock)和其他因持实证主义方法而与萨丕尔格格不入的人所接管的地方,出现了最初的以语言学为基础的运动。耶鲁以及与它有联系的一群语言学家和文化人类家们宣称人类学的未来在于他们所谓的"民族科学"(ethnoscience)。语言提

374

供了模型,而那些与结构语言学方法类似的规则方法将会产生出"文化语法"。这场运动中的关键人物是弗洛伊德·劳恩斯伯里(Floyd Lounsbury)、沃德·古迪纳夫(Ward Goodenough)、哈罗德·康克林(Harold Conklin)和查尔斯·弗雷克(Charles Frake)。

随着对成分分析法的更多改进,民族科学开始建立文化上的特定分类或民间分类系统的标准。这样的领域如颜色种类、亲属关系、自然世界、各种疾病和原则上社会和文化生活的其他所有方面。民族科学家说他们想要通过对当地人在所有领域使用的所有法则或是个人为了以文化上适合的方式来行动而需要了解的所有事情的一种详尽描述来获得"充分的"民族志。抱着这一目标,他们为自己设定了一个不可能实现的高标准,与此同时他们在对非常有限的领域进行的精确分类工作中变得举步维艰(比如泽塔人木柴的种类)。这场运动很快就在它自身的重压下垮掉。尽管如此,它还是被一种更为宽泛的认知人类学所继承,后者在最近一些年显现出一种复苏的迹象。

人类学中的语言学在 1960 年代初期的另外一个发展是将语言看成是在接受了文化知识后产生的社会互动。随着社会语言学的出现,尤其是在伯克利的约翰·甘柏兹(John Gumperz)的领导下,它开创了一条完全不同于主流语言学的发展方向。在当时,乔姆斯基模型统治了主流语言学,它将语言解释为一种大脑先天结构的产物,因此它是人所共有的。与此相反,社会语言学家将语言变体放在了中心位置并为语言学和文化人类学之间的连接创造了新的可能性。伯克利群体的一名成员戴尔·海姆斯(Dell Hymes)将这种方法与民族科学家对一种更加复杂的微观民族志的探求结合在一起,创造了"交流民族志"(ethnography of com-

286

munication)这一概念(1974)。戴尔·海姆斯随后将这个计划带到了宾夕法尼亚大学,他同社会互动论者欧文·戈夫曼(Erving Goffman)(戈夫曼与戴尔·海姆斯一样,之前待在伯克利)、城市民俗学家约翰·什韦德(John Szwed)和稍后的城市社会语言学家威廉·拉波夫(William Labov)一道成立了城市民族志中心(Center for Urban Ethnography)。

尽管民族科学将语言当作它的模型,但是它对意义却并非同样地关注。民族科学的语义学是由一个分类体系中各要素之间的形式关联所组成,非常像音位体系中的音位。对社会语言学家而言,他们关心的是社会互动中的交流,意义是在人与人之间的话语中建构的,但它自身并不是一个主要的关注对象。尽管如此,在帕森斯理论的中心地带,明确强调意义的其他流派的心智主义也在不断发展。

这一新的象征人类学的主要人物是克利福德·格尔茨(Clifford Geertz)和戴维·施奈德(David Schneider),他们两人都是哈佛培养出来的并且都是在 1950 年代盛行的理论折中主义之中成长起来的,该主义那时已经超出了哥伦比亚-密歇根轴心的范围。格尔兹最初是在一个冷战时期计划的资助下到印度尼西亚做一项战略性的"新国家"调查。他在帕森斯理论传统,更确切地说是在马克斯·韦伯理论传统的指引下创作了印度尼西亚民族志以及随后的摩洛哥民族志。尽管如此,他在他的分析文本中越来越强调意义,意义作为"世界的模式"和"为世界而塑造的模式"的产物在文化持有者的心里代表了现实世界。施奈德是太平洋战争中的一名老兵,他曾经在雅浦(Yap)岛完成了一项亲属关系的传统研究,但几年过后,他否定了这项研究,声称这种亲属关系只不过是文化模型(更确切地说,是心理模型)。最后,他完全否认了亲属关系的存在。格尔兹和施奈德两人著作中的这些新的趋向在 20 世纪 60 年代期间逐渐体现出来，而在 1970 年代后，他们各自继续进行了更为详尽的论述。这一时期，他们同转型后的萨林斯一道构成了美国象征人类学的三巨头格局。

格尔兹和施奈德都从哈佛迁往了伯克利，随后（即 1960 年）又迁往了芝加哥（同行的还有伯克利的另外一位同事劳埃德·费乐思（Lloyd Fallers））。长期以来，芝加哥的人类学就存在着一种社会学倾向。最初，人类学和社会学，包括芝加哥生态学学派的城市社会学在内，组成了一个联合的系。即使在这些系分离后，人类学家们，尤其是罗伯特·雷德菲尔德（Robert Redfield），仍然保持了与社会学家们的紧密联系。A. R. 拉德克利夫-布朗 1930 年代在芝加哥极为重要的停留期间提出了人类学作为比较社会学的观点，这一观点随着对 W. 劳埃德·沃纳（W. Lloyd Warner）的任命而得以巩固（在拉德克利夫-布朗的强烈要求下）。在战后的岁月里，芝加哥同样见证了有人类学家参与其中的跨学科的社会科学计划的启动，其中包括了人类发展委员会（Committee on Human Development）和新国家比较研究委员会（Committee for the Comparative Study of New Nations），后者由帕森斯学派的社会学家爱德华·希尔斯（Edward Shils）领导。

在格尔兹和施奈德抵达芝加哥后，他们继续按照帕森斯理论体系的方向来调整人类学系。随着他们两人不断朝着更加极端的文化主义观点迈进，他们也将人类学系沿着这个方向推进。在这一过程中，他们削弱了人类学的其他子学科以及人类学系的社会结构传统，使它成为一座象征学派文化人类学的堡垒。因此，当萨林斯 1973 年来到时，这里成了他舒适的安家之所。此时，格尔兹已经离开（1970 年）并迁往了普林斯顿高等研究院

(Institute for Advanced Study at Prinston)，这是一个声名显赫的智囊库，在这里，他不用教书。施奈德留在了芝加哥，并有效地发挥了他对下一代学生的巨大影响力，这种情形一直持续到 1985 年左右他迁往加州大学圣克鲁兹分校。

　　让我们更加近距离地了解一下这两人在他们的学术生涯早期阶段的情况。格尔兹于 1949 年进入了哈佛社会关系学系的研究生院，一同进入的还有他的妻子希尔德雷德·格尔茨（Hildred Geertz）。与他在哥大的同龄学者类似，他是一个得到 GI 法案津贴的老兵。格尔兹夫妇都是在爪哇进行他们最初的田野调查的，在此之后他们又到巴厘岛进行调查，这是他们关于新兴国家的一个跨学科项目的组成部分。这项研究使得克利福德·格尔茨出版了许多专著，它们的主题包括爪哇宗教的种类和宗教在社会变迁中所扮演的角色（Geertz 1960）、爪哇的商人和巴厘岛的贵族在现代化中所扮演的对比性角色（Geertz 1963b）以及农业和农业周期的类型，为此，他创造了术语"农业内卷化"（agricultural involution），扩展了亚历山大·戈登韦泽的内卷化概念（Geertz 1963a）。他还与希尔德雷德·格尔茨在后者对巴厘岛亲属关系的研究中展开合作（Geertz and Geertz 1975）。在他们离开印度尼西亚后，格尔兹夫妇同许多研究生一道在摩洛哥进行了调查，之后克利福德撰写了一本著作，对他做过田野调查的这两个地区的伊斯兰教进行了比较研究（Geertz 1968）。

　　虽然这些工作中间没有一项听起来像是一种具有革命性的新开端，但格尔兹仍然在整个 1960 年代中撰写了许多文章来阐述他将文化视为意义的新兴理论：文化作为一种构架存在于人们的心里，但它通过公共象征符号体现出来并且构成了"地方知识"（local knowledge）（Geertz 1973）。格尔兹说，他的人类学是一种寻求意

288

义的阐释的(interpretive)人类学,但它不是一门寻找解释(explanation)的科学。随着他对实证主义社会科学越来越排斥,格尔兹转向了解释学,并且尤其转向了文学批评。文化对他来说是一种民族志作者越过当地人的肩膀阅读出来的文本,他为他的方法了贴上了"深描"(thick description)的标签,通过这种方法,他能够"对解释进行解释"(explicate explications)。他用民族志例子,如巴厘岛的斗鸡来对这一点进行了说明。

所有这一切都指向了一个有着强烈的特殊主义、相对主义和美学色彩的人类学计划,它与早期学者在民族精神方面的兴趣有着很多的相似之处,并且让人回想起本尼迪克特关于"独特和连贯的文化体系的模式化"这一概念。一些批评家称它是一种针对越来越少的东西发现越来越多的路径。另外一些批评家则注意到,通过将现实世界的真实事件排除于其分析之外,格尔兹根据"意义的结构"对 1960 年代发生于印度尼西亚的政治剧变和大屠杀进行了分析。

施奈德的生平和他的理论转向则颇为不同。"二战"之前,他在耶鲁的人类关系学院开始他的研究生学习。人类关系学院是一个跨学科计划,这与它在哈佛和芝加哥相对应的院系类似,但在这里占主导的是行为主义。耶鲁的人类学由默多克领导,他创立了人类关系区域档案并且提出了一种跨文化比较法,这种方法是从档案中调出民族志的零碎信息,并通过对它们精密的统计学处理寻找出跨文化的规律性。运用这种方法,默多克提出了一部亲属 289 制度法则的纲要(Murdock 1949)。(许多年来,这种方法一直受到激烈的批评,尽管它在一些地区仍然存在。)施奈德和默多克都觉得彼此志趣不合。

战后,施奈德重新返回研究生院,这次他是来到了处于帕森斯和克拉克洪领导下的哈佛。在准备进行田野调查时,他发现了属于自己的机会。具有讽刺意味的是,这是由默多克组织的为海军进行的一个文化调查项目,地点是在太平洋上的战略地区密克罗尼西亚(Micronesia)。施奈德被派往的地方此时正是一项政策争论的焦点,争论围绕着这些被占领岛屿的命运展开,最终的结果是它们被合并为托管领土。施奈德关于雅浦岛亲属关系的论文基本上遵循了默多克的方向,尽管他加入了一些对这位资深学者的批评。

1960 年代期间,施奈德在芝加哥开始了一项亲属关系研究,这项研究的初衷是要成为弗思在伦敦的一个比较项目的组成部分。这次经历导致了施奈德在理论上的转向,他在《美国的亲属制度:一种文化描述》(Schneider 1968)一书中提出了他对亲属制度的看法,他认为亲属制度只不过是一套象征符号体系,它在人的大脑中构建并且独立于行为之外。他主张将亲属制度的象征符号分为两类:基于共享的自然物(如血统)的亲属关系以及以行为编码为基础的亲属关系。在施奈德看来,人类学的整个学科把亲属关系看作一种建立在生物学假定事实之上的谱系网络是一种误导。相反,正是"核心象征符号"(core symbols)才阐释了对一种特定的文化而言亲属关系意味着什么。非常奇怪的是,他确立的美国亲属关系的象征符号是性交和爱,而爱以两种方式表现出来:姻亲和血亲。施奈德把亲属关系从谱系学和生物学关系中分离出来以及随后他对亲属制度的否定对美国人类学产生了深远的影响。对施奈德而言,关于亲属制度的这一事实同样适用于文化的所有方面:行为和事物是文化的构建物,它们没有客观实体。人类学的目标是从象征符号体系中析取出它们的内在逻辑来。

象征人类学在美国的发展也同样受到了国外观点的影响。克劳德·列维-斯特劳斯的著作一出版就被大家所谈论。1960 年代,翻译已经使得那些以往仅仅通过二手资料来了解这些作品的学者能够有机会直接接触到它们。来自于英国的有维克托·特纳(Victor Turner)、玛丽·道格拉斯(Mary Douglas)和埃德蒙·利奇(Edmund Leach)的观点;特纳于 1960 年代早期就已移居美国而道格拉斯则经常访美。这些影响为我们的思想带来了一些并不依赖于文化概念的兴趣点,它们也更加丰富了各种心智主义的这一混合阵营。

越南战争时期

290

随着唯物主义与心智主义阵营的成员们在彼此之间以及他们内部一争高下,1960 年代期间,美国人类学家越来越多地介入到了校园和公共生活的政治骚动中。许多人参与到民权运动中,但他们在对待越南战争和美国政府介入反暴动的问题上存在分歧,这种分歧引发了美国大学的深层分裂。人类学在巩固反战激进主义阵营方面引人注目。例如,在密歇根大学,沃尔夫和萨林斯为 1965 年 3 月"时事宣讲会"的创立作出了贡献,宣讲会继而成为一个迅速在全国扩散开的现象。反战抗议点燃了学生们对大学改革更为广泛的要求,从伯克利的言论自由运动到许多校园里出现的对行政大楼的占领。教员被分为支持或惩罚学生两派,在一些人类学系,这次裂痕将需要很多年来缝合。

在人类学专业内部,当人们发现一些社会科学家,包括人类学家被招募到镇压骚乱的工作中时,危机爆发了。第一个受到冲击的是卡米洛特项目(Project Camelot),这是美国军方的一项任务,目的是去"帮助友善的政府来解决正在发生的暴乱问题",特别是在拉丁美洲发生的暴乱。来自学术界的抗议破坏了这个项目,但是美国人类学协会开始注意到调查中的伦理学问题。尽管这一学科在战争以及在政府对具有战略意义的不发达国家的援助是否合适等问题上产生了分裂,但协会仍然能够就一些伦理学的指导原则达成一致,并且它还任命了一个伦理学委员会来考察如何贯彻这些原则。

　　1970 年,当伦理学委员会的成员们收到关于许多人类学家可能卷入了泰国的反动乱研究中的证据时,事件达到了最高潮。身为委员会主席的埃里克·沃尔夫请被点名的个人作出回应。当这些指控被公开后(被一个学生群体,而不是委员会),协会中爆发了论战。玛格丽特·米德作为这一学科最为卓越的资深成员临危受命,领导一个特别委员会对这些指控以及有关伦理委员会在质询其成员的过程中行为不当的反指控进行调查。米德委员会的报告实质上是严厉批评了伦理委员会并且为那些最初被指控的人进行了辩护。在协会接下来的一次会议中,全体成员以对这位非凡人物的羞辱性批判的方式彻底否定了米德的报告。(对这一事件的详细描述见 Wakin 1992)

291　　　这些事件在学科内部造成的分裂在某种程度上反映了理论上的分歧并且产生了持久的影响:一方面,它们使得人们在表述不同意见时更趋唇枪舌剑;另一方面,它们导致了在承担具有政治意义的工作时的一种必然的不安。有人指出它们引发了向琐碎事件的一种回归,这与 1970 年代相对主义和特殊主义的复兴也不无瓜葛。更为全面的看法是:1960 年代的政治和文化剧变引领了一系列新的进展,它们以多种方式挑战了人类学中最重要的假设并且推动了"重塑"这门学科的努力。

第三章　把人类学引入现代世界

美国人类学的一个特殊关怀是对复杂社会的研究。因为 ₂₉₂ 这一关怀可以追溯到内战时期，所以我在这里暂时打乱我的编年叙述来追溯它的发展直至 1970 年代早期。"复杂社会"这一术语很早就在人类学中使用了，它指有国家组织的体系，包括那些前现代时期的国家体系（旧世界和新世界的文明）、那些近代工业化时期的国家体系以及那些来源于后殖民地时期或其他近期政治转变后的国家体系。在这样的背景下，国家和民族有着截然不同的含义：国家是制度性的机构，其历史同古老的美索不达米亚一样久远；而民族是指民族性的构筑，它通常围绕一个政治实体，本质上是起源于 19 世纪欧洲的一种现象。

因为美国人类学始于美国印第安人，并且在很长一段时间内主要关注美国的印第安人，所以我们鼓起勇气进入新的民族志地区标志着一种完全的转变。在对原始民族的研究中，正是玛格丽特·米德的萨摩亚之行开始了这一扩张。但大概在同时，即 1920 年代中期，一些人类学家转向了一个不同的舞台：现代国家的乡村和小城镇人群。我认为这一转变发生得如此之早是因为美国人类学中有一部分与社会学的联系很紧密，即使是在美国民族学的主流仍然在追求历史特殊主义程式的时代。

早期的社区研究

　　这个历程的一个易于寻找到的起始点是罗伯特·雷德菲尔德1926年在墨西哥村庄泰普兹特朗(Tepoztlán)的田野调查。他的研究是将由初民社会的人类学研究发展出来的方法和概念运用到一个现代国家的最有影响力的早期尝试。雷德菲尔德的研究是芝加哥大学社会学和人类学联合建系取得的硕果之一。该社会学人类学系也是社会学的城市生态学派的所在地，这一学派由雷德菲尔德的岳父罗伯特·帕克(Robert Park)领导。该学派的研究方法是将城市视为由若干居住区与城市活动区所组成，而这些区域或多或少地以同心圆的形式分布。在城市中，社会群体在空间上的分布是他们在社会关系上的差异分布的必然结果。

　　雷德菲尔德将这一模型运用于泰普兹特朗村，将它视为一个围绕着墨西哥城的圆圈的最外围地带。乡村的中心是它的政治和文化精英的所在地，他们起着连接城市的作用，而村庄最偏远的地区是乡民群体的领域。这一结构将首要的地位给予了交流，即用于各地带以及各社会阶层之间的文化信息的流动，但它几乎没有关注各种物质环境、制度情境和历史中的社会互动的基础。为了描绘泰普兹特朗村的特征，雷德菲尔德采用的方式是将城市社会和乡村社会进行类型学上的对比，这种方法在社会学中由来已久。泰普兹特朗村是雷德菲尔德的俗民社会(folk society)的原型(Redfield 1930)。

　　在雷德菲尔德田野调查之前的两年，社会学家罗伯特·林德(Robert Lynd)和海伦·林德(Helen Lynd)已经进行了一项几乎相同的研究，地点是在印第安纳的曼西(Muncie)小镇，他们称之

为中镇(Middletown)(1929)。从这些起点开始出现了社区研究
的传统，它被有社会学倾向的人类学家和抵制自身学科中的脱
离实际的理论和宏观方法并开始运用人类学方法进行田野调查
的社会学家们发扬光大。美国和世界各国的小社区被以类似的
方法来对待，其潜在的假设是这样的社区可以被视为他们所组
成的更大社会的缩影。

在美国，这一研究的动力来自许多方面。1920 年代，一些
美国机构开始提出了与种族关系有关的问题。弗兰兹·博厄斯
的学生梅尔维尔·赫斯科维茨受资助对"种族混合"(race cross-
ing)和美国黑人生活的其他方面进行了研究(Herskovits 1928)。
赫斯科维茨招收了助手佐拉·尼尔·赫斯通(Zora Neale Hurst-
on)，佐拉在博厄斯的鼓励下，继续在纽约的黑人社区和美国南
方进行黑人民俗方面的重要研究。许多人类学家得到资助到南
方腹地的社区中进行研究，霍滕丝·鲍德梅克(Hortense Pow-
dermaker)就是他们中的一员。她是美国人，在伦敦时曾受教于
布罗尼斯拉夫·马林诺夫斯基，之后在爱德华·萨丕尔仍在耶
鲁期间得到过他的赞助。从美拉尼西亚的田野调查一返回，她
又于 1932 年启程前往密西西比河流域的印第安诺拉(Indianola)
并在那里创作了一部描写黑人和白人这两个社会阵营的小说
(Powdermaker 1939)。随后，约翰·多拉德(John Dollard)、艾利 294
森·戴维斯(Alison Davis)以及其他人继续在南方腹地从事其社
区研究(Dollard 1937；Davis, Gardner, and Cardner 1941)。这类
文献中的一部分后来被引用到"布朗诉教育委员会案"(Brown
v. Board of Education)的论据中，这是一部因终结了公立学校中
合法的种族隔离而具有里程碑意义的最高法院案例。

在美国农业经济局(U. S. Bureau of Agricultural Economics)领导下开展的大萧条时期的计划资助了许多人类学家对乡村社区的研究,这些研究的目的是让政府机构知晓美国农业的状况。这些报告中的绝大多数都未发表,但少数报告,如卡尔·威瑟斯对中西部"普雷维勒"的研究(Withers 1945)成了新兴的社区研究文献的一部分。值得特别注意的是沃尔特·戈尔德施密特(Walter Goldschmidt)对加州中部谷地的农业企业的研究(1947),它无疑是第一次以工业化农业生产的影响为核心来对乡村社会进行的人类学分析。这项研究被新政拥护者用以抵制集体土地所有者为了其自身的利益而要求修改法律的努力。在这一过程中,戈尔德施密特成了政治攻击的靶子。

　　哈佛的 W. 劳埃德·沃纳发起了一系列重要的社区研究。沃纳曾经受教于艾尔弗雷德·克罗伯和罗伯特·洛伊,但他成了A. R. 拉德克利夫-布朗的传人。他在澳洲土著中完成了最初的田野调查,并于 1929 年到达哈佛后不久,在被其称作"扬基城"(Yankee City)的马萨诸塞州的纽伯里波特(Newburyport)开始了一个长期项目。这一以美国的社会阶级为中心主题的项目产生了卷帙浩瀚的出版物(例如:Warner and Lunt 1941,1942)并且带来了大量的衍生研究和反响。其中的一个衍生研究是康拉德·阿伦斯伯格的研究,他将社区研究方法带到了爱尔兰,并创作出了欧洲第一本此类型的出版物(Arensberg 1937)。项目的另外一位参与者是威廉·F.怀特(William F. Whyte),他完成了一项对纽约城中一个意大利贫民窟的创新性研究(1943)。阿伦斯伯格和怀特两人都摆脱了曾经影响过扬基城项目的韦伯式方法和拉德克利夫-布朗式的结构主义,最后他们发展出了一种适合小群体研究的符号互动理论。扬基城研究群体的成员们还应当享有工业组织中人类学研究的开创者的荣誉。沃纳与他在哈佛认识的精神病专家埃尔顿·梅奥(Elton Mayo)合作,开创了也许是最早的对工业产业的人类学研究,而阿伦斯伯格则在一些方面与艾略特·查普尔(Eliot Chapple)开展合作,将他在群体行为方面的兴趣引入到组织研究中。

对美国小社区的早期民族志研究并不具有社区研究时常带有的那种原始主义的特征。这些研究中有许多就是为了解决当代美国生活中存在的问题而被发起的,有一些也产生了切实的影响力。在绝大多数时候,它们并非遵循着同质性或者一种统一文化的假设,但其共同的特点是对阶级和种族,有时候是社区的权力结构和经济组织的关注。然而,这在当时美国之外的社区研究中并不多见。

1929 年,雷德菲尔德返回了墨西哥,这一次他与一群合作者来到了尤卡坦(Yucatán)地区,开始了对该地四个社区的研究。他提出这四个社区所代表了一个"乡村-城市连续体"(folk-urban continuum)上的几个点,它们从东南到西北依次分布,从昆塔那罗(Quintana Roo)地区的一个"部落"印第安人聚落,到一个乡村(Chan kom),再到一个小镇(Dzitas),最后到城市梅里达(Meri-da)。在《尤卡坦民俗文化》(Redfield 1941)一书中,雷德菲尔德详细描述了这个连续体所具有的多种两极化的特征:文化的组织与文化的瓦解相对应,神圣性与世俗性相对应,而群际关系与个体关系相对应。他在乡村社会和城市社会之间作出的对比借用了社会学家路易斯·沃思(Louis Wirth)的"都市化(Urbanism)是一种生活方式"的观点(1938)。这一模型依据的是理想类型和我们熟悉的来自于亨利·萨姆纳·梅因(Henry Sumner Maine)、费迪南德·滕尼斯(Ferdinand Tönnies)、埃米尔·涂尔干(Émile Durkheim)等人的关于两极对立的观点。这一模型在"二战"后以现代化理论的形式存活了很长一段时间。它同样为这一代的少壮

295

派激进分子提供了动力,而看似矛盾的是,后来的事实证明这一模型在它所引发的回应中也恰恰是极具成效的。

在 1930 年代期间,雷德菲尔德所在的芝加哥大学人类学系处于拉德克利夫-布朗的影响之下,开展了在不同的国家进行的多项社区研究。它们中有夏洛特·高尔·查普曼(Charlotte Gower Chapman)在西西里的研究(1935/1981),约翰·恩布里(John Embree)在日本的研究(1939)以及霍勒斯·迈纳(Horace Miner)在魁北克的研究(1939)。其他机构的人类学家在秘鲁(Gillin,1947)、印度(Wiser and Wiser,1930)和中国(费孝通,1939,他为马林诺夫斯基的学生)进行乡村研究。在这些年里,拉丁美洲和亚洲成为乡村研究的主要重心,这些研究倾向于叙述并且他们在理论期望上也表现得比较谨慎。尽管如此,他们中的一些人的确注意到了乡村与精英和国家之间的联系,这为后来对农民的界定打下了基础。

国民性格

随着"二战"的到来,适用于现代社会的一种不同的路径显现出来。如前文所述,露丝·本尼迪克特和玛格丽特·米德,连同杰弗里·格雷尔(Geoffery Gorer)、罗伯特·洛伊和其他的人类学家一道开始借用 1930 年代的文化与人格理论对国民性格进行文化描述。这些分析旨在预测特定群体的行为,而且都有明确的政策目标。按照米德的说法,这些分析的目的在于协助各种政府计划的执行,促进与被占领国的支持者和游击队群体之间的联系,提供对敌人的优势和弱点的评估以及为制定政策提供建议和解释等等(Mead and Métraux 1953,397)。

这些研究中最重要的是本尼迪克特对日本的研究——《菊与刀》(Benedict 1946)。1944 年,她被要求向战争情报局提供关于"日本人是什么样的"的分析,这一分析能够有助于预测他们在战时以及战后将会如何行动。于是本尼迪克特将她在《文化模式》(Benedict 1934)一书中提出的观点运用到日本这个国家中。她的假设是每一种文化都具有一种一致性,某些优势的主题——价值和信仰的核心——是这种一致性的表现,而个体人格的发展受到这些文化假设的束缚。她的分析单元是整个国家,她的方法是从文化内部寻找证据,强调一致性而忽视内部的多样性。这是一种不关注历史发展或变化的功能主义方法。这本书的出版正逢美国仍在对其手下败将的行径百思不得其解之时,因而成了一本广受欢迎并且获得了巨大成功的书。本尼迪克特在《菊与刀》出版之前就在各报告中作出的分析,就其对政策产生的影响而言,成为国民性格研究中最具影响力的作品:它是人类学家们向政府提出的关于日本士兵投降可能性的意见的基础(他们说如果天皇投降,那么士兵们也会这样做),这本书也对战后保留天皇,将其作为一个有名无实的领袖的决定产生了影响。

在战争末期,本尼迪克特和米德将这一成果扩大为一个大规模的项目,即哥伦比亚大学当代文化研究项目。该项目得到了美国海军研究办公室一笔赠款的资助,这一系列的文化研究项目将一些其他国家包括进来,并使其在"千里之外"的纽约城被研究。本尼迪克特 1948 年逝世后,米德继续从事这一项目(Mead and Métraux 1953,397),她对这个项目的野心与她涉猎的范围一样宏大,但这个项目在政策制定者那里只产生了微乎其微的反响,很快就被人们遗忘了。

波多黎各项目

　　朱利安·斯图尔德在紧接下来的战后时期待在哥大期间,对复杂社会的研究遵循了另外一条路径。在被美国民族局雇佣之前,他已经参加过先前的社区研究了。在美国民族局,他组织了墨西哥和秘鲁的田野调查项目。村庄而非"部落"印第安人成为调查的中心,因为这项调查的目标是从那些国家的"基本人群"中采集样本。这些项目中最为重要是对一个特定区域,即墨西哥的塔拉斯坎(Tarascan)地区的深入研究,这个地区包括了许多具有不同特征的村庄。斯图尔德后来曾批评过这个项目的预设:这些社区被认为代表了"当地文化的不同类型",并且每一个社区都简直被当成了"自给自足和自成一体的社区"(斯图尔德 1950,60—62)。

　　斯图尔德在哥大的岁月与区域研究,包括区域研究计划的发展是同时的。这些计划的目的在于获得与美国国家利益有战略牵连的新兴国家的知识。在这样的背景以及来自洛克菲勒基金会的资助下,斯图尔德发起了一次对波多黎各的大规模调查,并使得美国政策的目标与该岛的经济转型相适应。在制定这个项目时,他抵制了复杂社会研究中的多种趋向:其中包括涵化研究,即认为存在一种统一的部落文化遭遇一种统一的国家文化的情形;还包括了在论述社区时把它们看作是一个国家的缩影的做法;以及国民性格方法,即将国家文化视为无差别的整体并且从"人格"的角度来分析它们。

　　运用他的文化生态学概念(他一直声称文化生态学是一种方法,而非理论),斯图尔德在波多黎各识别出了不同区域的特征,这些区域在生态上千差万别并且可以通过特殊类型的农业体制被区分开来。他认为,每一个生产联合体在劳动以及组织上的各种需要都会勾勒出某些特定的社会和文化模式。他的理论方案根据不同的"垂直"(地域的)子群体和"水平"子群体(职业、阶级、种族和其他划分方式)对岛屿进行了详细的分析,前者也就是生态上各有不同的社区,而后者则跨越了社区和地域。这一整体被正式的国家机构连接在了一起。这一联合体连同斯图尔德的"社会文化整合水平"的概念(即家庭、多户家庭、社区和国家)一道标志着与雷德菲尔德的理想类型以及运用于"国家"的绝大多数其他方法的整体观的一次重要分离(Steward 1955,43—77)。

这个项目的参与者在具有不同生态和生产基础的地点范围内 298 开展调查:埃里克·沃尔夫在中央高地一个种植了咖啡和烟草的社区调查,这是一个以传统庄园和小农场为主的地区;西敏司在南部海岸集体所有的蔗糖产区内的一个农村无产者社区调查;埃琳娜·帕迪拉(Elena Padilla)在一个政府所有的蔗糖种植园调查;罗伯特·曼纳斯在一个种植粮食作物和烟草的山地小农社区调查;雷蒙德·谢勒(Raymond Scheele)则在圣胡安上流社会的家庭进行调查(有传闻称斯图尔德选择他来完成这项任务是因为他是这一群体中唯一拥有礼服的人)。来自芝加哥大学和波多黎各大学的许多其他个人也加入到了这个项目中。

斯图尔德,按其一贯作风,在这一计划还远未完成时就已经丧失了兴趣,并将专著编撰的工作主要留给了西敏司和沃尔夫来完成,该书最后以《波多黎各的人们》(Steward et al. 1956)之名出版。在这一过程中,他们发现自己与斯图尔德的观点渐行渐远。他们认为斯图尔德忽略了市场所扮演的关键角色以及波多黎各依附于美国的事实,此外他们还觉得有必要深入研究历史来追溯这些现象和它们的影响。因此,西敏司和沃尔夫采取了一种他们当时所谓的文化-历史法（cultural-historical method），但他们的分析使其日益接近于某种政治经济学，这一趋势将在他们日后各自的作品中留下烙印。当许多年后他们重温波多黎各的作品时，大概会认为他们并没有在偏离斯图尔德的道路上走得太远，他们并没有将足够的重心放在国家所扮演的角色、波多黎各与美国之间的殖民关系，以及日渐壮大的从波多黎各岛向美国大陆的移民浪潮上（Wolf 2001，38—48）。

在波多黎各项目之后，西敏司的大多数研究集中在不同类型的工人以及他们与农民、市场和商品流通之间的关系上——其对象社区的无产阶级的特性塑造了他的这些关注点。他继续在海地和牙买加进行田野调查，并随后阐释了加勒比各岛屿之间的差异和共性，而这些特点是在奴隶制和蔗糖生产的历史中逐渐形成的（Mintz 1974）。沃尔夫接下来的研究使他转战墨西哥。1950 年代早期，他开始考察国家形成的过程并且开创了一种农民研究的方法，它明显区别于雷德菲尔德的方法（Wolf 2001）。随后他来到意大利的南蒂罗尔（South Tyrol），调查两个相毗邻的村庄。这两个村庄在生态适应性上类似，但却有着不同的语言和历史轨迹。他在这里遇到的难题是如何解释在一个共同的生态条件背景下不299 同族群的发展（Cole and Wolf 1974）。

农民、俗民（**folk**）和社区

在 1950 年代，世界范围内的农民和小社区研究如雨后春笋一般涌现出来。起初最现成的理论框架是雷德菲尔德提出的"俗民社会"和"乡村-城市连续体"，这一框架通过其所引发的批评主宰了文献。奥斯卡·刘易斯再次进行了对泰普兹特朗村的研究，而

他的描述却与俗民社会的图景大不相同：他将泰普兹特朗村看成一个被冲突撕裂、阶级差异明显，且在很大程度上卷入分裂政治的社区（Lewis 1951）。另一些人则声称许多所谓的"俗民"根本就不是"俗民性"（folklike）的。比如，索尔·塔克斯就将高地玛雅人（尤卡坦人的近亲）描述为拜金、世俗化，以及具有个人流动性大和相互关系冷淡等特点的人群（Tax 1953）。还有人补充了那些并不符合城市类型的城市范例，例如西非的一些城市。吉迪恩·史约伯格（Gideon Sjoberg）批评"俗民"概念将部落社会与那些他所谓的封建社会混为一谈是不准确的（1952）。霍勒斯·迈纳指出雷德菲尔德专注于形式而非过程，因此忽略了技术进步施加于社会形式上的影响力（Miner 1952）。西敏司则发现尤卡坦项目忽视了作为整个区域经济支柱的剑麻种植园（Mintz 1953）。

　　一贯具有绅士风度的雷德菲尔德善意地接受了这些批评并且把它们加入到他于 1950 年代中期发表的综合性著作《小社区》（Redfield 1955）和《农民社会与文化》（Redfield 1956）中。正是从这个时候起，"农民"（peasant）被确立为一个分析范畴并成为一个独立的研究主题。在关于"农民"定义的无数争论中出现了两种研究方法。雷德菲尔德的方法聚焦于"生活方式"、价值与世界观、社区凝聚力和传统。而沃尔夫的方法首先从物质基础和结构关系出发——农民是能够有效控制土地的农业生产者，他们的目标是生存而非再投资。之后，沃尔夫关于农民的研究越来越强调权力关系，它们与经济过程并不矛盾而仅仅只是其对应物。

　　对雷德菲尔德的批评最终波澜不惊，对农民的研究也转向了一般人类学意义上更为宽泛的理论问题。例如，1950 年代在社会组织方面的主流模型仍然采用共同亲属集团作为标准。在墨西哥 300
塔拉斯坎地区一个名为兹尊站（Tzintzuntzan）的乡村进行研究的

乔治·福斯特（George Foster）提出了二元契约（dyadic contract）的概念：不同种类的二元关系（它将这种二元关系视为结构性的，而不是一种结构的缺失）提供了可供选择的模型（Foster 1961）。他在取得这一成果之后又提出了另外一个产生了广泛反响的概念（尽管在我看来，它是一个作用相对较小的贡献）："有限福利的图像"（image of limited good）*，这是一种被提升为道德准则的零和游戏观念（Foster 1965）。

　　1950年代以及1960年代早期，这项研究之外的其他理论关注点也不断涌现出来，它们对人类学思想的影响已经远远超出了"农民"领域。在亲属关系的研究中，多种非单系继嗣形式浮现出来，新的关注点放在了家庭的多元功能和适应性上，对继承体系的分析体现出非常重要的价值。劳动的类型和劳动的支配以及市场体系成为一般性的话题。社会分层在人类学议程中取得了显著的位置，它关注不同种类的分层：阶级、身份（声望）、社会地位以及其他等级维度。对农民的研究使得关注点向外扩展到社会的精英部分、国家形成的过程和社会转型上，通过社会转型，农民成了无产阶级或农业工人，农村居民成了城市居民。

　　在1950年代，人类学家还着手发展了关于农民和社区的类型学和分类学。打头阵的查尔斯·韦格利和马文·哈里斯描述了拉丁美洲的"亚文化"（Wagley and Harris 1955）。沃尔夫提出了一种界定拉丁美洲农民类型的不同方法，这种方法以生态学关系和经济关系中的可变性为基础，与其说它是一种文化意旨的类型学，倒不如说它是一种结构的类型学（Wolf 1955）。他还提出他的两种农民类型——"封闭性的集体农民"和"开放性的经济作物农

---

　　*　大体可以理解成：比别人多就是危害别人。——译者

民"——与特有的社区类型相连。他发现在世界许多地区都存在一种封闭性的集体社区,他不仅仅将其理解为一种文化形态,同时也将其理解为对特定的政治-历史进程的一种回应(Wolf 1957)。

在他接下来对"农民"的研究中,沃尔夫强调了农民在他们更大的"母体"中的位置以及国家在保证对农民"租金"的要求和保持非对称的权力关系方面所扮演的角色。在 1960 年代中期,他在《农民》(Wolf 1966)一书中集中展现了他在研究中的各种路径。在这本书中,他试图详细描述各种表现了一般意义上的农民特征并且说明了他们中的可变性的那些至关重要的关系。他通过一系列的类型学手段来达到这一点:其中包括不同的生态类型(从自然界转换能量的模式)、市场和交换体系的种类、"领域"的类型(即令留置权得以运用于农民生产的那些社会政治形态)、满足资源需要 301 的不同种类的资金(包括生存和重置资金、仪式资金和租金基金)、家户群体的类型以及他们的策略、"联盟"(即根据所包含的人数和把他们连接在一起的利益的本质以及他们在社会秩序中的相对位置而存在差异的种种社会关系),以及与观念秩序有关的关系的种类。他根据每一种类型的结构涵义,在许多情况下还结合它的历史背景来对它们进行讨论。这本书从动笔之时起即意在对关于"传统农民"的人类学进行系统化。

与沃尔夫在农民研究中扮演的角色相似,阿伦斯伯格成为了社区研究理论和方法的集大成者。他捍卫"社区"概念的有效性,把社区当成"对象"和"样本"来对待,即社区本身作为研究的对象和对广阔的社会现象进行观察的场所(Arensberg 1961)。然而,他在确定什么是社区以及在判定它能否反映更大的社会这些问题上有一套清晰的评判标准。对阿伦斯伯格而言,一个社区的特征可以通过特有的空间排列、时间的持续性和可以列举的补充事项,如人员、功能和活动来标明。他的方法吸收了他的符号互动理论，此外，他的方法还详细阐述了确定互动模式的方法以及它们作用于空间排列、社会关系和文化形态上的结果（Arensberg 1954,1972）。

阿伦斯伯格可能是为人类学开创了现代欧洲研究方向的最关键的人物，他于1930年代在爱尔兰开始了其开创性的研究工作。他鼓励学生到世界上那些从人类学角度来看仍然是令人捉摸不定的地方去做调查。先前对美国之外的复杂社会的研究绝大多数在拉美和亚洲进行，我们只需要阅读 E. E. 埃文思·普里查德晦涩的前言和朱利安·皮特-里弗斯（Julian Pitt-Rivers）关于安达卢西亚（Andalusia）的著作（1954）就可以感受到1950年代大多数人对欧洲的矛盾情感。

此外，阿伦斯伯格为这一新的领域提供了理论框架。他重拾"文化区域"（culture areas）的旧有概念，使它为自己所用（Arensberg 1963）。对他而言，文化区域是一个区域所特有的生态关系、生存制度、聚落模式和社会互动的复合体，这些区域本身完全开放并且处在流动状态之中。例如，他曾界定了一个带有开阔田地的村庄区域：核心聚落的居民保留对村庄外的裸地和其他资源的集体所有权。他从中看到的不仅仅是一种聚落形式，而是一种资源利用、家庭和家户、亲属关系和婚姻、继承和土地占有、身份和权威，甚至民俗和宗教实践的诸多模式的交接点。与乡村—城市连续体和封闭性集体社区的概念一样，阿伦斯伯格的文化区域理论也受到了接二连三的一大堆批评，但在这一过程中，欧洲人类学开始初现雏形。

到1960年代之前，小社区可以成为一个更大社会的缩影的设想已经退出了历史舞台，同样倒塌的还有一种预期：即一个人可以通过将不同类型的社区放在一起研究而理解更大的社会。（迟至

1973年,安东尼·利兹(Anthony Leeds)仍觉有必要说,"即使我们有对总体社会或宏观世界中的每一个社区范畴的典范研究,我们仍然无法得到对宏观世界的描述"[1973,18])。中心问题变成了如何理解复杂社会中的级别、群体和制度之间的关系。这个问题通常被概念化为一种"连接",例如存在于地方和国家层面之间的连接。许多研究者聚焦于调解人或文化掮客,认为是他们捍卫了"那些将地方体系和更大的整体连接在一起的……关键结合点"(Wolf 1956)并且对这些结合点进行让渡。这些研究者对庇荫制(patronage)或依持主义(clientelism)有着特殊的兴趣,将其当作构成这些连接的一种机制。在关于这一问题的另外一种路径中,一些学者关注国家借以控制它们内部异质的象征模式。所有的这些研究都期待着"超越社区"(beyond the community),可见"超越社区"这一概念在被下一代滥用、成为一句批评口号之前很久就已经存在了。

现代化和对它的批评

冷战深刻地影响了这一时期的社会科学,独立后新国家的出现则是另外一个影响要素。区域研究计划扩展到大学、研究机构和智囊团以及基金会的动议中。尽管被政治学所主导,但是这些计划仍然为人类学家在地方层面进行田野调查拓展出了空间,它们也极大扩展了学科所到达的古老文明区域的地理边界。相同的战略利益带来了研究基金,它们挑选优先考虑的区域,随之而来的结果是研究倾斜于那些受到偏爱的区域。

现代化理论在区域研究计划中占据着主导地位。因为单线进化论的复苏以及它与极化类型(polar types)的社会学传统的结合,现代化理论造成了传统社会和现代社会之间的对立以及对传统社会将不可避免地转变为现代社会的期许。研究的焦点是在不同的情境下促进或阻碍这种进步的条件。这种方法在公共政策讨论中变得十分流行,在这些讨论中,这一方法又被当时更具影响力的政治学学者往前推进。

　　1950 年代至 1960 年代期间,许多人类学家采用了现代化模型。它成为了雷德菲尔德后期研究的中心,他逐渐抛弃了对乡村中的"俗民"研究而转向了对文明的研究。在他的领导下以及他与一位哲学家,也是印度研究专家米尔顿·辛格(Milton Singer)的合作下,芝加哥大学成为了比较文明研究的一个中心:包含了对中国、伊斯兰、印度和其他文明的研究。雷德菲尔德最初在这一方面的兴趣是交流。他的概念"与传统有关的社会组织"例示了他的方法。他设想了包含两种文化体系的文明,一种是"内省的少数人(即专业人士)的大传统(great tradtion)",以及"大多数非内省的人的小传统(little tradtion)……存在于他们的乡村社区里"(Redfield 1956,41—42)。这一概念设想了一种双向的交流趋势:一是普遍化过程(universalization),通过这一过程,小传统扩展成为大传统的构成元素;另一个是与之相反的地方化过程(parochialization),通过这一过程,小传统适应并重构了来自大传统的模式。尽管这一观点一时间成果颇丰,但雷德菲尔德的方法仍然受困于类型学上的两极性:道德秩序和技术秩序、俗民和精英、传统和现代。

　　斯图尔德在他的后期,即 1950 年代在伊利诺依大学期间,也同样将兴趣转向了文明社会。他组织了一个名为"传统社会在当代的变迁"的比较项目,这个项目结合了现代化理论的一种无历史(ahistorical)形式(Steward 1967)。斯图尔德的那些一度以研究伙伴身份来伊利诺依投奔他的过去的学生们到此时已经与他在理论上分道扬镳，成为了对他仍心怀尊敬的批评者。

　　这些批评者像许多其他的人类学家一样，将现代化理论当作其强烈谴责的对象。他们对此的看法是：现代化理论实际上歪曲了现实并且它作为一种关于进步和现代性的意识形态，取代了对多种变化进程的寻找。他们同样关注它的政策意义，尤其是它看待第三世界欠发达地区的方式以及相应开展的一系列发展计划。因此，当时许多关于复杂社会的人类学研究提出了对现代化方法的批评并且提供了替代分析。

　　我举一个来自对"非伦理家庭主义"（amoral familism）的争论的例子。1958 年，政治学家爱德华·C. 班菲尔德（Edward C. Banfield）出版了一本关于一个意大利南部城镇的社区研究著作——《一个落后社会的道德基础》。他将那里的人们描述为抗拒合作、反感加入正式组织、不愿意参加为了共同利益而举行的政治活动，而且通常是自私和短视的。在解释为什么这些南部意大利人无法改变他们的行为并且进入现代社会时，班菲尔德提出的观点是，他们被一种民族精神特质所阻碍，这种精神特质的准则是"极端注重核心家庭物质的、短期的利益，并设想其他所有人会采取相同的行动"（Banfield 1958,85）。班菲尔德说，蒙特格拉内希人（Montegranesi）成了这种精神气质的"囚犯"，这"对他们经济和其他方面的进步是一种根本性阻碍"（Banfield 1958,163）。任何改革的努力将不得不拿这种民族精神开刀。 304

　　许多人类学家和其他学者对此持反对意见，这些意见的根据是班菲尔德的叙述中存在着描述上的缺陷和推理上的谬误。我自身的回应是：尽管承认它存在着失实，但是非道德家庭主义还是描述了意大利南部乡村社会的一些突出现实。它是运用道德术语对社会组织特征进行的一种诠释。在我看来，它的问题在于班菲尔德将民族精神当成行为的一个起因或一种解释。我的分析更愿意看重这一区域的农业体系,我将它视为社会类型和班菲尔德归纳出的非道德家庭主义价值观的基础。因此,变化的良方将是农业体系以及与它相关联的环境的改良:南部意大利人不是一种民族精神的"囚犯",而是某些客观现实的"囚犯"(Silverman 1968)。

　　1960 年代发生在美国的政治剧变,尤其是越南战争,在 1964 年后的 10 年中主导了国民意识,这对人类学产生了深远的影响。然而,这些影响并非立竿见影而且它们没有到达这一学科的所有角落。对从事农民研究的学者而言,发生在社会中乡村部分的战争和革命所带来的影响以及农民自身越来越多地参加到政治运动中都不可避免地唤起了对农民政治议题的关注。对这些议题的第一次全方位研究中有一项即是反战抗议的直接产物:沃尔夫为密歇根大学的时事宣讲会撰写了一篇关于越南的简短报告,这使他比较了在六个国家(墨西哥、俄罗斯、中国、阿尔及利亚、古巴以及越南)的革命中农民所扮演的角色。这项研究以《20 世纪的农民战争》(Wolf 1969)为名成书发表。农民的反抗和革命成为其他许多研究者的一个焦点。1970 年后,马克思主义方法在社会科学中日益突出的地位也促进了这项研究的发展。

　　到 1960 年代晚期,人类学家转为批判社区－国家模型,即适用于复杂社会的"联结"(articulation)法,他们寻求理解超越了社区边界的社会结构的路径。一些学者在区域分析中找到了一种替代方法。聚焦于地区精英的一种观点是这些人的关系网或联盟促成了他们区域内的整合,而且他们在国内和国际"母体"中的位置引导了区域内经济和政治变迁的进程。例如,彼得·施奈德(Peter Schneider)与简·施奈德(Jane Schneider)以及爱德华·汉森(Edward Hansen)提出了一个关于精英的不同类型的概念

(1972)：即依附精英（dependence elites）和发展精英（development elites）的概念。他们在现代化和发展之间作出了区分，展现了西西里岛的西部是如何经历了现代化进程然而却没有发展的；与此相反，加泰罗尼亚（Catalonia）地区遵循了一条发展的路径却因为来自西班牙政府的阻挠而被中断，这也导致了加泰罗尼亚的民族主义。

1960 年代，人类学家 G. 威廉·施坚雅（G. William Skinner）的研究创生了一种不同的区域分析方法。他发展出了一套与传统中国的区域聚落系统相关的模型，描绘出了这些系统在市场模式和社会结构中的必然结果（1964－1965）。他还采用来自经济地理学的中心地位论（central-place theory），分析了区域内的聚落分布——这种分布既是空间上的，也是存在于不同种类的聚落间的一种等级制度，同时也可以被看作是一种经济和社会体系。他的学生卡罗尔·史密斯（Carol Smith）关于危地马拉的一种市场体系的研究就建立在他的方法上。她在 1973 年组织了一个重要的会议，召集了许多对世界不同地区的经济和社会体系进行区域分析的人类学家，他们共同的特征是他们都使用区位理论（locational theory）。会议结集出版的两卷文集提出了研究复杂社会的策略，对文化人类学和考古学都产生了影响（C. A. Smith 1976）。

当人类学家从不同的角度对现代化理论提出批评时，一个主要的替代理论却来自人类学之外，它由经济学家安德烈·冈德·弗兰克（Andre Gunder Frank）提出。其观点的前身可以在早期的马克思主义文献以及冈纳·米达尔（Gunnar Myrdal）和一些拉美发展经济学家的著作中觅得端倪，但依附理论（dependency theory）仍然主要是通过弗兰克进入到人类学中的。根据他的"不发达的发展"（the development of underdevelopment）概念，弗兰克指出从不发达到发展并不是一个线性序列,相反,它们是一个硬币的正反两面,是资本主义内部矛盾的表现形式(Frank 1966,1967)。资本主义的扩张将偏远地区变成了大都会中心的依附卫星区,这些大都会通过剥削其卫星区的物质和人力资源来促进它们自身的发展,这造成了不发达。随着依附理论对区域之间不平衡关系的关注,人类学家在思考他们所感兴趣的民族志地区是如何建构起来的时候有了一整套新的概念:这些概念包括大都会-卫星区之间的关系、飞地、内部殖民主义,以及不均衡发展。

通过将完全不同的且分布广泛的分散区域纳入到资本主义扩张的这一进程中来看待"依附",促使人类学家转向全球性思考,这种思考现在再也不仅仅只与来自世界各地的多元文化相关——尽管这一直是其比较视角的一部分——而是也同时着眼于直接和间接的互动、交换和剥削。对研究复杂社会的人类学家来说,费尔南德·布罗代尔(Fernand Braudel)的巨著《菲利浦二世时代的地中海和地中海世界》(1972)的译本出为他们提供了一个强有力的模型。尽管如此,更加具有影响力的是伊曼纽尔·沃勒斯坦(Emmanuel Wallerstein)通过《现代世界体系》(1974)一书的出版而提出的"世界体系"(world-system)概念,该书是一套四卷巨著的第一卷。

沃勒斯坦是一位历史社会学家,他区分了世界经济(world-economy)和世界体系。他发现了16世纪欧洲的世界经济的起源是以一个全球市场和一种全球性的劳动分工为标志的。随后他追溯了世界经济在工业资本主义的影响下向一个"现代的"、全球范围的经济和社会体系的转变。他对这一世界体系之中的核心国家和外围国家作出了基本的区分,他的这一分类同样为半外围国家留出了空间。人类学家欣然接受了世界体系和依附理论的话语,但许多人觉得沃勒斯坦和弗兰克在带来观念解放的同时其理论也一样问题重重,因为他们在对待外围国家或者卫星区域时并没有充分考虑到不同的民族志事实。

城市人类学和族群

城市人类学在战后时期兴盛起来。早在雷德菲尔德对城市社会和俗民社会进行对比以及发展其"乡村—城市连续体"的概念时,城市就已经列入了美国人类学的议事日程。尽管只有有限的经验研究,然而对这些概念的批评仍然引出了关于城市的更为多样化的观点。因为农民群体被定义为与城市相对或者被定义为"只有部分文化的部分社会"(在克鲁伯之后),因此注意力也被转向了整个社会或文化的城市和精英部分。

城市人类学在它的早期包括了两种潮流:在城市中的研究(studies in cities)以及对城市的研究(studies of cities)。前者从 307 如下的假设出发:即人类学最适合于对群体展开面对面的研究;一个人类学家可以通过关注一个地区、一个职业群体、一个志愿协会或一些其他的方面来对一个大而且复杂的实体如城市进行研究。这种类型的田野调查在美国和世界各地展开。在第三世界的城市中,来自乡村地区的移民成为特殊的关注对象——这是一种关注"城市中的农民"(peasants in cities)的路径。关键概念是"城市化"(urbanization),它与城市性(urbanism)相对。这项研究很大程度上是因为受到了曼彻斯特学派的人类学家对非洲城市研究的影响,这些人类学家还提供了跳出参与观察局限的新方法,如网络分析(network analysis)。

在美国,约翰逊执政时期的"向贫困宣战"政策将人类学家带上了公共舞台,这要归功于"贫困文化"(culture of poverty)这一概念,在当时它受到了一些人的拥护和也引起了另外一些人的批评。这一概念由奥斯卡·刘易斯提出,他从他对墨西哥城、圣胡安和纽约城的家庭研究中得出了这一概念(Lewis 1959,1966a,1966b)。他的批评者也承认他所描述的一些方式的确是穷人的适应性策略,但他们坚持认为将文化作为对贫困的一种解释从理论根基上就是错误的,并且不利于制定合适的公共政策(Valentine 1968;Leacock 1971)。

到这时候,对"城市街区的人类学"(anthropology of city streets)(Fox 1972)或者说"次级城市领域"(infra-urban domains)(Leeds 1976)的研究的批评在不断增加,许多人希望一种关于城市性的人类学能够成熟起来。我在前面提到过的作为城市人类学第二种潮流的"对城市的研究"的前身是1930年代的社区研究,它试图从总体上理解聚落,包括那些大型聚落(至少从理论上)。"对城市的研究"还从战后的考古学中汲取了动力,战后的考古学采用了一种以问题为导向的方法来研究早期的城市文明。考古学家关心国家的起源、"城市革命"(urban revolution)以及在近东、前哥伦布时期的美洲、印度和中国这些文明最初发展的地区的城市的性质特征。他们的发现不仅推动了文化人类学中进化论的复兴,还激发了在城市性以及城市形式多样性方面的理论兴趣。许多人类学家与历史学家和地理学家合作,响应了发展"应对城市自身"的综合性的城市研究的要求,这些研究勾勒出了整个城市结构的轮廓并且探索了它们与更广阔的社会特征之间的联系(Leeds 1976)。这项研究的绝大部分来自研究者对非西方城市的思考,它蕴含了一种强烈的比较元素。

1960年代期间,城市人类学中两种潮流都在加速发展,因此彼得·古特金德(Peter Gutkind)能够在 1960 年代后期为这一领 ₃₀₈域内差不多一千本出版物整理出一个目录索引(1973)。在接下来的岁月里,随着城市人类学成为在城市中进行研究和研究城市的人类学家们的常规工作,并且随着城市现象与国家和全球进程的联系越来越明显,城市人类学开始被吸纳到界定范围更广的研究主题之中。例如,在美国人类学协会中城市人类学这一块就被更名为城市、国家和跨国/全球人类学。

　　1960 年代后期和 1970 年代前期,族群研究在美国人类学中兴盛起来,这一时期被形容为"A.B.",即"巴特之后"(after Barth)。在美国,人类学家反对社会学长期的族群研究传统,这一传统倾向于把这些群体看成界定清晰并且由明确的特征标识出的群体,他们主要的动力要么在于他们变得更加像主流社会(同化主义的观点)要么在于他们变得更加像他们自身(分离主义的观点)。1950 年代期间,人类学中还出现了关于"多元社会"(plural-society)概念的众多论述,它们描述了共存于国家社会之中的文化群体的多样性,如印度群岛和印度尼西亚。弗里德里克·巴特(Frederik Barth)所提观点的核心为"族群边界(ethnic boundary),该概念定义了群体而非它所包含的文化事项"(1969,15)。这在许多旧论题已被证明失去意义的当时提供了一组新的论题。

　　对"新族群"(new ethnicity)的早期研究在很大程度上借用了生态学术语。关键概念有适应性策略、对资源的竞争以及生境(niche)等。一种观点是将个体作为"族群"的参照物并且采用了一种理性的正统经济学方法(Bennett 1975)。个体利用族群身份作为追求自身利益的一种策略。这些分析采用了机会、交易、策略、范畴的选择性运用、决策、边界界定和其他涉及策略制定过程的概念。潜在的假设是身份是可以自由选择的。

另一种观点是从一个大的多族群体系入手(如一个区域、国家或"总体社会"),然后从这一体系转向被包含于其中的族群实体(例如:Despres 1975)。在这一研究路径中,各族群(ethnic population)被视为加入了对各种物质的和非物质的资源的竞争,并且还像第一种观点中的个体那样,战略性地使用了身份制造者。在这一过程中,族群边界被划分和重新划分,跨族群冲突经常爆发(如果把潜在的冲突也包含在内的话,那么这种冲突一直都存在),而该体系作为一个整体也在不可避免地分层。在这项研究中的一个尚未解决的问题是阶级和族群之间的关系。利奥·德普雷(Leo Despres)认为阶级与族群不是同一个事物,但它们二者代表了相互交错的分层体系(1975,204)。这种交错的本质对我们而言依然是一个难题。

在随后的岁月里,上述第一种观点成为了占主导地位的观点:即将族群看作个体决策。族群研究在很大程度上与美国人类学中对身份越来越普遍和深入的关注结合在一起。这项研究主要的理论方法是一种建构主义,它相当完好地保留了早期族群研究中以个体为中心作出抉择的假设。因此,这个问题通常被表述为"人们(如个体)是如何建构他们的……(填入特定的族群标签)身份的"。同时,在许多从事复杂社会研究的人类学家工作过的地区,身份政治已经取代以阶级为基础的政治,一些政治分析家如此声称。阶级分析遭遇低谷之时也恰好是族群和其他政治身份的表述与结构研究快速向前推进之时。

并不是每个人都认可这一趋势,当然也并非每个人都接受结果已见分晓的说法。事实上,1970年代至1980年代期间,身处许多不同对立理论阵营的人类学家们在观点上的分歧甚至被拉大了,而争论也变得越来越激烈。

第四章 反叛与再发明

1960年代的政治剧变对美国人类学产生了巨大 的影响。在 1970 年后,出现了重新塑造人类学的呼声,但在应当如何重塑人类学这一问题上存在着分歧,出现了两种不同的观点。从某种程度上来说,这些情况延续了早期唯物主义和心智主义之间的分歧,但是现在,这种分歧表现为政治经济学与解释人类学相对立的形式,后者导致了一种文本人文主义的诞生。这一分歧可以从赋予"批评的"(critical)这一术语的不同意义中略见一斑。双方都将这一称号据为己有:对一方而言,其所指涉的批评(critique)是政治上的;而对另一方而言,这一模式指的是文学批评(literary criticism)。在 1970 年代至 1980 年代期间,双方之间变得越来越对立,但没有哪一方是一成不变的:每一方都涵盖了一系列的理论观点和政治立场,而且在数十年的进程中也都历经了变迁。

要理解 1970 年后发生了什么,我们需要回溯到 1960 年代。这十年中的前几年经历了民权运动,到 1965 年时,越南战争和反战抗议都达到了高潮。随后的 1968 年对全世界的学术界都是一个极其重要的年份。这一年在美国发生了小马丁·路德·金被暗杀的事件并且民权运动开始转向暴力;罗伯特·肯尼迪被暗杀;林登·约翰逊被反战示威者击败而被迫作出让步;学生起义并且占领了学校的大楼;民主党的全国性代表大会在芝加哥召开,在这里发生了同当地警察之间的暴力冲突；新的青年文化蓬勃发展。此外，对人类学家而言，卡美洛特（Camelot）事件* 是最近的回忆，秘密研究的幽灵在不久后的东南亚背景下再一次出现。

　　所有这些事件都在人类学内部被讨论——在院系的斗争中，在时事通讯和杂志上，在美国人类学协会（AAA）的年会上和专业协会里。当出现关于政治事件的决议时，争论变得异常激烈并且常常持续到深夜。这些讨论还蔓延到同行之间的学术和社会互动上；这是一个充斥着激昂观点和怨恨的年代。在这些问题上的分歧朝着不同的方向发展，但潜藏其中的是"人类学作为一门学科的本质"这一根本性的问题。它是否是，或者是否应该是一门"纯粹的"科学或一项学术性事业，所以政治涉入仅仅是作为个体人类学家的私事？在人类学有着特殊的专长或真正感兴趣的领域中包括了人类学家对各民族的研究。当人类学家所研究的人群被牵涉其中的时候，人类学家也因为其特有的专业知识和关注主题而参与解决政治问题——这是否是合适的，甚至是难以避免的？从另外的角度来看，这是发生在传统权威的捍卫者和它的挑战者之间的冲突。

唯物主义者的回应

　　最早引起注意的是伴随着戴尔·海姆斯主编的《重塑人类学》一书（Hymes 1969）的出版而进入人们视野的唯物主义者。撰稿

---

　　*　这是指 1960 年代初，一群美国人类学家拟定的全球性秘密研究计划。这一计划提出要有系统地辨认世界各地社会崩溃的征兆。此研究计划得到了美国陆军的经费支持。是学术研究应用于政治的一个例子。这一计划后泄露，因遭到拉美国家的强烈抗议而胎死腹中。——译者

者是一个风格各异的群体,但他们所拥有的共同特征是都抱持了人类学"不可避免的是一门政治和伦理的学科"的观点(Hymes 1969,48)。这次重塑运动绝不是一个统一的方案,每一位撰稿者提到的问题和解决方法都是依照他或者她自身的眼光。作为一个整体,这本论文集体现了以下五个方面的诉求:第一,是对实用性的诉求,以使人类学能解决当今世界的问题;第二,是对责任的诉求,既包括人类学家为他们的职业行为所承担的个人责任,也包括学科自身所承担的社会责任;第三,是对权力文化进行研究的诉求,它既包括我们自身社会的主体制度,也包括一些更广阔的社会进程,如资本主义;第四,是对人类经验予以关注的诉求,包括人类学实践的实验性维度;第五,则是对反思的诉求,即对人类学传统如何根据情境来定位以及如何以文化作为中介的理解。(这次"反思"受到了多种流派的马克思主义的启发,它与 10 年后对话民族志学者所揭示的看法有些出入。)

　　概览一下《重塑人类学》中的部分文章,人们就可以了解当时受到关注的一些问题。如杰拉尔德·贝雷曼(Gerald Berreman)描述了许多人类学家包括学生在内的不适,这种感觉来源于人类学中"乏味的科学主义",它在遭遇人类的问题时屡屡碰壁。库尔特·沃尔夫(Kurt Wolff)区分了两种类型的激进人类学,即人文上的激进和政治上的激进。小威廉·S.威利斯(William S. Willis Jr.)和约翰·什韦德两人都谈到了人类学中显性或隐性的种 312 族主义以及它对美国黑人文化的忽视或歪曲。明娜·戴维斯·考尔菲尔德(Mina Davis Caulfield)试图对帝国主义进行人类学分析,这种分析不仅考虑到了经济层面,而且还考虑到了文化上的帝国主义。理查德·克莱默(Richard Clemmer)分析了美国印第安人中间的抵抗运动,他指出这种抵抗运动被涵化理论和文化变迁所蒙蔽。埃里克·沃尔夫则追溯了美国人类学发展的历史阶段，并将其视为对主要的社会状况的反映，他还赞成对权力进行更为充分的概念上的梳理。劳拉·纳德(Laura Nader)提出了一个让人类学家来"仔细思考"的问题(即研究社会中更有实权的部分)并且讨论了这样做的收效和方法论上的问题。斯坦利·戴蒙德引用卢梭和马克思的学说，呼吁从一种更新的视角来研究人性，这种视角可以来自与原始文化的遭遇。而鲍勃·斯科尔特(Bob Scholte)则鼓励人类学转向对自身的批评并且提出了一种"批判的现象学的"方法，并以此作为对科学主义的一种矫正。

在绝大多数情况下，撰稿人提出的观点并不是对人类学传统的彻底否定或是对一个崭新起点的呼吁，他们的目标是"修正而非否定"。然而这些观点在当时却相当敏感，以至于对它们的评论和反应有许多含有极端的非理性色彩。或许是标题中"重塑"一词的选用招致了这种反应(在那个时代"重塑"一词还没有成为陈词滥调)，这甚至比其文章内容产生的效果更强。而从现在的角度看起来其内容倒显得很是平淡。

因为我的重心是在美国人类学上，所以我仅只是顺便提一下英国批评者们的反应，他们指责这本书有点类似嬉皮士"缺乏智力和学识的且不合时宜的情感"表述(Gluckman,1974)，或者说是教条的、偏执狂的和神秘主义的，是一种政治迫害(Leach,1974)。在《美国人类学家》杂志上，戴维·卡普兰(David Kaplan)和一些撰稿者之间爆发了一场尖锐而雄辩的论战。根据卡普兰的说法，"重塑者们"通过否定客观性和价值中立的科学以及要求学科去专业化和去制度化，否定了人类学作为一门探询真理的系统学科的可能性，它将使得"每一个人都仅仅是他自己的人类学家"(Kaplan 1974)。海姆斯(hymes 1975)和其他一些撰稿者反过来指责卡普兰误解了客观性并且在"评价取代了分析科学主义的激进和辩证的替代观点时准备不足"（Diamond，Scholte and Wolf，1975，870）。卡普兰提出了反驳意见，指责这些社会科学的敌人想"回到先前的神谕智慧的理想主义时代"（Kaplan 1975，880）。斯科尔特后来对像他本人这样的激进人类学家曾作过概括性的描述：他们是放纵的自恋者，在反制度上非常接近无政府主义，是沉浸在冲动和怨恨之中的反理性的卢德分子（Scholte 1981，158）。 ³¹³

　　在英国与《重塑人类学》相对应的是阿萨德（Talal Asad）主编的《人类学与殖民遭遇》（1973），这本书对人类学的历史和未来持一种近似的批评观点。在此时的法国，马克思主义理论正在成为人类学的主流。尽管在美国也有一个马克思主义流派，但它仍然没有被界定为马克思主义人类学。因此，布丽奇特·奥拉克林（Bridget O'Laughlin）在 1975 年的《人类学评论年刊》（*Annual Review of Anthropology*）中对人类学中的马克思主义方法进行全面评述时差不多全部引用的是法国学者的文章。莫里斯·布洛克在同一年主编的论文集中也仅有两位撰稿者来自美国，但他们都在欧洲生活，两人分别是乔尔·卡恩（Joel Kahn）和乔纳森·弗里德曼（Jonathan Friedman）。一些年后，卡恩和约瑟夫·略韦拉（Joseph Llobera）的一项调查（1981）仍然在马克思主义人类学和法国人的观点之间画上等号，但这些观点在英国同样拥有广泛的追随者。大西洋彼岸的人类学者对新马克思主义学者产生了浓厚的兴趣，他们中的许多人采纳他们的观点，引用他们的文章并且把他们当成盟友。

　　美国人类学家对马克思主义采取了一种折中的方式。在他们的自我描述中，战后时期自认为是左派的人类学家谈到了他们所受到政治影响的多种来源。他们中的许多人很早就开始阅读马克思著作并且参加到了一系列的政治活动中。尽管如此,部分是因为麦卡锡时代持续降温的氛围,部分也因为马克思主义概念无法轻易转化为人类学家用得着的民族志框架和理论框架,因此起初对马克思的直接引用非常罕见。在 1960 年代,极少有美国人类学家自称是马克思主义者。值得注意的例外是凯瑟琳·高夫(Kathleen Gough),她赞成一种世界帝国主义的人类学(1968a,1968b),并且因为其观点被不止一所大学驱逐出门。另外一个特例是埃莉诺·利科克,她将恩格斯理论引入到政治人类学和女权主义人类学中(Leacock 1972)。

　　许多人类学家在 1960 年代期间所经历的激进化过程是与英国和美国社会主义学者新作品的出现同时发生的。与此同时,法国结构马克思主义者以及德国和俄国马克思主义学者的著作,包括马克思个人著述在内的作品被翻译成英文,此举将这些理论潮流直接带入到美国人类学中。从 1970 年代开始,马克思主义概念和对它们的引用出现得越来越频繁。1975 年,《重塑人类学》的三位撰稿者在一份联合声明中描述他们自己作为"遵循马克思主义传统的批判科学家参与到……对凸显出来的剥削结构的分析中"(Diamond,Scholte and Wolf 1975,870)。戴蒙德于 1975 年在社会研究新学院创办了一本马克思主义杂志《辩证人类学》(*Dialectical anthropology*),并在几乎同时出版了《寻找原始,对文明的一种批评》一书(Diamond,1974),沃尔夫在该书的前言中将其描述为"马克思主义民族学的绪论"。斯科尔特将他的现象学方法运用于马克思主义之中,沃尔夫也已经在他的文章中采纳了明晰的马克思主义概念,这成为他的《欧洲与没有历史的人民》一书的先导(Wolf 1982)。具有马克思主义倾向的文章此时可以在规范的人类学杂志中找到,人类学的著作也越来越多地涉及不平等、反抗和

314

批判政治学的主题。具有这种倾向的许多人类学家同历史学家、社会学家和其他领域的学者一道活跃于跨学科的马克思主义的杂志和机构中。

因此在 1970 年代有许多唯物主义者演变为马克思主义者或者采用了马克思主义观点的混合体。尽管如此,在美国从来没有一个马克思主义人类学"学派"。大概绝大多数受过马克思启发的人类学家能够达成共识的一点是对"庸俗马克思主义"(vulgar Marxism)——他们认为由马文·哈里斯所提出的拙劣的技术决定论——的拒绝。在政治经济学中出现了并不严谨地强调以生产关系为基础的权力结构的概念,这一概念成为对人类学中一系列方法的总括。除了他们对权力和它的经济基础的强调之外,政治经济学的拥趸们都持有一种全球观,他们对大规模进程和微观区域之间的关系有着一种特别的兴趣,并在其中加入了对历史的关注,因此他们受到了世界体系理论的盛行和 1970 年代期间人类学家和历史学家之间和睦关系的双重鼓舞,这一点可以从农民研究领域和类似于《社会和历史的比较研究》(*Comparative Studies in Society and History*)这样的杂志中略见一斑。

学术界的新声音

1970 年代美国范围内的其他发展挑战了已经建立的秩序并且推动了人类学家的政治化。首先是妇女运动,它导致了女权主义人类学的诞生并且在那些即使不是女权主义者的人身上也留下了它的痕迹。这一流派的第一本著作是 1970 年出版的由佩姬·戈尔德(Peggy Golde)主编的《田野中的妇女》一书,它成为了对人类学田野调查进行主观性描述的萌芽作品的组成部分。书中 12 315

位女性人类学家以自传体论文的形式描述了她们亲历的田野调查过程,其关注的焦点是她们的性别如何影响了她们调查的工作方式、资料的种类以及她们作出的分析。另外一个对成形时期的女权主义人类学的贡献是埃莉诺·利科克对恩格斯的《家庭、私有制和国家的起源》一书新版本的介绍(leacock 1972),在该介绍中她突出了关于女性被征服的关键问题以及它与阶级社会和国家的关系。

这些作品的出现与业内呼吁关注人类学界中的妇女地位的努力相呼应。在1970年代早期,美国人类学协会通过了一连串与人类学界中女性地位有关的决议。由于受到来自女性成员的压力,协会启动了一项对学术机构的调查,这项调查揭露了严重的歧视状况。这引发了对那些被指出在女性代表权方面严重不足并且没有改正的意向的人类学院系的公开批评。

两本书有力地开启了女性主义人类学。这两本书都脱胎于大学课程——通常是由一些"集体"开设的非正式课程——以跨文化视角中的女性作为主题。它们首先关注的问题是性别不对称,即女性是否不可避免地处在较低的地位,文化之间存在着怎样的差异以及如何解释文化之间的常态和描述它们的差异。这两本书是米歇尔·罗萨尔多(Michelle Rosaldo)和路易丝·兰菲尔(Louise Lamphere)主编的《妇女、文化和社会》(1974)以及由雷纳·赖特(Rayna Reiter)(后来是拉普(Rapp))主编的《迈向一种女性的人类学》(1975)。这两本书都承认性别不对称是普遍存在的,如果存在着变化,也是在程度和形式上的,但它们也都质疑了对性别不对称的生物学和进化论解释。这两本书都将公共领域和私人领域之间的差异视为主要的动力,罗萨尔多称之为一种普遍的结构性对立。这些论文集的撰稿者还试图通过将注意力转移到女性在这个以男性为主导的文化中取得一定程度的权力和社会认可的方式来传达出一种解放的信号。

　　这两本书中的许多论文勾画了未来十年左右女权主义人类学的道路。萨莉·斯洛克姆（Sally Slocum）的"作为采集者的女性"的模型挑战了"作为狩猎者的男性"的主流模型，后者认为男性狩猎是文化进化的背景（Reiter 1975）。琼·班伯格（Joan Bamberger）的"母权制的神话：为什么男人统治着原始社会"一文展现了女性统治的意识形态是如何服务于维持男性统治的。谢里·奥特纳（Sherry Ortner）的"女性相对于男性是否如同自然相对于文化？"一文分析了女性的屈从地位在文化上的根本原因（Rosaldo and Lamphere，1974）。萨克（Sack）的"重访恩格斯：妇女、生产组织和 316 私有制"以及盖尔·鲁宾（Gayle Rubin）的"妇女中的贸易：关于性别的'政治经济学'笔记"提出了关于性别不对称和妇女受到压迫的马克思主义解释（Reiter 1975）。

　　奥特纳的文章是 1970 年代后期女权主义人类学的另一个进展的前奏：即在性别中采用象征的方法，如在奥特纳和哈丽雅特·怀特黑德（Harriet Whitehead）主编的《性的意义：性别和性的文化建构》一书中所体现的那样（1981）。这些年同样见证了一些展示女权主义视角如何能够为阶级分析提供新的洞察的民族志的出版，比如安妮特·韦纳（Annette Weiner）在她对特罗布里恩德群岛妇女的研究中对布罗尼斯拉夫·马林诺夫斯基的观点进行了修正（1976）。与此同时，性别问题中的马克思主义方法也发展起来。例如，拉普在工业资本主义的背景下重新讨论了公共领域和私人领域之间的差异，指出它们都不是单独的领域，事实上只是相同的经济驱动体系的组成部分。渐渐地，对妇女在劳动力中的角色、家庭经济以及性别、阶级、种族或族群这几者交集的研究频频出现。

女权主义对美国人类学产生了持久的理论影响。它从根本上挑战了社会结构研究中的规范性假设（例如，通过询问妻子的观点得出一种婚姻交换体系的情况）并且重新塑造了权力和抵抗的概念。它有助于开启新的研究领域，其中包括关于身体的人类学、将政治学方法运用于再生产的研究、一种关于劳动的人类学、新形式的亲属关系研究，以及将对性的关注扩展至对男女同性恋的研究。然而，随着不久后就被重新定义为性别研究，这一对女性与性别角色的关注潮流作为一个独立的主题逐渐淡化，而被整合到人类学研究的方方面面中。

在1970年代期间，与人类学为女性和女性的观点留出空间的要求同时并存的还有"土著"声音的出现。"土著"对人类学有着他们自己的批评，他们还试图寻找进入学术界行列的门路。如果英国人关注的是人类学在他们的殖民地扮演的角色，那么美国人则相对应地关注他们与美国印第安人的关系。一位苏人（Sioux）学者小瓦因·德洛里亚（Vine Deloria Jr.）代表所有的美国土著，用他的著作《卡斯特因你的罪而死》一书打响了头炮（1969）。在这本书中，他指责了人类学对印第安人的异国情调化，他的攻击触怒了人类学家但也引起了他们对研究正当性问题的关注，包括有必要更充分地将土著人的看法纳入到人类学中。一些年后，另外一位代表人类学研究对象说话的非人类学家，即爱德华·萨义德（Edward Said），以其《东方学》（1978）一书扮演了大致相同的角色。萨义德认为西方学术界已经将亚洲丰富多彩的社会精练和均质为一幅与理性的西方形象相对立的神秘的、给人以美感的东方形象。他断言，这种表述是一个神秘化的过程，同时也是一个施加控制的过程和一个屈服于西方开化使命的过程。日后，詹姆斯·卡里尔（James Carrier）将以其名为《西方学：西方的形象》的著作作出抗辩(1995)。

　　学术界的政治越来越成为一种族群政治。有一种动力——或者说在更多的时候,这是对相关要求的一种不太情愿的让步——促使人们围绕着不同的族群来组织学术计划。人类学家经常参与到这些计划中。许多机构被不同群体提出的相冲突的代言要求而被弄得四分五裂。就拿那些针对操西班牙语的少数族群的计划为例吧:这些少数族群是指美籍西班牙人、具有拉美血统的人、奇卡诺人 * 还是拉美人? 在散居研究的计划中,加勒比人是要被包括进来还是要被并入到非洲裔美国人中? 在加利福尼亚和得克萨斯,操西班牙语的群体指的是来自墨西哥的奇卡诺人。然而在纽约,波多黎各人通常联合起来对抗城市中最大的西语群体多米尼加人,并且还因为他们的美国公民身份而声称比后者高出一等。他们双方又都将自己与古巴人区分开来,后者内部也分裂为支持和反对卡斯特罗的两派。所有的加勒比群体都将他们自己与中南美洲的人区分开来。当然,这些群体中有许多是重合的,他们结盟来推动共同的主张就像这些群体之间的冲突那样普遍。

　　这些尝试中有一些蓬勃发展并且作出了重要的研究,其他的则半途而废。许多尝试随后被规模更广的多元文化主义(multiculturalism)运动所吸纳。尽管多元文化主义使用人类学的标志性概念,但它通常脱离人类学家而向前发展,而人类学家则批评隐藏其中的本质主义(essentialism)。多元文化主义运动通常的策源地则是新的文化研究领域。此外,该领域还抢占了人类学对文化概念的所有权,使人类学家们倍感恼怒。

---

　　* 指墨西哥裔美国人。——译者

1970 年代的唯物主义和文化主义

　　在我关于唯物主义和心智主义的讨论中出现的每一位重要人物都在 1970 年代期间进入了他们研究的新阶段。先从唯物主义者中最"唯物主义"的马文·哈里斯开始:哈里斯用一本教科书(Harris 1971)开始了他的 1970 年代,这本教科书补充了他早期版本的教材《人类学理论的出现》(Harris 1968),以供更高阶段的学生使用。这本书重写了人类学历史,指出了文化唯物主义不可
318　避免的上升趋势。他随后沿着这条道路,在两本半通俗的书中提出了对文化行为"谜团"的简洁的生态学解决方案(Harris 1974, 1977)。他用他的理论巨著《文化唯物主义:为一种文化的科学而努力》(Harris 1979)一书为这 10 年画上了句号。在这本书中,他揭露了他的人类学同行们的"错误",很少有人没被提及,他还固执地在社会体系的演化中追求他对"可证实真理的寻找"。在这个阶段,他的技术-经济-人口决定论依然保持不变,但使用了"生产和再生产的客位行为模式"、"客位行为的家庭经济学和政治经济学"以及"行为的超结构"这样的术语来表述(Harris 1979,51—54)。尽管哈里斯批判辩证法为"令人困惑的东西",但他在以上的术语中仍然引用了马克思主义概念。哈里斯有一个小圈子的学生受到了他观点的启发并且接受了他的教条主义,但在这一学科中,他从来没有达到过他所期望的影响力。尽管如此,他仍然坚持不懈地为他所相信的真理辩护,并将它运用于当代生活的问题中,这种努力一直持续到 2001 年他过世时。

　　埃里克·沃尔夫继续着他对"农民"的兴趣,现在他专注于农民反叛和抗议的主题并且探索马克思主义概念(如租金、阶级和

"农民问题")在对农民进行分析时的适用性。尽管如此,他逐渐"开始更加系统地思考作为整体的世界体系中的各种力量的起源和扩散,这一进程确保了社会文化实体的发展并且为它们提供了彼此连接的能力,我将这些力量看成构建涵盖更广阔的体系的行动,这些体系以我所谓的亲属秩序、纳贡和资本主义生产方式为基础。"(Wolf 2001,9)这些观点构成了他的《欧洲与没有历史的人民》一书的预设(Wolf 1982),该书基本上是一部人类学角度的世界历史。它试图超越依附理论、沃勒斯坦的世界体系理论和对全球关系的其他叙述来分析塑造了人类学家所研究的微观人群的那些过程。这本书在人类学和其他社会科学中引起了广泛的反响,它的方法和分析中有很多甚至开始被那些批评它的人所采用,他们批评该书对各种过程影响到的个人的能动性给予的关注太少了。与他在这本书中的研究相呼应,沃尔夫对那些受限制的概念的批评变得越来越坦白,如文化和社会的概念,而同时他也越来越明确地将注意力转向了权力,特别是他所谓的结构性权力。他一直就这些主题发表文章直到 1999 年逝世。

　　沃尔夫的著作,尤其是他的《欧洲与没有历史的人民》一书标志着 1970 年代后期逐渐为人熟知的政治经济学的成形。对这一进展起到了同样关键作用的其他人物在这一时期也纷纷出版了代表性作品,特别是西敏司,他所著的《甜与权力》(Mintz 1985)在糖制品的世界经济体系中,对消费模式中的文化变迁进行了分析。此外还有琼·纳什(Joan Nash),其作品《我们吃矿和矿吃我们》(1979)谈论的是玻利维亚的锡矿矿工。政治经济学中的人类学方法建立在世界体系理论和法国结构马克思主义之上,但对二者也进行了批判,它注意到了世界经济体系中地方性差异和过程以及资本主义与其他生产方式的连接。

　　许多民族志通过各种各样的方式来研究全球与当地之间的关系。这些民族志包括简和彼得·施奈德的《西西西里的文化和政治经济学》(Schneider and Schneider 1976)，它在一个世界体系的框架中分析了文化符码，包括那些与黑手党相关的文化符码；琼·文森特(Joan Vincent)的《转变中的探索：关于东非农民和阶级的政治经济学》(1982)一书描述了资本主义对乌干达的影响；威廉·罗斯伯里(William Roseberry)的《委内瑞拉安第斯地区的咖啡和资本主义》(1983)着眼于非资本主义和资本主义生产方式不断变化的连接方式。政治经济学方法同样导致了其他的思潮，比如从安东尼奥·葛兰西和雷蒙德·威廉斯处汲取了灵感的著作强调与阶级和权力有关的文化现象。这种思潮的一个例子是王爱华(Aihwa Ong)的《抵抗的精神与资本主义的规训》(1987)一书，这本书是对马来西亚女性制造工人中"灵魂附身"的分析。

　　马歇尔·萨林斯之前是一个进化论者和文化生态学家，到1970年代，他以一名结构主义者和彻头彻尾的文化主义者的身份出现。他以论文集《石器时代的经济学》(Sahlins 1972)开始了他的这十年，该书会聚了萨林斯早期对复杂的实体论经济学的提炼，尽管实体论的反对者如曼宁·纳什(Manning Nash)已经宣告了它的最终死亡(1967, 250)。这本书包括了萨林斯许多有名的文章如"最早的富裕社会"，"关于原始交换的社会学"和"家庭生产方式"，这些文章可以分为两大部分，其中一部分受到 A. V. 恰亚诺夫(A. V. Chayanov)的深刻影响。然而在这本书出来之前，萨林斯已经在巴黎度过了具有决定性意义的两年，他在那里沉浸于关于马克思主义和结构主义的论辩之中并且使他努力的方向转变为将二者结合在一起。

　　萨林斯的转变可以从他 1976 年出版《文化与实践理性》一书

中体现出来,这本书从某种程度上标志着美国人类学中长期以来存在于唯物主义(萨林斯标题中的"实践理性"所指)和唯心主义("文化"所指)之间的对立的又一个阶段。然而萨林斯却拒绝了这一区分,他认为文化概念(按他的定义)已经解决了这个问题,而解决的方式在于它"不仅仅可以通过借用意义的社会内在联系来调整人与世界的关系,而且还可以通过这一系统建立相关的主观和客观的关系术语"(Sahlins 1976, x)。他希望超越的是存在于历史唯物主义(马克思)和结构主义(列维-斯特劳斯)之间的对立。他的方法明确地体现为对文化的一种象征性和结构性的解释。"文化"在意义体系的层面上"等同于功用"(Sahlins 1976, viii)。

在他接下来的所有著作中,萨林斯的文化主义有很深的历史学倾向而他的历史学也嵌刻着文化主义的烙印。对他而言,历史学是在象征秩序之外发挥作用。看起来将要发生变化的事物事实上只是潜藏的思想意识结构的显现,人们通过这一结构来诠释事件。神话解释并指引着变化,而萨林斯关于"神话实践"(Mythopraxis)的概念描述了神话在当前的情境中持续再现的方式。当涉及"事件"(events),即历史中无法预知的变化的问题时,他提出了"局势结构"(the structure of the conjuncture)的概念。在这一概念中,事件由文化来决定,并且在这一过程中文化自身也被记录下来。(他对此的表述是:"一种结构的再生产"可能会"成为它的转变。")在一系列对1778年库克船长与夏威夷人的相遇以及接下来发生的事件进行重新解释的作品中(Sahlins 1981, 1985),他极为详尽地发展了这些观点。因此,萨林斯由于将历史中的社会、经济和其他方面的动力归结为文化符码而受到质疑就不足为奇了。尽管如此,由于他在芝加哥大学的显赫地位,萨林斯还是用他的文化决定论和结构主义历史学影响了四分之一个世纪的学生,然而他仍然为个体能动性腾出了空间。

在 1970 年代期间，戴维·施奈德也完成了转型，从研究亲属制度理论的文化主义者转变为对人类学中的亲属制度概念本身进行否定的学者，他指出亲属制度只不过是人类学家把他们自己的、西方的象征体系包装成一种普适理论罢了（Schneider 1984）。他现在彻底否认了在雅浦人中存在亲属制度，而他之前曾经对这种假定的亲属制度作过描述。施奈德认为他们有核心家庭（这作为一种社会学事实并不能使他产生兴趣），但他们与亲属关系相关的文化概念并不符合人类学家关于亲属制度的想法。他根本反对的是潜藏在这种谱系网络下的生物学假设，相反，他转向了文化意义上的特定概念，比如实质（substance）和血统。这种方法在他的学生中间不乏追随者，并被他们用来寻找亲属制度规范研究的替代方法，但批评家指责施奈德扼杀了人类学的亲属制度研究。

321　　克利福德·格尔茨 1973 年出版的《文化的解释》（Geertz 1973）一书收集了他在 1960 年代撰写的许多论文，但这本书将它的论述扩展到"深描"上，这篇文章成为了他摆脱象征人类学标签的一个契机。从他获得普林斯顿高等研究院声望卓著的职位的时候起，格尔兹就详细阐述了他的解释学方法以及他对作为"意义的网络"（webs of significance）的文化所采用的相对主义和特殊主义方法。随着他对巴厘岛的进一步研究，他出版了《尼加拉：19 世纪的巴厘剧场国家》（Geertz 1980）一书，在这本书中，他对待文化的方式变得更加具有戏剧性了。在这个故事中，站在地位层级最顶端的国王被赋予了神圣的权力，将世俗的权力留给了体系中较低的层级；国家的宗教仪式和宫廷的典礼构成了整个社会的文化范式。研究东南亚的其他学者，如斯坦利·坦比亚（Stanley Tambiah），质疑格尔兹在这一分析中对仪式权力和政治权力的分离。

尽管如此,因为格尔兹的文本方法在文学、哲学和历史学学者中引起的反响,也因为他经常为有文化的大众撰文,所以他也许是自米德以来,所有的美国人类学家在这门学科之外曝光度最高和影响力最大的学者。

如果有唯物主义倾向的批评家反对格尔兹的文化解释主要是指责他忽视了他例证的核心部分在经济上和政治上的真实性,那么另外一种不同的批评则来自他自己阵营中的叛离者。他的摩洛哥项目的一些年轻参与者,特别是保罗·拉比诺(Paul Rabinow)(1977)、文森特·克拉潘扎诺(Vincent Crapanzano)(1980)和凯文·德怀尔(Kevin Dwyer)(1982)依照他们自己的想法抛弃了他的民族志描述法。格尔兹将文化看作一些"公共象征符号",是可以被民族志作者"越过当地人的肩膀"来阅读的文本并且由民族志作者单独进行阐释;而对于他的那些叛离者们来说,民族志是与"他者"的一种反思性遭遇,它是对话性的——即它是在人类学家与"他者"的互动之中被二者共同构建的——同时它也是多声部的:存在着许多发出不同声音的"他者"。这仅仅是后现代主义者挑战格尔兹的序曲,尽管格尔兹是他们最初的灵感来源。格尔兹用同样的方式回应了所有的批评,在交锋中他开始变得更像一个实证主义者和一个科学的信徒了,像得已经超过了其1970年代的观点可以预估的程度。

在1970年代的各项进展中,我们可以发现一条不断扩大的裂痕:一方是唯物主义、马克思主义和政治经济学的观点。另一方是唯心主义、象征主义和解释学的观点。尽管如此,仍然存在着弥补这种裂痕的尝试。谢里·奥特纳在术语"实践理论"(practice theory)的名义下进行的许多这样的努力都以失败而告终(Ortner 1984)。"实践理论"并不是一个单一的范式,而是一个结合了行动

者导向和结构导向理论的概念——随着安东尼·吉登斯著作的问
世,能动性(agency)和结构(structure)成为人们青睐的术语。在
其多样的组合中,实践涵盖了位于系统准则(制度、物质和象征层
面)之内的行动、互动、体验、表演和其他以行为为基础的现象。在
奥特纳所确定的方法的一系列统一性主题中有对不对称关系和支
配的强调、对日常生活实践的关注、对潜藏于行动(如情感、自我、
人格等)之下的动机过程的兴趣、对文化如何塑造和束缚经验现实
的关注,以及一种运用于微观发展和宏观历史进程的历时性视角。

除了由国内生发出来的灵感,如萨林斯的结构主义历史学和
来自英国的如吉登斯的思想之外,这些方法还大量地汲取了皮埃
尔·布尔迪厄作品中的思想,他的《实践理论纲要》一书于 1977 年
翻译成英文。他的关键概念(至少在人类学家看来)是有关"惯习"
(habitus)的概念,这一概念是指日常生活中想当然的"禀性",他
将此归纳为"禀性的共同体"(a community of dispositions)。布尔
迪厄逝世于 2002 年,他对美国人类学有着持续而强大的影响力。

后现代的发展

到 1980 年代开始的时候,美国社会和学术界已经经历了很大
的改变。里根的胜利标志着一种新保守主义的崛起,此时那种
1960 年代的革命热情和左派在社会变革方面所拥有的乐观主义
精神已经不复存在。大学扩张的黄金年代已然结束了,现在绝大
多数的院系处于稳定的水平或在缩减开支。在学术界内,新的博
士毕业生遭遇到了学术界内的就业危机,他们越来越多地寻找学
术界以外的职业。对一些人类学家来说,这一趋势意味着这一学
科需要一种更加包容的视角。对另外一些人类学家来说,这一趋

势促使了他们对一种学术性甚至是晦涩难懂的人类学概念的坚持，这其中包括了那些过去的叛离者，他们现在舒服地拿到了终身教职。

就是在这样的大背景下，这一时期的第二次重塑运动应运而生。这场运动发生在向文学化转向的象征主义者的大本营，这些人简直可以说比格尔兹还格尔兹化。这是与后现代主义中大规模的学术和知识运动相适应的，但并不是所有认同这场运动的人类学家都接受这一称呼。一些人将其倡导的新实验民族志看作是现代主义的，这与人类学现实主义民族志的悠久传统形成了对比（乔治·马库斯），而另一些人则将他们的方案看成是后期现代主义的（保罗·拉比诺）。尽管如此，他们以及他们的同路人很容易被人贴上后现代主义者的标签。

后现代运动从更宽泛的意义上来说有它自身的预设，即世界在 1970 年代期间发生了根本性的改变。我们当时处在一个后工业、后福特主义时代，这一时代的标志是以弹性资本积累和由商品生产向消费转变为特征的新资本主义。当时我们正在经历一个政治和社会边界消解的过程，导致这一过程的原因包括跨国移民、极度增强的信息流动以及大众传媒文化的传播；我们当时还经历着社会关系的瓦解和错置，它们一时间都被归于资本主义名下；除此之外，一些新的意识形式也通过全球性的社会运动等方式被表达出来。

后现代主义者对这个新世界的回应表现出众多的特征：对宏大元叙事和基本理论的拒绝，取而代之的是把重心放在碎片化、拼凑和模糊的文类上；对真理是一种客观事实的否定，取而代之的是对真理永远都是情境性的坚持，它同样要求对普遍标准的否定；对所有类型的边界的消解；与人文科学中的语言学转向结合起来，将

323

社会实践定位于人们如何谈论（即定位于话语中）以及他们如何思考和写作上。在后现代文学中经常出现的术语包括戏谑仿效（parody）、拼接（collage）、去中心化（decentering）和变熟为生（de-familiarization）。对人类学来说，这种姿态至少意味着反思性和对观察者或分析者任何特权地位的否定，因此它是对实证主义观点的一次否定。它还意味着一种更新的相对主义，这一次不仅仅是文化上的相对主义而是关于我们所有概念的相对主义。斯蒂芬·泰勒（Stephen Tyler）对后现代民族志的定义暗示了这些观点能够转变为这一学科思想的方式：他说，这种方式是"一种合作发展出来的文本，它将话语中的碎片包含在内，目的是唤起……对一个由常识性事实所组成的不确定世界的一种突发的幻想……总之，它就是诗歌"（Clifford and Marcus 1986，125）。

这一发展对欧洲大陆产生了影响：如米歇尔·福柯唤起了对作为权力的知识、文化支配和抵抗，以及话语的关注；米哈伊尔·巴赫金（Mikhail Bakhtin）启发了对民族志进行强调多重意义和对话的文学式的阅读；此外还影响像葛兰西这样的文化马克思主义者。然而，这一进展对美国人类学的决定性影响是伴随着1986年两本非常重要的文本的出现：乔治·马库斯（George Marcus）与迈克尔·费希尔（Micheal Fischer）合著的《作为文化批评的人类学：一个人文学科的实验时代》以及詹姆斯·克利福德与乔治·马库斯一道编写的一本合集《写文化：民族志的诗学与政治学》。这里把1986年确定为里程碑似的年代稍有些武断：马库斯在对"作为文本的民族志"（Ethnographies as Texts）这篇评论性文章已经大致论述了他的观点（Marcus and Cushman，1982），而克利福德和马库斯的书则是基于1984年举办的一个研讨会。

此时，马库斯、费希尔和泰勒都在得克萨斯的莱斯大学任教，而克利福德这位人类学界的历史学家则在加州大学的圣克鲁兹分校开展意识史的计划。因此，这场运动并不是来自于人类学的重镇。不过，它在斯坦福大学（例如，雷纳托·罗萨尔多）、加州大学伯克利分校、芝加哥大学和其他地方都找到了衷心的信徒，现在几乎每一个人类学院系都有一些成员把他们自己与这股思潮联系在一起。

这两本书在许多方面都偏离了对人类学的主流理解。民族志成为这门学科的核心并且它逐渐等同于书写。在田野调查和民族志成稿，以及民族志资料和理论之间不再有鸿沟。书写即理论，民族志经验与它在书写时的表述是一致的。（人类学的范围缩减为民族志，这是考古学家、生物人类家甚至语言学家都普遍厌恶这一方法的原因之一。）民族志权威受到了强烈的质疑。文化人类学文献从整体上也变得令人怀疑起来。对学科的批评和改革成了目标，但它们转化为在书写方面的实践。我们现在处在哈里斯寻找"可证实的真理"的另一个极端。

马库斯和费希尔将民族志写作放在中心位置是因为他们相信它将成为当代文化人类学的主要关注对象——胜过了他们所认为的贫乏的理论。对他们而言，批评意味着将其他的文化事实与我们自己的文化事实进行对比以获得关于所有这些文化事实的更为充分的知识，尤其是允许以我们自己的方式进行自我批评。实验是从权威范式中解放出来的观点的运用，并且向不同的思潮敞开大门。马库斯和费希尔承认他们的研究源于解释人类学，但他们仅仅将这一理论视角看成其他所有范式中可以接受的一种，他们想给他们自身不同的定位，也即定位于所有的范式之外。他们发现人文科学内部自 1960 年代起普遍存在着一种"表述危机"，于是他们以此起步追踪了这一危机在人类学中的进展。

他们主要的焦点集中在民族志书写的近期实验上。他们发现了两种类型的实验。一种被他们称为"经验的民族志"（ethnographies of experience），这种民族志寻找更加充分的方式来表述"其他文化主体的真实差异。"另一类实验关注的是大规模进程的渗透是如何塑造主体的文化的。这些民族志也许加入了政治经济学的主题，然而这些主题并不是中心问题而是被用来阐释主体性的。最后，马库斯和费希尔思考这些实验是如何通过"变熟为生"的策略来提出文化批评的。他们总结出来的自身的目标是"一种具有历史和政治敏感性的解释的人类学，并且保留相对主义，将其作为介入性调查的方法"（Marcus and Fischer 1986，166）。

克利福德和马库斯主编的文集同样专注于书写，但他们的文集有一些不同，并且在重要的观点上更为激进。它的目标是"通过展现民族志可以以不同的方式阅读和书写来为民族志实践引入一种文学意识"（Clifford and Marcus 1986，262）。克利福德全面关注的是人类学家用来建立他们权威的文学形式。拉比诺有效地用这种方式区分了克利福德的方案与格尔兹的方案之间的差异："格尔兹……仍然在文本中介的帮助下指引着他重塑一门人类学科学的努力，他的核心行动仍然是对他者的社会性描述……而他者对克利福德而言则是指关于他者的人类学表述"（Clifford 和 Marcus 1986，242）。这次研讨会的参与者（包括克利福德、马库斯、费希尔、泰勒、罗萨尔多、拉比诺、克拉潘扎诺、阿萨德、玛丽·路易丝·普拉特（Mary Louise Pratt）和罗伯特·桑顿（Robert Thornton））是经过仔细挑选的，因为他们每一个人都为"民族志文本形式的分析作出了重要的贡献"并且"拓展了……民族志写作的可能性。"这些文章都重新讨论了民族志文献，每一篇文章都选取了民族志修辞、表述方式或关于权威的文本策略中的一个问题。我们得知了关于客观性的修辞(罗萨尔多);寓言的使用(克利福德);族群自传或"记忆的后现代艺术"(费希尔);神秘的记录(泰勒)以及其他的文学手法。这一群人希望这样的自我批评能够为人类学实践的重新概念化扫清道路。

这两本文集均受到了猛烈的批评,他们被指责在学术上不负责任,缺乏预见性、可复制性、可证实性以及形成规则的能力;他们被指责深陷神秘性和"捏造"之中,无法应对来自逻辑或事实的任何挑战;他们还被指责只懂皮毛,歪曲了民族志行为,此外还有其他不好的方面(Watson and Fox 1991,73—74)。哈里斯谈论这个群体时说他们是一群"未经训练的想要成为小说家的人和自我困顿的自恋主义者,他们受到了先天性的词语腹泻症的折磨"(1994,64),甚至格尔兹也向"认识论的忧郁症"发出了警告。对这些批评的反驳也同样雄辩。

这一学科的大多数人都卷入了这场后现代主义的支持者和反 326 对者之间的冲突之中。一些人为这一新生事物喝彩,称它是一次突破和一次反思性转向的受人欢迎的胜利。而有些人则将它视为朝象牙塔里的一次退却。批评家承认这次重塑运动在借助文本的同时也借助了政治和权力,但在其过程中,交锋仅仅涉及字面上的争论。关于精英主义的指控并不总是引起争论。在1980年代中期,来自后现代阵营的一群人试图成立一个新的学术协会,成员资格仅仅是通过邀请来获得。尽管这一计划没能如愿,但这一举动导致了一本全新的《文化人类学》(*Culture Anthropology*)杂志的诞生,这本杂志自创立以后就日益变得包罗万象起来。

尽管非常愤怒,但许多人类学家,包括那些批评后现代太过泛滥的人都接受了后现代主义的基本观点并且试图将它与其他方法结合起来。一个例子是由理查德·福克斯(Richard Fox)主编的论文集《重温人类学：当前的研究》(1991，来自 1989 年的一个研讨会)。福克斯将后现代批评看成对人类学在当今世界中发挥作用时所面临的困难的一种认可，不过他拒绝了文本主义策略。尽管他这本书的撰稿者批评后现代主义，但在寻找能够"重新进入"真实世界以及"重新获得"人类学权威的多种方式时，他们同样采用了后现代的视角。因此米歇尔-罗尔夫·特鲁约(Michel-Rolph Trouillot)思考了"野蛮人"概念插槽(savage slot)的问题，认为并非是人类学创造了它，而是人类学生发于它，并因而确证了它。琼·文森特警告说文本总是存在于一种政治和历史情境中，这种情境是无法单独通过文本来理解的。格雷厄姆·沃森(Graham Watson)则声称后现代的批评无法走得足够远，因为它抛弃了现实主义者的"完整表述"的概念。他赞成通过采纳一些关键的想法来"重写文化"，这些想法来自英国的建构主义社会学和经由哈罗德·加芬克尔(Harold Garfinkel)发展成熟的民族志方法学。与此相反，利拉·阿布-卢果德(Lila Abu-Lughod)打算"反文化"而写，从她作为一名女性主义者(被"写文化"的"盛宴"排除在外的一种观点)和"混合身份者"(halfie，部分西方化，部分"他者"化)的立场出发，她提倡"关于细节的民族志"，她将这种民族志看成"扰乱"文化概念的一种策略的组成部分。阿尔君·阿帕杜莱(Arjun Appadurai)概括了一种跨国界的人类学，它强调"全球族群图景"(global ethnoscape)，即关于日常生活在全球是如何进行的民族志。

　　因此，尽管没有很多人类学家承认是后现代主义者，但后现代方法的各方面被广泛而有选择性地采纳。这种现象发生的部分缘由是因为后现代方法聚集了文化人类学中已经在一段时间内发展壮大起来的其他思潮，即趋近于将文化视为表述和向建构主义(这

一观点认为文化是建构的而非预先设定的）的转变。就 1970 年代
至 1980 年代期间支配人类学话语的两次重塑运动而言，二者都还
远未达到它们极限的边界。到 1990 年代早期之前，每一方都在说
服另一方赞成自己的观点并且抗议另一方所采用的"漫画式讽刺
手法"，每一方也都产生了许多不同的分支并且它们的主要观点都
被吸纳到主流的人类学思想之中。

第五章　20世纪末的美国人类学

果我们以 1901 年第一个人类学博士学位的授予和 1902 年美国人类学协会（AAA）的成立作为美国人类学正式开端的话，那么在美国，人类学作为一门专业学科的历史几乎是与 20 世纪的跨度相吻合的。在它百年之际，我们能够就这门学科的情况来说些什么呢？

1990 年代是美国人类学受到挑战的年代。这 10 年以东欧版图的重新划分，美国力量在海湾战争中的展现以及帮助克林顿带来 1992 年竞选胜利的一次经济衰退为起点。从这时起美国经历了一个前所未有的繁荣的 10 年，但在绝大多数情况下，学术界并未从中分得"红利"。大学（那些最有特权的除外）被迫进入成本会计管理，其中一项措施就是期望通过在课堂上使用低工资的兼职教员和远程学习的戏法来帮助平衡账目。因此，尽管战后一代的教授退休了，但学术职位市场却并没有显著的增容。学术界采用的是三层体系的形式：少数的学术明星享受各机构之间的"投标战"所带来的好处，而大学工作的重担由处于中间层的相对较安全的终身教授承担，而更重的担子日益落在了那些处于底层的教员：兼职的或临时性的教学人员身上。

因为大学职位的人数限制，学术圈外的就业在持续上升。现在超过一半的新的博士学位获得者都成了"实践人类学家"，这一情况将长期存在于学术人类学（它设想它自身是"理论的"）和应用人类学之间的紧张关系带入一个新的阶段。这种紧张关系并没有消失,但学者们不得不在他们的机构和专业协会中为这些新类别的同事腾出空间。

在人类学的所有子学科中,考古学经历的变化最为深刻。329 1970 年代和 1980 年代期间历史保护方面的立法和 1990 年的《国家墓地保护和返还法案》(National Graves Protection and Repatriation Act,NAGPRA)促进了文化资源管理(Cultural resource management,CRM)这一新领域的发展。越来越多的考古学家受雇于这项调查和抢救工作,它改变了这一学科的重心,使其偏离了学术界和人类考古学。生物人类学也更加远离了一般人类学,发生在遗传学上的革命和其他刺激因素,如不断加强的专业化,也推动了这一进程。文化人类学也通过新的跨学科联合而与其他子学科渐行渐远,尤其是在解释学流派的情形中。这一流派与人文科学靠得更近。语言人类学则饱受其较小的规模和处于人类学和语言学这两门学科中的边缘地位之苦——它并不完全属于这两门学科中的任何一门。因此,即使美国人类学的传统整合不是被很多人所彻底否定的,那么它至少是值得怀疑的。

这 10 年还带来了其他的问题,越来越多的民族志地区向人类学调查关上了大门,可能是因为政治上的不稳定,或是因为当地不愿意成为外国人仔细观察的目标。随着对骨骼材料、考古材料和文化物质进行返还和对私有财产进行赔偿的要求的不断增加,美国人类学界与美国印第安人之间的紧张关系愈演愈烈。《国家墓地保护和返还法案》将博物馆列入了关注名单并且绝大多数博物馆都采取了措施来履行它们的职责,但协商的双方很少对结果感到满意。伤害之余更添侮辱的是其他学术性学科正在逐渐侵吞人类学在概念和方法上的遗产。文化研究已经占有了美国人类学领域中最为珍视的知识财富，即文化概念；多元文化主义的方案正在愉悦地向前迈进，尽管人类学声称能够为其主题贡献独有的专门知识但却惨遭冷漠的对待；此外，似乎社会科学和人文科学中的每一个人都在从事田野调查并且称其为民族志。

　　尽管如此，美国人类学在 1990 年代仍然很繁荣。战后一段很长时期的发展之后接踵而至的是 1980 年代的衰退期，但是根据授予的博士学位的数目（现在接近 500 人一年）和专业协会持卡成员的人数，当时学科规模的轮廓稳定了下来。大学学生仍然强烈要求开设人类学课程，研究生也倔强地坚持从事他们的研究，尽管这份教学研究工作的"圣杯"（holy grail）＊相比于以往要更加难以捉摸。最重要的是，这门学科的灵魂仍然是强大的，人类学家对他们研究的学术价值和公共利益的信心并未动摇，使命般的热情也不曾消退。

330

　　文化人类学的面貌在先前的数十年中已经发生了改变。现在它的实践者更加多元化（首先，妇女构成了新的博士学位持有者的大多数）并且他们从事这一熟悉的领域时身处的背景也更为多样。随着人类学家配备了电子邮箱和互联网，社会网络也发生了变化，他们与这个国家各地和海外共同拥有特殊兴趣的同行之间的互动就如同与隔壁办公室的同事之间的互动一样频繁，并且这种互动通常还多于与其本身机构中其他成员的交流。

　　这门学科的派系主义，尤其是文化人类学中的派系主义，已经在 1983 年美国人类学协会的重组中被制度化了。拥有共同研究

　　＊　对圣杯最传统的解释是在耶稣受难时，用来盛放耶稣鲜血的圣餐杯。很多传说相信，如果能找到这个圣杯而喝下其盛过的水就将返老还童而且永生，这个传说广泛延续到很多文学、影视、游戏等作品中，比如亚瑟王传奇中，就有人说他终其一生的最大目标就是找到这个圣杯。——译者

或专业关注对象的专业协会和组织现在可以申请加入美国人类学协会，成为该协会的部门。依照最近一次的统计，共有 34 个部门，并且有更多的协会和组织正在寻求正式认可。

协会的大多数部门都在文化人类学的范围内或者说它们主要由文化人类学家组成。部门名称的清单显示了它们所覆盖的兴趣范围。民族学和文化人类学都有各自的协会，美国民族学协会可以追溯到 19 世纪中期，而文化人类学协会则诞生于近期解释人类学的推动。其他的部门有：非洲研究人类学，人类学和教育，人类学和环境，意识人类学，欧洲人类学，北美人类学，宗教人类学，劳动人类学，文化和农业，女性主义人类学，人文主义人类学，拉美人类学，医学人类学，中东，博物馆人类学，营养人类学，政治和法律人类学，实践人类学（NAPA），心理人类学，城市、国家、跨国/全球人类学，视觉人类学。它同样有为以下人类学家设立的部门：黑人人类学家，拉美人类学家，女同性恋、男同性恋、双性恋/变性人类学家，资深人类学家，学生，社区大学中的人类学家。最后，还有一种通用的人类学划分：考古学、生物人类学和语言人类学的部门，以及一些具有部门地位的区域协会。

美国人类学协会全部会员的人数大约在 1.1 万人左右，但是在 1983 年，先前存在的一些专业组织并没有选择并入到美国人类学协会，因此，在美国考古学协会（the Society for American Archaeology）、美国体质人类学家协会（the American Association of Physical Anthropologists）和应用人类学协会（the Society for Applied Anthropology）中还有很多人类学家，他们中的许多人都不属于美国人类学协会。 331

美国人类学协会的重组是对已经正在进行中的一种进程的确认。在 1980 年为《纽约时报》所撰写的一篇文章中，埃里克·沃尔夫讨论了这种细分以及它对这门学科的共同理论框架的威胁。编辑加上了标题"他们划分并再分,然后称之为人类学。"对许多人来说,似乎人类学的四分五裂是离心力的结果,而对有些人来说,这一趋势标志着一种健康的多样化,它并不妨碍这门学科未曾中断的统一性。

断层线

　　学科细分的问题是众多断层线中的一条,这些断层线标明了1990 年代期间美国人类学的特征,这些特征至今仍然伴随着我们。尽管这些断层线跨越了所有的子学科,但我将强调它们对文化人类学的影响。这一断层线所包含的"分化与整合的对立"问题通常被表述为四领域的问题:人类学是否能够或者应该保持它包容的本性,使得所有的子学科都处在一个单一的学科之内,还是说这种专业化的趋势应该通过其他的制度性结构来确认和容纳?这一问题在许多人类学系引发了争论。在少数情况下,结果是"分家"。在较多一些人类学系中(它们中有伯克利分校、哥大和芝加哥大学)则达成了妥协,他们考虑到专业化而对研究生的要求进行了修改,不再要求有通晓四领域的能力。

　　欧洲人类学家也许会困惑于为什么美国人已经坚持四领域结构如此之久以及为什么我们中的很多人仍然继续支持着这一结构。不言而喻,这一创立是一个历史机缘,是美国人类学最初制度化方式的一个结果。这一历程包括早期对臆测历史的抗拒以及随之而来的对无文字文化的真实历史进程发现的关注,最重要的是对美国土著的关注。不论这一结构的起源如何,四领域之间的紧密联系已经被证明是一种富有成效的结构。例如,回想"二战"后新进化论发展的时期,文化人类学与考古学之间的联系极大地激活了这一进程,对这两个学科都有益处。在同一时期,"新体质人 332 类学"的出现通过与生物人类学、灵长类野外考察、狩猎-掠食者民族志以及其他领域的合作为人类进化的研究带来了翻天覆地的变化。从 1920 年代起,语言人类学的进展以及这一进展与文化人类学的关系使得形成一种不同种类的语言学成为了可能,它不同于先前存在的语言学,或者说已与之前存在于主流语言学框架下时的情景不同了。

更近一些时候,文化人类学中的历史学转向推动了考古学和民族史的联合并且也被这种联合所推动。主要的研究领域被这些子学科所改变,它们着眼于子学科彼此之间的联接并且也吸收了生物人类学和语言人类学的成果。最好的一些例子是对玛雅人和安第斯人的研究,但同样有来自北美洲、太平洋和事实上每一个调查场所的例子。例如,一个人可能会引用考古学和民族史的资料来调查一个社会中已经不复存在的不平等或暴力的本质;饮食、疾病和生活方式的证据可以通过对骨骼残骸的研究而得到;还有民族志比较的解释学视角。

这些不同的视角集合在一起导致了对许多经典民族志个案的重新评价,如丛林区的昆人(Kung)、夸扣特尔人和霍皮人(Hopi),它容许我们重新思考一些已经成为关于人类本性和文化的常识的结论。例如,在亚马逊流域。近期的考古学已经将此区域的史前记录向前扩展到 1.2 万年以前,它揭示出的早期社会的复杂性远远超出了之前的预期。这使得人们对认为这是一种拥有较低生产力的边缘环境的假设为基础的理论产生了怀疑(Roosevelt 1994)。同样地,通过采用民族史方法研究欧洲人的征服对亚马逊流域的人类组织在人口规模和生态学上的影响所得到的发现,使曾一度盛行的民族志分析受到了质疑,其主题从战争到神话涵盖甚广。这一系列的证据和这些解释模式被证明在理解复杂社会和当代社会时是有帮助的,相比于理解传统人类学所感兴趣的社会,对复杂社会和当代社会的理解才是现今文化人类学更为经常关注的焦点。

我的论点并非是要说所有这四个领域都与所有的问题有关联,而是说它们彼此之间的连接各不相同并且这种连接取决于实际出现的问题。因此,象征人类学离不开语言学,而人类进化的研究不仅需要生物人类学和考古学,在处理某些问题时,它还需要语言学和文化人类学。但四领域结构的批评者指出,大部分的人类学研究并不需要冒失地跳出它自己的领域,这也是实情。然而,我们始终无法事先预料到在什么时候、什么地方,跨领域的合作将是富有成效的。因此,对美国人类学来说,重要的是保持沟通渠道的畅通和保证新的一代受到良好的训练,使他们能够充分理解到:当需求或机会出现时,除了它们自身外,所有的学科都能够从其他领域的贡献中汲取养分。

然而,问题的核心是对人类学的定义。对身处美国人类学传统中的许多人来说,这一定义包括了对人类这一物种的全方位理解,包括它在所有时间和地点的发展和轨迹。那些对人类学的界定更为狭隘的人——比如,定义为现代性研究——将会请求对此进行区分,就像那些将自然物种和它的行为分配给不同学科的人们要做的那样,这就是他们的争论之所在。

我已经描述过了各种争论所带来的剧痛,其中包括后现代主义的支持者与批评者之间的争论和在此之前的政治经济学与解释主义之间的争论,以及更早的唯物主义与心智主义之间的争论。当每次转向一种新的对立时,早期的对立就被宣布为过时了。每一个阶段也存在着超越这些分歧的努力。在 1990 年代，我们仍然面对着学科内的又一个认识论分歧，它形成了第二条断层线：即存在于实证主义者和建构主义者之间的分歧。从某种意义上来说，这是关于后现代主义争论的一种延续，但是那些接受了社会建构主义预设的人涵盖了更为广泛的理论观点，而不仅仅是文本主义的后现代主义。问题的关键则是存在于以下两方之间的分歧，一方相信外部世界是由一种客观现实所组成，该客观现实能够通过采用一个科学共同体所共用的步骤来理解并掌握；另一方的观点是社会生活和文化中的所有一切都构建于一个既定的历史情境中，而且文化符码塑造了包括科学家在内的人们感知和理解世界的方式。这一分歧将机构撕裂开来，一个著名的例子是斯坦福大学的人类学系裂为两派，一方抱持"人类学科学"，另一方则质疑人类学的科学身份——这并不是因为关于四领域的争论，而是因为搁浅于这个认识论的难题之上。

今天美国人类学的第三条断层线牵涉到对文化概念的观点：是舍弃它还是改造它。对许多美国人和或许大多数其他国家的人类学家而言，文化概念开始产生了不良后果，尤其是因为它对有界性（boundedness）和一致性（congruence）的假设以及它对文化应与具有相似边界以及同质的社会群体相符的期许。在某些情境中，文化还呈现出一种不利的政治意义。保留文化概念的支持者 ³³⁴ 承认这些困难但相信它的长处使得人们值得对它进行再定义和修复。有趣的是，这支"反文化先遣队"的成员多数是文化人类学家，而相反，考古学家、生物人类学家、灵长类动物学家和语言学家却是文化概念价值的最强有力的拥护者（Fox and King 2002）。

近些年的第四条断层线存在于一种不同种类的理论分歧中。E. O. 威尔逊（E. O. Wilson）1975 年的著作《社会生物学》出版后出现了社会生物学,它将达尔文理论引入人类学,也导致了上述第四条断层线的出现。这是长期以来存在于先天与后天(nature versus nurture)之间争论的最近阶段。这一争论所造成的一场论战爆发了:德里克·弗里曼"揭露"了他所谓的玛格丽特·米德的骗局,这一次挑战实际上是以一种拙劣的社会生物学的观点向文化决定论发动的一次攻击。在一些地区,社会生物学的预设与以个体为中心的最大化的理论(maximization theory)结合在一起产生了多种新达尔文主义。在这一方法中,社会和文化生活的所有特征都被理解为通过自然选择的过程进化而来,最终由存有差别的繁殖成功来决定。这一看法对人类学中的所有子学科都产生了影响,但它最为极端的形式是由那些自称为进化心理学家的人来阐述的,这一群体主要由心理学家、科普作家和少数人类学家组成。这种形式的新达尔文主义采用的是一种根本的还原论,批评者称这种还原论抹杀了人类学家在一个世纪的民族志中描述过的所有社会和文化模式。由于分析上的原因,也因为这一方法所具有的政治涵义和它的危害潜能,它遭遇到了来自文化人类学家和其他人的强烈反对。

最后,与人类学实践有关的许多难题构成了其他的断层线。这些难题中有关于人类学参与公众事务(批评者称之为"政治活动")的不同观点;有人类学家与他们所研究的"土著"之间的关系,包括了本土人类学家所扮演的角色;也有学术圈外的人类学实践所引发的矛盾。

当前的争论

谈及美国人类学家近来所讨论的主题,我将例举 20 世纪最后一些年中的三次最有名的争论。尽管这些争论往往是个体之间的争斗，但它们反映了这一学科潜藏的理论和认识论分歧。存在于对立双方之间的分歧与上述的断层线相对应，但这些争论都包含了不止一条断层线并且它们以不同的方式将这些断层线结合在一起。

我的第一个与争论有关的例子出现在 1992 年，在普林斯顿大学任职的斯里兰卡人类学家加纳纳思·奥贝塞克里（Gananath Obeyes-ekere）挑战了马歇尔·萨林斯在一本名为《库克船长的神化：欧洲人在太平洋上的神话制造》（*The Apotheosis of Captain Cook：European Mythmaking in the Pacific*）的书中提出的观点。一些年后，萨林斯以他自己的著作《"土著"如何思考：以库克船长为例》（Sahlins 1995）对此作出了回应。这场争论与萨林斯对库克船长同夏威夷人遭遇的解释有关，他根据土著的"神话实践"来呈现这段历史。奥贝塞克里在反驳中声称有关的神话并非土著人的神话而是库克船员的神话。根据奥贝塞克里的观点，萨林斯所发现的表面现象只不过是西方式的幻想。背后的问题是非西方的知识分子是否拥有一种特权的视角。这看起来似乎是一个悖论，即来自西方的人类学家提供的是一种文化嵌入式的分析，而土著的代言人却指出夏威夷人是按照一种普世的理性来行动的。在这个例子中，尽管重要的人物都共同使用一个公共的人类学参照框架，但这次分裂仍然引发了反响，导致了关于东方学的争论。

第二个例子是 1990 年代中期一场针锋相对的争论，卷入其中的是罗伊·丹德雷德（Roy D'Andrade）（1995）和南希·舍佩尔-休斯（Nancy Scheper-Hughes）（1995）。这次争论主要反映了双方在客观性和实证科学上的认识论分歧，还有关于人类学实践中的道德地位的分歧。丹德雷德是一名认知主义人类学家，他提出了

关于"人类学作为一门科学"的非常充分的理由,回答了所有否定
客观性的可能的人。他坚持认为科学模型,即我们借以接近"真
理"的模型,是与道德模型相分离的,后者是基于人类学家个人对
世界的主观看法,并且是他们个人价值和政治价值的一种表达。

舍佩尔-休斯最为人所知之处在于她引起了人们对巴西东北
部地区的儿童饥饿和死亡的关注。她指责这一悲剧被一些人类学
家所掩盖,他们或者沉迷于文化的象征符号,以至对此视而不见;
或者是善意的实践者,仅从医疗的角度来对待这个问题(Scheper-
Hughes 1992)。她在与丹德雷德的论战中所持的观点是:一种深
入介入、积极抗争的人类学是一种基于道德观的人类学,它要求反
抗不公正和压迫。有趣的是,两位学者都抨击后现代主义和相对
主义,但是他们反对的理由却大相径庭。舍佩尔-休斯还强烈反对
"对一种跨国界、无边界的人类学的热捧",她暗示这是一种使人类
学家远离地方现实的策略。这场争论激起了来自其他人类学家的
一系列热烈的反响,他们根据多种缘由支持某一方或双方交锋者。
很明显,割裂了我们学科的这些断层线向着许多纵横交错的(有时
候是矛盾的)方向延伸。

第三个卷入到断层线中的例子是最近在美国人类学界的一场
完全公开的讨论,它与新达尔文主义和许多伦理学问题有关。
2000年,新闻记者帕特里克·蒂尔尼(Patrick Tierney)对拿破
仑·沙尼翁(Napoleon Chagnon)进行了指责,后者是一本关于雅
诺玛玛人(Yanomamo)的民族志的作者(他使雅诺玛玛人因为"凶
猛的族群"的称呼而变得有名起来)。在这本名为《埃尔多拉多的
黑暗:科学家和新闻工作者是如何毁坏亚马逊的》的民族志(Tier-
ney zow)中,蒂尔尼指责沙尼翁在他自己的研究中有违道德伦理
并且在实践中与遗传学家詹姆斯·尼尔(James Neel)沆瀣一气,

蒂尔尼声称他们的行为导致了 1960 年代一次麻疹的流行。研究
卡亚波人(Kayapo)的人类学家特里·特纳(Terry Turner)也借
用蒂尔尼的书对其在理论和政治领域内的老对手沙尼翁进行了攻
击。特纳尤其在帮助卡波亚人通过捍卫他们自身的利益来实现现
代化方面扮演了一个积极的角色,而沙尼翁则将亚马逊视为一个
天然实验室,用来检验他的新达尔文主义理论。

　　在随之而来的这场争论中,人类学家们根据其对沙尼翁理论
倾向的观点以及他们是否愿意相信对沙尼翁的伦理学违禁的指控
而结盟分派。关于道德标准的讨论则引出了另一波的结盟:一方
关注研究者的行为,而另一方则指责蒂尔尼操控了他所宣称的那
些证据。美国人类学协会任命了一个委员会来调查所有的指控,
一年后,这个委员会出版了一部报告,这部报告批评了蒂尔尼的著
作,但也承认它所提出的一些伦理学问题的重要性,争论仍然没有
得到解决。

超越藩篱

　　尽管存在这些断层线和争论,但近期的人类学还是有一些进
展,它们保持着超越对立的希望。首先要谈的是标志了 1970 年代
和 1980 年代特征的、存在于政治经济学和解释主义(包括由它派
生出来的后现代主义)之间的两极性。心智主义方案从象征人类
学发展到解释人类学再发展到后现代人类学,它的持久影响之一
便是使得文化在很多方面或多或少地等同于"表征"(representa-
tion)。在这一观点中,文化不再是人们做什么,它反而是人们在
想什么;它不再是存在的客观条件而成为其形象;文化差异不再是
一个比较的框架而成为关于身份的问题。对文化作为"表征"的再

定义被大多数站在政治经济学一方的人所接受,但也不是所有的人。然而对他们而言,文化不是一个自主的领域而是建基于生产关系和它们的政治表现形式。

　　然而,到了1980年代后期,随着任一种激进的观点的局限性都变得显而易见,这两极开始融合了。在每一方的阵营中都出现了接近或吸收了对方观点的新成果。政治经济学的"先遣队"发展了对全球和地方的历史交集中人类主体的构成和能动性的关注。此外,由于受到文化马克思主义的启发,许多认同政治经济学的人类学家专注于阶级、劳动和权力背景下的文化主题。从反思人类学和解释人类学的角度,乔治·马库斯和米歇尔·费希尔为那些明确致力于"将人类学中的政治经济学与解释学关怀相啮合"的民族志而欢欣雀跃(Marcus and Fischer 1986,84)。它们的两个主要范畴之一是"实验民族志",它由那些试图描述"主体是如何卷入到更广阔的历史政治经济学进程中"(Marcus and Fischer 1986,44)的民族志组成。事实上,在已经发表的对所有这些趋势的综述中,同一个人类学家会作为双方的例子出现。

　　对在政治经济学与后现代主义之间寻找一种折中方案的关注也体现在一些人类学家试图解释他们立场的话语中。对乔治·马库斯和米歇尔·费希尔而言,他们用介入式相对主义(engaged relativism)来表示一种对文化内部和文化之间的交流进行探究的模式,这一模式可以识别出政治权力和经济权力的全球结构(Marcus and Fischer 1986,32)。对莱拉·阿布·卢果德来说,这是一种"策略人文主义"(tactical humanism)——称其"人文主义"是因为这一术语给予人类平等以道德力量,而称其"策略"是因为她在寻找一种揭露隐含在"文化差异"概念中的支配的策略(Fox 1991,158-159)。对布鲁斯·克瑙夫特(Bruce Knauft)而言,关

键术语是"批判人文主义的敏感性"（critically humanist sensibili-
ties），他想借此说明的是"对互斥的人文主义观点的自觉运用，以
牵制它们各自的过度使用"（1996，48）。特别是"对文化多样性的
重视和对不平等的批评为彼此提供了制约和平衡"（1996，53）。克
瑙夫特相信这"两手抓"的方法既保证了"客观主义在处理文化差异
时不失为一种精确而先进的手段"（1996，61），同时又避免了"后现
代主义中的超相对主义"（1996，105）。

　　克瑙夫特提出，在当前的美国人类学中，存在于政治经济学和
后现代主义之间的两极性正在不断消解。他发现对文化、权力和
历史的兴趣这三部曲作为一种主流趋势风行于整个国家的机构
中，从西向东形成一个梯度：在西海岸，文化（反思性和表征）得以
强调，而权力和历史（政治经济学）则受宠于东海岸（Knauft 1996，
129、301）。中西部的机构，如芝加哥大学和密歇根大学则处于一
个居中的位置。芬芳的加利福尼亚易于生发飞翔的想象，而沙质
感的纽约是绝对不会远离物质现实的。

　　事实上，近期研究中有许多趋势正在打破过去文化人类学内
部以及它与其他领域关系中的壁垒。这些趋势接合了不同认识论
之间的对立，它们还揭示出了存在于特殊主义与比较方法、地方性
视角与全球性视角之间的紧张关系。人类学家会发现它们提出的
一些方法能够有效地利用这些紧张关系或是超越它们。为了确认
这些趋势，我将主要回顾我在 1990 年代期间参加大约二十个国际
研讨会的经历，这些会议由温纳-格伦（wenner-gren）基金会资助。
因为每一个研讨会都计划提出当今人类学中的一个成熟的问题或
议题，就其总体而言，它们为这一时期的学科状况提供了一个
窗口。

　　我的第一个例子来自人类进化研究领域。社会文化人类学家

们大概会认为这一领域并非他们的关注对象,那他们要犯错了,因为正是在这里,关于人类本性的基本问题才最直接地被提了出来。我将不会讨论新化石的发现所引起的爆炸效应和改变了这一领域证据基础的遗传学革命。相反,我想看看跨度范围很广的专业和学科是如何围绕着共同感兴趣的进化问题整合到一起的。

我的例子是 1990 年召开的一个被定名为"工具、语言和智力:进化的涵义"的研讨会,它是由美国生物人类学家凯瑟琳·吉布森(Kathleen Gibson)和英国社会人类学家蒂姆·英戈尔德(Tim Ingold)共同组织的。这次研讨会是为了讨论长期以来都非常棘手的关于语言起源的问题,这个问题进入了我们如何思考人性和文化的核心部分。它脱离了工具的使用、语言和认知都依赖于共同的神经基质的假设。为了追踪这一假设,也为了寻找它的替代理论,一个极为多元化的研究群体集结在了一起:有对脑进化感兴趣的生物人类学家,有关注语言的生物学基础和从脑损伤研究中收集到的线索的语言学家,有专长于旧石器时代早期工具使用的出现的考古学家,有能够证明人类儿童认知过程的发展心理学家(包括一位专注于聋儿的发展心理学家),有野外灵长类动物学家和一位研究猿语的心理学家(这位研究猿语的心理学家提供了在大猩猩和其他灵长类中存在着运用物体现象和交流现象的证据),此外还有一位研究掠食者的社会人类学家,一位神经生物学家以及一位比较动物行为学家。

这个混合的群体很快就找到了一个能够发挥他们不同专长的共同项目,他们都能够以不同却互补的方式对此作出贡献。当证据证明在了大多数认知和沟通领域中猿和人之间存在连续性的时候,甚至存在于灵长类动物学家和那些仅仅熟悉人类的语言学家和心理学家(以及那些一开始感到好笑并且对把大猩猩跟这个会扯到一块儿满腹疑问的专家)之间的裂缝也被弥合。总的结论是：尽管工具的使用、语言以及文化所塑造的社会行为之间并不是简单的关联,但它们看起来还是有着共同的神经基础并且很有可能随着彼此共同演化。更为重要的是,研讨会在人类认知的进化方面开创了一系列新的研究方向,它们要求来自所有子学科和相关学科的专家之间进行合作。这项新的研究对于文化人类学的意义与它对于进化研究的意义一样深远(Gibson and Ingold 1993)。

这种多学科的方法是鼓舞人心的,但它几乎不可能成为人类进化研究的规范。如同在这一领域中那样,在涉及人类生物学进程和变异进程的体质人类学的各领域中,都有一种日益趋向专业化并且与生物科学的联系更为紧密的趋势。但在这里也存在着一些重新塑造它与人类学其他子学科关系的努力,这样做的目的是为了在生物学和文化的交集中解决一系列范围很广的问题。

在现在更常被称作生物人类学的体质人类学中,进化论和适应论模型的主导地位直到 1990 年代时都只为社会、经济和政治因素或情境留下了狭小的空间,这些因素或情境趋向于沦落为"环境条件"或者作为"杂音"被排除。对这些环境条件(作为影响了人类生物学的进程,它包括那些通常具有破坏性生物学后果的全球变迁的力量)本身的研究兴趣已经被排除了。1992 年,一个名为"生物人类学中的政治-经济方法"的研讨会的组织者艾伦·古德曼(Alan Goodman)和托马斯·莱瑟曼(Thomas Leatherman)希望扭转这一趋势。他们希望促进对"当地文化和历史情境中"的生物学容量和福利的研究,"它们反过来也受到跨区域和全球进程的形塑并且与之发生互动。"他们是少数开始注意到"外界的刺激因素通过了一个文化过滤器并且与社会不平等密切相连"的生物人类学家。这门子学科的主流倾向于贬低这样的观点,认为它们不合适地将政治注入科学中。

本次研讨会的与会者被划分为生物人类学家和来自其他子学科的学者,这两类人在人数上旗鼓相当,挑选出来的生物人类学家对政治-经济的视角并无芥蒂,其他子学科的学者则在这样的视角中进行研究。这次会议有两个主要的组成部分:对生物人类学的理论历史的批判性分析(尤其是"适应"的概念)和一系列将生物学与政治-经济进程联系在一起的案例研究。因此,许多案例分析了类似资本主义转变这样的全球性力量是如何传达并且局部地重塑了影响人类生物学的物质条件的。尽管会议上存在着学科和其他方面的差异,但他们仍然找到了共同点并且开始将他们自己视为鼓励一种更加具有社会意识和反思性的生物人类学的先锋。研讨会并没有改变子学科内的流行趋向,但它开创了新的研究方向并且给予人类生物学研究中包含了政治信号的方法以可信力量(Goodman and Leatherman 1998)。

现在我要转向文化人类学中我更为熟悉的领域。1980年代后期和1990年代最引人瞩目的趋势之一便是对全球化和跨国进程的关注在不断增加。这一趋势在多种研究关注点中得以证明:其中包括了移民,尤其是那一类与他们原来的地方还保持着社会纽带的人群;政府对移入民和移出民的反应;文化流和文化生产,包括后现代社会的"族群图景"(ethnoscape)和"拼凑"(bricolage);经济全球化和国际性城市的出现;"流亡离散"研究,它强调身份问题;多点民族志;等等。1994年的一场研讨会有它自身的目标,即发展一个在理解这些进程和探索它们的背景和涵义时更为连贯的框架。策略是将对跨国主义(transnationalism)研究中的各种通行方法的支持者和在范围很广的民族志环境中进行调查的研究者集结在一起。这个群体中包括了人类学家、社会学家、政治学家,以及一位政治经济学家、一位历史学家和一位从事文化研究的学者。

　　这次研讨会确定了一个中心主题:考虑到跨越国界谋生的人数在不断增长以及考虑到资本积累正在变得更加全球化,为什么一些国家关闭了它们的边界,一些国家试图吸收以前的公民,而一些小型区域单位则将它们自身组建成新的民族国家呢?为什么在深度的经济和文化全球化过程中出现了民族主义和围绕着特定身份来组织的社会运动的发展?这个问题涉及"跨国主义是否预示着民族国家消亡"的流行争论。这一群体的回答是民族国家不仅仅正在被削弱而且它们正在对加剧的分裂建国方案作出反应。

　　这次研讨会的主要结论是对文化生产和身份的分析需要考虑到全球资本主义、阶级和权力的多重结构。回想起来,组织者将这次研讨会视为跨越连接了跨国人类学的第一股和第二股浪潮(Glick Schiller,Szanton Blanc and Basch 1999)。第一股浪潮的标志是对跨越国界的不同类型的流动形式的迷恋、后现代语言的显赫地位以及对文化混杂和趋同的重视。这类研究中的大多数都是非历史性的并且具有很强的文化主义色彩。这次研讨会所预示的第二股浪潮对全球化采取一种更加批判和更加历史化的立场,它将全球化视为一个政治计划并且注意到民族国家反复重申它们的权力以便控制全球化的方式。相比于对全球体系以及对支配和反抗进程中的不平等和区域差异的关注,这股学术浪潮对趋同的关注则相对较少。

　　文化人类学近期的另一个趋势是对生殖(reproduction)的一种新型的关注,它部分受到了生殖技术迅速提高的刺激,部分也受到了许多情境中生殖政治化的刺激。雷纳·拉普(Rayna Rapp)和费伊·金斯伯格(Faye Ginsburg)于1991年组织了一个研讨会来强调这一新兴的关注点并且将生殖的主题从它在女性领域的边缘地位中移出,使之进入到当前理论的中心舞台。这场名为"生殖的政治学"(The Politics of Reproduction)的研讨会建议同时从两个角度来研究生殖问题:一是与生命周期中人类生殖有关的实践,这些实践嵌入到特定的文化中(地方性的视角);另一是从更大的角度来说,是塑造了生殖经验的更为遥远的权力关系(全球性的视角)。这种方法主题较为散漫,同时嵌入了生物学因素并且与各类政治-经济力量相协调。

这次研讨会汇聚了文化人类学家(占到多数)、医学人类学家、生物人类学家,以及一位人口统计学家、一位社会学家、一位政治学家和一位历史学家。对生殖的论述包含了一系列的主题,从中国的独生子女政策到罗马尼亚对流产的禁令,从产前的诊断检查到体外受精,从生育和生育控制的政治学到养育的政治学。每一个案例研究都展现了文化上所特有的地方性实践与在国家和全球政治经济学层面展开的进程之间的关联。

该研讨会成功地为人类学开创了一个从此时起就开始变得充满活力、不断成长的领域并且为它的发展提供了一些指路标。这次研讨会当然并非创造了这个学科,而是促使它汲取了许多相关领域的发展成果,包括女权主义理论、对童年和新形式亲属关系的关注、关于身体的政治学、政治人口学以及对新的生殖技术和它们的文化涵义的研究。这次研讨会将这些进展汇集在一起,塑造了一门关于生殖的政治人类学(Ginsburg and Rapp 1995)。

与对生殖有关的人类学方法的重新界定几乎同时的是亲属关系研究中新趋势的出现。生殖技术对亲属制度的影响变得越来越明显,这也提出了关于亲属关系实践和亲属关系研究的其他变化途径的问题。1998 年的一个研讨会评估了亲属关系方面的新研究,会议的组织者是萨拉·富兰克林(Sarah Franklin)和苏珊·麦金农(Susan Mckinnon),富兰克林来自英国文化研究领域,而麦金农曾是戴维·施奈德和马歇尔·萨林斯的学生。组织者挑战了流传甚广的一种明确主张:即作为长期处于人类学最核心部位的亲属制度在后施奈德时代已然濒临消亡,它正在为我们在性别和性、族群、身份以及其他流行主题方面的兴趣让出道路。他们认为,亲属制度并没有消失,它仅仅是在这些情境或者另外的情境中作为背景而存在,因此它不再构成一个具体的领域。在这一过程中,研究亲属制度的新方法一直在重新界定这个概念本身。

除了社会和文化人类学外,这次亲属制度研讨会的与会者还来自于生物人类学、医学人类学和科学研究领域。他们分析了一连串亲属关系正在被重新发现的新领域:跨文化的收养、医疗诊所、实验室(在这里,生物学和遗传学上的技术变革正在改变生殖、身体和物种的"自然事实")、亲属关系的表述在知识和财富概念中的运用、生物医学背景和政治计划中对系谱学的借用,以及"血统"和"共享实质"(shared substance,施奈德的概念)在一些领域中的相似和不同界定中所体现出的涵义,这些领域包括了性别、种族和民族主义。

组织者总结了这次研讨会的成果,提出了两个问题:什么是亲属制度以及亲属制度意味着什么(Franklin and Mckinnon 2000)?这一简洁的叙述反映了施奈德关于亲属制度的文化学方法的持久影响力,尽管这次研讨会意在跳出他的虚无主义立场。这次会议的成就和它所探讨过的研究为我们重新思考亲属制度这一熟悉领域开辟了道路并且将其扩展到传统意义上并不被包括在这一主题内的新的领域(见:Franklin and Mckinnon 2002)。

在这些研讨会中,有三个是主要在文化人类学范围内的,它们包括了来自于政治-经济流派和解释学流派的与会者。通常来说，因为这些研讨会关注一组共同的问题，所以它们的分歧被表述为互补的而非互相排斥的分析模式。所有这三个会议都涉及了实证主义与建构主义之间的对立并在很大程度上成功超越了这种对立。

另外两个研讨会使得那些对立的观点成为了它们的中心主题。这两个会议受到了我想指出的最后一种趋势的激励：人类学对科学本身成为一个主题的与日俱增的兴趣。这一趋势与科学研究中新领域的出现有关，人类学在这方面的特殊贡献是关于科学实践的民族志和文化分析。对科学作为一个研究对象的兴趣开始大大调和了人类学家所持的关于科学的相对立的观点：一种观点是把实证主义科学作为通往真理的路径，另外一种是像其他任何文化实践一样，把科学理解为建构的。然而，这些研讨会也暗示，这些存在分歧的观点之间的彼此排斥也许并非不可逆转。

1996 年，两位研究猴子的生物人类学家雪莉·斯特鲁姆（Shirley Strum）和琳达·费迪甘（Linda Fedigan）组织了一个研讨会，将灵长类动物学的历史作为研究科学是如何运作的一个案例。她们最初感兴趣的问题是大量的女性进入这一领域是否影响到了我们对灵长类社会观点的改变。她们更大的目标是研究一门科学中的理论、方法和社会组织之间的相互影响以及这门科学在实践时所处的更大的社会和文化背景。她们召集的参会者中约有一半是灵长类动物学家，有男有女且来自不同代际和国家学统。另一半则包括了科学研究、女权主义研究和流行文化方面的学者。在后一个群体中有唐娜·哈拉韦（Donna Haraway），她曾经因为她在这一领域中的解释历史学观点而激怒过灵长类动物学家，这一观点见于她的著作《灵长类的想象力》（1989）。她同曾经描写过实验室生活的布鲁诺·拉图尔(Latour 1987; Latour and Woolgar 1986)一道被现在绝大多数的灵长类动物学家看作极端后现代主义的化身。

因此,这个研讨会所要做的就是将那些认为他们所从事的是客观的、可证实的和"规范"的科学的灵长类动物学家和那些研究他们并且将他们的科学视为从历史、社会和文化的角度来定位的学者们聚集在一起。冲突是不可避免的,但两个群体解决了许多造成他们分歧的难题。在一周的会议后,这一进程继续进入到了一个长达 18 个月的电子邮件交流期,相互的讥讽被抛开,取而代之的是一种对科学实践更为充分的理解。没有谁的思想被极大地改变了,但研讨会开始时关注的种种问题转变成了一些途径,它们为合作而不是争吵提供了可能性(Strum and Fedigan 2000)。

1990 年代期间的遗传学革命对人类学产生了深远的影响。新的遗传学方法和价值渗透到了所有的子学科中,它们提出了新的研究问题,并且引发了对旧问题的再研究,此外还引发了一系列伦理上、法律上和政策上的争议。不仅仅生物人类学在发生转变,文化人类学家也在一系列情境,如实验室、诊所、大众传媒和日常生活中撰写关于遗传学实践和话语的民族志。为了探讨遗传学上的进步是如何影响人类学以及思考这些进步对于未来的意义,我与生物人类学家艾伦·古德曼以及文化人类学家德博拉·希思(Deborah Heath)在 1999 年合作组织了一个名为"遗传学时代的人类学"(Anthropology in the Age of Genetics)的研讨会。

这个主题对于我这样一个成长于四领域传统中的人来说有着特别的吸引力,因为它开始将在子学科范围内处于对立两极的人类学家们接合在一起。一端是最"科学"和最为专业的生物人类学家,而另一端则是从事关于"科学"的文化研究的社会文化人类学家,他们赞成解释学方法并且在非传统的场合进行研究,他们中的一些人甚至是后现代的。这次会议从某种意义上是对处在两极的人类学家是否能够彼此对话并且寻找到共同目标的一次检验,如果他们可以的话,我们将有理由期望人类学拥有一个作为整合学科的未来。

在本次研讨会挑选的与会者中,来自生物人类学、文化人类学和许多相关学科(进化生物学、遗传学、科学研究和科学史)的学者各占三分之一。这些讨论显示了生物学问题和文化问题的互相贯通程度,此外已变得十分明确的是,每一位专家在他或者她自身的研究中都有必要考虑到这种互相贯通。这次讨论会是对边界消解的可能性和价值的一次证明,这些边界存在于人类学的各子学科之间,更为常见的是存在于自然科学和人文科学之间。像所有我描述过的研讨会一样,这次研讨会不仅仅跨越了人类学的子学科间的界线,并且将触角伸向了其他的学科,它还表露了人类学在理论上的断层线以及在某种程度上对它们的超越(Goodman,Heath and Lindee 2003)。

作为一种国家学统的美国人类学

在对人类学的四种类型的这些讨论进行总结的时候,我们大概会被问到是否我们已经写下的这些就构成了各国的学统。这些讨论追溯了内部的争论和转变,但也突出了人类学中各具特色的流派,每一个流派都有它自己的历史轨迹。同时,它们还证明了人类学四个子学科之间的交叉流派和相互影响。考虑到美国在国际学术舞台上的后来者身份以及外国出生的学者在这个国家所扮演的关键角色,这样的互动对于美国的例子来说就显得特别的重要。从什么样的意义上,美国的人类学可能成为一种国家学统,它的独特性又何在呢?

众所周知,博厄斯从德国带来了一种文化概念的要素,但他在美国的情境下重新定义了它:使文化对立于生物决定论,赋予了它多重的涵义,并将它作为记录土著人生活方式和追溯他们历史的试金石。文化随后成为一种四领域方法的统一的基础。博厄斯范式经过他三代学生的详细阐述和重新塑造,一直到20世纪的中叶仍然主导着美国人类学。博厄斯学派的许多领军人物(尤其是第一批)出生在欧洲,一些人是在国外接受了高等教育后移民美国的。然而他们改造了来自其他学统的观点以适应美国的迫切需要,当时美国最主要的关注对象是种族和文化差异的问题,而且在各土著人群中,美国印第安人的文化正处于岌岌可危之势。

我想指出的是,在这段较早的时期,从某种程度上后来也是,美国人类学的一个特征类型便是外来影响力的传入和随后对这些影响力的吸收和美国化的过程。一批尤其由德国、法国和英国社会理论家首创的概念,在一个独特的、对应于美国的社会和政治情境的美国式框架中被消化和改造。因此,布罗尼斯拉夫·马林诺夫斯基和A. R. 拉德克利夫-布朗的观点被转化为了美国式的功能主义,这种功能主义融入了博厄斯学派的文化相对主义理论,它不仅仅导致了学术上的创新,例如文化与人格学派,而且还催生了一个政治方案和对美国社会生活的实时评论。

"二战"后美国人类学的标志是存在于唯物主义和心智主义之间的紧张关系,这两种思潮各自都随着时间而经历了转变,但这种紧张关系持续到了1990年代。尽管它很大程度上受到了来自国外出生的学者(这些学者从卡尔·维特弗格尔和卡尔·波拉尼到埃里克·沃尔夫和维克托·特纳)的贡献的影响,但它主要是一个土生土长的发展过程并且成为了一个独特的美国式争论。例如，双方都回应了1960年代的政治剧变和学术界中新声音的加入，但它们是通过以不同方式重塑人类学来实现这一回应的。

对于在战后扩张时期成长起来的人类学家而言，卡尔·马克思、马克斯·韦伯和埃米尔·涂尔干的著作是必读的；英国社会人类学鼎盛时期的一切成果也被紧紧地追随着；至于马塞尔·莫斯和克劳德·列维-斯特劳斯的作品，至少译本是必读的。更晚些时候的法国和英国的马克思主义者成为了左翼美国人类学家的参照对象，当然在今天，皮埃尔·布尔迪厄和米歇尔·福柯的作品即使不是总被阅读，也至少是被普遍引用的。美国人一直都对欧洲的学术有一种高估，甚至在其面前有一点自卑情结。然而我们的不自信与我们的自以为是并存——我们易于接受外界的影响并且使它们为我们所有，但在这一过程中我们经常抹去了它们的历史。

大约在1970年前后，一些事情发生了改变：随着英国人类学势微，美国逐渐成为了操英语地区人类学中的霸主。同时，伴随着人员的来回流动、更多著作译本的出版、大大扩展的专业协会，会议等国际交流机制，并且伴随着在随后几十年中不断发展的快捷的电子交流模式，跨国界影响的趋势在加强。在这种情况下，没有哪种国家学统能够保持与外界隔绝的状态或完全的霸主地位。我们正在走向一个人类学的国际共同体，它自身也同其他的国际学术共同体相连，但我们目前尚未身处这样一个共同体中。

在研究这四种人类学学统思想发展的过程中，美国经验独有的特性给我留下了深刻的印象。不同于那些影响的方向总是从老师到学生的学统，美国人类学家一贯反抗他们的老师和前辈，新观点通常作为旧观点的对立物而出现。我相信这一特性是与美国学术界的制度结构有关。多中心的结构、等级制度的有限程度以及适合于学术生涯的环境的多样化使得叛离者有机会存活下来——直到他们成为下一代修正论的靶子为止。这一结构也意味着没有任何范式可以在很长一段时间内保持统治地位而不受到来自学科内外的挑战。

考虑到在一些人眼中的当今美国人类学的四分五裂和对它的基本原则（比如四领域的结构和文化概念）的质疑,我们能否说它仍然构成了一种国家学统? 我的观点是尽管美国人类学的结构是一个历史机缘,尽管它是多元化的,但它仍然赋予了这门学科的美国版本某种观点上的连贯性。尽管在美国不是所有的人类学从业者都会同意这一判断,然而他们共享了关于人类和他们与这个世界的关系的这些潜在的假设以及研究问题。这一共同的框架使美国人类学保持了独有的美国味和独有的人类学味——即使当我们仍在讨论这到底意味着什么的时候。未来将一定会经历一个人类学加速国际化的进程,但同时它也许会很好地包容不同学统的（至少是暂时的）延续,这些不同的学统也是界定我们学科的不同方式和着手从事我们研究的不同道路。

引 用 书 目

Abélès, M. 1991. *Quiet Days in Burgundy: A Study of Local Politics*. Cambridge, U. K. : Cambridge University Press.

———. 1992. *La vie quotidienne au Parlement européen*. Paris: Hachette.

———. 1996. "La Communauté europé ene: Une perspective anthropologique. " *Social Anthropology* 4:33—45.

———. 1999. "How the Anthropology of France Has Changed Anthropology in France: Assessing New Directions in the Field. "*Current Anthropology* 14: 404—8.

———. 2000. *Un ethnologue l'Assemblée*. Paris: Odile Jacob.

Aborigines Protection Society. 1837. *Regulations of the Society*. London: W. Ball.

Adams, W. Y. 1998. *The Philosophical Roots of Anthropology*. Stanford, Calif. : Center for the Study of Language and Information.

Adorno, T. W. 1969. *Der Positivismusstreit in der deutschen Soziologie*. Berlin: Neuwied.

Allen, N. J. 1985. "The Category of the Person: A Reading of Mauss's Last Essay. "In *The Category of the Person: Anthropology, Philosophy, History*, ed. M. Carrithers, S. Collins, and S. Lukes. Cambridge: Cambridge University Press.

———. 1998. "Louis Dumont (1911—1998). "*Journal of the Anthropological Society of Oxford* 29:1—4:

Ankermann, B. 1905. " Kulturkreise und Kulturschichten in Afrika. " *Zeitschrift für Ethnologie* 37:54—84.

Arendt, H. 1958. *The Human Condition*. Chicago: University of Chicago Press.

Arensberg,C. M. 1937. *The Irish Countryman: An Anthropological Study*. New York:P. Smith.

——. 1954. "The Community-Study Method. "*American Journal of Sociology* 60:109—24.

——. 1961. "The Community as Object and as Sample. "*American Anthropologist* 63:241—64.

——. 1963. "The Old World Peoples: The Place of European Cultures in World Ethnography. "*Anthropological Quarterly* 36:75—99.

——. 1972. "Culture as Behavior:Structure and Emergence. "*Annual Review of Anthropology* 1:1—26.

Aron,R. 1968. *Main Currents in Sociological Thought*. Harmondsworth: Penguin.

Asad,T. , ed. 1973. *Anthropology and the Colonial Encounter*. Atlantic Heights,N. J. :Humanities Press.

Augé, M. 1982. *The Anthropological Circle: Symbol, Function, History*. Cambridge:Cambridge University Press.

——. 1995. *Non-Places: Introduction to an Anthropology of Supermodernity*. New York:Verso.

——. 1999. *An Anthropology for Contemporaneous Worlds*. Stanford,Calif. : Stanford University Press.

Bachelard,G. 1934. *Le nouvel esprit scientifique*. Paris:Presses Universitaires de France.

——. 1953. *Le matérialisme rationnel*. Paris: Presses Universitaires de France.

Badcock,C. R. 1975. *Lévi-Strauss: Structuralism and Sociological Theory*. London:Hutchinson.

Balandier,G. 1966. *Ambiguous Africa: Cultures in Collision*. London:Chatto & Windus.

——. 1968. *Daily Life in the Kingdom of the Kongo from the Sixteenth to the Eighteenth Century*. London:Allen & Unwin.

——. 1970a. *Political Anthropology*. London:Allen Lane the Penguin Press.

——. 1970b. *The Sociology of Black Africa: Social Dynamics in Central Africa*. London:André Deutsch.

Banfield, E. C. 1958. *The Moral Basis of a Backward Society*. Glencoe: Free Press.

Barnes, J. A. 1962. "African Models in the New Guinea Highlands. "*Man* 62: 5—9.

——. 1966. "Durkheim's Division of Labour in Society. "*Man*, n. s. 1: 158—75.

Barnes, R. H. , D. de Coppet, and R. J. Parkin. 1985. *Contexts and Levels: Anthropological Essays on Hierarchy*. Oxford: Jaso.

Barraud, C. 1981. *Tanebar-Evav: Une sociétéde maisons tournée vers le large*. Cambridge: Cambridge University Press.

Barraud, C. , D. de Coppet, A. Iteanu, and R. Jamous. 1994. *Of Relations and the Dead: Four Societies Viewed from the Angle of their Exchanges*. Oxford: Berg.

Barth, F. 1959. *Political Leadership among Swat Pathans*. London: University of London Athlong Press.

——, ed. 1969. *Ethnic Groups and Boundaries: The Social Organization of Culture Difference. (Results of a Symposium Held at the University of Bergen, 23rd to 26th February 1967)*. Bergen: Universitetsforlaget.

Barthes, R. 1974. *S/Z*, New York: Hill and Wang.

——. 1975. *The Pleasure of the Text*. New York: Hill and Wang.

Barthes, R. , and A. Lavers. 1972. *Mythologies*. London: Jonathan Cape.

Bastide, R. 1950. *Sociologie et psychoanalyse*. Paris: Presses Universitaires de France.

——. 1958. *Le condomblé de Bahia, rite nago*. Paris: Mouton.

——. 1972. *Le reve, la transe, et la folie*. Paris: Flammarion.

——. 1973. *Applied Anthropology*. London: Croom Helm.

Bataille, G. 1970. *Oeuvres complétes*. Paris: Gallimard.

——. 1997. *The Bataille Reader*. Oxford: Blackwell.

Bateson, G. 1936. *Naven, a Survey of the Problems Suggested by a Composite Picture of the Culture of a New Guinea Tribe Drawn from Three Points of View*. Cambridge: Cambridge University Press.

Baudler, G. 1970. *Im Worte sehen. Das Sprachdenken Johann Georg Hamanns*. Bonn: Bouvier.

Baudrillard, J. 1968. *Le système des objets*. Paris: Gallimard.

———. 1970. *La sociétéde consommation: Ses mythes, ses structures*. Paris: Denoël.

———. 1975. *The Mirror of Production*. St Louis, Mo. : Telos Press.

———. 1988a. *America*. London: Verso.

———. 1988b. *Selected Writings*. Stanford: Stanford University Press.

———. 1993. *Symbolic Exchange and Death*. London: Sage.

Bauer, K. J. 1989. *Alois Musil: Wahrheitssucher in der Wüste*. Vienna: Böhlau.

Baumann, H. 1934. "Die afrikanischen Kulturkreise. "*Africa* 7: 127—39.

Bekombo, M. 1998. "Celui qui va là-bas ne parle pas. "*L'Homme* 148: 11—14.

Bellier, I, 1995. "Moralité, language et pouvoirs dans les institutions europé enes. "*Social Anthropology* 3: 235—50.

Bellier, I. , and T. M. Wilson, eds. 2000. *An Anthropology of the European Union: Building, Imagining, and Experiencing the New Europe*. Oxford: Berg.

Belmont, N. 1979. *Arnold van Gennep: The Creator of French Ethnography*. Chicago: University of Chicago Press.

———. 1991. "Van Gennep. "In *Dictionnaire de l'ethnologie et de l'anthropologie*, ed. P. Bonte and M. Izard. Paris: Presses Universitaires de France.

Benedict, R. 1934. *Patterns of Culture*. Boston: Houghton Mifflin.

———. 1946. *The Chrysanthemum and the Sword: Patterns of Japanese Behavior*. Boston: Houghton Mifflin.

Bennett, J. W. , ed. 1975. *The New Ethnicity: Perspectives from Ethnology*. 1973 Proceedings of the American Ethnological Society. St. Paul, Minn. : West Publishing.

Benveniste, E. 1973. *Indo-European Language and Society*. London: Faber and Faber.

Berg, E. 1990. "Johann Gottfried Herder. "Pp. 51—68 in *Klassiker der Kulturanthropologie: Von Montaigne bis Margaret Mead*, ed. W. Marschall. München: Beck.

Bergson, H. 1960. *Creative Evolution*. London: Macmillan & Company.

——. 1986. *Matter and Memory*. London: Macmillan.

Bernatzik, H. A. , and E. Bernatzik. 1936. *Die Geister der gelben Blätter: Forschungsreisen in Hinterindien*. München: Union.

Berndt, R. M. 1977. "Anthropologiocal Research in British Colonies: Some Personal Accounts. "Special issue, *Anthropological Forum* 4.

Bernot, L. 1967a. *Les Cak: Contribution et l'étude ethnographique d'une population de langue loi*. Paris: Editions du Centre National de la Recherche Scientifique.

——. 1967b. *Les paysans arakanais du Pakistan oriental: L'histoire, le monde végétal et l'organisation sociale des réfugise Marma (Mog)*. [*École pratique des hautes Études, Sorbonne. 6me section: sciences économiques et sociales*]. Paris: Mouton.

——. 1986. "Hommage à André Levoi-Gourhan. "*L'Homme* 100: 7—20.

Bernot, L. , and D. Bernot. 1958. *Les Khyang des collines de Chittagong (Pakistan oriental): Maté riaux pour l'e' tude linguistique des Chin*. Paris: Plon.

Bernot, L. , and R. Blancard. 1953. *Nouville: Un village français*. Paris: Institut d'Ethnologie.

Biardeau, M. 1989. *Hinduism: The Anthropology of a Civilization*. Delhi: Oxford University Press.

Biardeau, M. , and C. Malamoud. 1976. *Le sacrifice dans l'Inde ancienne*. Paris: Presses Universitaires de France.

Bing, F. 1964. "Entretiens avec Alfred Métraux. "*L'Homme* 4: 20—32.

Bloch, M. 1983. *Marxism and Anthropology: The History of a Relationship*. Oxford: Clarendon.

——, ed. 1975. *Marxist Analysis and Social Anthropology*. London: Malahy.

Bloch, M. , and J. Parry, eds. , 1982. *Death and the Regeneration of Life*. Cambridge: Cambridge University Press.

Bloch, M. , and D. Sperber. 2002. "Kinship and Evolved Psychological Dispositions: The Mother's Brother Controversy Reconsidered. "*Current Anthropology* 43: 723—48.

Boals, F. 1896/1940. "The Limitations of the Comparative Method in Anthropology. "Pp. 270—80 in F. Boas, *Race, Language, and Culture*. New

York：Macmillan.

———. 1911a. *Change in Bodily Form of Descendants of Immigrants*. New York：Columbia University Press.

———. 1911b. *The Mind of Primitive Man*. New York：Macmillan.

———. 1928. "Foreword. "In M. Mead，*Coming of Age in Samoa：A Psychological Study of Primitive Youth for Western Civilization*. New York：New American Library.

———. 1934. "Introduction. "Pp. xiii-xv in R. Benedict，*Patterns of Culture*. Boston：Houghton Mifflin.

Bonte，P. , and M. Izard，eds，1991. *Dictionnaire de l'ethnologie et de l'anthropologie*. Paris：Presses Universitaires de France.

Boschetti，A. 1985. *Sartre et "Les Temps modernes"：Une entreprise intellectuelle*. Paris：Editions de Minuit.

Boserup，E. 1970. *The Conditions of Agricultural Growth. The Economics of Agrarian. Change under Population Pressure*. London：Allen &- Unwin.

Bouez，S. 1985. *Réciprocité et hiérarchie：L'alliance chez les Ho et les Santal de l'Inde*. Paris：Société d'Ethnographie；Service du Publication du Laboratoire d'Ethnologie et de Sociologie Comparative Université de Paris X.

———. 1992. *La déesse apaisé：Norme et transgression dans l'hindouisme au Bengale*. Paris：Éditions de l'École des Hautes Études en Sciences Sociales.

Bouglé，C. C. A. 1899. *Les idées égalitaires：Etude sociologique*. Paris：Alcan.

———. 1903. *La démocratie devant la science：Études critiques sur l'hérèdité，la concurrence et la différenciation*. Paris：Alcan.

———. 1912. *La sociologie de Proudhon*. Paris：Armand Colin.

———. 1969. *The Evolution of Values：Studies in Sociology with Special Applications to Teaching*. New York：A. M. Kelley.

———. 1971. *Essays on the Caste System*. Cambridge：Cambridge University Press.

Bouquet，M. 2000. "Figures of Relations：Reconnecting Kinship Studies and Museum Collections. "In *Cultures of Relatedness：New Approaches to the Study of Kinship*，ed. J. Carsten. Cambridge：Cambridge University Press.

Bourdieu, P. 1962. *The Algerians*. Boston: Beacon.

——. 1977. *Outline of a Theory of Practice*. Cambridge: Cambridge University Press.

——. 1979. *Algeria 1960: The Disenchantment of the World; The Sense of Honour; The Kabyle House, or, the World Reversed: Essays*. Cambridge: Cambridge University Press.

——. 1984. *Distinction: A Social Critique of the Judgement of Taste*. London: Routledge & Kegan Paul.

——. 1988. *Homo Academicus*. Cambridge, U. K. : Polity Press.

——. 1990a. *In Other Words: Essays Towards a Reflexive Sociology*. Cambridge, U. K. : Polity Press.

——. 1990b. *The Logic of Practice*. Cambridge, U. K. : Polity Press.

Bourdieu, P. , et al. 1999. *The Weight of the World: Social Suffering in Contemporary Society*. Cambridge, U. K. : Polity Press.

Bourdieu, P. , and J. -C. Passeron. 1979. *The Inheritors: French Students and Their Relation to Culture*. Chicago: University of Chicago Press.

Bourgin, H. 1925. *Cinquante ans d'expérience démocratique, 1874—1924*. Paris: Nouvelle Librairie Nationale.

——. 1970. *De Jaurès à Léon Blum: Lécole normale et la politique*. Paris: Gordon & Breach.

Bowman, G. 1994. "Xenophobia, Fantasy, and the Nation: The Logic of Ethnic Violence in Former Yugoslavia. "In *The Anthropology of Europe: Identities and Boundaries in Conflict*, ed. V. Goddard et al. Oxford: Berg.

Brandewie, E. 1990. *When Giants Walked the Earth: The Life and Times of Wilhelm Schmidt, SVD*. Fribourg: University Press.

Braudel, F. 1972. *The Mediterranean and the Mediterranean World in the Age of Philip II*. New York: Harper & Row.

Brauen, M. 2000. *Traumwelt Tibet: Westliche Trugbilder*. Bern: Haupt.

Braukämper, U. 2001. "Gustav Nachtigal. "Pp. 332—37 in *Hauptwerke der Ethnologie*, ed. C. F. Feest and K. -H. Kohl. Stuttgart: Kröner.

Braun, J. 1995. *Eine deutsche Karriere: Die Biographie des Ethnologen Hermann Baumann (1902—1971)*. München: Akademischer Verlag.

Brooke, M. Z. 1970. *Le Play: Engineer and Social Scientist: The Life and*

Work of Frédéric Le Play. London:Longmans.

Bucher,G. 2002. "'Unterricht,was bey Beschreibung der Völker,absonderlich der Sibirischen in acht zu nehmen.' Die Instruktionen Gerhard Friedrich Müllers und ihre Bedeutung für die Geschichte der Ethnologie und der Geschichts-wissenschaft. "Stuttgart:Steiner.

Buchheit,K. P. ,and K. P. Köpping. 2001. "Adolf Philipp Wilhelm Bastian. " Pp. 19—25 in *Hauptwerke der Ethnologie*, ed. C. F. Feest and K.-H. Kohl. Stuttgart:Kröner.

Bunzl,M. 1996. "Franz Boas and the Humboldtian Tradition: From Volksgeist and Nationalcharakter to an Anthropological Concept of Culture. " Pp. 17—78 in *Volksgeist as Method and Ethic: Essays on Boasian Ethnography and the German Anthropological Tradition*,ed. G. W. Stocking Jr. Madison:University of Wisconsin Press.

Burguière,A. 1975. *Bretons de Plozévet*. Paris:Flammarion.

Burke,P. 1989. "French Historians and Their Cultural Identities. "In *History and Ethnicity*, ed. E. Tonkin, M. McDonald, and M. Chapman. London: Routledge.

Byer,D. 1999. *Der Fall Hugo Bernatzik: Ein Leben zwischen Ethnologie und Öffentlichkeit 1897—1953*. Köln:Böhlau.

Caillois,R. 1950. *L'homme et le sacré*. Paris:Gallimard.

Calame-Griaule,G. 1965/1986. *Words and the Dogon World*. Philadelphia:Institute for the Study of Human Issues.

Carneiro,R. 1981. "Leslie White. "Pp. 209—52 in *Totems and Teachers: Perspectives on the History of Anthropology*, ed. S. Silverman. New York: Columbia University Press.

Carrier,J. 1995. *Occidentalism: Images of the West*. Oxford:Oxford University Press.

Carrin-Bouez,M. 1986. *La fleur et l'os: Symbolisme et rituel chez les Santal*. Paris:Ecole des Hautes Etudes en Sciences Sociales.

Carsten,J. 2000. "Introduction: Cultures of Relatedness. "In *Cultures of Relatedness: New Approaches to the Study of Kinship*,ed. J. Carsten. Cambridge:Cambridge University Press.

Casajus,D. 1985. "Why Do the Tuareg Veil Their Faces?" In *Contexts and*

Levels: Anthropological Essays on Hierarchy, ed. R. H. Barnes, D. de Coppet, and R. J. Parkin. JASO Occasional Papers 4. Oxford: JASO.

———. 1996. "Claude Lévi-Strauss and Louis Dumont: Media Portraits." In *Popularizing Anthropology*, ed. J. MacClancy and C. McDonaugh. London: Routledge.

Cazeneuve, J. 1972. *Lucien Lévy-Bruhl*. Oxford: Basil Blackwell.

Chapman, C. G. 1935/1981. *Milocca, a Sicilian Village*. Cambridge, Mass. : Schenkman.

Charachidzé, G. 1991. "Georges Dumézil." In *Dictionnaire de l'ethnologie et de l'anthropologie*, ed. P. Bonte and M. Izard. Paris: Presses Universitaires de France.

Chevron, M. -F. 2003. *Anpassung und Entwicklung in Evolution und Kulturwandel: Ein Paradigmenstreit in der beginnenden deutschsprachigen Ethnologie und seine Folgen*. Berlin: LIT.

Cladis, M. S. 1999. *Durkheim and Foucault: Perspectives on Education and Punishment*. Oxford: Durkheim Press.

Clarke, S. 1981. *The Foundations of Structuralism: A Critique of Lévi-Strauss and the Structuralist Movement*. Brighton, U. K. : Harvester.

Clastres, P. 1972/1998. *Chronicle of the Guayaki Indians*. New York: Zone Books.

———. 1987. *Society against the State: Essays in Political Anthropology*. New York: Zone Books.

Clifford, J. 1982. *Person and Myth: Maurice Leenhardt in the Melanesian World*. Berkeley: University of California Press.

———. 1983. "Power and Dialogue in Ethnography: Marcel Griaule's Initiation." In *Observers Observed: Essays on Ethnographic Fieldwork*, ed. G. W. Stocking Jr. Madison: University of Wisconsin Press.

———. 1991. "Maurice Leenhardt." In *Dictionnaire de l'ethnologie et de l'anthropologie*, ed. P. Bonte and M. Izard. Paris: Presses Universitaires de France.

Clifford, J. , and G. E. Marcus. eds. 1986. *Writing Culture: The Poetics and Politics of Ethnography*. Berkeley: University of California Press.

Codere, H. 1950. *Fighting with Property: A. Study of Kwakiutl Potlatc-*

hing and Warfare, *1792—1930*. New York:J. J. Augustin.

Colchester,M. 1982. "Les Yanomami,Sont-Ils Libres? Les Utopias Amazoniennes,Une Critique:A Look at French Anarchist Anthropology. "*Journal of the Anthropological Society of Oxford* 13:147—64.

Cole,D. 1999. *Franz Boas: The Early Years*, *1858—1906*. Toronto.

Cole,J. 1977. "Anthropology Comes Part-Way Home:Community Studies in Europe. "*Annual Review of Anthropology* 6:349—78.

Cole,J. W. ,and E. R. Wolf. 1974. *The Hidden Frontier: Ecology and Ethnicity in an Alpine Valley*. New York:Academic Press.

Comte,A. 1973. *System of Positive Polity*. New York:Hill.

———. 1988. *Introduction to Positive Philosophy*. Indianapolis:Hackett.

Condominas,G. 1965. *L'exotique est quotidien: Sar Luk ,Vie'tnam central*. Paris:Plon.

———. 1977. *We Have Eaten the Forest: The Story of a Montagnard Village in the Central Highlands of Vietnam*. New York:Hill and Wang.

———. 1980. *L'espace social à propos de l'Asie du Sud-Est*. Paris:Flammarion.

Conte,E. 1987. "Wilhelm Schmidt:Des letzten Kaisers Beichtvater und das neudeutsche Heidentum. "Pp. 261—278 in *Volkskunde und Nationalsozialismus*, ed. H. Gerndt. Edited special edition, *Münchner Beiträge zur Volkskunde 7*.

Conte,E. ,and C. Essner, eds. 1995. *La quête de la race: Une anthropologie du Nazisme*. Paris:Hachette.

Crapanzano,V. 1980. *Tuhami*, *Portrait of a Moroccan*. Chicago: University of Chicago Press.

Gresswell,R. 1991. "AndréLeroi-Gourhan. "In *Dictionnaire de l'ethnologie et de l'anthropologie*,ed. P. Bonte and M. Izard. Paris:Presses Universitaires de France.

Crocker,J. C. 1985. *Vital Souls: Bororo Cosmology* ,*Natural Symbolism* ,*and Shamanism*. Tucson:University of Arizona Press.

Culler,J. D. 1976. *Saussure*. Glasgow:Fontana/Collins.

Current Anthropology. 1980. "Anthropology in France,Present and Future. " *Current Anthropology* 21:479—89.

Dam Bo[Dournes,J]. 1950. "Les populations montagnardes du Sud-Indo-Chinois(Pémsiens). "*France-Asie* 49—50:931—1203.

Dampierre,É. d. 1963. *Poètes nzakara*. Paris:Juilliard.

——. 1984. *Penser au singulier: Étude nzakara*. Paris:Société d'ethnographie Universite de Paris X.

D'Andrade,R. 1995. "Moral Models in Anthropology. "*Current Anthropology* 36:399—408,433—36.

Danforth,L. M. 1982. *The Death Rituals of Rural Greece*. Princeton, N. J. : Princeton University Press.

Darnell,R. 2001. *Invisible Genealogies: A History of Americanist Anthropology*. Lincoln:University of Nebraska Press.

Davis,A. , B. B. Gardner, and M. R. Gardner. 1941. *Deep South: A Social ANthropological Study of Caste and Class*. Chicago:University of Chicago Press.

de Coppet,D. 1985. "Land Owns People. "In *Contexts and Levels: Anthropological Essays on Hierarchy*,ed. R. H. Barnes,D. de Coppet,and R. J. Parkin. JASO Occasional Papers 4. Oxford:JASO.

de Coppet,D. ,and A. Iteanu,ed. 1995. *Cosmos and Society in Oceania*. Oxford:Berg.

Delafosse,M. 1922. *Les noirs de l'Afrique*. Paris:Payot & Cie.

Delamont,S. 1995. *Appetites and Identities: An Introduction to the Social Anthropology of Western Europe*. London:Routledge.

Deleuze,G. , and F. Guattari. 1984. *Anti-Oedipus: Capitalism and Schizophrenia*. London:Athlone.

——. 1988. *A Thousand Plateaus: Capitalism and Schizophrenia*. London: Athlone Press.

Deliège,R. 1985. *The Bhils of Western India: Some Empirical and Theoretical Issues in Anthropology in India*. New Delhi:National.

——. 1997. *The World of the "Untouchables": Paraiyars of Tamil Nadu*. Delhi:Oxford University Press.

——. 1999. *The Untouchables of India*. Oxford:Berg.

Deloria,V. 1969. *Custer Died for Your Sins*. London:Collier-Macmillan.

Deluz,A. 1991a. "Georges Devereux. "In *Dictionnaire de l'ethnologie et de l'anthropologie*, ed. P. Bonte and M. Izard. Paris: Presses Universitaires de France.

———. 1991b. "Roger Bastide." In *Dictionnaire de l'ethnologie et de l'anthropologie*, ed. P. Bonte and M. Izard. Paris: Presses Universitaires de France.

Derrida, J. 1976. *Of Grammatology*. Baltimore: Johns Hopkins University Press.

———. 1978. *Writing and Difference*. Chicago: University of Chicago Press.

Descola, P. 1994. *In the Society of Nature: A Native Ecology in Amazonia*. Cambridge: Cambridge University Press.

———. 1996. *The Spears of Twilight: Life and Death in the Amazon Jungle*. London: HarperCollins.

Despres, L. A. , ed. 1975. *Ethnicity and Resource Competition in Plural Societies*. The Hague: Mouton.

Devereux, G. 1937. "Functioning Units in Hä(rh)ndea(ng) Society. "*Primitive Man* 10:1—7.

———. 1961. *Mohave Ethnopsychiatry and Suicide: The Psychiatric Knowledge and the Psychic Disturbances of an Indian Tribe*. Washington. D. C. : United States Government Printing Office.

———. 1967. *From Anxiety to Method in the Behavioral Sciences*. Paris: Mouton.

———. 1970. *Essais d'ethnopsychiatrie générale*. Paris: Gallimard.

Diamond, S. 1974. *In Search of the Primitive: A Critique of Civilization*. New Brunswick, N. J. : Transaction Books.

Diamond, S. , B. Scholte, and E. Wolf. 1975. "Anti-Kaplan: Defining the Marxist Tradition. "*American Anthropologist* 77:870—76.

Dias, N. 1991. "Musées. "In *Dictionnaire de l'ethnologie et de l'anthropologie*, ed. P. Bonte and M. Izard. Paris: Presses Universitaires de France.

Dias, N. , and J. Jamin. 1991. "Origines de l'anthropologie: Du début du xixe siècle à 1860. "In *Dictionnaire de l'ethnologie et de l'anthropologie*, ed. P. Bonte and M. Izard. Paris: Presses Universitaires de France.

Dibie, P. 1991. "André Georges Haudricourt. "In *Dictionnaire de l'ethnologie et de l'anthropologie*, ed. P. Bonte and M. Izard. Paris: Presses Universitaires de France.

Dieterlen, G. 1951. *Essai sur la religion bambara*. Paris: Presses Universitaires de France.

———, ed. 1973. *La notion de personne en Afrique noire*, *Paris 11—17 octobre 1971*. Paris: Editions du Centre National de la Recherche Scientifique.

Dollard, J. 1937. *Caste and Class in a Southern Town*. New York: Harper.

Dostal, W., ed. 1975. *Die Situation der Indios in Südamerika: Grundlagen der interethnischen Konflikte der nichtandinen Indianer*. Wuppertal: Peter Hammer.

———. 1994. "Silence in the Darkness: An Essay on German Ethnology during the National Socialist Period. "*Social Anthropology/Anthropologie Social* 2/3:251—62.

Dostal, W., and A. Gingrich. 1996. "German and Austrian Anthropology." Pp. 263—65 in *Encyclopedia of Social and Cultural Anthropology*, ed. A. Barnard and J. Spencer. London: Routledge.

Dournes, J. 1951. "Nri(Coutumier Srê: Extraits). "*France-Asie* 73:1232—41.

———. 1972. *Coordonnées: Structures Jörai familiales et sociales*. Paris: Institut d'Ethnologie.

———. 1977. *Pötao: Une théorie du pouvoir chez les Indochinois Jörai*. Paris: Flammarion.

Dousset-Leenhardt, R. 1977. "Maurice Leehardt. "*L'Homme* 17:105—15.

Dresch, P. 1998. "Mutual Deception: Totality. Exchange, and Islam in the Middle East. "In *Marcel Mauss: A Centenary Tribute*, ed. W. James and N. J. Allen. New York: Berghahn.

Dreyfus, S. 1991. "Alfred Métraux. "In *Dictionnaire de l'ethnologie et de l'anthropologie*, ed. P. Bonte and M. Izard. Paris: Presses Universitaires de France.

Dumézil, G. 1968—1973. *Mythes et épopées*. Paris: Gallimard.

———. 1988. *Mitra-Varuna: An Essay on Two Indo-European Representations of Sovereignty*. New York: Zone Books.

Dumont, L. 1951. *La Tarasque: Essai de description d'un fait local d'un point de vue ethnographique*. Paris: Gallimard.

———. 1966/1980. *Homo Hierarchicus: The Caste System and Its Implica-

tions. Chicago: University of Chicago Press.

——. 1983. *Affinity as a Value: Marriage Alliance in South India, with Comparative Essays on Australia*. Chicago: University of Chicago Press.

——. 1986. *A South Indian Subcaste: Social Organization and Religion of the Pramalai Kallar*. Delhi: Oxford University Press.

——. 1992. *Essays on Individualism: Modern Ideology in Anthropological Perspective*. Chicago: University of Chicago Press.

——. 1994. *German Ideology: From France to Germany and Back*. Chicago: University of Chicago Press.

Durkheim, É. 1893/1984. *The Division of Labour in Society*. London: Macmillan.

——. 1894/1951. *Suicide: A Study in Sociology*. Glencoe: Free Press.

——. 1895/1982. *The Rules of Sociological Method: And Selected Texts on Sociology and Its Method*. London: Macmillan.

——. 1897/1997. "On the Work of Taine." In *Montesquieu: Quid secundatus politicae scientiae instituendae contulerit*, ed. É. Durkheim. Oxford: Durkheim Press.

——. 1912/1995. *The Elementary Forms of Religious Life*. New York: Free Press.

——. 1979. *Durkheim: Essays on Morals and Education*. London: Routledge and Kegan Paul.

——. 1997. *Montesquieu: Quid secundatus politicae scientiae instituendae contulerit*. Oxford: Durkheim Press.

Durkheim, É., and M. Mauss. 1903/1963. *Primitive Classification*. Chicago: University of Chicago Press.

Dwyer, K. 1982. *Moroccan Dialogues: Anthropology in Question*. Baltimore: Johns Hopkins University Press.

Ehl, S. 1995. "Ein Afrikaner erobert die Mainmetropole: Leo Frobenius in Frankfurt(1924—1938)." Pp. 121—140 in *Lebenslust und Fremdenfurcht: Ethnologie im Dritten Reich*, ed. T. Hauschild. Frankfurt: Suhrkamp.

Elias, N. 1969. *Über den Prozess der Zivilisation: Soziogenetische und psychogenetische Untersuchungen*. Bern: Francke.

Elphinstone, M. 1839/1972. *An Account of the Kingdom of Caubul*. Karachi:

Oxford University Press.

Embree, J. 1939. *Suye Mura, A Japanese village*. Chicago: University of Chicago Press.

Enzensberger, U. 1979. *Georg Forster: Weltumsegler und Revolutionär*. Berlin: Wagenbach.

Eriksen, T. H., and F. S. Nielsen. 2001. *A History of Anthropology*. London: Pluto Press.

Evans, A. D. 2003. "Anthropology at War: Racial Studies of POWs during World War I."Pp. 198—229 in *Worldly Provincialism: German Anthropology in the Age of Empire*, ed. H. G. Penny and M. Bunzl. Ann Arbor. : University of Michigan Press.

Evans-Pritchard, E. E. 1937. *Witchcraft, Oracles, and Magic among the Azande*. Oxford: Clarendon.

——. 1940. *The Nuer: A Description of the Modes of the Livelihood and Political Institutions of a Nilotic People*. Oxford: Clarendon.

——. 1949. *The Sanusi of Cyrenaica*. Oxford: Clarendon.

——. 1951. *Kinship and Marriage among the Nuer*. Oxford: Clarendon.

——. 1954. "Foreword."Pp. ix-xi in J. A. Pitt-Rivers, *The People of the Sierra*. London: Weidenfeld & Nicolson.

——. 1962. *Essays in Social Anthropology*. London: Faber and Faber.

——. 1965. *Theories of Primitive Religion*. Oxford: Clarendon.

——. 1981. *A History of Anthropological Thought*, ed. A. Singer and E. Gellner. New York: Basic Books.

Fauconnet, P. 1920. *La responsibilité: Étude de sociologie*. Paris: Alcan.

Favret-Saada, J. 1980. *Deadly Words: Witchcraft in the Bocage*. Cambridge: Cambridge University Press.

Feest, C. F. 1976. *Das rote Amerika: Nordamerikas Indianer*, Wien: Europaverlag.

Fei, H. -T. 1939. *Peasant Life in China*. London: Kegan Paul, Trench, Trubner.

Ferrell, R. 1996. *Passion in Theory: Conceptions of Freud and Lacan*. London: Routledge.

Firth, R. W. 1929. *Primitive Economics of the New Zealand Maori*. London:

G. Routledge.

———. 1936. *We, the Tikopia: A Sociological Study of Kinship in Primitive Polynesia.* London: G. Allen & Unwin.

———. 1975. "An Appraisal of Modern Social Anthropology. "*Annual Review of Anthropology* 4:1—25.

———, ed. 1957. *Man and Culture: An Evaluation of the Work of Malinowski.* London: Routledge and Kegan Paul.

Fischer, H. 1981. *Die Hamburger Südsee-Expedition: Über Ethnographie und Kolonialismus.* Frankfurt: Syndikat.

———. 1990. *Völkerkunde im Nationalsozialismus: Aspekte der Anpassung, Affinität und Behauptung einer wissenschaftlichen Disziplin.* Berlin: D. Reimer.

Forster, J. R. 1777. *A Voyage Round the World.* London: B. White.

Förster, T. 2001. "Heinrich Barth. "Pp. 15—19 in *Hauptwerke der Ethnologie*, ed. Christian F. Feest and Karl-Heinz Kohl. Stuttgart: Kröner.

Fortes, M. 1945. *The Dynamics of Clanship among the Tallensi : Being the First Part of an Analysis of the Social Structure of a Trans-Volta Tribe.* London: Oxford University Press.

———. 1949a. "Time and Social Structure: An Ashanti Case Study. "Pp. 54—84 in *Social Structure: Studies Presented to A. R. Radcliffe-Brown*, ed. M. Fortes. Oxford: Clarendon.

———. 1949b. *The Web of Kinship among the Tallensi: The Second Part of an Analysis of the Social Structure of a Trans-Volta Tribe.* London: Oxford University Press.

———. 1953. "The Structure of Unilineal Descent Groups. "*American Anthropologist* 55:17—41.

———. 1959. "Descent, Filiation, and Affinity: A Rejoinder to Dr. Leach. "*Man* 59:193—97, 206—12.

———, ed. 1949. *Social Structure: Studies Presented to A. R. Radcliffe-Brown.* Oxford: Clarendon.

Fortes, M., and E. E. Evans-Pritchard, eds. 1940. *African Political Systems.* London: Oxford University Press for the International African Institute.

Fortune, R. 1935. *Manus Religion.* Philadelphia: American Philosophical Society.

Foster,G. M. 1961. "The Dyadic Contract:A Model for the Social Structure of a Mexican Peasant Village."*American Anthropologist* 65:1280—94.

——. 1965. "Peasant Society and the Image of Limited Good."*American Anthropologist* 67:293—315.

Foucault,M. 1978. *The History of Sexuality*. Vol. 1. New York:Pantheon.

——. 1979. *Discipline and Punish: The Birth of the Prison*. New York:Vintage.

——. 1984. *The History of Sexuality*. Vol. 2. New York:Pantheon.

——. 1985. *The History of Sexuality*. Vol. 3. New York:Pantheon.

——. 1997. *Madness and Civilization: A History of Insanity in the Age of Reason*. London:Routledge.

Fournier,M. 1994. *Marcel Mauss*. Paris:Fayard.

Fox,R. G. 1972. "Rationale and Romance in Urban Anthropology."*Urban Anthropology* 1:205—33.

——,ed. 1991. *Recapturing Anthropology: Working in the Present*. Santa Fe:School of American Research Press.

Fox,R. G. ,and B. J. King,eds. 2002. *Anthropology beyond Culture*. Oxford:Berg.

Frank,A. G. 1966. "The Development of Underdevelopment."*Monthly Review*(September),17—31.

——. 1967. *Capitalism and Underdevelopment in Latin America*. New York:Monthly Review Press.

Franklin,S. , and S. McKinnon. 2000. "New Directions in Kinship Study:A Core Concept Revisited."*Current Anthropology* 41:275—79.

——,eds. 2002. *Relative Values: Reconfiguring Kinship Studies*. Durham, N. C. :Duke University Press.

Frazer,J. G. 1911—1936. *The Golden Bough: A Study in Magic and Religion*. 12 vols. London:Macmillan.

Freedman,M. 1975. "Introduction."In M. Granet,*The Religion of the Chinese People*. Oxford:Blackwell.

Freeman,D. 1983. *Margaret Mead and Samoa: The Making and Unmaking of an Anthropological Myth*. Cambridge, Mass. : Harvard University

Press.

Fricke, C. 1993. "Die Deutschen Gesellschaften des 18. Jahrhunderts—ein Forschungsdesiderat. "Pp. 77—98 in *Sprachwissenschaft im 18. Jahrhundert: Fallstudien und Überblicke*, ed. K. D. Dutz. Münster: Nodus.

Fried, M. H. 1967. *The Evolution of Political Society: An Essay in Political Anthropology*. New York: Random House.

——. 1975. *The Notion of Tribe*. Menlo Park, Calif.: Cummings.

Frobert, L. 1997. "Sociologie juidique et socialisme réformiste: Note sur le projet d'Emmanuel Lévy. "*Durkheimian Studies* 3: 27—42.

Fustel de Coulanges, N. D. 1864/1882. *The Ancient City: A Study on the Religion, Laws, and Institutions of Greece and Rome*. Garden City: Doubleday.

Gaborieau, M. 1978. *Le Né pal et ses populations*. Bruselles: Editions Complexe.

Galey, J. -C. 1982. "A Conversation with Louis Dumont, Paris, 12 December 1979. "In *Way of Life: King, Householder, Renouncer: Essays in Honour of Louis Dumont*, ed. T. N. Madan. Paris: Maison des Sciences de l'Homme.

——. 1989. "Reconsidering Kingship in India: An Ethnological Perspective. " *History and Anthropology* 4: 123—87.

Gane, M. 1992. "Introduction: Emile Durkheim, Marcel Mauss, and the Sociological Project. "In *The Radical Sociology of Durkheim and Mauss*, ed. M. Gane. London: Routledge.

Garber, K. 1996. "Sozietät und Geistesadel: Von Dante zum Jakobiner-Club. Der frühneuzeitliche Diskurs de vera nobilitate und seine institutionelle Ausformung in der gelehrten Akademie. " In *Europäische Sozietätsbewegung und demokratische Tradition: Die europäischen Akademien der Frühen Neuzeit zwischen Frührenaissance und Spätaufklärung*, ed. K. Garber, H. Wismann, and W. Siebers, Tübingen: M. Niemeyer.

Gardt, A. 1999. *Geschichte der Sprachwissenschaft in Deutschland. Vom Mittelalter bis ins 20. Jahrhundert*. Berlin: Walter de Gruyter.

Geertz, C. 1960. *The Religion of Java*. Glencoe: Free Press.

——. 1963a. *Agricultural Involution: The Process of Ecological Change in Indonesia*. Berkeley: University of California Press.

——. 1963b. *Peddlers and Princes: Social Change and Economic Modernization in Two Indonesian Towns*. Chicago: University of Chicago Press.

——. 1968. *Islam Observed: Religious Development in Morocco and Indonesia*. New Haven: Yale University Press.

——. 1973. *The Interpretation of Cultures*. New York: Basic Books.

——. 1980. *Negara: The Theatre State in Nineteenth-Century Bali*. Princeton, N. J. : Princeton University Press.

Geertz, H. , and C. Geertz. 1975. *Kinship in Bali*. Chicago: University of Chicago Press.

Geisenhainer, K. 2000. "Rassenkunde zwischen Metaphorik und Metatheorie—Otto Reche. "Pp. 83—100 in *Ethnologie und Nationalsozialismus*, ed. B. Streck. Gehren: Escher.

——. 2002. *"Rasse ist Schicksal": Otto Reche (1879—1966)—ein Leben als Anthropologe und Völkerkundler*. Leipzig: Evangelische Verlagsanstalt.

Gellner, E. 1959. *Words and Things*. London: Gollancz.

Gennep, Arnold van. 1909/1960. *The Rites of Passage*. London: Routledge.

Gephart, W. 1997. *Symbol und Sanktion: Zur Theorie der kollektiven Zurechnung von Paul Fauconnet*. Opladen: Leske & Budrich.

Gibson, K. , and T. Ingold, eds. 1993. *Tools, Language, and Cognition in Human Evolution*. Cambridge: Cambridge University Press.

Gillin, J. P. 1947. *Moche: A Peruvian Coastal Community*. Washington, D. C. : U. S. Government Printing Office.

Gilsenbach, R. 1988a. "Die Verfolgung der Sinti—ein Weg, der nach Auschwitz führte. "*Feinderklärung und Prävention: Beiträge zur Nationalsozialistischen Gesundheits—und Sozialpolitik* 6: 11—42.

——. 1988b. "Wie Lolitschai zur Doktorwürde kam. " *Feinderklärung und Prä-vention: Beiträge zur Nationalsozialistischen Gesundheits—und Sozialpolitik* 6: 101—34.

Gingrich, A. 1999a. *Erkundungen: Themen der ethnologischen Forschung*. Wien: Böhlau.

——. 1999b. "Marxismus und Ethnologie. "Pp. 245—246 in *Wörterbuch der*

Völkerkunde (*begründet von Walter Hirschberg*). Berlin: Reimer.

——. Forthcoming. "Gebrochene Kontexte einer prekären Ethnographie: Einleitende Überlegungen zum Frühwerk von Christoph Fürer-Haimendorf. " Introduction to H. Schäffler, *Begehrte Köpfe: Zum ethnographischen Werk von Christoph Fürer-Haimendorf*. Vienna: Boehlau.

Gingrich, A. , and S. Haas. 1999. "Vom Orientalismus zur Sozialanthropologie: Ein Überblick zu österreichischen Beiträgen für die Ethnologie der islamischen Welt. " *Mitteilungen der Anthropologischen Gesellschaft in Wien* 125/126: 115—34.

Ginsburg, F. D. , and R. Rapp. eds. 1995. *Conceiving the New World Order: The Global Politics of Reproduction*. Berkeley: University of California Press.

Girard, R. 1972. *La violence et le sacré*. Paris: B. Grasset.

Girtler, R. 2001. "Franz Boas. Burschenschaftler und Schwiegersohn eines österreichischen Revolutionärs von 1848. "*Anthropos* 96: 572.

Glick Schiller, N. , C. Szanton Blanc, and L. Basch. 1999. "On the Way Towards Transnational Anthropology: The 1994 Wenner-Gren Symposium on Transnationalism, Nation-State Building, and Culture. "Paper prepared for Wenner-Gren International Symposium 125, "Anthropology at the End of the Century,"October 30-November 5, 1999, Cabo San Lucas, Mexico.

Gluckman, M. 1963. *Order and Rebellion in Tribal Africa*. London: Cohen & West.

——. 1974. "Report from the Field. "*New York Review of Books* 21 (19): 43—44.

Godelier, M. 1977. *Perspectives in Marxist Anthropology*. Cambridge: Cambridge University Press.

——. 1986. *The Making of Great Men: Male Domination and Power among the New Guinea Baruya*. Cambridge: Cambridge University Press.

——. 1999. *The Enigma of the Gift*. Cambridge, U. K. : Polity Press.

——. 2000. "Is Social Anthropology Still Worth the Trouble? A Response to Some Echoes from America. "*Ethnos* 65: 301—16.

Godelier, M. , and M. Panoff, eds. 1998. *La production du corps: Approches anthropologiques et historiques*. Amsterdam: Gordon & Breach.

Godelier, M. , and M. Strathern, eds. 1991. *Big Men and Great Men: Personifications of Power in Melanesia*. Cambridge: Cambridge University Press.

Godelier, M. , T. R. Trautmann, and F. E. Tjon Sie Fat, eds. *Transformations of Kinship*. Washington, D. C. : Smithsonian Institution Press.

Golde, P. , ed. 1970. *Women in the Field: Anthropological Experiences*. Chicago: Aldine.

Goldenweiser, A. 1917. "Review of Emile Durkheim, *Les Formes Elementaires de la Vie Religieuse.*" *American Anthropologist* 17: 719—35.

Goldschmidt, W. 1947. *As You Sow: Three Studies in the Social Consequences of Agribusiness*. New York: Harcourt, Brace.

Goodman, A. , D. Heath, and S. Lindee, eds. 2003. *Genetic Nature/Culture: Anthropology and Science beyond the Two Culture Divide*. Berkeley: University of California Press.

Goodman, A. , and T. Leatherman, eds. 1998. *Building a New Biocultural Synthesis: Political Economic Perpectives on Human Biology*. Ann Arbor: University of Michigan Press.

Goody, J. , ed. 1958. *The Developmental Cycle in Domestic Croups*. London: Cambridge University Press.

——. 1977. *The Domestication of the Savage Mind*. Cambridge: Cambridge University Press.

——. 1995. *The Expansive Moment: The Rise of Social Anthropology in Britain and Africa, 1918—1970*. Cambridge: Cambridge University Press.

Gothsch, M. 1983. *Die deutsche Völkerkunde und ihr Verhältnis zum Kolonialismus: Ein Beitrag zur kolonialideologischen und kolonialpraktischen Bedeutung der deutschen Völkerkunde in der Zeit von 1870 bis 1975*. Baden-Baden: Nomos.

Goudineau, Y. 1991. "Marcel Granet." In *Dictionnaire de l'ethnologie et de l'anthropologie*, ed. P. Bonte and M. Izard. Paris: Presses Universitaires de France.

Gough, K. 1968a. "Anthropology: Child of Imperialism." *Monthly Review* 19: 12—27.

——. 1968b. "New Proposals for Anthropologists." *Current Anthropology* 9:

405—35.

Gräbner, F. 1905. "Kulturkreise und Kulturschichten in Ozeanien. "*Zeitschrift für Ethnologie* 37 : 28—53.

Granet, M. 1930. *Chinese Civilization*. London : Routledge & Kegan Paul.

Granet, M. 1939. *Catégories matrimoniales et relations de proximité dans la Chine ancienne*. Paris : Alcan.

——. 1953. *Études sociologiques sur la Chine*. Paris : Presses Universitaires de France.

——. 1975. *The Religion of the Chinese People*. Oxford : Blackwell.

Griaule, M. 1938. *Masques dogons*. Paris : Institut d'Ethnologie.

——. 1957. *Me'thode de l'ethnographie*. Paris : Presses Universitaires de France.

——. 1948/1965. *Conversations with Ogotemméli : An Introduction to Dogon Religious Ideas*. Oxford : Oxford University Press for the International African Institute.

Griaule, M. , and G. Dieterlen. 1965. *Le renard pâle*. Paris : Institut d'Ethnologie.

Guilleminet, P. 1952. *Coutumier de la tribu bahnar des Sedang et des Jarai de la province de Kontum*. Paris : E. de Boccard : École Française d'Extrême-Orient.

Gumperz, J. , and S. Levinson, eds. 1996. *Rethinking Linguistic Relativity*. Cambridge : Cambridge University Press.

Gutkind, P. C. W. 1973. "Bibliography of Urban Anthropology. "Pp. 425—89 in *Urban Anthropology : Cross-Cultural Studies of Urbanization* , ed. A. Southall. New York : Oxford University Press.

Habinger, G. 2003. *Eine Wiener Biedermeierdame erobert die Welt : Die Lebensgeschichte der Ida Pfeiffer (1797—1858)*. Wien : Promedia.

Haddon, A. C. , ed. 1901—1935. *Reports of the Cambridge Anthropological Expedition to Torres Straits*. Cambridge : Cambridge University Press.

——. 1910. *History of Anthropology*. London : Watts.

Hahn, H. P. 2001. "Fritz Graebner/Bernhard Ankermann. "Pp. 137—142 in *Hauptwerke der Ethnologie* , ed. C. F. Feest and K. -H. Kohl. Stuttgart : Kröner.

Halbwachs, M. 1912. *La classe ouvrière et les niveaux de vie: Recherches sur la hiérarchie des besoins dans les société industrielles contemporaines.* Paris: Alcan.

——. 1930. *Les causes du suicide.* Paris: Alcan.

——. 1933. *L'évolution des besoins dans les classes ouvrières.* Paris: Alcan.

——. 1999. *On Collective Memory.* Chicago: University of Chicago Press.

Hallpike, C. R. 1979. *The Foundations of Primitive Thought.* Oxford: Clarendon.

Hammond-Tooke, W. D. 1997. *Imperfect Interpreters: South Africa's Anthropologists, 1920—1990.* Johannesburg: Witwatersrand University Press.

Haraway, D. J. 1989. *Primate Visions: Gender, Race, and Nature in the World of Modern Science.* New York: Routledge.

Harbsmeier, M. 1992. "Die Rückwirkungen des europäischen Ausgreifens auf Übersee auf den deutschen anthropologischen Diskurs um 1800." Pp. 422—42 in *Frühe Neuzeit-frühe Moderne? Forschungen zur Vielschichtigkeit von Übergangsprozessen*, ed. R. Vierhaus. Göttingen: Vandenhoeck & Ruprecht.

——. 1995. "Towards a Prehistory of Ethnography: Early Modern German Travel Writing as Traditions of Knowledge." Pp. 19—38 in *Fieldwork and Footnotes: Studies in the History of European Anthropology*, ed. H. Vermeulen and A. A. Roldán. London: Routledge.

Harms, V. 2001. "Karl von den Steinen." In *Hauptwerke der Ethnologie*, ed. C. F. Feest and K. -H. Kohl. Stuttgart: Kröner.

Harris, M. 1964. *The Nature of Cultural Things.* New York: Random House.

——. 1968. *The Rise of Anthropological Theory: A History of Theories of Culture.* New York: Thomas Crowell.

——. 1971. *Culture, Man, and Nature: An Introduction to General Anthropology.* New York: Thomas Crowell.

——. 1974. *Cows, Pigs, Wars and Witches: The Riddles of Culture.* New York: Random House.

——. 1977. *Cannibals and Kings: The Origins of Cultures.* New York: Random House.

——. 1979. *Cultural Materialism: The Struggle for a Science of Culture*. New York: Thomas Crowell.

——. 1994. "Cultural Materialism Is Alive and Well and Won't Go Away until Something Better Comes Along."Pp. 62—76 in *Assessing Cultural Anthropology*, ed. R. Borofsky. New York: McGraw-Hill.

Harstick, H.-P. , ed. 1977. *Karl Marx über Formen vorkapitalistischer Produktion: Vergleichena Studien zur Geschichte des Grundeigentums*, *1879—80*. Frankfurt: Campus Verlag.

Haudricourt, A. G. 1943. *L'homme et les plantes cultivées*. Paris: Gallimard.

——. 1987. *La technologie science humaine: Recherches d'histoire et d'ethnologie des techniques*. Paris: Editions de la Maison des Sciences de l'Homme.

Hauschild, T. 1995. "'Dem lebendigen Geist': Warum die Geschichte der Völkerkunde im 'Dritten Reich' auch für Nichtethnologen von Interesse sein kann."Pp. 13—61 in *Lebenslust und Fremdenfurcht: Ethnologie im Dritten Reich*, ed. T. Hauschild. Frankfurt: Suhrkamp.

Hauser-Schäublin, B. , ed. 1991. *Ethnologische Frauenforschung*: Ansätze, Methoden, Resultate. Berlin: Reimer.

Hegel, G. W. F. 1956. *The Philosophy of History*. New York: Dover.

Heinrichs, H. -J. , ed. 1975. *Materialien zu Bachofens "Das Mutterrecht."* Frankfurt: Suhrkamp.

Heintze, D. 1990. "Georg Forster."Pp. 69—87 in *Klassiker der Kulturantropologie: Von Montaigne bis Margaret Mead*, ed. W. Marschall. München: C. H. Beck.

Herder, J. G. 1772/1960. "Abhandlung über den Ursprung der Sprachen." Pp. 3—87in J. G. Herder, *Sprachphilosophische Schriften*, ed. E. Heintel. Hamburg: F. Meiner.

Héritier, F. 1981. *L'exercice de la parenté*. Paris: Gallimard.

——. 1999. *Two Sisters and Their Mother: The Anthropology of Incest*. New York: Zone Books.

Herrenschmidt, O. 1989. *Les meilleurs dieux sont hindous*. Lausanne: L'Age de l'Homme.

Herrnstein, R. J. , and C. Murray. 1994. *The Bell Curve: Intelligence and Class Structure in American Life*. New York: Free Press.

Herskovits, M. J. 1928. *The American Negro: A Study in Racial Crossing*. New York: Alfred A. Knopf.

Hertz, R. 1907/1960. "A Contribution to the Study of the Collective Representation of Death. "In *Death and the Right Hand*, ed. R. Hertz. London: Cohen & West.

——. 1909/1973. "The Pre-Eminence of the Right Hand: A Study in Religious Polarity. "In *Right and Left: Essays in Dual Symbolic Classification*, ed. R. Needham. Chicago: University of Chicago Press.

——. 1910. *Socialisme et dépopulation*. Paris: Librairie du Parti Socialiste.

——. 1913/1983. "St. Besse: A Study of an Alpine Cult. "In *Saints and Their Cults: Studies in Religious Sociology*, ed. S. Wilson. Cambridge: Cambridge University Press.

——. 1917. "Contes et dictons recueillis sur le front parmi les poilus de la Mayenne et d'ailleurs. "*Revue des Traditions Populaires* 32:32—45;74—91.

——. 1922/1944. *Robert Hertz: Sin and Expiation in Primitive Societies*. Oxford: British Centre for Durkheimian Studies.

Heusch, L. d. 1981. *Why Marry Her? Society and Symbolic Structures*. Cambridge; Paris: Cambridge University Press.

——. 1982. *The Drunken King, or the Origin of the State*. Bloomington: Indiana University Press.

——. 1985. *Sacrifice in Africa: A Structuralist Approach*. Manchester, U. K. : Manchester University Press.

Heuzé, G. 1996. *Workers of Another World: Miners, the Countryside, and Coalfields in Dhanbad*. Delhi: Oxford University Press.

Hildebrandt, H. -J. 1983. *Der Evolutionismus in der Familienforschung des 19. Jahrhunderts: Ansätze einer allgemeinen, historisch orientierten Theorie der Familie bei Johann Jakob Bachhofen, John Ferguson McLennan und Lewis Henry Morgan*. Berlin: Reimer.

Hirschberg, W. , C. F. Feest, and A. Janata, eds. 1966/1989. *Technologie und Ergologie in der Völkerkunde*. Berlin: Reimer.

Hohmann,J. S. 1996. *Handbuch zur Tsiganologie*. New York:P. Lang.

Holder,P. 1951. "The Role of Caddoan Horticulturalists in Culture History on the Great Plains. "PhD diss. ,Columbia University.

Hollier,D. ,and G. Bataille,eds. 1995. *Le Collége de sociologie: 1937—1939*. Paris:Gallimard.

Horowitz,I. L. 1968. *Radicalism and the Revolt against Reason: The Social Theories of Georges Sorel*. Carbondale:Southern Illinois University Press.

Hubert,H. 1905/1999. *Essay on Time: A Brief Study of the Representation of Time in Religion and Magic*. Oxford:Durkheim Press.

———. 1950. *Les Celtes depuis l'époque de La Téne et la civilisation celtique*. Paris:A. Michel.

———. 1952. *Les Germains: Cours professéà l'école du Louvre en 1924—1925*. Paris:A. Michel.

Hubert,H. , and M. Mauss, ed. 1964. *Sacrifice: Its Nature and Function*. London:Cohen & West.

———. 1972. *A General Theory of Magic*. London:Routledge and K. Paul.

Hugh-Jones,C. 1979. *From the Milk River*. Cambridge:Cambridge University Press.

Hugh-Jones,S. 1979. *The Palm and the Pleiades*. Cambridge:Cambridge University Press.

Hunter,M. 1936. *Reaction to Conquest: Effects of Contact with Europeans on the Pondo of South Africa*. Oxford:Oxford University Press.

Hymes, D. , ed. 1969. *Reinventing Anthropology*. New York: Random House.

———. 1974. *Foundations in Sociolinguistics: An Ethnographic Approach*. Philadelphia:University of pennsylvania Press.

———. 1975. "Reinventing Anthropology:Response to Kaplan and Donald. " *American Anthropologist* 77:869—70.

Icke-Schwalbe,L. 1972. "Die sozial-politische Rolle der Oberhäupter bei Adivasi-Gruppen in Zentralindien im Prozess der Industrialisierung. "*Jahrbuch des Museums für Völkerkunde zu Leipzig* 28:211—17.

Israel,H. 1969,*Kulturwandel grönländischer Eskimo im 18. Jahrhundert—Wandlungen in Gesellschaft und Wirtschaft unter dem Einfluss der Her-*

renhuter Brüdermission. Special issue, *Adhandlungen und Berichte des Staatlichen Museums für Völkerkunde Dresden 29*.

Iteanu, A. 1983. *La ronde des échanges: De la circulation aux valeurs chez les Orokaiva*. Cambridge:Cambridge University Press.

Izard, M. 1991. "Germaine Dieterlin." In *Dictionnaire de l'ethnologie et de l'anthropologie*, ed. P. Bonte and M. Izard. Paris:Presses Universitaires de France.

Jablow, J. 1951. *The Cheyenne in Plains Indian Trade Relations, 1795—1840*. New York:J. J. Augustin.

Jakobson, R. , and C. Lévi-Strauss. 1962. "Les chats de Charles Baudelaire. " *L'Homme* 2:5—21.

James, W. , and N. J. Allen. 1998. *Marcel Mauss: A Centenary Tribute*. New York:Berghahn Books.

Jamin, J. 1991a. "Denise Paulme. " In *Dictionnaire de l'ethnologie et de l'anthropologie*, ed. P. Bonte and M. Izard. Paris:Presses Universitaires de France.

——. 1991b. " France: L'anthropologie française. " In *Dictionnaire de l'ethnologie et de l'anthropologie*, ed. P. Bonte and M. Izard. Paris:Presses Universitaires de France.

——. 1991c. "Lucien Lévy-Bruhl. " In *Dictionnaire de l'ethnologie et de l'anthropologie*, ed. P. Bonte and M. Izard. Paris:Presses Universitaires de France.

——. 1991d. " Marcel Mauss. " In *Dictionnaire de l'ethnologie et de l'anthropologie*, ed. P. Bonte and M. Izard. Paris:Presses Universitaires de France.

——. 1991e. " Michel Leiris. " In *Dictionnaire de l'ethnologie et de l'anthropologie*, ed. P. Bonte and M. Izard. Paris:Presses Universitaires de France.

Jamous, R. 1981. *Honneur et Baraka: Les structures sociales traditionnelles dans le Rif*. Cambridge:Cambridge University Press.

——. 1991. *La relation frère-soeur: Parenté et rites chez les Meo de l'Inde du Nord*. Paris:Editions de l'École des Hautes Études en Sciences Sociales.

Jenkins, A. 1979. *The Social Theory of Claude Lévi-Strauss*. London:Macmillan.

Johnson, C. 2003. *Claude Le'vi-Strauss: The Formative Years*. Cambridge: Cambridge University Press.

Jouin, B. Y. 1949. *La mort et la tombe: L'abandon de la tombe, les cérémonies, prières et sacrifices se rapportant à ces trés importantes manifestations de la vie des autochtones du Darlac*. Paris: Institut d'Ethnologie.

Juillerat, B. 1971. *Les bases de l'organisation sociale chez les Mouktélé (Nord-Cameroun): Structures lignagères et mariage*. Paris: Institut d'Ethnologie.

——. 1991. *Oedipe chasseur: Une mythologie du sujet en Nouvelle-Guinée*. Paris: Presses Universitaires de France.

——. 1993. *La révocation des Tambaran: Les Banaro et Richard Thurnwald revistés*. Paris: CNRS.

——. 1995. *L'avènement du père: Rite, representation, fantasme, dans un culte mélanésien*. Paris: CNRS.

——. 1996. *Children of the Blood: Society, Reproduction, and Cosmology in New Guinea*. Oxford: Berg.

——. 2001. *Penser l'imaginaire: Essays d'anthropologie psychanalytique*. Lausanne: Payot & Cie.

Kahn, J. S., and J. R. Llobera. 1981. "Towards a New Marxism or a New Anthropology?" Pp. 263—329 in *The Anthropology of Pre-Capitalist Societies*, ed. J. S. Kahn and J. R. Llobera. London: Macmillan.

Kahveci, E. 1995. "Durkheim's Sociology in Turkey." *Durkheimian Studies* 1:51—57.

Kaplan, D. 1974. "The Anthropology of Authenticity: Everyman His Own Anthropologist." *American Anthropologist* 76:824—39.

——. 1975. "The Idea of Social Science and Its Enemies: A Rejoinder." *American Anthropologist* 77:876—81.

Karady, V. 1981. "French Ethnology and the Durkheimian Breakthrough." *Journal of the Anthropological Society of Oxford* 12:165—76.

Kautsky, K. 1899. *Die Agrarfrage: Eine Übersicht über die Tendenzen der modernen Landwirthschaft und die Agrarpolitik der Sozialdemokratie*. Stuttgart: Dietz.

Kilborne, B. 1982. "Anthropological Thought in the French Revolution: The Société des Observateurs de l'Homme. "*European Journal of Sociology* 23:73—91.

Kirchhoff, P. 1931. "Die Verwandtschaftsorganisation der Urwaldstämme Süda-merikas. "*Zeitschrift für Ethnologie* 63:85—193.

Knauft, B. M. 1996. *Genealogies for the Present in Cultural Anthropology.* New York: Routledge.

Köcke, J. 1979. "Some Early German Contributions to Economic Anthropology. "*Research in Economic Anthropology* 2:119—67.

Kohl, P. , and J. A. P. Gollan. 2002. "Religion, Politics, and Prehistory: Reassessing the Lingering Legacy of Oswald Menghin. "*Current Anthropology* 43:561—86.

König, W. 1962. *Die Achal-Teke: Zur Wirtschaft und Gesellschaft einer Turkmenen-Gruppe im XIX. Jahrhundert.* Berlin: Akademie-Verlag.

Köpping, K. P. 1995. "Enlightenment and Romanticism in the Work of Adolf Bastian: The Historical Roots of Anthropology in the Nineteenth Century. "Pp. 75-91 in *Fieldwork and Footnotes: Studies in the History of European Anthropology*, ed. by H. Vermeulen and A. A. Roldán. London: Routledge.

Köstlin, K. 2002. "Volkskunde: Pathologie der Randlage. "Pp. 369—414 in *Geschichte der österreichischen Humanwissenschaften*, ed, K. Acham, Wien: Passagen.

Krader, L. , ed. 1976. *Karl Marx. Die ethnologischen Exzerpthefte.* Frankfurt: Suhrkamp.

Kramer, F. , and C. Sigrist. 1978. *Gesellschaften ohne Staat.* Frankfurt: Syndikat.

Krauskopf, G. 1989. *Maîtres et possedés: Les rites et l'ordre sociale chez les Tharu de dang (Népal).* Paris: CNRS.

Kristeva, J. 1980. *Desire in Language: A Semiotic Approach to Literature and Art.* New York: Columbia University Press.

——. 1988. *Étrangers à nous-mêmes.* Paris: Fayard.

——. 1993. *Nations without Nationalism.* New York: Columbia University Press. Kroeber, A. L. 1917. "The Superorganic. "*American Anthropologist*

19:163—213.

———. 1939. *Cultural and Natural Areas of Native North America*. Berkeley:University of California Press.

———. 1944. *Configurations of Culture Growth*. Berkeley:University of California Press.

———. 1957. *Style and Civilization*. Ithaca,N. Y. :Cornell Universtiy Press.

Kroeber,A. L. ,and C. Kluckhohn. 1952. *Culture: A Critical Review of Concepts and Definitions*. Cambridge,Mass. :Harvard University Press.

Kroeber,A. L. ,and T. Parsons. 1958. "The Concepts of Culture and of Social System. "*American Sociological Review* 23:582—83.

Kuhn,T. S. 1970. *The Structure of Scientific Revolutions*. Chicago:University of Chicago Press.

Kuklick,H. 1991. *The Savage Within: The Social History of British Anthropology, 1885—1945*. Cambridge:Cambridge University Press.

Kulick-Aldag,R. 2000. "Hans Plischke in Göttingen. "In *Ethnologie und Nationalsozialismus*,ed. B. Streck. Gehren:Escher.

Kuper, A. 1973. *Anthropology and Anthropologists: The British School, 1922—1972*. London:Allen Lane.

———. 1999. *Culture: The Anthropologist's Account*. Cambridge, Mass. :Harvard University Press.

Kurzweil,E. 1980. *The Age of Structuralism: Lévi-Strauss to Foucault*. New York:Columbia University Press.

Labouret,H. 1941. *Paysans d'Afrique occidentale*. Paris:Gallimard.

Lacan,J. 1968. *The Language of the Self: The Function of Language in Psychoanalysis*. Baltimore:Johns Hopkins University Press.

———. 1977. *Écrits: A Selection*. London:Routledge.

Lafont,P. -B. 1963. *Toloi djuat: Coutumier de la tribu Jarai*. Paris: École Française d'Extrême-Orient.

Lane,E. W. 1836. *An Account of the Manners and Customs of the Modern Egyptians: Written im Egypt during the Years 1833. -34 ,and-35 ,Partly from Notes Made during a Former Visit to that Country in the Years 1825 ,-26 ,-27 ,and -28*. London:C. Knight.

Lane,M. ,ed. 1970. *Structuralism: A Reader*. London:Cape.

Latour,B. 1987. *Science in Action: How to Follow Scientists and Engineers through Society*. Cambridge,Mass. ;Harvard University Press.

——. 1993. *We Have Never Been Modern*. London;Harvester Wheatsheaf.

Latour,B. ,and S. Woolgar. 1986. *Laboratory Life: The Construciton of Scientific Facts*. Princeton. N. J. ;Princeton University Press.

Leach, E. 1952. "The Structural Implications of Matrilateral Cross-Cousin Marriage. "*Journal of the Royal Anthropological Institute* 81.

——. 1954. *Political Systems of Highland Burma: A Study of Kachin Social Structure*. London;G. Bell.

——. 1961. *Pul Eliya,a Village in Ceylon: A Study of Land Tenure and Kinship*. Cambridge;Cambridge University Press.

——. 1967. "Introduction. "In *The Structural Study of Myth and Totemism*,ed. Edmund Leach. London;Tavistock.

——. 1974. "Anthropology Upside Down. "*New York Review of Books* 21 (5);33-35.

——. 1982. *Social Anthropology*. Glasgow;Fontana Paperbacks.

——. 1984. "Glimpses of the Unmentionable in the History of British Social Anthropology. "*Annual Review of Anthropology* 13;1—23.

Leacock,E. B. 1952. "The Montagnais-Naskapi' Hunting Territory' and the Fur Trade. "PhD diss. ,Columbia University.

——. 1972. "Introduction and Notes. "Pp. 7—67 in F. Engels,*The Origin of the Family,Private Property,and the State,in the Light of the Researches of Lewis H. Morgan*. New York;International Publishers.

——,ed. 1971. *The Culture of Poverty: A Critique*. New York;Simon and Schuster.

Le Bon,G. 1995. *The Crowd*. New Brunswick;Transaction Publishers.

Leeds,A. 1973. "Locality Power in Relation to Supralocal Power Institutions. "Pp. 15—41 in *Urban Anthropology*, ed. A. Southall. New York; Oxford University Press.

——. 1976. *Cities,Classes,and the Social Order*. Ithaca;Cornell University Press.

Leenhardt,M. 1902/1976. *Le mouvement e'thiopien au sud de l'Afrique de 1896 à 1899*. Paris;Academie des Sciences d'Outre-Mer.

——. 1937. *Gens de la Grande Terre*. Paris：Gallimard.

——. 1947／1979. *Do Kamo：Person and Myth in the Melanesian World*. Chicago：University of Chicago Press.

Leiris，M. 1934. *L'Afrique fantôme*. Paris：Gallimard.

——. 1950. "L'ethnographie devant le colonialisme." *Les Temps Modernes* 58：357—74.

——. 1968. *Manhood：The Autobiographer as Torero*. London：Cape.

Le Play，F. 1982. *Frédéric Le Play on Family，Work，and Social Change*. Chicago：University of Chicago Press.

Leroi-Gourhan，A. 1943—1945. *L'homme et la matière*. Paris：Albin Michel.

——. 1946. *Archéologie du Pacifique-nord：Matériaux pour l'étude des relations entre les peuples riverains d'Asie et d'Amérique*. Paris：Institut d'Ethnologie.

——. 1983. *Le fil du temps：Ethnologie et préhistoire（1935—1970）*. Paris：Fayard.

Le Roy Ladurie，E. 1978. *Montaillou：Cathars and Catholics in a French village，1294—1324*. London：Scholar Press.

——. 1982. *The Peasants of Languedoc*. Urbana：University of Illinois Press.

Lesser，A. 1933. *The Pawnee Ghost Dance Hand Game：A Study of Cultural Change*. New York：Columbia University Press.

——. 1961. "Social Fields and the Evolution of Society." *Southwestern Journal of Anthropology* 17：40—48.

——. 1981. "Franz Boas." Pp. 1—33 in *Totems and Teachers：Perspectives on the History of Anthropology*，ed. S. Silverman. New York：Columbia University Press.

Lévine，D. 1991. "Paul Rivet." In *Dictionnaire de l'ethnologie et de l'anthropologie*，ed. P. Bonte and M. Izard. Paris：Presses Universitaires de France.

Lévi-Strauss. C. 1949／1969. *The Elementary Structures of Kinship*. Boston：Beacon Press.

——. 1963. *Totemism*. Boston：Beacon.

——. 1964. *Mythologiques*. Paris：Plon.

——. 1966. *The Savage Mind*. London：Weidenfeld & Nicolson.

———. 1967. "The Story of Asdiwal." In *The Structural Study of Myth and Totemism*, ed. E. Leach. London: Tavistock.

———. 1973. *Tristes tropiques*. London: Jonathan Cape.

———. 1987. *Introduction to the Work of Marcel Mauss*. London: Routledge & Kegan Paul.

Lévi-Strauss. C. , et al. 1964. "In Memoriam: Alfred Métraux." *L'Homme* 4: 5—19.

Lévy, E. 1903. *L'affirmation du droit collectif*. Paris: Societe Nouvelle de Librairie et d'Edition.

———. 1926. *La vision socialiste du droit*. Paris: M. Giard.

———. 1933. *Les fondements du droit*. Paris: Alcan.

Lévy-Bruhl, L. 1912/1926. *How Natives Think*. London: Allen & Unwin.

———. 1923. *Primitive Mentality*. London: Allen & Unwin.

———. 1949/1975. *The Notebooks on Primitive Mentality*. Oxford: Basil Blackwell.

Lewis, I. M. 2000. "Germaine Dieterlin." *Anthropology Today* 16: 25—26.

Lewis, O. 1942. *The Effects of White Contact upon Blackfoot Culture: With Special Reference to the Role of the Fur Trade*. New York: J. J. Augustin.

———. 1951. *Life in a Mexican Village: Tepoztlán Restudied*. Urbana: University of Illinois Press.

———. 1959. *Five Families: Mexican Case Studies in the Culture of poverty*. New York: Basic Books.

———. 1966a. "The Culture of Poverty." *Scientific American* 215: 19—25.

———. 1966b. *La Vida: A Puerto Rican Family in the Culture of Poverty*. New York: Random House.

Le Wita, B. 1994. *French Bourgeois Culture*. Cambridge: Cambridge University Press.

Lienhardt, G. 1974. "E-P: A Personal View." *Man* 9: 299—304.

Linimayr, P. 1994. *Wiener Völkerkunde im Nationalsozialismus: Ansätze zu einer NS-Wissenschaft*. Frankfurt: P. Lang.

Linton, R. 1936. *The Study of Man*. New York: Appleton-Century.

Lips, J. E. 1937. *The Savage Hits Back: The White Man through Native Eyes*. New Haven: Yale University Press.

———. 1953. *Die Erntevölker: Eine wichtige Phase in der Entwicklung der menschlichen Wirtschaft* [*Rektoratsrede gehalten am 31. Oktober 1949 in der Kongresshalle zu Leipzig*]. Berlin: Akademie-Verlag.

Lizot, J. 1985. *Tales of the Yanomami: Daily Life in the Venezuelan Forest*. Cambridge: Cambridge University Press.

———. 1994. "Words in the Night: the Ceremonial Dialogue, One Expression of Peaceful Relationships among the Yanomami. " In *The Anthropology of Peace and Nonviolence*, ed. Leslie Sponsel and Thomas Gregor. Boulder, Colo. : Lynne Rienner.

Llobera, J. 1985. "A Note on a Durkheimian Critic of Marx: The Case of Gaston Richard. " *Journal of the Anthropological Society of Oxford* 16: 35—41.

———. 1996. "The Fate of Anthroposociology in *l'Année Sociologique*. " *Journal of the Anthropological Society of Oxford* 27: 235—51.

Lösch, N. C. 1997. *Rasse als Konstrukt: Leben und Werk Eugen Fischers*. Frankfurt: Peter Lang.

Lowie, R. H. 1920. *Primitive Society*. New York: Liveright.

———. 1937. *The History of Ethnological Theory*. New York: Holt, Rinehart and Winston.

———. 1945. *The German People: A Social Portrait to 1945*. New York: Farrar and Rinehart.

Lukes, S. 1973. *Émile Durkheim, His Life and Work: A Historical and Critical Study*. London: Allen Lane.

Lynd, R. S. , and H. M. Lynd. 1929. *Middletown: A Study in American Culture*. New York: Harcourt Brace.

Lyotard, J. -F. 1984. *The Postmodern Condition: A Report on Knowledge*. Manchester, U. K. : Manchester University Press.

MacDonald, A. W. 1983. *Essays on the Ethnology of Nepal and South Asia*. Vol. 1. Kathmandu: Ratna Pustak Bhandar.

———. 1987. *Essays on the Ethnology of Nepal and South Asia*. Vol. 2. Kathmaudu: Ratna Pustak Bhandar.

Maitre, H. 1912. *Les jungles moi: Exploration et histoire des hinterlands moi du Cambodge, de la Cochinchine, de l'Annam et du bas Laos*. Paris:

E. Larose.

Malamoud,C. 1989. *Cuire le monde: Rite et Pensée dans l'Inde ancienne*. Paris: Editions La Decouverte.

Malinowski,B. 1922. *Argonauts of the Western Pacific: An Account of Native Enterprise and Adventure in the Archipelagoes of Melanesian New Guinea*. London: G. Routledge & Sons.

——. 1927. *Sex and Repression in Savage Society*. London: International Library of Psychology, Philosophy, and Scientific Method.

——. 1929. *The Sexual Life of Savages in North-Western Melanesia: An Ethnographic Account of Courtship, Marriage, and Family Life among the Natives of the Trobriand Islands, British New Guinea*. London: G. Routledge & Sons.

——. 1935. *Coral Gardens and Their Magic: A Study of the Methods of Tilling the Soil and of Agricultural Rites in the Trobriand Islands*. London: G. Allen & Unwin.

——. 1967/1989. *A Diary in the Strict Sense of the Term*. London: Athlone.

Maquet, J. 1972. *Africanity: The Cultural Unity of Black Africa*. New York: Oxford University Press.

——. 1979. *Introduction to Aesthetic Anthropology*. Malibu, Calif. : Undena Publications.

——. 1986. *The Aesthetic Experience: An Anthropologist Looks at the Visual Arts*. New Haven: Yale University Press.

Maranda,P. 1974. *French Kinship: Structure and History*. Paris: Mouton.

Marcel, J.-C. 2001a. "Georges Bataille: L'enfant illégitime de la sociologie durkheimienne. "*Durkheimian Studies n. s.* 7:37—52.

——. 2001b. *Le durkheimisme dans l'entre-deux-guerres*. Paris: Presses Universitaires de France.

Marchand,S. 2003. "priests among the Pygmies: Wilhelm Schnidt and the Counter-Reformation in Austrian Ethnology. " Pp. 283—316 in *Worldly Provincialism: German Anthropology in the Age of Empire*, ed. H. G. Penny and M. Bunzl. Ann Arbor: University of Michigan Press.

Marcus,G. E. ,and D. Cushman. 1982. "Ethnographies as Texts. "*Annual Review of Anthropology* 11:25—69.

Marcus, G. E. , and M. M. J. Fischer. 1986. *Anthropology as Cultural Critique: An Experimental Moment in the Human Sciences*. Chicago: University of Chicago Press.

Massin, B. 1996. "From Virchow to Fischer: Physical Anthropology and 'Modern Race Theories' in Wilhelmine Germany. "Pp. 79—154 in *Volksgeist as Method and Ethic: Essays on Boasian Ethnography and the German Anthropological Tradition*, ed. G. W. Stocking Jr. Madison: University of Wisconsin Press.

Mauss, M. 1909/2003. *On Prayer*. Oxford: Berghahn.

——. 1925. "In Memoriam. "*L'Année Sociologique* 1: 7—29.

——. 1938/1985. "A Category of the Human Mind: The Notion of Person, the Notion of Self. "In *The Category of the Person: Anthropology, Philosophy, History*, ed. M. Carrithers, S. Collins, and S. Lukes. Cambridge: Cambridge University Press.

——. 1954. *The Gift: Forms and Functions of Exchange in Archiac Societies*. London: Routledge & Kegan Paul.

——. 1968—1969. *Oeuvres*. 3 vols. Paris: Les Editions de Minuit.

——. 1979. *Sociology and Psychology: Essays*. London: Routledge & Kegan Paul.

——. 1999. "Paul Fauconnet. "*Durkheimian Studies* 5: 24—28.

Mauss, M. , and H. Beuchat. 1979. *Seasonal Variations of the Eskimo: A Study in Social Morphology*. London: Routledge & Kegan Paul.

Mauss, M. , and P. Fauconnet. 1901. "Sociologie. "*La grande encyclopédie* 30: 165—76.

McLennan, J. F. 1865. *Primitive Marriage: An Inquiry into the Origin of the Form of Capture in Marriage Ceremonies*. Edinburgh: Black.

Mead, M. 1928. *Coming of Age in Samoa: A Psychological Study of Primitive Youth for Western Civilization*. New York: New American Livrary.

Mead, M. , and R. Métraux, eds. 1953. *The Study of Culture at a Distance*. Chicago: University of Chicago Press.

Meillassoux, C. 1981. *Maidens, Meal, and Money: Capitalism and the Domestic Community*. Cambridge: Cambridge University Press.

Melk-Koch, M. 1989. *Auf der Suche nach der menschlichen Gesellschaft:*

Richard Thurnwald. Berlin:Reimer.

———. 2001. "Richard Thurnwald. "Pp. 480—84 in *Hauptwerke der Ethnologie*, ed. C. F. Feest and K. -H. Kohl. Stuttgart:Kröner.

Mellor,C. 1998. "Sacred Contagion and Social Vitality: Collective Effervescence in Les Formes Élémentaires de la Vie Religieuse. " *Durkheimian Studies* 4:87—114.

———. 2002. "In Defence of Durkheim: Sociology, the Sacred and ' Society. '" *Durkheimian Studies* 8:15—34.

Merker, M. 1904. *Die Masai: Ethnographische Monographie eines ostafrikanischen Semitenvolkes*. Berlin:Reimer.

Merleau-Ponty, M. 1962. *Phenomenology of Perception*. London: Routledge &. Kegan Paul.

Métraux, A. 1940. *Ethnology of Easter Island*. Honolulu:Bishop Museum.

———. 1942. *The Native Tribes of Eastern Bolivia and Western Matto Grosso*. Washington, D. C. ;U. S. Government Printing Office.

———. 1958. *Le Vaudou haïtien*. Paris:Gallimard.

———. 1959. "The Ancient Civilizations of the Amazon: The Present Status of the Question of their Origins. "*Diogenes* 28:91—106.

Michel, U. 1991. "Wilhelm Emil Mühlmann (1904—1988)—ein deutscher Professor. Amnesie und Amnestie: Zum Verhältnis von Ethnologie und Politik im Nationalsozialismus. "In *Jahrbuch für Soziologiegeschichte* 2: 69—118.

———. 1995. "Neue ethnologische Forschungsansätze im Nationalsozialismus? Aus der Biographie von Wilhelm Emil Mühlmann (1904—1988). " Pp. 141—67 in *Lebenslust und Fremdenfurcht: Ethnologie im Dritten Reich*, ed. T. Hauschild, Frankfurt:Suhrkamp.

———. 2000. "Ethnopolitische Reorganisationsforschung am Institut für Deutsche Ostarbeit in Krakau. "Pp. 149—66 in *Ethnologie und Nationalsozialismus*, ed. B. Streck. Gehren:Escher.

Miner, H. M. 1939. St. *Denis, a French-Canadian Parish*. Chicago:University of Chicago Press.

———. 1952. "The Folk-Urban Continuum. "*American Sociological Review* 17:529—37.

Mintz, S. 1953. "The Folk-Urban Continuum and the Rural Proletarian Community. "*American Journal of Sociology* 59:136—43.

——. 1974. *Caribbean Transformations*. Chicago: Aldine.

——. 1981. "Ruth Benedict. "Pp. 141—68 in *Totems and Teachers: Perspectives on the History of Anthropology*, ed. S. Silverman. New York: Columbia University Press.

——. 1985. *Sweetness and Power: The Place of Sugar in Modern History*. New York: Viking.

Mischek, U. 2000. "Autorität außerhalb des Fachs. Diedrich Westermann und Eugen Fischer. "Pp. 69—82 in *Ethnologie und Nationalsozialismus*, ed. B. Streck. Gehren: Escher.

——. 2002. *Leben und Werk Günter Wagners (1908—1952)*. Gehren: Escher.

Mishkin, B. 1940. *Rank and Warfare among the Plains Indians*. New York: J. J. Augustin.

Montesquieu, C. d. 1949. *The Spirit of the Laws*. New York: Hafner Press.

Montoya, M. V. I. 1992. *Trabajos cientificos y corresondencia de Tadeo Haenke*. Madrid: Coleccion Synopsis.

Morgan, L. H. 1851. *League of the Ho-dé-no-sau-ne, or Iroquois*. Rochester: Sage and Broa.

——. 1870. *Systems of Consanguinity and Affinity of the Human Family*. Washington D. C. : Smithsonian Institution.

——. 1877. *Ancient Society, or, Researches in the Lines of Human Progress from Savagery, through Barbarism to Civilization*. New York: World Publishing.

Morin, E. 1977. *Plodemet*. London: Allen Lane.

Mosen, M. 1991. *Der koloniale Traum: Angewandte Ethnologie im Nationalsozialismus*. Bonn: Mundus.

Mühlfried, F. 2000. "R. Bleichsteiners'Kaukasische Forschungen'—ein kritischer Beitrag zur Ethnologie des Kaukasus. "Unpublished thesis, University of Hamburg.

Mühlmann, W. E. , and A. M. Dauer. 1961. *Chiliasmus und Nativismus: Studien zur Psychologie, Soziologie und historischen Kasuistik der Umsturzbewegungen*. Berlin: Reimer.

Murdock, G. P. 1949. *Social Structure*. New York: Macmillan.

Murphy, R. F. 1971. *The Dialectics of Social Life: Alarms and Excursions in Anthropological Theory*. New York: Basic Books.

Musil, A. 1928. *The Manners and Customs of the Rwala Bedouins*. New York: American Geographical Society.

Nadel, S. F. 1952. "Witchcraft in Four African Societies." *American Anthropologist* 54: 18—29.

Nash, J. C. 1979. *We Eat the Mines and the Mines Eat Us: Dependency and Exploitation in Bolivian Tin Mines*. New York: Columbia University Press.

Nash, M. 1967. "Reply to Review of Primitive and Peasant Economic Systems, by Manning Nash." *Current Anthropology* 8: 249—50.

Needham, R. 1967. "Introduction." In *The Semi-Scholars*, ed. A. van Gennep. London: Routledge & Kegan Paul.

Neocleous, M. 1997. *Fascism*. Buckingham: Open University Press.

Niebuhr, C. 1969. *Beschreibung von Arabien*. Graz: Akademische Verlagsanstaet.

Obeyesekere, G. 1982. *The Apotheosis of Captain Cook: European Mythmaking in the Pacific*. Princeton, N. J. : Princeton University Press.

O'Laughlin, B. 1975. "Marxist Approaches in Anthropology." *Annual Review of Anthropology* 4: 341—70.

Ong, A. 1987. *Spirits of Resistance and Capitalist Discipling: Factory Women in Malaysia*. Albany: State University of New York Press.

Ôno, M. 1996. "Collective Effervescence and Symbolism." *Durkheimian Studies* 2: 79—98.

Ortner, S. B. 1984. "Theory in Anthropology since the Sixties." *Comparative Studies in Society and History* 26: 126—66.

Ortner, S. B. , and H. Whitehead, eds. 1981. *Sexual Meanings: The Cultural Construction of Gender and Sexuality*. Cambridge: Cambridge University Press.

Otto, R. 1917. *Das Heilige: Über das Irrationale in der Idee des Göttlichen und sein Verhältnis zum Rationalen*. Breslau: Trewendt und Granier.

Parkin, R. J. 1996. *The Dark Side of Humanity: The Work of Robert Hertz and Its Legacy*. Amsterdam: Harwood Academic Publishers.

——. 1997. "Durkheimians and the Groupe d'Etudes Socialistes. "*Durkheimian Studies* 3:43—58.

——. 1998. "'From Science to Action': Durkheimians and the Groupe d'Études Socialistes. "*Journal of the Anthropological Society of Oxford* 29:81—90.

——. 2001. *Perilous Transactions: Papers in General and Indian Anthropology*. Orissa, India: Sikshasandhan.

——. 2003. *Louis Dumont and Hierarchical Opposition*. Oxford: Berghahn.

Parry, J. 1986, "The Gift, the Indian Gift and the 'Indian Gift.'"*Man* 21: 453—73.

Paulme, D. 1940/1988. *Organisation sociale des Dogon de Sanga*. Paris: Jean-Michel Place.

——. 1984. *La statue du commandeur: Essays d'ethnologie*. Paris: Le Sycomore.

Penny, H. G. 2002. *Objects of Culture: Ethnology and Ethnographic Museums in Imperial Germany*. Chapel Hill: University of North Carolian Press.

Penny, H. G. , and Matti Bunzl. 2003. "Introduction: Rethinking German Anthropology, Colonialism, and Race. "Pp. 1—30 in *Worldly Provincialism: German Anthropology in the Age of Empire*, ed. H. G. Penny and M. Bunzl. Ann Arbor: University of Michigan Press.

——, eds. 2003. *Worldly Provincialism: German Anthropology in the Age of Empire*. Ann Arbor: University of Michigan Press.

Peters, E. L. 1960. "The Proliferation of Segments in the Lineage of the Bedouin of Cyrenaica. "*Journal of the Royal Anthropological Institute* 90: 29—53.

——. 1967. "Some Structural Aspects of the Feud among the Camel-Herding Bedouin of Cyrenaica. "*Africa* 37:261—82.

——. 1990. *The Bedouin of Cyrenaica: Studies in Personal and Corporate Power*. Cambridge: Cambridge University Press.

Piaget, J. 1971. *Structuralism*. London: Routledge & Kegan Paul.

Picone, M. 1982. "Observing 'Les Observateurs de l'Homme': Impression of

Contemporary French Anthropology in Context. *"Journal of the Anthropological Society of Oxford* 13:292—99.

Pignède,B. 1993. *The Gurungs: A Himalayan Population of Nepal.* Kathmandu:Ratna Pustak Bhandar.

Pina-Cabral,J. d. 1980. "Cults of Death in Northwestern Portugal. *"Journal of the Anthropological Society of Oxford* 11:1—14.

Polanyi,K. ,C. M. Arensberg,and H. W. Pearson,eds. 1957. *Trade and Market in the Early Empires.* Glencoe:Free Press.

Poster,M. , and J. Baudrillard. 1988. "Introduction. *"* In *Selected Writings, Jean Baudrillard.* Stanford,Calif. :Stanford University Press.

Powdermaker,H. 1939. *After Freedom: A Cultural Study in the Deep South.* New York:Viking.

——. 1966. *Stranger and Friend: The Way of an Anthropologist.* New York:Norton.

Putzstück, L. 1995. *"Symphonie in Moll": Julius Lips und die Kölner Völkerkunde.* Pfaffenweiler:Centaurus-Verlagsgesellschaft.

Rabinow,P. 1977. *Reflections on Fieldwork in Morocco.* Berkeley:University of California Press.

Radcliffe-Brown,A. R. 1913. "Three Tribes of Western Australia. *"Journal of the Royal Anthropological Institute* 43:143—94.

——. 1922/1948. *The Andaman Islanders: A Study in Social Anthropology Anthony Wilkin Studentship Research , 1906.* Glencoe,Ill. :Free Press.

——. 1930—1931. "The Social Organization of Australian Tribes. *"Oceania* 1:34—63,207—46,322—41,426—56.

——. 1952. *Structure and Function in Primitive Society: Essays and Addresses.* London:Cohen & West.

——. 1956/1964. *A Natural Science of Society.* New York:Free Press.

Radcliffe-Brown,A. R. ,and C. D. Forde,eds. 1950. *African Systems of Kinship and Marriage.* London:Oxford University Press.

Radin,P. 1920. *The Autobiography of a Winnebago Indian.* Berkeley:University of California Publications in American Archaeology and Ethnology.

——. 1927. *Primitive Man as Philosopher.* New York:Dover.

Raheja,G. G. 1988. *The Poison in the Gift: Ritual,Prestation,and the Domi-*

nant Caste in a North Indian Village. Chicago: University of Chicago Press.

Rappaport, R. A. 1967. *Pigs for the Ancestors: Ritual in the Ecology of a New Guinea People.* New Haven: Yale University Press.

Raum, J. W. 2001. "Peter Kolb. "Pp. 192—196 in *Hauptwerke der Ethnologie*, ed. C. F. Feest and K. -H. Kohl. Stuttgart: Kröner.

Redfield, R. 1930. *Tepoztlán, a Mexican Village.* Chicago: University of Chicago Press.

——. 1941. *The Folk Culture of Yucatan.* Chicago: University of Chicago Press.

——. 1955. *The Little Community: Viewpoints for the Study of a Human Whloe.* Chicago: University of Chicago Press.

——. 1956. *Peasant Society and Culture.* Chicago: University of Chicago Press.

Reed-Danahay, D. 1996. *Education and Identity in Rural France: The Politics of Schooling.* Cambridge: Cambridge University Press.

Reemtsma, K. 1996a. *Sinti und Roma: Geschichte, Kultur, Gegenwart.* München: C. H. Beck.

——. 1996b. *"Zigeuner" in der ethnographischen Literatur: Die "Zigeuner" der Ethnographen.* Frankfurt: Fritz Bauer Institut.

Reiniche, M. L. 1979. *Les dieux et les hommes: Étude des cultes d'un village du Tirunelveli, Inde du Sud.* Paris: Mouton.

Reiter, R. R. , ed. 1975. *Toward an Anthropology of Women.* New York: Monthly Review Press.

Rey, P. P. 1971. *Colonialisme, néo-colonialisme et transition au capitalisme: Exemple de la Comilog au Congo-Brazzaville.* Paris: Maspéro.

Richards, A. I. 1932. *Hunger and Work in a Savage Tribe: A Functional Study of Nutrition among the Southern Bantu.* London: G. Routledge.

Richardson, J. 1940. *Law and Status among the Kiowa Indians.* New York: J. J. Augustin.

Richardson, J. , and A. L. Kroeber. 1940. *Three Centuries of Women's Dress Fashion: A Quantitative Analysis.* Berkeley: University of California press.

Richman, M. H. 2002. *Sacred Revolutions: Durkheim and the Collège de Sociologie*. Minneapolis: University of Minnesota Press.

Ricoeur, P. 1974. *The Conflict of Interpretations: Essays in Hermeneutics*. Evanston: Northwestern University Press.

——. 1977. *The Rule of Metaphor: Multi-Disciplinary Studies of the Creation of Meaning in Language*. Toronto: University of Toronto Press.

Riese, B. 1995. "Während des Dritten Reiches (1933—1945) in Deutschland und Österreich verfolgte und von dort ausgewanderte Ethnologen." Pp. 210—20 in *Lebenslust und Fremdenfurcht: Ethnologie im Dritten Reich*, ed. , T. Hauschild. Frankfurt: Suhrkamp.

——. 2001. "Konrad Theodor Preuß." Pp. 366—371 in *Hauptwerke der Ethnologie*, ed. Christian F. Feest and Karl-Heinz Kohl. Stuttgart: Kröner.

Rivers, W. H. R. 1906. *The Todas*. London: Macmillan.

——. 1914. *The History of Melanesian Society*. Cambridge: Cambridge University Press.

Rivet, P. 1912. *Ethnographie ancienne de l'équateur*. Paris: Gauthier-Villars.

Rivière, C. 1991. "Georges Balandier." In *Dictionnaire de l'ethnologie et de l'anthropologie*, ed. P. Bonte and M. Izard. Paris: Presses Universitaires de France.

Robbins, D. 2003. "The Responsibility of the Ethnographer: An Introduction to Pierre Bourdieu on 'Colonialism and Ethnography. '" *Anthropology Today* 19:11—12.

Robey, D. , ed. 1973. *Structuralism: An Introduction*. Oxford: Clarendon.

Rödiger, I. 2001. "Gustav Friedrich Klemm." Pp. 188—92 in *Hauptwerke der Ethnologie*, ed. C. F. Feest and K. -H. Kohl. Stuttgart: Kröner.

Rogers, S. C. 2001. "Anthropology in France." *Annual Review of Anthropology* 30:481—504.

Roosevelt, A. C. , ed. 1994. *Amazonian Indians from Prehistory to the Present: Anthropological Perspectives*. Tucson: University of Arizona.

Rosaldo, M. Z. , and L. Lamphere, eds. 1974. *Woman, Culture, and Society*. Stanford, Calif. : Stanford University Press.

Roseberry, W. 1983. *Coffee and Capitalism in the Venezuelan Andes*. Austin: University of Texas Press.

Rousseau,J. -J. 1762/1993. *Emile*. Londont:J. M. Dent.

Royal Anthropological Institute. 1874. *Notes and Queries on Anthropology, for the Use of Travellers and Residents in Uncivilized Lands*. London: Royal Anthropological Institute.

Sabatier,L. 1930. *Palabre du serment au Darlac: Assemblée des chefs de tribus I. janvier 1926*. Hanoi:EFEO.

Sabatier,L. ,and D. Antomarchi. 1940. *Recueil des coutumes rhadées du Darlac*. Hanoi:Imprimerie d'Extreme-Orient.

Sahlins,M. D. 1958. *Social Stratification in Polynesia*. Seattle:University of Washington Press.

——. 1960. "Evolution: Specific and General. "Pp. 12—44 in *Evolution and Culture*, ed. M. S. Sahlins and E. R. Service. Ann Arbor: University of Michigan Press.

——. 1962. *Moala: Culture and Nature on a Fijian Island*. Ann Arbor:University of Michigan Press.

——. 1968. *Tribesmen*. Englewood Cliffs,N. J. :Prentice-Hall.

——. 1972. *Stone Age Economics*. Chicago:Aldine.

——. 1976. *Culture and Practical Reason*. Chicago:Aldine.

——. 1981. *Historical Metaphors and Mythical Realities*. Ann Arbor:University of Michigan Press.

——. 1985. *Islands of History*. Chicago:University of Chicago Press.

——. 1995. *How"Natives" Think: About Captain Cook ,for Example*. Chicago:University of Chicago Press.

Said,E. W. 1978. *Orientalism*. New York:Pantheon.

Saint-Simon,Henri,Comte de. 1975. *Henri Saint-Simon(1760—1825): Selected Writings on Science, Industry and Social Organisation*, ed. and trans. K. Taylor. London:Croom Helm.

Salemink,O. 1991. "Mois and Maquis: The Invention and Appropriation of Vietnam's Montagnards from Sabatier to the CIA. "In *Colonial Situations: Essays in the Contextualization of Ethnographic Knowledge*, ed. G. W. Stocking Jr. Madison:University of Wisconsin Press.

——. 2003. *The Ethnography of Vietnam's Central Highlanders: A Historical Contextualization*, 1850—1990. London:Routledge Curzon.

Sales, A. d. 1991. *Jesuis né de vos jeux de tambours: La religion chamanique des Magar du nord*. Nanterre: Société d'Ethnologie.

Sapir, E. 1917. "Do We Need the Superorganic?" *American Anthropologist* 19:441—47.

——. 1924. "Culture, Genuine and Spurious. "*American Journal of Sociology* 29:401—29.

Sartre, J. P. 1948. *Qu'est-ce que la literature*. Paris: Gallimard.

Saussure, F. d. 1983. *Course in General Linguistics*. London: Duckworth.

Schäffler, H. 2001. "Ethnologisches Wissen, Objekte und koloniale Macht: Eine kritische Bearbeitung der von Christoph Fürer-Haimendorf gesammelten Objekte aus Nagaland. "Unpublished thesis, University of Vienna.

Scheper-Hughes, N. 1992. *Death without Weeping: The Violence of Everyday Life in Brazil*. Berkeley: University of California Press.

——. 1995. "The Primacy of the Ethical: Propositions for a Militant Anthropology. "*Current Anthropology* 36:409—20:436—38.

Schimmel, A. 1987. *Friedrich Rückert: Lebensbild und Einführung in sein Werk*. Freiburg im Breisgau: Herder Taschenbuch Verlag.

Schippers, T. K. 1995. "A History of Paradoxes: Anthropologies of Europe. " In *Fieldwork and Footnotes: Studies in the History of European Anthropology*, ed. H. Vermeulen and A. A. Roldán. London: Routledge.

Schlegel, F. 1808. *Über die Sprache und Weisheit der Indier. Ein Beitrag zur Begründung der Alterthumskunde*. Heidelberg: Mohr und Zimmer.

Schmidt, J. 1985. *Maurice Merleau-Ponty: Between Phenomenology and Structuralism*. Basingstoke: Macmillan.

Schneider, D. M. 1968. *American Kinship: A Cultural Account*. Englewood Cliffs. N. J. : Prentice Hall.

——. 1984. *A Critique of the Study of Kinship*. Ann Arbor: University of Michigan Press.

Schneider, J. , and P. Schneider. 1976. *Culture and Political Economy in Western Sicily*. New York: Academic Press.

Schneider, P. , J. Schneider, and E. Hansen. 1972. "Modernization and Development: The Role of Regional Elites and Non-Corporate Groups in the European Mediterranean. "*Comparative Studies in Society and History* 14:

328—50.

Scholte,B. 1281. "Critical Anthropology since Its Reinvention. "Pp. 148—84 in *The Anthropology of Pre-Capitalist Societies*,ed. J. S. Kahn and J. R. Llobera. London:Macmillan.

Schröter, S. 2001. "Johann Jakob Bachofen. "Pp. 8—10 in *Hauptwerke der Ethnologie*,ed. C. F. Feest and K. -H. Kohl. Stuttgart:Kröner.

Schweitzer, P. 2001. "Siberia and Anthropology: National Traditions and Transnational Moments in the History of Research. "Unpublished *venia docendi* thesis,University of Vienna.

Scott,J. C. 1985. *Weapons of the Weak*:*Everyday Forms of Peasant Resistance*. New Haven: Yale University Press.

Secoy,F. R. 1953. *Changing Military Patterns on the Great Plains: 17th Century through Early 19th Century*. New York:J. J. Augustin.

Segalen,M. 1983. *Love and Power in the Peasant Family: Rural France in the Nineteenth Century*. Oxford:Blackwell.

——. 1985. *Quinze générations de Bas-Bretons: Parenté et société dans le pays bigouden Sud*,*1720—1980*. Paris:Presses Universitaires de France.

——. 1986. *Historical Anthropology of the Family*. Cambridge:Cambridge University Press.

——. 1989. *L'autre et le semblable: Regards sur l'ethnologie des sociétés contemporaines*. Paris:Presses du CNRS.

Seidler,C. 2003. *Wissenschaftsgeschichte nach der NS-Zeit: des Beispiel der Ethnologie*. *Die beiden deutschen Ethnologen Wilhelm Mühlmann(1904—1988)und Hermann Baumann(1902—1970)*. Contemporary history thesis:Freiburg University.

Seligman,C. G. 1910. *The Melanesians of British New Guinea*. Cambridge: Cambridge University Press.

Seligman,C. G. ,and B. Z. Seligman,eds. 1911. *The Veddas*. Cambridge:Cambridge University Press.

——. 1932. *Pagan Tribes of the Nilotic Sudan*. London: G. Routledge & Sons.

Service,E. R. 1962. *Primitive Social Organization: An Evolutionary Perspective*. New York:Random House.

引用书目

Sharp,J. S. 1980. "Two Separate Developments: Anthropology in South Africa."*Royal Anthropological Institute News* 36:4—5.

Shilling,C. ,and P. A. Mellor. 2001. *The Sociological Ambition: Elementary Forms of Social and Moral Life.* London:Sage.

Sigaud,L. 2002. "The Vicissitudes of The Gift."*Social Anthropology* 10: 335—58.

Silverman, S. 1968. "Agricultural Organization, Social Structure, and Values in Italy: Amoral Familism Reconsidered."*American Anthropologist* 70: 1—20.

——. 1981. *Totems and Teachers: Perspectives on the History of Anthropology.* New York:Columbia University Press.

Simiand,F. 1903. "Méthode historique et sciences socials:Étude critique."*Review de Synthèse Historique* 6:1—22;129—57.

——. 1934—1942. *De l'échange primitif à l'économie complexe.* Paris: La Pensée Ouvrière.

Sjoberg,G. 1952. "Folk and Feudal Societies."*American Journal of Sociology* 58:231—39.

Skinner,G. W. 1964—1965. "Marketing and Social Structure in Rural Chian." *Journal of Asian Studies* 24:3—43,195—228,363—99.

Smith,C. A. 1976. *Regional Analysis.* 2 vols. New York:Academic Press.

Smith,D. N. 1995. "Ziya Gölkap and Emile Durkheim:Sociology as an Apology for Chauvinism?"*Durkheimian Studies* 1:45—50.

Smith. W. R. 1885. *Kinship and Marriage in Early Arabia.* Cambridge: Cambridge University Press.

——. 1889. *Lectures on the Religion of the Semites: First Series; The Fundamental Institutions.* Edinburgh:Black.

Sperber,D. 1975. *Rethinking Symbolism.* Cambridge:Cambridge University Press.

——. 1985. *On Anthropological Knowledge: Three Essays.* Cambridge:Cambridge University Press.

——. 1996. *Explaining Culture: A Naturalistic Approach.* Oxford: Blackwell.

Sperber,D. ,and D. Wilson. 1986. *Relevance:Communication and Cognition.*

Oxford:Basil Blackwell.

Spivak,G. C. 1976. "Translator's Preface. "In J. Derrida,*Of Grammatology*. Baltimore:Johns Hopkins University Press.

Srinivas,M. N. 1952. *Religion and Society among the Coorgs of South India*. Oxford:Clarendon.

Stagl,J. 1995. *A History of Curiosity: The Theory of Travel*, 1550—1800. Chur:Harwood Academic Publishers.

——. 1999. " Theodor Koch-Grünberg. " Pp. 208 in *Wörterbuch der Völkerkunde (begründet von Walter Hirschberg)*. Berlin:Reimer.

Stedman-Jones, S. 2001. "Durkheim and Bataille: Constraint, Transgression, and the Concept of the Sacred. "*Durkheimian Studies* 7:53—64.

Stein,L. 1967. *Die Šammar-Ĝerba: Beduinen im Übergang vom Nomadismus zur Sesshaftigkeit*. Berlin:Akademie-Verlag.

Steiner,G. 1977. *Georg Forster*. Stuttgart:Metzler.

Steward,J. H. 1938. *Basin-Plateau Aboriginal Sociopolitical Groups*. Washington,D. C. :U. S. Government Printing Office.

——. 1949. "Cultural Causality and Law:A Trial Formulation of the Development of Early Civilizations. "*American Anthropologist* 51:1—27.

——. 1950. *Area Research: Theory and Practice*. New York:Social Science Research Council.

——. 1955. *Theory of Culture Change: The Methodology of Multilinear Evolution*. Urbana:University of Illinois Press.

——,ed. 1967. *Contemporary Change in Traditional Societies*. 3 vols. Urbana:University of Illinois Press.

Steward,J. H. , et al. 1956. *The People of Puerto Rico: A Study in Social Anthropology*. Urbana:University of Illinois Press.

Stocking,G. W. ,Jr. 1964. "French Anthropology in 1800. "*Isis* 4/2:134—50.

——. 1971. "What's in a Name? The Origins of the Royal Anthropological Institute (1837—1871). "*Man* 6:369—90.

——. 1987. *Victorian Anthropology*. New York:Free Press.

——. 1996a. *After Tylor: British Social Anthropology*, 1888—1951. London:Athlone Press.

——,ed. 1996b. *Volksgeist as Method and Ethic: Essays on Boasian Ethnog-*

raphy and the German Anthropological Tradition. Madison: University of Wisconsin Press.

——, ed. 1974. *The Shaping of American Anthropology, 1883—1911: A Franz Boas Reader.* New York: Basic Books.

Strathern, M. 1992. "Parts and Wholes: Refiguring Relationships in a Post-Plural World. " Pp. 75—104 in *Conceptualizing Society*, ed. A. Kuper. London: Routledge.

Straube, H. 1990. "Leo Frobenius (1873—1938). "Pp. 151—170 in *Klassiker der Kulturantropologie: Von Montaigne bis Margaret Mead*, ed. W. Marschall, München: C. H. Beck.

Streck, B. , ed. 2000. *Ethnologie und Nationalsozialismus.* Gehren: Escher.

——. 2001a. "Theodor Waitz. "Pp. 503—8 in *Hauptwerke der Ethnologie*, ed. C. F. Feest and K. -H. Kohl. Stuttgart: Kröner.

——. 2001b. "Wilhelm Maximilian Wundt. "Pp. 524—31 in *Hauptwerke der Ethnologie*, ed. C. F. Feest and K. -H. Kohl. Stuttgart: Kröner.

Striedter, K. H. 2001. "Fritz Graebner. "Pp. 142—147 in *Hauptwerke der Ethnologie*, ed. C. F. Feest and K. -H. Kohl. Stuttgart: Kröner.

Strum, S. C. and L. M. Fedigan, eds. 2000. *Primate Encounters: Models of Science, Gender, and Society.* Chicago: University of Chicago Press.

Swingewood, A. 1984. *A Short History of Sociological Thought.* London: Macmillan.

Tambiah, S. J. 2002. *Edmund Leach: An Anthropological Life.* Cambridge: Cambridge University Press.

Tauxier, L. 1924. *Nègres Gouro et Gagou: Centre de la Cote d'Ivoire.* Paris: Librairie Orientaliste P. Geuthner.

Tax. S. 1953. *Penny Capitalism: A Guatemalan Indian Economy.* Washington, D. C. : U. S. Government Printing Office.

Tcherkézoff, S. 1987. *Dual Classification Reconsidered: Nyamwezi Sacred Kingship and Other Examples.* Cambridge: Cambridge University Press.

Terray, E. 1972. *Marxism and "Primitive" Societies: Two Studies.* London: Monthly Review Press.

Thurnwald, H. 1950. "Thurnwald-Lebensweg und Werk. " Pp. 9—19 in *Beiträge zur Gesellungs-und Völkerwissenschaft. Professor Dr. Richard*

Thurnwald zum achtzigsten Geburtstag gewidmet. Berlin: Mann.

Tierney, P. 2000. *Darkness in El Dorado: How Scientists and Journalists Devastated the Amazon*. New York: Norton.

Toffin, G. 1984. *Société et religion chez les Néwar du Népal*. Paris: Editions du C. N. R. S.

——. 1993. *Le palais et le temple: La fonction royale dans la vallée du Népal*. Paris: CNRS.

——. 1995. "Lucien Bernot(1919—1993). "*L'Homme* 133:5—8.

——. 1999. "Louis Dumont(1911—1998). "*L'Homme* 150:7—14.

Turner, V. 1965. "Colour Classification in Ndembu ritual: A Problem in Primitive Classification. "In *Anthropological Approaches to the Study of Religion*, ed. M. Banton. London: Tavistock.

——. 1967. *The Forest of Symbols: Aspects of Ndembu ritual*. Ithaca, N. Y.: Cornell University Press.

——. 1968. *The Drums of Affliction: A Study of Religious Processes among the Ndembu of Zambia*. Oxford: Clarendon Press.

——. 1969. *The Ritual Process: Structure and Anti-Structure*. London: Routledge & Kegan Paul.

Tylor, E. B. 1865. *Researches into the Early History of Mankind and the Development of Civilization*. London: J. Murray.

——. 1871. *Primitive Culture: Researches into the Development of Mythology, Philosophy, Religion, Art, and Custom*, 2 vols. London: John Murray.

Ulrich, M. 1987. "Heinrich Cunow. "Unpublished PhD thesis, University of Vienna.

Vacher de Lapouge, G. 1896. *Les selections socials*. Paris: Fontemoing.

——. 1909. *Race et milieu social: Essais d'anthroposociologie*. Paris: Riviere.

Valentine, C. A. 1968. *Culture and Poverty: Critique and Counter-Proposals*. Chicago: University of Chicago Press.

Van Gennep, A. 1907/1967. *The Semi-Scholars*. London: Routledge & Kegan Paul.

——. 1920. *L'état actuel du probléme totémique*. Paris: E. Leroux.

——. 1937—1953. *Manuel d'ethnographie français contemporain*. Paris: A. et J. Picard.

———. 1909/1960. *The Rites of Passage*. London:Routledge &. Kegan Paul.

Vermeulen, H. 1995. "Origins and Institutionalization of Ethnography and Ethnology in Europe and the USA,1771—1845. "In *Fieldwork and Footnotes: Studies in the History of European Anthropology*, ed. H. Vermeulen and A. A. Roldán. London:Routledge.

Vermeulen, H. , and A. Alvarez Roldán. 1995. *Fieldwork and Footnotes: Studies in the History of European Anthropology*. London:Routledge.

Vernier,B. 1991. *La Genése sociale des sentiments: Ainés et cadets dans l'île grecque de Karpathos*. Paris:École des Hautes Études en Sciences Sociales.

Vidal,D. 1997. *Violence and Truth: A Rajasthani Kingdom Confronts Colonial Authority*. Delhi:Oxford University Press.

Vincent,J. 1982. *Teso in Transformation: The Political Economy of Peasant and Class in Eastern Africa*. Berkeley:University of California Press.

Wacquant,L. 1989. "Towards a Reflexive Sociology:A Workshop with Pierre Bourdieu. "*Social Theory* 7:26—63.

Wagley,C. 1964. "Alfred Métraux. "*American Anthropologist* 66:603—7.

Wagley,C. , and M. Harris. 1955. "A Typology of Latin American Subcultures. "*American Anthropologist* 57:428—51.

Wagner,G. 1940. "The Political Organization of the Bantu of Kavirondo. "Pp. 197—236 in *African Political Systems*, ed. M. Fortes and E. E. Evans-Pritchard. London:Oxford University Press for the International African Institute.

Waitz,T. 1863. *Introduction into Anthropology*. London:Longman, Green, Longman,and Roberts.

Wakin,E. 1992. *Anthropology Goes to War: Professional Ethics and Conterinsurgency in Thailand*. Madison:University of Wisconsin Center for Southeast Asian Studies.

Wallerstein,I. 1974. *The Modern World-System*, vol. 1:*Capitalist Agriculture and the Origins of the European World-Economy of the Sixteenth Century*. New York:Academic Press.

Warner,W. L. ,and P. S. Lunt. 1941. *The Social Life of a Modern Community*. New Haven:Yale University Press.

——. 1942. *The Status System of a Modern Community*. New Haven: Yale University Press.

Washburn, S. L. 1951. "The New Physical Anthropology." *Transactions of the New York Academy of Sciences* 13:298—304.

Weber, F. 2001. "Settings, Interactions and Things: A Plea for Multi-Integrative Ethnography." *Ethnos* 2:475—99.

Weiner, A. B. 1976. *Women of Value, Men of Renown: New Perspectives in Trobriand Exchange*. Austin: University of Texas Press.

White, L. A. 1943. "Energy and the Evolution of Culture." *American Anthropologist* 45:335—56.

——. 1949. *The Science of Culture, a Study of Man and Civilization*. New York: Grove Press.

——. 1959. "The Concept of Culture." *American Anthropologist* 61:227—51.

Whyte, W. F. 1943. *Street Corner Society: The Social Structure of an Italian Slum*. Chicago: University of Chicago Press.

Williams, E. A. 1985. "Art and Artefact at the Trocadero: *Ars Americana* and the Primitivist Revolution." In *Objects and Others: Essays on Museums and Material Culture*, ed. G. W. Stocking. Madison: University of Wisconsin Press.

Wilson, E. O. 1975. *Sociobiology: The New Synthesis*. Cambridge, Mass. : Harvard University Press.

Windisch, E. 1992. *Geschichte der Sanskrit-Philologie und indischen Altertumskunde*. Berlin: De Gruyter.

Winkelmann, I. 1966. *Die bürgerlich Ethnographie im Dienste der Kolonialpolitik des Deutschen Reiches (1870—1918)*. Unpublished PhD thesis, Humboldt University, Berlin.

Wirth, L. 1938. "Urbanism as a Way of Life." *American Journal of Sociology* 144:1—24.

Wiser, W. H. , and C. V. Wiser. 1930. *Behind Mud Walls*. New York: Richard R. Smith.

Wissler, C. 1917. *The American Indian: An Introduction to the Anthropology of the New World*. New York: D. C. McMurtrie.

Withers, C. 1945. *Plainville, U. S. A.* New York: Columbia University Press.

Wittfogel, K. A. 1931. *Wirtscchaft und Gesellschaft Chinas: Versuch der wissenschaftlichen Analyse einer grossen asiatischen Agrargesellschaft.* Leipzig: Hirschfeld.

——. 1970. *Marxismus und Wirtschaftsgeschichte.* Frankfurt: Junius.

——. 1981. *Oriental Despotism: A Comparative Study of Total Power.* New York: Vintage.

Wolf, E. R. 1955. "Types of Latin American Peasantry: A Preliminary Definition. "*American Anthropologist* 57: 452—71.

——. 1956. "Aspects of Group Relations in a Complex Society: Mexico. "*American Anthropologist* 58: 1065—78.

——. 1957. "Closed Corporate Peasant Communities in Mesoamerica and Central Java. "*Southwestern Journal of Anthropology* 13: 1—18.

——. 1966. *Peasants.* Englewood Cliffs, N. J. : Prentice-Hall.

——. 1969. *Peasant Wars of the Twentieth Century.* New York: Harper & Row.

——. 1980. "They Divide and Subdivide, and Call It Anthropology. " *New York Times* (November 30).

——. 1982. *Europe and the People without History.* Berkeley: University of California Press.

——. 1999. *Envisioning Power Ideologies of Dominance and Crisis.* Berkeley: University of California Press.

——. 2001. *Pathways of Power: Building an Anthropology of the Modern World.* Berkeley: University of California Press.

Xanthakou, M. 1995. "De la mémoire à méthode: Georges Devereux, tell qu'en nousmêmes. "*L'Homme* 134: 179—90.

Yalman, N. 1967. *Under the Bo Tree: Studies in Caste, Kinship, and Marriage in the Interior of Ceylon.* Berkeley: University of California Press.

Yans-McLaughlin, V. 1986. "Science, Democracy, and Ethics: Mobilizing Culture and Personality for World War II. "Pp. 184—217 in *Malinowski, Rivers, Benedict, and Others: Essays on Culture and Personality*, ed. G. W. Stocking Jr. History of Anthropology, vol. 4. Madison: University of Wisconsin Press.

Zammito, J. H. 2002. *Kant, Herder, and the Birth of Anthropology*. Chicago: University of Chicago Press.

Zimmermann, A. 2001. *Anthropology and Antihumanism in Imperial Germany*. Chicago: University of Chicago Press.

Zitelmann, T. 1999. *Des Teufels Lustgarten. Themen und Tabus der politischen Anthropologie Nordostafrikas*. Unpublished *venia docendi* thesis, Free University, Berlin.

Zonabend, F. 1984. *The Enduring Memory: Time and History in a French Village*. Manchester. U. K. : Manchester University Press.

——. 1991. "France 2: Les recherches sur la France." In *Dictionnaire de l'ethnologie et de l'anthropologie*, ed. P. Bonte and M. Izard. Paris: Presses Universitaires de France.

——. 1993. *The Nuclear Peninsula*. Cambridge: Cambridge University Press.

索　引

（所标页码为原书页码，即本书边码）

Embree,John,约翰·恩布里,295

empiricism：经验主义 in philology,
语言学中的～,70；and relativ-
ism,～和相对主义,74；and
structuralism,～和结构主义,221
－222,243；theories of,关于～的
理论,65－66

Engels,Friedrich,弗里德里希·恩格
斯,79,165,223,313；influence
of,on German anthropology,～对
德语人类学的影响,81－84；Ori-
gins of the Family, Private
Property,and the State,～的《家
庭、私有制和国家的起源》,83－
84,315

Enlightenment：启蒙运动 in France,
法国的～,64,160－161,164；in
German-speaking countries,德语
国家的～,64－66,72－75；and
historiography,～和历史编纂学,
78；and language studies,～和语
言研究,68－72

Équipe de Recherche en Anthropolo-
gie Sociale： Morphologie,
Échanges,社会人类学研究所：形
态学,交换,230－231,243

Erman,Georg Adolf,乔治·阿道
夫·埃尔曼,67

ethnography：民族志 in Africa,非洲
的～,28；and American anthro-
pology,～和美国人类学,267－
270,285－286；development of,
～的发展,13－14；and diffusion-

ism,～和传播论,16－17；as eth-
noscience,作为民族科学的,285－
286；and feminism,～和女权主
义,49；and Forsters,～和福斯特
父子,66；and French anthropolo-
gy,～与法国人类学,217－220；
and regional cultures,～和地区文
化,15；as term,作为术语的～,70
－71；as Völkerkunde,～和民族
学,86－87,138；and writing,～
和写作,324－326

Ethnological Society of London,伦敦
人种学学会,5－6

eugenics, and American anthropolo-
gy,优生学,与美国人类学,261

evangelism,福音主义,4－5

Evans-Pritchard, Edward, 爱德华·
埃文思-普里查德,28,142,160,
301；African Political Systems,
《非洲政治体系》,30－31,125；
career of,～的职业生涯,32－33,
37,45；The Nuer,《努尔人》,32－
33,35－36,190；on religion,～论
宗教,178；on social structure,～
论社会结构,33－34；on witch-
craft,～论巫术,34,197

evolution：演化,进化 and anthropolo-
gy,～和人类学,5－6；and biol-
ogy,～和生物学,272；and cult-
ure,～和文化,7,16,73,276－
278；and diffusionism,～和传播
论,17－18；of the family,家庭的
～,84；in French anthropology,

图书在版编目(CIP)数据

人类学的四大传统:英国、德国、法国和美国的人类学/(挪威)弗雷德里克·巴特等著;高丙中等译. —北京:商务印书馆,2021(2022.6重印)
(人类学视野译丛)
ISBN 978 - 7 - 100 - 19907 - 0

Ⅰ.①人… Ⅱ.①弗…②高… Ⅲ.①人类学—研究 Ⅳ.①Q98

中国版本图书馆 CIP 数据核字(2021)第 084266 号

人类学视野译丛

人类学的四大传统

——英国、德国、法国和美国的人类学

〔挪威〕弗雷德里克·巴特 〔奥〕安德烈·金格里希
〔英〕罗伯特·帕金 〔美〕西德尔·西尔弗曼 著

高丙中 王晓燕 欧阳敏 王玉珏 译
宋奕 校

商 务 印 书 馆 出 版
(北京王府井大街36号 邮政编码100710)
商 务 印 书 馆 发 行
北京通州皇家印刷厂印刷
ISBN 978 - 7 - 100 - 19907 - 0

2021年8月第1版　　　　　开本 880×1230 1/32
2022年6月北京第2次印刷　　印张 17½
定价:78.00 元